Nicolai Andler

Tools für Projektmanagement, Workshops und Consulting

Nicolai Andler hat sich nach seinem Abschluss in Wirtschaftsingenieurwesen (Technische Chemie) an der Technischen Universität Berlin an der französischen Grande Ecole Supérieure de Commerce de Toulouse für den Master of Management (entspr. MBA) auf die Bereiche „Strategisches Management multinationaler Gruppen" und „Internationale Geschäftsstrategien" spezialisiert.

In sein eigenes Unternehmen, die Ignite-Gruppe, konnte er bereits Erfahrungen aus dem klassischen Unternehmensberatungsbereich und aus internationaler Unternehmensberatung in Europa und Südafrika einbringen. Er arbeitet mit Kunden aus den Bereichen EDV, Finanzdienstleistung (Bank, Lebensversicherung), aus dem öffentlichen Sektor (Hochschulbildung, Finanzamt, Zoll, Regierungsbehörden), Abfallwirtschaft, Multi-Level-Marketing, Chemie und Petrochemie. Gegenwärtig berät Nicolai Andler die EDV-Abteilungen von mehreren südafrikanischen Finanzdienstleistungsunternehmen und ist als Executive Coach tätig.

Tools für Projektmanagement, Workshops und Consulting

Kompendium der wichtigsten
Techniken und Methoden

von Nicolai Andler

3., überarbeitete und erweiterte Auflage, 2010

PUBLICIS

Bibliografische Information Der Deutschen Nationalbibliothek

Die Deutsche Nationalbibliothek verzeichnet diese Publikation in der Deutschen Nationalbibliografie; detaillierte bibliografische Daten sind im Internet über http://dnb.d-nb.de abrufbar.

www.publicis.de/books

Lektorat: Dorit Gunia, Publicis Publishing, Erlangen

ISBN 978-3-89578-367-8

Verlag: Publicis Publishing, Erlangen

Printed in Germany

Kurzübersicht aller Tools

Subjektive Einschätzung des Autors bzgl. der Benutzerfreundlichkeit und Effizienz (Aufwand/Nützlichkeit)

☺	☺☺	☺☺☺
Erhöhte Anforderungen an Wissen und Erfahrung	Durchschnittliche Anforderungen	Kaum Vorkenntnisse erforderlich, einfach ausprobieren!

Zweck der Kategorie	Name des Tools oder der Technik	Seite	Benutzer-freund-lichkeit	Aufwand/ Nütz-lichkeit
Definition des Problems/ der Situation	Problemdefinition	51	☺☺	☺☺☺
	Problembaum	56	☺☺	☺☺
	Problemumkehrung	60	☺☺	☺☺
	Hypothesen	63	☺	☺☺☺
	Hypothesenbaum	63	☺	☺☺
	Konkurrierende Hypothesen	66	☺	☺☺
	Fragenbaum	67	☺☺	☺☺
	Beeinflussungs-/Ursachenmatrix	70	☺	☺☺
	Fischgräten-Ursachenanalyse	72	☺☺	☺☺
	Black Box	75	☺☺☺	☺☺
	Ist-Ist nicht	77	☺☺☺	☺☺☺
	Stakeholderanalyse	79	☺☺	☺☺☺
	Stakeholder-Übersicht	84	☺☺☺	☺☺
	Stakeholder-Erwartungsmanagement	87	☺☺	☺☺
	Stakeholder-Einfluss-Matrix	89	☺☺	☺
	Stakeholder-Akkordeon	92	☺☺	☺☺
	Stakeholder-Tausch	93	☺☺	☺☺☺
	Kontextdiagramm	95	☺☺	☺☺
	Silo	100	☺	☺☺
	Vogelperspektive	101	☺☺	☺☺
	Mind Map	103	☺☺☺	☺☺
Informations-beschaffung	Informationsbeschaffungs-Plan	111	☺☺	☺☺
	Interview	113	☺	☺☺
	Dreigestirn	115	☺	☺☺☺
	Achteck	116	☺☺	☺☺
	Testgruppen	117	☺	☺☺☺
	Fragebogen	119	☺☺	☺☺
	Umfrage/Feldstudie	121	☺☺	☺☺
	Direkte Beobachtung (DILO)	123	☺☺☺	☺☺
	Expertenbefragung	125	☺☺	☺
	Schreibtisch-Forschung	126	☺	☺☺
	5 W (5 Warum)	127	☺☺☺	☺☺☺
	Klima-Beurteilung	128	☺☺☺	☺☺

Zweck der Kategorie	Name des Tools oder der Technik	Seite	Benutzer-freund-lichkeit	Aufwand/ Nütz-lichkeit
Kreativität	Brainstorming	133	☺☺	☺☺
	Kärtchentechnik	136	☺☺☺	☺☺
	6-3-5-Tool	137	☺☺☺	☺☺☺
	Nyaka (Defektanalyse)	138	☺☺	☺☺
	Bionik	140	☺☺	☺
	Attribute-Liste	141	☺☺	☺
	Morphologie	142	☺☺	☺
	Merlin-Technik	143	☺☺	☺☺☺
	Lotusblüten-Tool	146	☺☺☺	☺☺☺
	Reizwort-Technik	148	☺☺	☺☺☺
	Mentale Provokation	149	☺☺	☺☺☺
	Übersicht zu alternativen Kreativitätstools	151	–	–
Informations-konsolidierung	Pareto-80:20-Regel	154	☺☺	☺☺☺
	ABC-Tool	157	☺	☺☺☺
	Informationsmatrix	159	☺☺	☺☺
	Kartensortieren	161	☺	☺☺
	Verwandtschaftsdiagramm	162	☺☺	☺☺☺
	Venn-Diagramm	165	☺☺	☺
	Kräftefeld (Force Field)	166	☺☺	☺☺
Zielformu-lierung	Zielbaum	172	☺☺	☺☺
	Ziel-Mittel-Hierarchie	174	☺☺	☺☺☺
	Charta	177	☺☺	☺☺☺
	Zielkatalog	179	☺☺	☺☺
	SMARTe Ziele	181	☺☺☺	☺☺
	Ziel-Gitter	183	☺☺	☺☺
	Definierte Ergebnisse	184	☺☺☺	☺☺☺
	3P-Äußerungen	186	☺☺☺	☺☺
	SNAP	188	☺☺	☺☺
Organisations-analyse	Organisationsstruktur	195	☺☺	☺☺☺
	Lohngruppen-Diamant	200	☺☺	☺
	Struktur und Prozess	201	☺☺	☺☺☺
	Kontrollspanne	203	☺☺	☺☺☺
	Organisationsbeurteilung	205	☺	☺☺
	Kräftebild	206	☺☺☺	☺☺
Systemanalyse	Architekturanalyse	209	☺	☺☺
	Logisches Datenmodell	211	☺	☺☺
	Funktionale Analyse	213	☺	☺☺
	Prozessanalyse	216	☺☺	☺☺☺
	Relationales Datenmodell	220	☺☺	☺☺☺
	Technologie-Infrastruktur	222	☺	☺☺☺
	Anforderungskatalog	224	☺☺	☺☺☺
	Logische und funktionale Systemmodellierung	227	☺☺☺	☺☺
Strategie-analyse	Wertschöpfungskette	231	☺☺	☺☺☺
	Kritische Erfolgsfaktoren	235	☺	☺☺
	SWOT und TOWS	238	☺☺	☺☺
	Lebenszyklus	246	☺☺☺	☺
	Five Forces	250	☺	☺☺
	Wettbewerberanalyse	255	☺	☺☺
	Umfeldanalyse (PEST)	259	☺	☺☺
	Strategische Marktsegmente	262	☺☺	☺☺
	Kundensegmentierung	266	☺	☺☺☺
Strategie-entwicklung	Geschäftsfeldermatrix	270	☺☺	☺☺
	Produkt-Markt-Mix	275	☺☺	☺
	Strategieentwicklungsoptionen	279	☺☺	☺☺☺
	Strategiematrix	285	☺☺	☺☺☺

Zweck der Kategorie	Name des Tools oder der Technik	Seite	Benutzer-freund-lichkeit	Aufwand/ Nütz-lichkeit
Entschei-dungsfindung	Entscheidungsbaum	293	☺☺	☺☺
	Perspektiven[3]	296	☺☺	☺☺
	Argumentewaage	298	☺☺☺	☺☺☺
	Leiterklettern	299	☺☺☺	☺☺☺
	Paarvergleich	300	☺☺☺	☺☺☺
	Kreuz der Annahmen	301	☺☺	☺☺
	Polaritäten-Tool	303	☺☺	☺☺
	Nutzwertanalyse	305	☺	☺☺☺
	Nominales Gruppen-Tool	308	☺☺☺	☺☺☺
	100 Punkte	309	☺☺☺	☺☺☺
	Kartesische Koordinaten	311	☺☺	☺☺
	Vroom Yetton	312	☺☺	☺☺
	Risikoanalyse	315	☺	☺☺
	Schwerpunktmatrix	320	☺☺☺	☺☺
Projekt-management	Projektauftrag	333	☺☺	☺☺
	LogFrame	337	☺	☺☺
	Programmplan	342	☺☺	☺☺☺
	Projektstrukturplan (PSP)	345	☺☺	☺☺☺
	Gantt-Chart-Terminplan	349	☺☺☺	☺☺☺
	Projektarbeitsauftragsplan	350	☺☺	☺☺
	Projektumfeldanalyse (PUMA)	351	☺☺	☺☺
	Projektorganisation	354	☺	☺☺
	Projektmanagementrollen und -verantwortlichkeiten	356	☺☺	☺☺
	Projekt-Kommunikationsplan	359	☺	☺☺
	Verantwortlichkeiten-Matrix (CIDA)	363	☺☺	☺☺
	Stakeholder-Kommunikation	366	☺	☺☺
	Workshop	367	☺☺	☺☺
	Revision der Erwartungen	369	☺☺☺	☺☺☺
	Booz-Ball-Bewertung	371	☺☺☺	☺☺☺
	6 Denkhüte	372	☺☺	☺☺
	Next Steps	374	☺☺☺	☺☺☺
	Fähigkeiten-Radar	375	☺☺	☺☺
Kontrollfragen	Kontrollfragen für die Projektplanung	378	☺☺☺	☺☺☺
	Kontrollfragen für die Aufbereitung von Ideen und von qualitativen Informationen	379	☺☺☺	☺☺☺
	Kontrollfragen für die Definition der Situation – Diagnose	380	☺☺☺	☺☺☺
	Kontrollfragen für die Zielformulierung	381	☺☺☺	☺☺☺
	Kontrollfragen für die Analyse	381	☺☺☺	☺☺☺
	Kontrollfragen für die Entscheidungsfindung	382	☺☺☺	☺☺☺
	Kontrollfragen für den Beginn der Projekt-realisierung	383	☺☺☺	☺☺☺
Szenarien („Einkaufsliste für Tools“)	Die Top-10-Tools des Autors	385	☺☺☺	☺☺☺
	Szenario Projekt- und Problemdefinition	385	☺☺	☺☺
	Projektplanung und -definition	387	☺☺	☺☺☺
	Szenario Strategieanalyse	388	☺	☺☺
	Organisationsanalyse und Organisationsdesign	389	☺☺	☺☺
	Restrukturierung	390	☺☺☺	☺☺☺
	Machbarkeitsstudie	390	☺☺☺	☺☺☺
	Systementwicklung	391	☺☺	☺☺
	Strategieworkshop	392	☺☺	☺☺
	Geschäftsprozessoptimierung	393	☺☺☺	☺☺☺

Anwendungsbereiche der Tools

(Eine Übersicht in alphabetischer Reihenfolge finden Sie am Ende des Buches.)

Name des Tools	Seite	Situationsdefinition	Informationsbeschaffung	Kreativität	Informationskonsolidierung	Zielformulierung	Organisationsanalyse	Systemanalyse	Strategieanalyse	Entscheidungsfindung	Projektmanagement
Problemdefinition	51	×				×					×
Problembaum	56	×				×					
Problemumkehrung	60	×		×							
Hypothesen	63	×				×					
Hypothesenbaum	63	×									
Konkurrierende Hypothesen	66	×									
Fragenbaum	67	×			×						
Beeinflussungs-/Ursachenmatrix	70	×									
Fischgräten-Ursachenanalyse	72	×		×						×	
Black Box	75	×									
Ist-Ist nicht	77	×				×					×
Stakeholderanalyse	79	×									×
Stakeholder-Übersicht	84	×				×					×
Stakeholder-Erwartungsmanagement	87	×				×					×
Stakeholder-Einfluss-Matrix	89	×					×				×
Stakeholder-Akkordeon	92	×									
Stakeholder-Tausch	93	×									
Kontextdiagramm	95	×			×		×	×			
Silo	100	×					×	×			
Vogelperspektive	101	×									
Mind Map	103	×		×	×						×
Informationsbeschaffungs-Plan	111		×								
Interview	113		×								
Dreigestirn	115		×								
Achteck	116		×								
Testgruppen	117		×								
Fragebogen	119		×								
Umfrage/Feldstudie	121		×								
Direkte Beobachtung (DILO)	123		×								
Expertenbefragung	125		×								
Schreibtisch-Forschung	126		×								

Name des Tools	Seite	Situationsdefinition	Informationsbeschaffung	Kreativität	Informationskonsolidierung	Zielformulierung	Organisationsanalyse	Systemanalyse	Strategieanalyse	Entscheidungsfindung	Projektmanagement
5 W (5 Warum)	127	×	×	×		×					
Klima-Beurteilung	128		×				×				
Brainstorming	133			×							
Kärtchentechnik	136			×							
6-3-5-Tool	137			×							
Nyaka (Defektanalyse)	138			×							
Bionik	140			×							
Attribute-Liste	141			×							
Morphologie	142			×							
Merlin-Technik	143			×							
Lotusblüten-Tool	146			×							
Reizwort-Technik	148			×							
Mentale Provokation	149			×							
Pareto-80:20-Regel	154				×					×	
ABC-Tool	157				×						
Informationsmatrix	159				×						
Kartensortieren	161				×						
Verwandtschaftsdiagramm	162				×						
Venn-Diagramm	165				×						
Kräftefeld (Force Field)	166	×		×	×						
Zielbaum	172	×				×					×
Ziel-Mittel-Hierarchie	174					×			×		×
Charta	177					×					×
Zielkatalog	179					×					
SMARTe Ziele	181					×			×		
Ziel-Gitter	183					×					
Definierte Ergebnisse	184					×					
3P-Äußerungen	186					×					×
SNAP	188					×					
Organisationsstruktur	195						×		×		
Lohngruppen-Diamant	200						×				
Struktur und Prozess	201						×	×			
Kontrollspanne	203						×				
Organisationsbeurteilung	205						×				
Kräftebild	206						×			×	×

Name des Tools	Seite	Situationsdefinition	Informationsbeschaffung	Kreativität	Informationskonsolidierung	Zielformulierung	Organisationsanalyse	Systemanalyse	Strategieanalyse	Entscheidungsfindung	Projektmanagement
Architekturanalyse	209	×					×	×			
Logisches Datenmodell	211							×			
Funktionale Analyse	213	×						×			
Prozessanalyse	216						×	×			
Relationales Datenmodell	220				×			×			
Technologie-Infrastruktur	222							×			
Anforderungskatalog	224							×			
Logische und funktionale Systemmodellierung	227			×				×			
Wertschöpfungskette	231								×		
Kritische Erfolgsfaktoren	235								×		
SWOT und TOWS	238								×		
Lebenszyklus	246								×		
Five Forces	250								×		
Wettbewerberanalyse	255								×		
Umfeldanalyse (PEST)	259								×		
Strategische Marktsegmente	262								×		
Kundensegmentierung	266								×		
Geschäftsfeldermatrix	270								×		
Produkt-Markt-Mix	275								×		
Strategieentwicklungs-optionen	279					×			×		
Strategiematrix	285								×		
Entscheidungsbaum	293			×	×					×	
Perspektiven[3]	296									×	
Argumentewaage	298									×	
Leiterklettern	299									×	
Paarvergleich	300									×	
Kreuz der Annahmen	301					×				×	
Polaritäten-Tool	303							×	×	×	
Nutzwertanalyse	305									×	
Nominales Gruppen-Tool	308									×	
100 Punkte	309									×	
Kartesische Koordinaten	311			×						×	
Vroom Yetton	312									×	
Risikoanalyse	315							×	×	×	

Name des Tools	Seite	Situationsdefinition	Informationsbeschaffung	Kreativität	Informationskonsolidierung	Zielformulierung	Organisationsanalyse	Systemanalyse	Strategieanalyse	Entscheidungsfindung	Projektmanagement
Schwerpunktmatrix	320					×			×	×	
Projektauftrag	333					×					×
LogFrame	337					×					×
Programmplan	342					×			×		×
Projektstrukturplan (PSP)	345										×
Gantt-Chart-Terminplan	349										×
Projektarbeitsauftragsplan	350										×
Projektumfeldanalyse (PUMA)	351						×				×
Projektorganisation	354						×				×
Projektmanagementrollen und -verantwortlichkeiten	356										×
Projekt-Kommunikationsplan	359										×
Verantwortlichkeiten-Matrix (CIDA)	363						×				×
Stakeholder-Kommunikation	366										×
Workshop	367										×
Revision der Erwartungen	369	×				×					×
Booz-Ball-Bewertung	371									×	×
6 Denkhüte	372			×							×
Next Steps	374										×
Fähigkeiten-Radar	375										×

Geleitwort

Professor Dr.-Ing. Tom Sommerlatte ist Chairman der renommierten internationalen Unternehmensberatung Arthur D. Little Consulting und wurde kürzlich in die Hall of Fame der amerikanischen Kongress-Bibliothek aufgenommen. Er ist Inhaber des Bundesverdienstkreuzes und vielfacher Buchautor.

Dieses Buch ist eins von denen, die man schon immer gern gehabt hätte, man aber nicht glaubte, dass sie jemals geschrieben würden: In diesem Fall ist es ein Universalkompendium über die Praxis des Problemlösens.

Meine Erfahrung in der wissenschaftlichen Arbeit (als Forscher auf dem Gebiet der chemischen Verfahrenstechnik) und im Management (als Unternehmensberater) erweckte über die Jahre bei mir den Eindruck, dass das Universum der Vorgehensweisen, Methoden, Werkzeuge (Tools) und Techniken des Problemlösens unendlich und in ständigem Fluss sei. Bei meinen beruflichen Aufgaben und Herausforderungen bestand die Überlebenschance darin, mir ein eigenes Repertoire von Problemlösungsheuristiken zurechtzuzimmern, die ich mir autodidaktisch und situationsbedingt aneignen musste.

Nicolai Andler, inspiriert von der „Denke" des Systems Engineering und ausgestattet mit einer bewundernswert systematischen Begabung, hat es auf sich genommen und dann auch durchgestanden, Ordnung und Struktur in die Fülle von Problemlösungs-Tools und -Techniken zu bringen. Dabei ging er von seinem pragmatischen mentalen Modell aus Phasen und Iterationsschleifen aus, denen er zehn Kategorien von Tools zuordnete. Er jagte alles, was er als Tools vor die Flinte bekam, und katalogisierte es auf so verständliche, logische Weise, dass daraus eine wirkliche Enzyklopädie für das Problemlösen aller Art wurde.

Erstaunlich und zugleich beruhigend ist, wie dieses Buch Klarheit über die Typen der vielzähligen Tools und ihre Eignung im Problemlösungsprozess schafft. Ja, es erheitert geradezu, vorgeführt zu bekommen, wie unproblematisch die Anwendung auf Probleme und Projekte erscheinen kann.

Der Autor spricht aber auch eine Warnung aus: Tools und Techniken richtig und wirkungsvoll anzuwenden, setzt Geschick und Erfahrung voraus. Kognitive und methodische Kompetenz sind eins – soziale und Umsetzungskompetenz müssen aber hinzukommen, um Meisterschaft im Problemlösen zu erlangen. Eins ohne das andere führt nicht weit.

Nicolai Andlers Buch enthält einen wahren Schatz von instrumenteller Information, den besonders Leser zu schätzen wissen werden, die schon langjährige Erfahrung im Projektmanagement und Consulting gewonnen haben. Für Anfänger auf diesem Gebiet ist es eher eine wertvolle Orientierungshilfe auf dem Weg zur Meisterschaft.

Prof. Dr.-Ing. Tom Sommerlatte

Vorwort

„Die meisten Management-Ideen bestehen schon seit langer Zeit. Die Fähigkeit des Managers besteht darin, diese alle zu kennen und die Idee auszuwählen, die zum gegenwärtigen Zeitpunkt und für die Situation, in der er sich befindet, am angemessensten ist – genauso, wie man den angemessenen Golfschläger nach der jeweiligen Situation und Lage des Balles auswählen würde." So lautet in etwa die freie Übersetzung des folgenden Zitats von Sir John Harvey-Jones:

„Most ideas on management have been around for a very long time, and the skill of the manager consists in knowing them all and, rather as he might choose the appropriate golf club for a specific situation, choosing the particular ideas which are most appropriate for the position and time in which he finds himself."

Dieses Buch entstand vor dem Hintergrund eines persönlichen Bedarfs nach einem einfachen, vollständigen und gut gegliederten Repertoire an Tools und Techniken für meine eigenen Beratungstätigkeiten. Immer wenn ich den „Hasen aus dem Beratungs-Zylinder" zaubern wollte, verbrachte ich unnötige Zeit mit der Durchforstung meiner früheren Projektdokumentationen, um Dinge zu finden, die ich schon einmal gemacht hatte. Um zu vermeiden, dass ich das Rad jedesmal neue erfinde, hatte ich ein Art „Spickzettel" entwickelt – eine Liste mit Namen an Tools und Techniken, die mir half, mich daran zu erinnern, welche Lösungsmöglichkeiten es gibt.

Im Rahmen der Implementierung einer unternehmensinternen Beratungsabteilung für einen Kunden hatte ich die Idee, mein Kompendium an Tools in das Projekt zu integrieren und die Angestellten darin auszubilden. Seitdem hat es einige Revisionen gegeben. Die Auseinandersetzung mit vielen unterschiedlichen Bereichen, wie Psychologie, Ökonomie, Ingenieurwissenschaft, Systemtechnik, Strategischem Management, Coaching, Therapeutischer Beratung, Change Management, Arbeits- und Organisationspsychologie, Kundenbeziehungsmanagement (CRM), Systemanalysen, Unternehmens- und EDV-Architektur, Organisationsentwicklung sowie Kommunikationswissenschaften und deren Kombinationen, haben dieses Buch geformt und beeinflusst.

Ich habe versucht, wo möglich und bekannt, die Urheber geistigen Eigentums zu nennen und zu wahren. Sollten Sie als Leser den Eindruck haben, dass wertvolle Referenzen und Quellen vergessen wurden, treten Sie bitte mit mir in Kontakt unter NA@NicolaiAndler.com oder besuchen Sie www.NicolaiAndler.com für Updates, Fallstudien, Trainings usw.

Dieses Buch wäre nicht ohne die Unterstützung zahlreicher Mitmenschen möglich gewesen, denen ich hier meinen Tribut, Anerkennung und Dank aussprechen möchte.

Ich möchte mich für die fachliche und freundschaftliche Unterstützung bei Louis Stanford, Tom Roegner, William van Zyl, Dominique le Roux, Harry Schmitz, Dr. Dirk Müller, Michael Gold und Dr. Hans-Otto Naumann bedanken, außerdem für deren konstruktive Kritik, Vorschläge und Engagement. Zahlreiche Diskussionen und Anregungen haben das Buch maßgeblich geformt.

Ich möchte dieses Buch meinen Eltern widmen und mich für ihre Unterstützung, Liebe, Vertrauen und den festen Glauben an mich bedanken.

Kapstadt, August 2010 Nicolai Andler

Anmerkungen zur 3. Auflage

In Zusammenarbeit mit vielen Kunden und durch Trainings und Workshops haben sich seit der ersten Auflage einige Verbesserungsmöglichkeiten und Ideen aufgetan, die in diese Auflage eingearbeitet wurden. Die meisten Kategorien wurden überarbeitet. Tools wurden nicht nur überarbeitet, sondern auch erweitert und vor allem um weitere wichtige Tools ergänzt.

In der Zusammenarbeit mit Beratern hat sich herausgestellt, dass es dem Buch an Tools für die genaue Problemdefinition fehlt. Dieser Mangel wurde durch die Ergänzung von acht zusätzlichen Tools in der Kategorie „Situationsdefinition" behoben. Des Weiteren wurden Begriffe angepasst und weitere Szenarien (Einkaufslisten von Tools für insgesamt vier neue Geschäfts- oder Problemsituationen) geschaffen, um es Ihnen noch einfacher zu machen, die passenden Arbeitsweisen für ihre Situation zu entwickeln. Die Tools in den Übersichtstabellen sind jetzt in absteigender Reihenfolge angeordnet – basierend auf der einem Ablauf, wie Sie ihn typischerweise anwenden sollten. Darüber hinaus habe ich noch eine weitere Übersicht ergänzt in der dargestellt wird, welche Tools ich in welcher Reihenfolge und warum in einem Großprojekt verwenden würde. Es ist sozusagen eine „Andlersche Projektzyklus-Tools-Best-Practice" (siehe Kapitel 9).

Diese dritte Auflage hat jetzt 23 neue, zusätzliche Tools (insgesamt also 119) sowie vier neue, zusätzliche Problemszenarien („Einkaufslisten für Tools").

Das Werk etabliert sich nicht nur als Vorlesungsmaterial für verschiedene Studiengänge, u. a. „MBA für Management Consulting" und für den Studiengang „Business Consulting" an der Fachhochschule Oldenburg, sondern auch in vielen kleinen, mittleren und großen Unternehmensberatungen und Inhouse-Consulting-Abteilungen als Trainings- u. Schulungsmaterial. Auch in anderen Disziplinen und Bereich wird das Werk aufgrund der soliden und praktischen Ausrichtung zur allgemeinen Problemlösung sehr geschätzt und eingesetzt.

Hiermit ein herzliches Dankeschön an alle Leser und Nutzer, die durch ihr Feedback, den Kauf des Buches und Empfehlungen helfen, das Buch und dessen Inhalte als Standard für Problemlöser, Berater, Projektmanager, Trainer und viele weitere Berufsgruppen zu etablieren. Somit meine Einladung an Sie: Helfen Sie mir dabei, die professionelle Tätigkeit dieser Berufsgruppen und Ihrer Kollegen einfacher zu machen und auch dabei, dieses Buch als Standard zu etablieren.

Inhaltsverzeichnis

1 Einleitung

1.1 Aufbau des Buches

Das Buch beginnt mit einer kurzen Einführung in die Theorie der Kompetenzen, auf denen dieses Buch basiert. Der besondere Schwerpunkt dieses Buches ist die Verbesserung der Methodenkompetenz als Teil der Persönlichkeitsentwicklung.

Kapitel 2 erklärt das Konzept – Kategorien von Tools und Techniken, ausgerichtet auf einen Problemlösungsprozess – gefolgt von einer Beschreibung, wie dieses Buch effektiv und effizient genutzt werden kann. Wie nach dem geeigneten Tool gesucht und wie es erkannt und ausgewählt werden kann, beschreibt Kapitel 2.3 in Verbindung mit einem Beispiel für eine Zusammenstellung von Tools („Einkaufsliste z. B. für einen Workshop"). Zusätzliche Szenarien typischer Geschäftssituationen und eine empfohlene Auswahl von geeigneten typischen Aktivitäten, Tools und Techniken sind in Kapitel 9 „Anhang B" – Szenarien, Seite 385 zu finden. Kapitel 2.3 „Die Auswahl des richtigen Tools" auf Seite 43 bietet einen Entscheidungsbaum mit einer Anleitung, wie Schritt für Schritt von einer bestimmten Ausgangssituation aus das richtige Tool zu finden ist.

Die danach folgenden vier Kapitel (3–6) repräsentieren die vier Stufen des Problemlösungsprozesses. Jedes Unterkapitel untergliedert die relevanten Tools und Techniken in die entsprechenden Kategorien.

Diese Struktur verstärkt den prozessorientierten Gedanken und vereinfacht das Auffinden von Tools und das Orientieren innerhalb des Buches. Die Kurzübersicht der Tools am Anfang erlaubt einen schnellen und direkten Zugang zu allen Tools.

1.2 Gebrauchsanweisung für das Buch

Blättern Sie im Buch, um sich zu orientieren und um herauszufinden, was Sie schon wissen und worüber Sie noch mehr erfahren wollen. Einige Tools und Techniken werden Ihnen bestimmt auf die eine oder andere Art bekannt vorkommen. Bauen Sie auf diesem Wissen und Vertrauen auf und kombinieren Sie Altes mit Neuem. Falls Sie relativ neu in diesem Bereich der Tools und Techniken sind, wäre es ratsam, das komplette Buch durchzulesen, um einen Eindruck zu bekommen, was das Buch alles beinhaltet. Der etwas erfahrenere Leser möchte sich vielleicht eher auf die Bereiche stürzen, die ihn besonders interessieren. Wenn Sie nach einem bestimmten Tool suchen, begeben Sie sich zum Abschnitt 2.3 „Die Auswahl des richtigen Tools“ oder zur Kurzübersicht am Anfang des Buches.

Verwenden Sie dieses Buch als Ihren ganz persönlichen Werkzeugkasten. Jeder erfahrene Berater hat sein eigenes Repertoire an Tools und Techniken. Dieses Buch soll Ihnen dabei helfen, Ihren persönlichen Werkzeugkasten (Toolbox) zu kreieren und mit der Zeit weiter zu entwickeln. Seien Sie innovativ, offen und kreativ – so werden Sie bestimmt neue interessante Anwendungsbereiche für die bereitgestellten Tools entdecken. Nehmen Sie neue Ideen auf und schaffen Sie Ihr eigenes Portfolio an Werkzeugen. Über Ideen und Anregungen zu weiteren Tools und Techniken für zukünftige Ausgaben würden ich mich als Autor und sich alle Leser freuen. Sie können mich unter NA@NicolaiAndler.com erreichen.

Eine Anmerkung: Ich verwende die männliche Anrede oder Personenbezeichnung nur zur Vereinfachung.

1.3 Die Zielgruppen dieses Buches

Eine immer größere Zahl von Geschäftsleuten nutzt Beratungsdienstleistungen oder hat bereits in irgendeiner Form mit Beratern zu tun gehabt. Die Beratungsdienstleistung wird jedoch nicht immer vollkommen verstanden. Wir befinden uns gegenwärtig in einer Phase, in der die Projekt- und Beratungsarbeit immer mehr hinterfragt und in Frage gestellt wird. Was steckt hinter dem Beratungsmythos? Dieses Buch gibt Ihnen einen Einblick in die Welt und Techniken der Projekt- und Beratungswelt. Das Buch soll helfen, diese Bereiche besser verstehen und hinterfragen zu können, ja vielleicht sogar, den Job selber machen zu können.

Ein typischer Benutzer und Käufer dieses Buches wäre in meiner Vorstellung:

- Ein praktizierender Berater, der sich weitere Tools und Techniken aneignen möchte, um sein Portfolio zu erweitern und um eine Referenz und Quelle zu haben.
- Ein Angestellter in einer internen Beratungsabteilung, der die Beratungstools studieren und lernen möchte.
- Ein Manager, der mehr über die „Geheimnisse und Waffen“ der Berater und ihren Fachjargon wissen möchte.
- Eine Person, die (Geschäfts-)Probleme selbst lösen möchte.
- Ein Student der Wirtschafts- oder Ingenieurwissenschaften, der ein paar clevere und effektive Tools für seine Fallstudien lernen möchte oder der sich für Systemtechnik oder Unternehmensberatung interessiert.
- Dozenten, Lehrbeauftrage und Studenten für den Wirtschaftsbereich, die ihr Wissen über die BCG-Matrix hinausgehend erweitern möchten.

1.4 Der inhaltliche Rahmen des Buches

Dieses Buch ist eine praktische und einfache Sammlung an Tools und Techniken, die für Sie direkt anwendbar sind, ohne dass Sie sich stundenlang mit trockener Theorie beschäftigen müssen.

Das Ist-Ist nicht-Tool (siehe Abbildung 1 und Abschnitt 3.1.11) wurde verwendet, um zu definieren, was dieses Buch beinhaltet und was nicht. Die meisten Consultingbücher befassen sich hauptsächlich mit dem Management einer Beratung. Dieses Buch beschäftigt sich exklusiv nur mit den Tools und Techniken, die Sie für Beratungsaktivitäten, Projekte, Problemlösungssituationen, Workshops usw. benötigen und anwenden können. Dieses Buch kann zu Ihrem persönlichen „Werkzeugkasten" werden. Abbildung 1 verdeutlicht, was innerhalb und außerhalb seines Betrachtungsrahmens liegt.

Vor zwei Jahrzehnten meinte Peter Block in seinem berühmten „Handbuch für fehlerlose Beratung", dass es nicht ausreiche, allein die Techniken zu wissen. Obgleich er damit auch heute noch Recht hat, ist ein reichhaltiges Portfolio an Tools und Techniken als Wissensbasis inzwischen unentbehrlich.

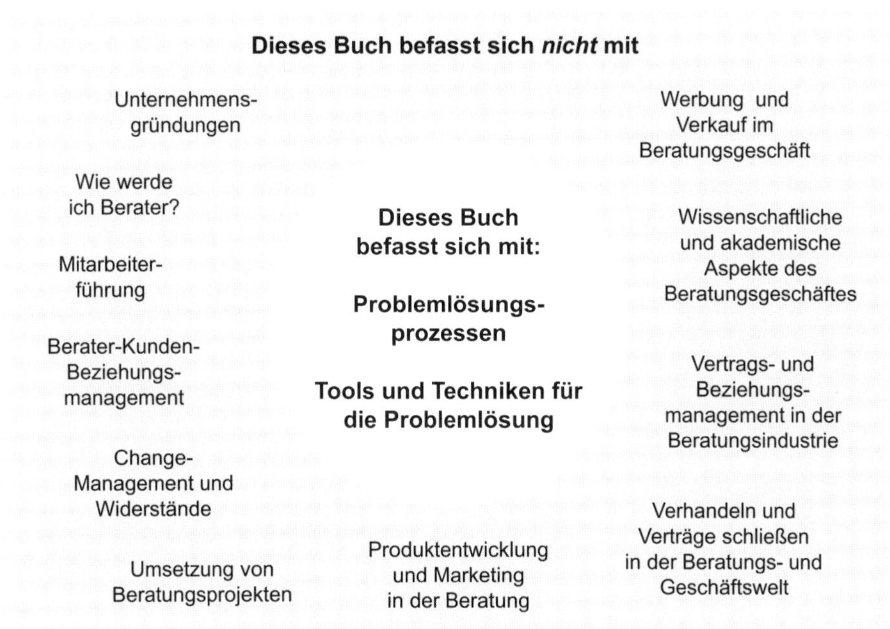

Abbildung 1 Was ist „in" und „out of scope"?

1.5 Fähigkeiten und Kompetenzen für die Persönlichkeitsentwicklung

Dieses Buch soll Sie bei Ihrer persönlichen Weiterentwicklung unterstützen, besonders im Bereich der kognitiven und der Methodenkompetenzen.

Drei Dinge machen eine Kompetenz aus:

- *Talent* beschreibt die natürlichen Qualitäten und angeborenen Fähigkeiten und Begabungen in gewissen Bereichen oder für gewisse Tätigkeiten.
- *Fähigkeiten* werden beschrieben als etwas, was Sie lernen, trainieren, studieren und sich somit aneignen können, z. B. Buchführung.
- *Erfahrung* ist die Ansammlung an Wissen und Fähigkeiten durch praktische Tätigkeiten. Erfahrung ist die Anwendung von Theorie in der Praxis und das daraus resultierende Lernen.

Alle drei Dinge zusammen machen eine Kompetenz aus (Abbildung 2). Im Bereich Persönlichkeitsentwicklung unterscheidet man zwischen vier unterschiedlichen Kompetenzen:

- Fachkompetenz – Fähigkeiten und Wissen in einem bestimmen Gebiet oder Bereich, z. B. Marketing oder Finanzen, kombiniert mit Erfahrungen und industriespezifischem Wissen, z. B. in der Automobilindustrie. Diese Kompetenz ist fassbar und messbar und erscheint typischerweise im Lebenslauf in Form von Abschlüssen und Tätigkeitsjahren.
- Sozialkompetenz – „People Skills" oder „weiche Faktoren", z. B. soziale Interaktionen, Führungsqualitäten, emotionale Intelligenz oder Konfliktlösung. Das Schlüsselwort ist emotionale Intelligenz.
- Methodenkompetenz – systemisches Wissen, verbunden mit der Fähigkeit, Tools, Techniken, Methoden u. a. anwenden zu können.
- Handlungskompetenz – Fähigkeit, Verantwortung zu übernehmen und entsprechend zu implementieren.

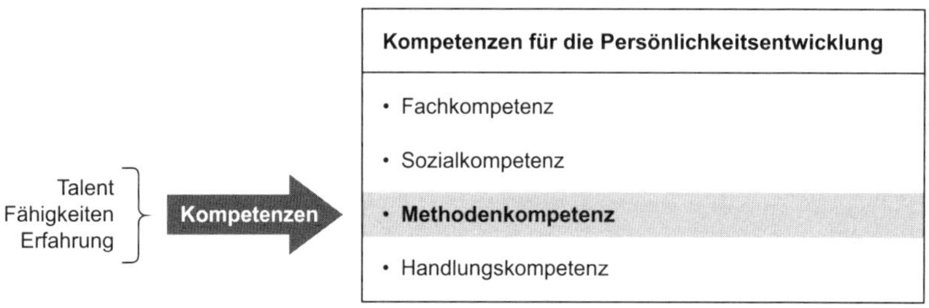

Abbildung 2 Vier Kompetenzen der Persönlichkeitsentwicklung – der Schwerpunkt dieses Buches liegt auf den Methodenkompetenzen

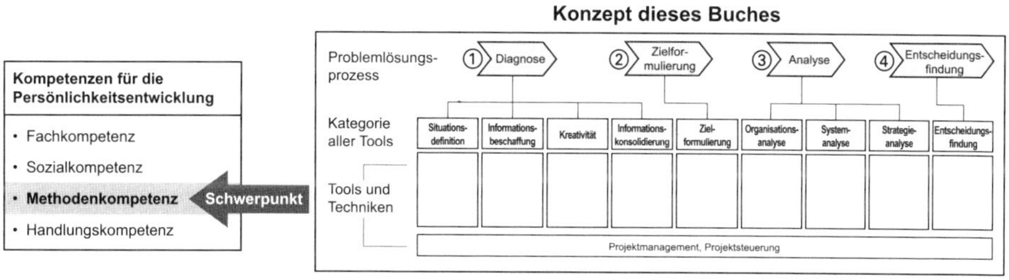

Abbildung 3 Die Verbindung zwischen Kompete+nzen und dem Konzept dieses Buches

Der Schwerpunkt des Buches liegt auf den Methodenkompetenzen, mit einer umfassenden Liste an Tools und Techniken, mit denen Sie Ihr persönliches Repertoire entsprechend erweitern können.

Das hier vorgestellte Konzept verbindet einen einfachen 4-stufigen Problemlösungsprozess mit einer Vielzahl von relevanten Tools und Techniken, die entsprechend ihrer Anwendbarkeit in Kategorien gruppiert wurden.

Die Anordnung der Kategorien folgt der Reihenfolge, in der Sie sich typischerweise durch die vier Prozessstufen des Problemlösungsprozesses durcharbeiten würden. Abbildung 3 zeigt, wie das Kompetenzenmodell und das Konzept dieses Buches in Relation zueinander stehen.

1.6 Methodenlehre, Modelle, Tools, Techniken und Begriffe

Der Fokus dieses Buches liegt auf Tools und Techniken, dargestellt entsprechend der KISS-Regel (*Keep It Simple and Stupid*). Damit dieses Buch frei von unnötigem akademischen Ballast und den zu Grunde liegenden Theorien bleibt, habe ich den Versuch unterlassen, die verwendeten Tools und Techniken wissenschaftlich herzuleiten, zu rechfertigen, zu beweisen oder zu diskutieren (siehe Abbildung 4).

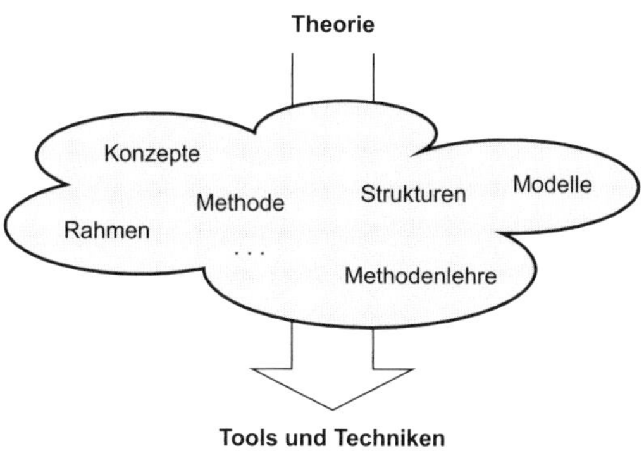

Abbildung 4
Herleitung der Tools und Techniken

Wie auch immer Sie Ihre Begriffe und Modelle definieren und verwenden, es muss funktionieren und sollte Sie zufriedenstellen. Das ist alles, was zählt.

Der Hauptzweck der Tools und Techniken ist, Ihnen eine Struktur und ein Gerüst für Ihre Gedanken und Handlungen zu bieten. Die Tools sind *kein Ersatz* für Ihre eigene Intuition, intellektuelles Hinterfragen sowie kritische Auseinandersetzung mit dem Thema und der Problemstellung. Verwenden Sie die Tools als Anregungen und Hinweise und passen Sie diese Ihren Anforderungen an.

Theorie und Praxis – leider ist die Anwendung der verschiedenen Tools und Techniken nicht so einfach und klar voneinander zu trennen, wie es die Theorie und dieses Buch vorsehen. Verwenden Sie deswegen immer die Querverweise am Ende jeder Toolbeschreibung als zusätzliche Hilfe, um sich einen Überblick über ähnliche Tools zu verschaffen. Viele Tools können in mehreren Zusammenhängen und Situationen zur Anwendung kommen. Die Übersicht „Anwendungsbereiche der Tools" auf Seite 8 und am Ende des Buches kann Ihnen ebenfalls weiterhelfen.

2 Problemlösungskonzept des Buches

Das Grundanliegen dieses Buches besteht darin, Ihnen ein Kompendium an Tools und Techniken zur Verfügung zu stellen, das Sie für Beratungs-, Projekt-, Arbeits- oder Workshopsituationen anwenden können.

Das Konzept basiert auf einem universellen Problemlösungsprozess, der aus vier Stufen (Diagnose, Zielformulierung, Analyse und Entscheidungsfindung) besteht und für jede Art von Problem anwendbar sein sollte. Tools, die den gleichen Zweck und die gleiche Funktion haben, wurden in einheitliche Kategorien zusammengefasst. Somit ist der Problemlösungsprozess das allumspannende Gerüst, er wird im folgenden Kapitel näher untersucht. Die Tools und Techniken sind in zehn verschiedene Kategorien unterteilt. Manche der Kategorien sind gezielt auf spezielle Fachbereiche wie z. B. Projektmanagement, strategische, organisationale oder Systemanalyse zugeschnitten.

2.1 Problemlösung

Wenn wir Probleme lösen, dann wollen wir normalerweise mehr, als uns nur von einer unakzeptablen Situation zu befreien. Wir wollen das Problem lösen. Kurz gesagt, wir wollen uns von einem problematischen Zustand weg zu einem „gelösten" Zustand bewegen (siehe Abbildung 5). Dazu bewegen wir uns auf dem „Lösungsweg". Es scheint offensichtlich, dass wir unsere Aufmerksamkeit dem gelösten Endzustand schenken müssen. Typischer- und unglücklicherweise steht aber oft der problematische Zustand im Mittelpunkt des Interesses.

Das Buch stellt alle notwendigen Tools für den Lösungsweg zur Verfügung, jedoch dient dies letztendlich nur der Vorbereitung für die finale Handlung und Umsetzung. Tappen Sie nicht in die Analyse- und Planungsfalle. Die Arbeit ist erst mit dem Beenden der Implementierung und nicht bereits mit der Analyse und Planung vorbei.

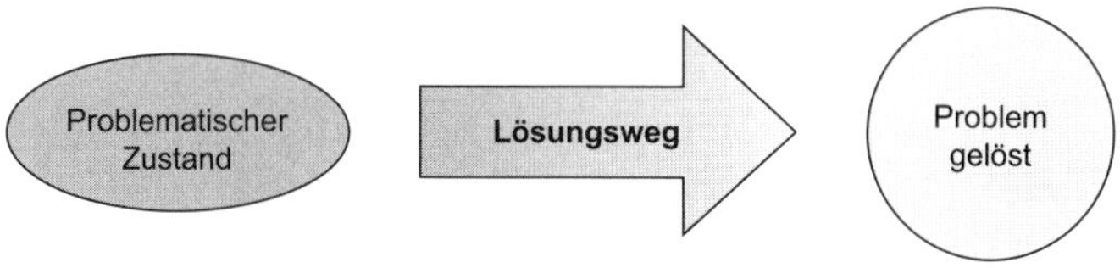

Abbildung 5 Der Weg zur Problemlösung

Wie werden Probleme typischerweise in Unternehmen angegangen? Kurz und schmerzlos und unkompliziert? Leider sind die eingeschlagenen Lösungswege nicht immer sehr weitsichtig und damit auch dauerhaft. Es gibt oft eine Vielzahl an alternativen Optionen (Lösungswege), auch wenn sie selten in Erwägung gezogen werden. Prinzipiell gibt es drei Wege, mit Problemen umzugehen (Quelle: Ziegenfuss 2002):

- Symptom bekämpfen – Mittel finden, die den problematischen Zustand beseitigen
- Ursache bekämpfen – Mittel finden, die den Ursprung des Problems ansprechen und beseitigen
- Umfeld der Ursache bekämpfen – Mittel finden, die das Umfeld des Problems so umgestalten, dass weder die Ursache noch das Problem wieder auftreten können.

Das letztgenannte Vorgehen benötigt den größten Aufwand und die meiste Kreativität, ist jedoch am nachhaltigsten und wird von den Tools und Techniken in diesem Buch unterstützt. Dies ist auch einer der Gründe, warum das Buch eine Kategorie „Kreativität" enthält.

Letzten Endes ist der Zweck der Problemlösung die zweckorientierte Untersuchung und Analyse zusammen mit dem lösungsorientierten Handeln und der Umsetzung.

2.1.1 Verschiedene Problemlösungsansätze

Problemlösungsansatze haben meist eine iterative und eine lineare Komponente. Sie erfordern ein gewisses Maß an linearem (zielstrebigem) Vorgehen. Jedoch ist die Realität der heutigen Geschäftswelt und Gesellschaft so, dass Probleme nicht nur in einer geradlinigen Art gelöst werden können. Die komplexen Umstände des Problems erfordern eine immer neue Auseinandersetzung und Interaktion

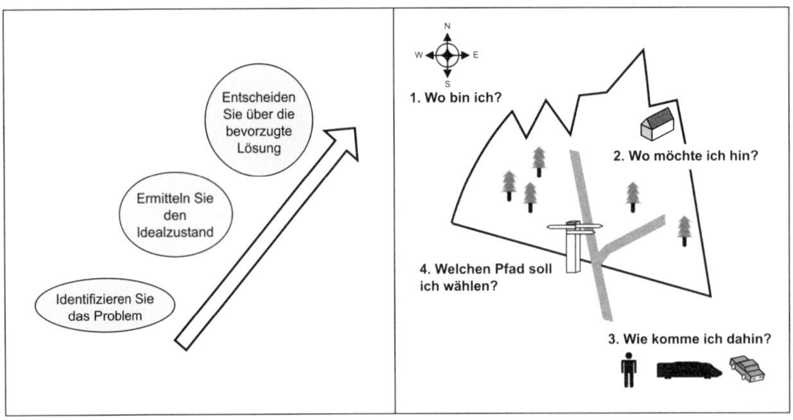

Abbildung 6 Der fundamentale Problemlösungsansatz

mit zahlreichen Aspekten, die gleichzeitig auf das Problem und das Umfeld einwirken. Aus diesem Grunde ist in diesen Fällen ein iteratives Vorgehen angemessen. Jede Wiederholungsschleife ergibt neue Einblicke und die Möglichkeit, das Problem und die Ursachen einzugrenzen.

Es gibt sicherlich Hunderte von Problemlösungsprozessen, wobei die meisten jedoch – unabhängig von ihrer technischen Richtung – sehr ähnlich aufgebaut und gegliedert sind. Sie variieren meist in der Anzahl der Schritte und der verwendeten Begriffe, gleichen jedoch dem grundlegenden Vorgehen in Abbildung 6:

- Was stimmt nicht? – Identifizieren Sie das Problem.
- Wie sollte es eigentlich sein? – Bestimmen Sie die „ideale" Situation bzw. den Idealzustand.
- Was könnten Sie tun und wie machen Sie das am besten? – Bestimmen Sie die bevorzugte Lösung und planen Sie das weitere Vorgehen.

Das rechte Bild in Abbildung 6 verwendet die Metapher einer Reise oder eines Ausfluges, um die Problemlösungsstufen – hier jedoch in vier Schritten – darzustellen.

Vergleich von unterschiedlichen Problemlösungsansätzen

Dieser kurze Exkurs dient dazu, Ihnen einen Überblick über die Problemlösungsansätze der verschiedenen Disziplinen aufzuzeigen – Sie werden sehen, dass die meisten dem gleichen Prinzip folgen.

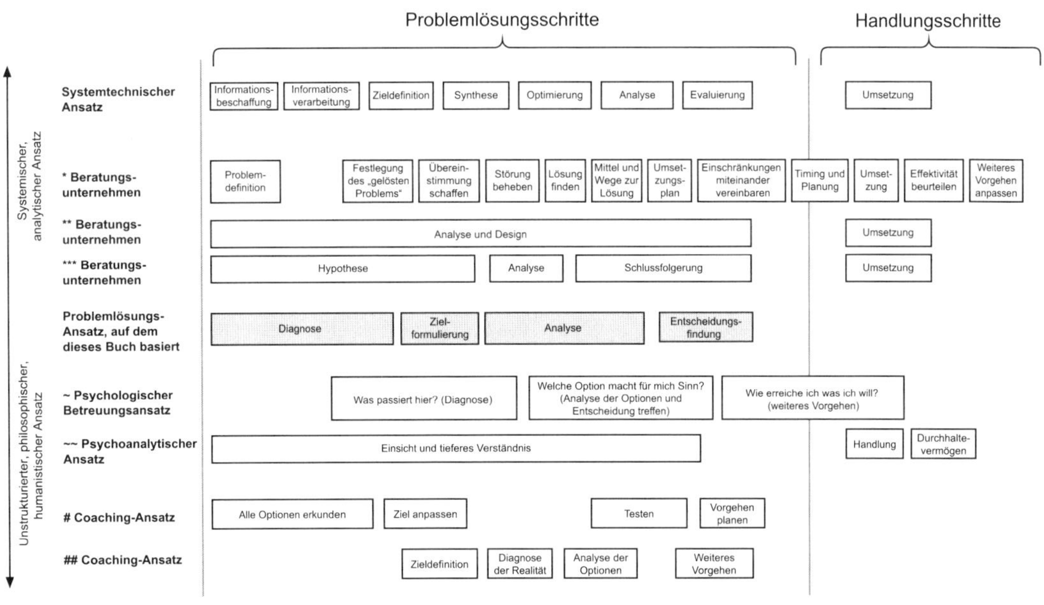

* Distance Consulting (Fred Nickols), ** Gemini Consulting, *** Bossard Consulting, # Togaine (The Foundation), ## Whitworth's Grow model, ~ G. Egan, ~~ C.G Jung

Abbildung 7 Unterschiedliche Problemlösungsansätze

Abbildung 7 zeigt, beginnend von oben, den systemtechnischen Ansatz mit seinen typischen Schritten, gefolgt von der Implementierungsphase (Haberfellner, Nagel et al 1994). Darunter sehen Sie Ansätze, die von drei verschiedenen Unternehmensberatungen verwendet werden. Es ist eine Kombination von Projektlebenszyklus und Problemlösungszyklus. Weiter unten finden Sie die therapeutischen und humanwissenschaftlichen Ansätze, die in der Psychologie, Therapie, im Change Management und im Coaching Verwendung finden.

2.1.2 Der verwendete Problemlösungsansatz dieses Buches

Mehrere Problemlösungsansätze und die typischen Tools und Techniken von unterschiedlichen Bereichen wurden miteinander verschmolzen, um den Ansatz, den dieses Buch verwendet, zu formulieren. Er ist in Abbildung 7 grau dargestellt. Der Ansatz vereint z. B. therapeutische Tools für die Zielformulierungskategorie, Coaching-Tools für die Entscheidungsfindungs-Kategorie usw. Des Weiteren wurden dafür Elemente des humanistischen Ansatzes mit dem systemtechnischen Ansatz kombiniert.

Abbildung 8 zeigt die vier grundlegenden Prozessstufen oder -schritte. Es ist wichtig, den unterschiedlichen Zweck jedes Schrittes zu verstehen und sich mit der zu Grunde liegenden Logik vertraut zu machen, warum eine Kategorie einem bestimmten Prozessschritt zugeordnet ist. Das nachfolgende Kapitel beschreibt die vier Prozessstufen und ihre unterschiedlichen Zwecke.

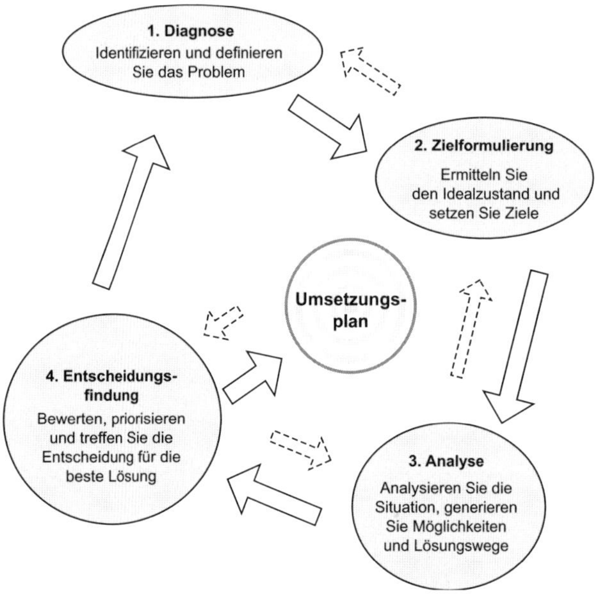

Abbildung 8 Der Problemlösungsansatz dieses Buches, iterativ dargestellt

1. Diagnose des Problems

Wurde das Problem beschrieben, definiert und richtig verstanden? Zu Beginn des Problemlösungsprozesses ist es wichtig, das Problem richtig zu beschreiben und einzugrenzen. Das Problem kann komplex oder vage sein, daher ist es essenziell, das wirkliche Problem exakt zu verstehen.

Als ersten Schritt (der Diagnose) muss man das Problem klar eingrenzen und beschreiben, um zu vermeiden, dass Lösungen geschaffen werden, die sich mit der Peripherie des Problems befassen. Oft wird viel Zeit vergeudet, ein peripheres Symptom zu bekämpfen, anstatt den Kern des Problems anzugehen. Daher ist einer der entscheidenden Schritte, alle Aspekte des Problems – z. B. Abgrenzung, Charakteristiken, Funktionen oder Beschränkungen – klar zu verstehen und zu definieren. Die Kategorien „Situationsdefinition, Informationsbeschaffung und Kreativität" befähigen Sie, genau das zu tun. Im Kapitel 3 finden Sie mehr Details hierzu.

2. Zielformulierung – Festlegung der Ziele und Ergebnisse

Nachdem das Problem definiert und eingegrenzt wurde, folgt der Schritt der Zielformulierung. Während dieser Stufe werden die beabsichtigten Ziele und Ergebnisse beschrieben und festgelegt. Es ist nicht notwendig, lange an diesem Schritt hängenzubleiben, obwohl die Qualität der Zielformulierung steigen wird, je mehr sie sich an den Erkenntnissen aus dem vorherigen Prozessschritt orientiert. Unterschiedliche Begriffe, z. B. „zukünftig, Vorgabe/Ziel, Zielvorstellungen, gewünschter Zustand, Ziele" usw. werden verwendet, um grundsätzlich zu beschreiben, „wohin wir gehen wollen und wie es aussehen könnte".

3. Analyse der Situation und Entwicklung von Lösungswegen

Sobald die Ziele definiert wurden, kann die dritte Stufe des Problemlösungsprozesses beginnen, in der Lösungswege für das Problem gefunden werden. Die Hauptarbeit steckt allerdings in der Analyse und Synthese. Diese Prozessstufe ist beendet, wenn Sie angemessene Alternativen, Lösungswege, Vorschläge und Empfehlungen entwickelt haben, die das Problem beheben und die gesetzten Ziele erreichen.

4. Entscheidungsfindung – Bewerten, Priorisieren und Entscheidungen treffen

Der Zweck der vierten Stufe ist es, bei allen Aspekten von Bewertung, Festlegung der Rangfolge, Priorisierung, Risikobewertung, Einschätzungen – kurz gesagt: bei der Entscheidungsfindung – behilflich zu sein, damit die beste Lösung implementiert werden kann. Diese Stufe ist beendet, wenn eine angemessene Lösung ausgewählt und dieser zugestimmt wurde.

Implementierung – Umsetzungsplan

Dieser Aspekt bekommt selten genug Aufmerksamkeit. Es handelt sich um den Plan für das weitere Vorgehen und die Implementierung, damit die erarbeitete Lösung zum entsprechenden Erfolg führt. Dieser Schritt ist nicht mehr Teil des Problemlösungsprozesses. Es ist jedoch sehr wichtig, dass relevante Aspekte der vorherigen Stufen in den weiterführenden Plan eingebracht werden. Tools und Techniken, die mit der Planung für die weiterführende Stufe helfen, sind in der Kategorie Projektmanagement enthalten. Es sind Tools wie z. B. Gantt-Chart-Terminplan (Abschnitt 7.6), Projektstrukturplan (PSP) (Abschnitt 7.5), Next Steps (Abschnitt 7.18).

Auch wenn der Prozess, der in Abbildung 6 dargestellt ist, den Eindruck erwecken könnte, dass der Problemlösungsprozess linear und sequenziell abläuft, sollten Sie sich bewusst sein, dass Sie jederzeit zur vorherigen Stufe zurückgehen können. Sie sollten sogar Teile oder den gesamten Prozess nochmals durchlaufen, wenn Sie auf Informationen gestoßen sind, die vorherige Prämissen in Frage stellen. Abbildung 8 ist eine grafische Darstellung dieses Sachverhalts.

Ein anderer Gesichtspunkt, dessen Sie sich während des Problemlösungsprozesses bewusst sein sollten, ist die erforderliche Art und Weise des Denkens. Jede Stufe erfordert eine andere Art zu denken (siehe Tabelle 1). Zum Beispiel erfordert die Analysestufe eine divergierende, auseinandergehende Denkweise. Das bedeutet,

Tabelle 1 Erforderliche Art und Weise zu denken – abhängig von der Prozessstufe (Quelle: Glass, erweitert durch den Autor)

Problemlösungs-prozess-Stufe	**Denkweise**	**Achtung – typische Fallen ☹**
Diagnose	Integrierend	Zu enge oder nur funktionale Sichtweise oder zu weit und unspezifisch.
Zielformulierung	Visionär und pragmatisch	Nur Top-down- oder Bottom-up-Denkansatz ohne Koordination und Einigung zwischen Top-Management und der operationalen Ebene bzgl. realistischer Ziele.
Analyse	Divergierend	Die Ausschau und Suche nach der *einzigen* Antwort auf die Lösung. Vorschnelle Ablehnung von Lösungen, die logisch erscheinen.
Entscheidungs-findung	Konvergent	Politische, persönliche oder emotionale Aspekte behindern das logische Vorgehen der Entscheidungsfindung. Auch können sich die Fortsetzung des kreativen Denkens und eine zu kurze Analyse- oder Bewertungsphase als nachteilig erweisen.

für neue Wege und Möglichkeiten offen zu sein, diese geradezu zu suchen. Es geht darum, alle Ideen und Vorschläge zuerst einmal anzunehmen, kein Urteil zu fällen, keine Bewertung vorzunehmen, zu diskutieren und zu expandieren. Erst wenn keine weiteren Ideen und Kombinationen mehr entstehen, sollten Sie zu einer konvergierenden Art umschwenken. Konvergentes Denken – als Teil der Entscheidungsfindungsstufe – bedeutet Ähnliches zu suchen, d. h. Gruppen und Kategorien zu etablieren, Bewertungskriterien zu finden, Konzentration auf das Wesentliche und Stärken, jedoch sind dabei vorschnelle Urteile zu vermeiden.

Abbildung 9 Symbol für Kategorien, hier erste Stufe „Diagnose"

Warum sich mit der Problemlösung befassen, wenn doch das erklärte Ziel des Buches Tools und Techniken sind? Wie schon erwähnt, bildet der Problemlösungsprozess das Gerüst oder Skelett. Jede Prozessstufe erfordert normalerweise spezifische Typen von Tools und Techniken. Deswegen sind alle ähnlichen Tools in der gleichen Gruppe (Kategorie) zusammengefasst. Diese Kategorie ist dann der Prozessstufe zugeordnet, die diese Tools und Techniken typischerweise benötigt. Um weitere Klarheit zu schaffen, wurde ein Symbol (Abbildung 9) für jede Kategorie eingeführt. Dieses Symbol soll andeuten, in welcher(n) Prozessstufe(n) die Tools und Techniken dieser Kategorie normalerweise verwendet werden. In dem verwendeten Beispiel repräsentiert der grau schattierte Pfeil die erste Stufe „Diagnose".

2.1.3 Denkmodell und Denkebenen bei der Problemlösung

Beim Lösen von Problemen sind drei Denkebenen sowie zwei Zeitdimensionen relevant, die beim Problemlösungsprozess durchlaufen werden sollten:

- Instrumentale Ebene – Wie und Womit? Welche Hilfsmittel stehen zur Verfügung?
- Funktionale Ebene – Was? Aufgaben- u- funktions-, bzw. funktionalitätsorientierte Ebene.
- Sinn/Begründungsebene – Warum? Wozu? Weshalb?

Die Zeitdimension umfasst die Gegenwart (IST-Zustand) und die Zukunft (SOLL-Zustand). Aus den obigen Aspekten ergibt sich das nachfolgende Denkmodell, das den verwendeten Problemlösungsansatz dieses Buches unterstützt. In jeder Phase des Problemlösungsprozesses sollten Sie auf der entsprechenden Denkebene sein, um die vorgeschlagenen Tools angemessen anwenden zu können (Abbildung 10). (Quelle: Haberfellner)

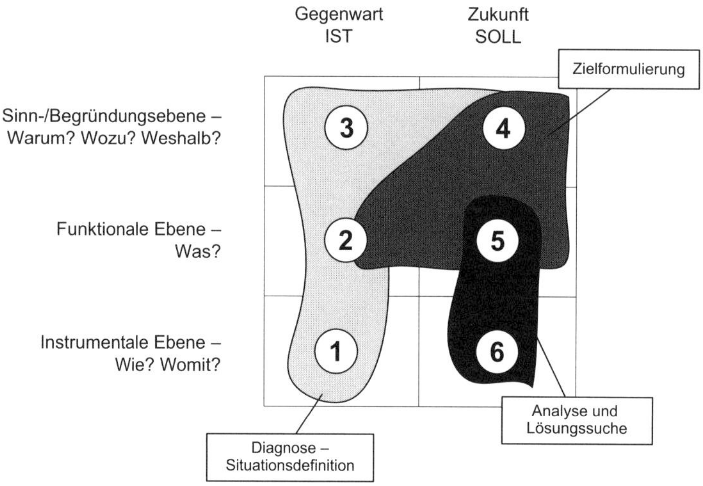

Abbildung 10 Denkebenen

Das Tool „Logische und funktionale Systemmodellierung" (Kapitel 5.2.8) auf Seite 227 basiert auf der gleichen Logik und kann als Kreativitätstechnik oder zur Systemmodellierung verwendet werden.

2.1.4 Hintergrund und Ansatz des Autors (Map Maker)

Genauso wie es hilft, die zeitliche Epoche und Umstände eines Künstlers zu kennen, um seine Werke und deren Bedeutung besser zu verstehen, so hilft es, den intellektuellen und geistigen Ansatz von mir als Autor zu kennen, um das Wie, Wann und Warum für den Einsatz eines Tools besser zu verstehen.

Um ein wirtschaftlich relevantes Beispiel zu nennen, das auch in direktem Zusammenhang zu Tools und Vorgehensweisen steht, stellen Sie sich zur Illustration ein Unternehmen vor. Was sind Ihre Annahmen, wie dieses Unternehmen funktioniert? Sie könnten u. a. Folgendes annehmen:

- Ein Unternehmen ist wie eine *Maschine* – solange der Input stimmt, alles gut geölt ist und alle Zahnräder richtig eingestellt sind, ergibt sich der gewünschte Output, der ursprünglich geplant und angestrebt war, automatisch. Ein systemischer Ansatz.
- Ein Unternehmen ist wie ein *Organismus* – ständig ändern sich die Situation und die Bedürfnisse; es gibt eine permanente Weiterentwicklung und Anpassung an das Umfeld und die Umwelt. Veränderungen und Anpassungen geschehen also nur als Reaktion auf externe Ursachen in der Umwelt und somit nicht durch eine proaktive interne Initiative. Die Anpassungen innerhalb dieses offenen Systems haben den Zweck, eine Balance zu finden zwischen den externen Umständen und den internen Bedürfnissen von Gruppen und Individuen. Maßnahmen sind somit situationsabhängig, reaktiv, schwer vorher-

sehbar und kaum standardisierbar. Es gibt nicht nur eine Lösung (no one best way).

- Ein Unternehmen ist wie ein *politisches System* – die machtpolitischen Regeln und Interessenskonflikte bestimmen, wie das Unternehmen geführt wird und was wie gemacht wird. Zusätzlich zu der Organisationsstruktur gibt es Machtstrukturen, informelle Netzwerke und Kollaborationen zwischen Einzelpersonen und Gruppen, die nicht unbedingt deckungsgleich mit den bestehenden Arbeitsgruppen sind. Entscheidungen über begrenzte Ressourcen werden in Verhandlungen („feilschen") und unter Einsatz der unternehmenspolitischen (Macht-)Positionen getroffen.

Eine Person wird, basierend auf den jeweiligen persönlichen Sichtweisen und Annahmen, bestimmte Tools und Herangehensweisen wählen, von denen sie persönlich glaubt, dass diese angemessen sind und zum Ziel führen. Das gleiche habe ich als Autor getan.

Ich gehe von folgenden Annahmen aus, die mich letztendlich zur der Auswahl der Tools und Techniken in diesem Buch veranlasst haben:

- Annahmen zum *systemisch-ingenieurwissenschaftlichen Ansatz* – Eine strukturierte und standardisierte Vorgehensweise hilft, jedes Problem besser zu definieren und zu lösen. Man kann Erfolg und Lösungen planen oder zumindest durch ein standardisiertes und strukturiertes Vorgehen wahrscheinlicher machen. Dadurch erklärt sich die Auswahl an Tools in der Situationsdefinition Seite 48.
  - Der *rational-systemische Ansatz* versucht, Komplexität durch strukturierte Denkmodelle zu vereinfachen und verständlicher zu machen. Dazu dienen Techniken und Strukturen zum Teilen, Gliedern, Strukturieren und Verbinden. Der rational-systemisch, methodische Ansatz fragt: Worum geht es? Was soll erreicht werden? Wie kann ich es erreichen?.
  - Ein *psychologisch-systemischer Ansatz* bietet keine endgültige Fachlösung, sondern befasst sich mit den menschlichen Aspekten. Sobald Menschen in Systeme involviert sind, entwickelt sich eine Eigendynamik, die im Ergebnis zu mehr als einer optimalen Lösung führt. Der psychologisch-systemische Ansatz fragt: Wer hat das Problem? Was will er? Warum will er das?
- Der *methodische Ansatz* fragt primär sachbezogen nach dem Ist, dem Soll und dem Weg. Tools und Methoden sind nicht die Lösung, wobei der fachmännische Einsatz von Methodenwissen die Qualität der Lösung erhöhen kann. Die Lösung steckt jedoch immer noch im Menschen selbst und nicht in der gewählten Methode.
- Der *kritisch-humanistische* Ansatz – Der Erfolg einer Lösung bzw. eines Projektes hängt in den seltensten Fällen von der technischen Machbarkeit ab, sondern wird vielmehr durch Machtkämpfe und persönliche Fehden zwischen

Individuen beeinflusst. Daraus ergibt sich die Notwendigkeit für Tools wie die „Stakeholder-Analysen" oder „Perspektiven[3]", die die persönlichen, emotionalen Erwartungen, Meinungen und Absichten transparent machen.

- Bei einem sogenannten *Homo-Politicus-Ansatz* nutzen Menschen informelle Netzwerke, machtpolitische Positionen und Allianzen zum persönlichen und wirtschaftlichen Vorteil. Daraus ergibt sich die Notwendigkeit von Tools wie z. B. dem „Kräftebild" oder der „Stakeholder-Einfluss-Matrix", die helfen, diese machtpolitischen Aspekte abzubilden.
- Dies ist eher eine Warnung als eine Annahme: Die Tools sollten nicht als Lösung glorifiziert, sondern immer nur als Mittel zum Zweck betrachtet werden.

Die Kenntnisse über meine persönlichen Annahmen und „Ansätze" sollen Ihnen helfen, die Tools des Buches besser einschätzen, relativieren und verwenden zu können. Seien Sie sich auch gleichzeitig der Grenzen, Beschränkungen und Vorrausetzungen für den wirkungsvollen Einsatz eines jeden Tools bewusst.

2.1.5 Makro-Logik des Projektzyklus – Mikro-Logik des Problemlösungszyklus

Wie hängen der Projektzyklus und der Problemlösungszyklus zusammen?

Um die Tools in diesem Buch sinnvoll und optimal nutzen zu können, sollten Sie sich darüber klar sein, das es permanent mehrere, parallel laufende Prozesse gibt und Aktivitäten, die einem dieser drei Prozesse/Zyklen zugeordnet sind.

- *Projektzyklus* auf der Makro-Ebene – dient der Entwicklung der Lösung und verwendet den Projektrahmen zur Umsetzung und Realisierung und Realisierung
- *Problemlösungszyklus* auf der Mikro-Ebene – führt zur Lösung des Problems.
- *Fachwissen-/Handlungs-/Umsetzungszyklus* – sich wiederholender Arbeitszyklus, der sich mit der technischen Umsetzung der Projektaufgaben befasst und dem Projekt seine Fachrichtung gibt; z. B. Konstruktionstätigkeiten in einem Bauprojekt, Forschungsaufgaben bei einem F&E-Projekt, Fertigungstätigkeiten beim Zusammenbau eines Flugzeugs. Die Tätigkeiten auf dieser Ebene machen den Charakter des Projekts aus, denn die Tätigkeiten auf der Makro- und Mikro-Ebene könnten in allen oben genannten Fällen ähnlich sein. Zum Beispiel ähneln sich die meisten Kick-off-Meetings (aus der Projektzyklus-Ebene). Erst die späteren, fachspezifischen Tätigkeiten prägen das Projekt und machen es zu einem Architektur-, Entwicklungshilfe-, Brückenbau-, oder einem anderen Projekt.

Makro-Logik des Projektzyklus

Die Anzahl der Projektphasen und der damit zusammenhängende Formalismus und die Abwicklung hängen stark von der Art, von Umfang und Bedeutung des Projekts ab. Die Bezeichnungen der einzelnen Phasen ist sekundär und hängt hauptsächlich von der Industriebranche, der Aufgabenstellung, der Firma und der verwendeten Projektmanagement-Methodik (PMBOK, PMI, Prince2 u. a.) ab.

Die Typischen Phasen eines Makro-Projektzyklus sind:

- Vorstudie
- Hauptstudie
- Detailstudie
- (System-)Bau
- (System-)Einführung und Übergabe
- Projektabschluss

Alternative Projektphasen-Modelle basieren entweder auf der Zusammenlegung der Phasen und/oder Erweiterung durch weitere Phasen (z. B. Pre-Feasibility) und/oder einer zeitlichen Überlappung der verschiedenen Phasen (Agile PM).

Mikro-Logik des Projektzyklus

Innerhalb jeder Projektphase gibt es wiederum sich wiederholende Schritte, die miteinander überlappen (siehe Abbildung 11):

- Initiierung
- Planung
- Realisierung und Kontrolle (Information, Kommunikation, Controlling, Dokumentation)
- Abschluss

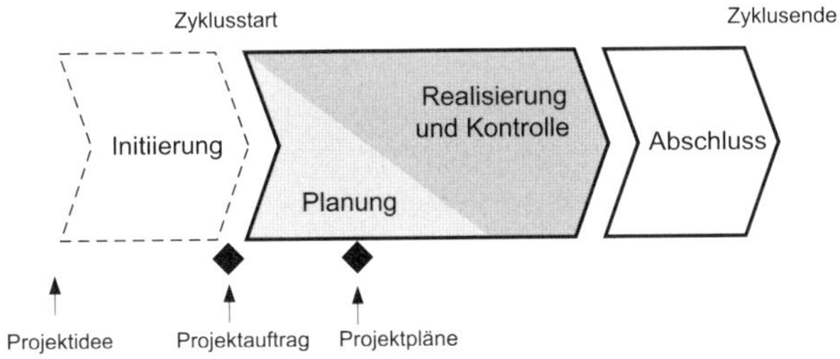

Abbildung 11 Mikro-Logik Projektlebenszyklus
(Quelle Hagen Management GmbH, www.pm-handbuch.com)

Mikro-Logik des Problemlösungszyklus – Denkstruktur innerhalb der Mikro-Logik der Problemlösung

Der Problemlösungszyklus ist die Mikro-Logik, die sich mit der Problemlösung befasst. Die größte Bedeutung kommt dem Problemlösungszyklus in den ersten Phasen (Vor-, Haupt- und Detailstudie) des Projektzyklus zu, da die meisten auftretenden Probleme methodisch in diesen Phasen gelöst werden.

Abbildung 12 stellt alle drei Ebenen gleichzeitig dar.

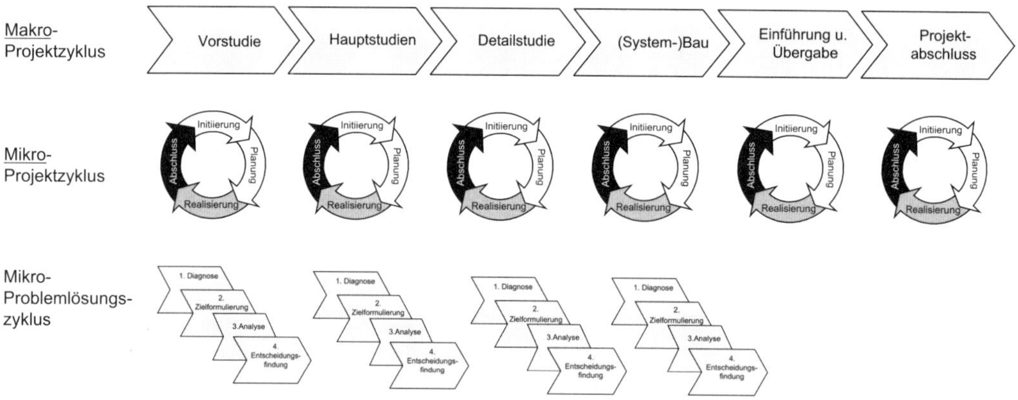

Abbildung 12 Übersicht der verschiedenen Phasen und Zyklen

Was ist die Relevanz der Zyklen im Bezug auf die Tools ?

Während sich fast alle Tool-Kategorien – bis auf die Kategorie Projektmanagement – mit dem Problemlösungszyklus befassen, beschreibt die Kategorie Projektmanagement sinnigerweise Tools für den Einsatz im Projektzyklus. Überlegen Sie sich also, ob Sie ein Tool fürs Projektmanagement oder für die Problemlösung suchen; wobei es vor allem mit der Kategorie Situationsdefinition einige Überscheidungen von Tools gibt, die auch gerne im Projektmanagement verwendet werden. Letztendlich ist diese Abgrenzung eher akademisch/theoretischer Art – die Hauptsache ist, Sie wissen, wo Sie gewisse Tools finden und warum Sie diese verwenden.

Die Abbildung 13 gibt Ihnen eine Übersicht, wie verschiedene Problemlösungs- und Projektmanagement-Aktivitäten parallel ablaufen und voneinander gegenseitig abhängig sind. Das Flowchart gibt auch an, welche Tools ich als Autor für die verschiedenen Aktivitäten vorschlage. Für eine tabellarische Darstellung des obigen Sachverhalts verwenden Sie die Einkaufsliste aus dem Szenario Good Practice für die Projekt- und Problemdefinition (Abschnitt 9.2).

Schauen Sie sich auch Kernaktivitäten und Tools des Projektmanagements (Abschnitt 7.1.1) an!

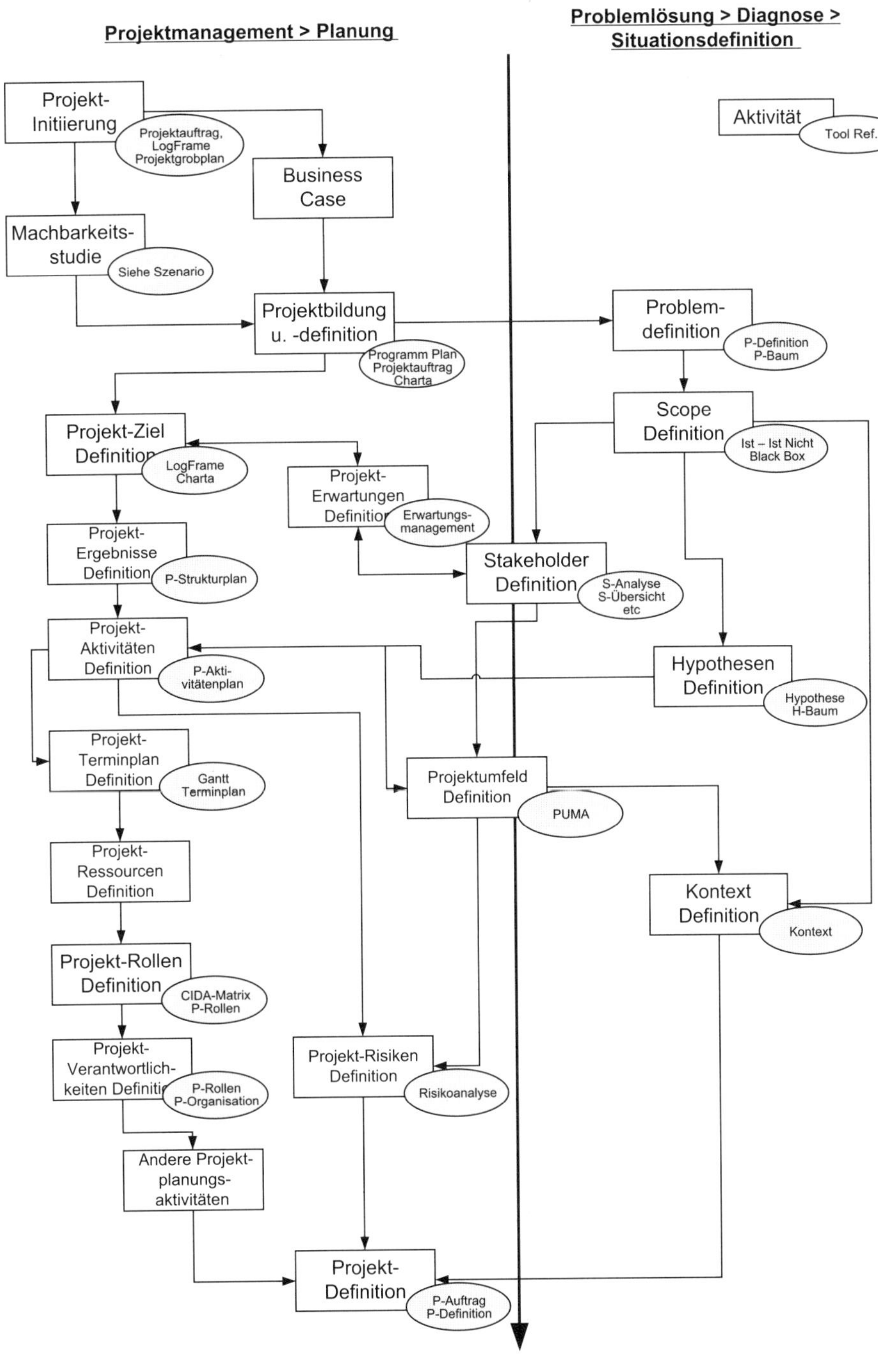

Abbildung 13
Aktivitäten und Tools für den Beginn des Projektzyklus sowie den Problemlösungszyklus

2.2 Kategorien von Tools

Wie in Abbildung 14 veranschaulicht, wurden alle Tools und Techniken den 10 verschiedenen Kategorien zugeordnet, die nachfolgend beschrieben werden.

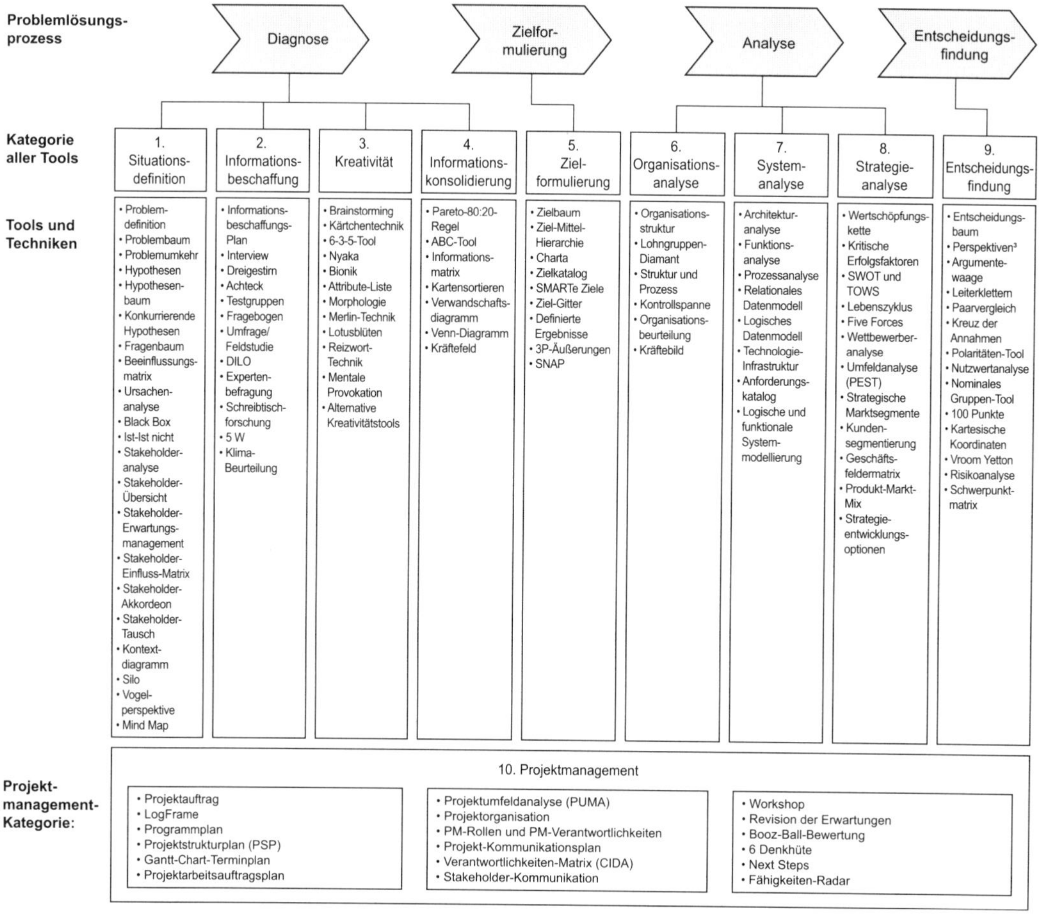

Abbildung 14
Übersicht über Problemlösungsschritte und relevante Kategorien von Tools

Situationsdefinition

Der Zweck der Tools in der Kategorie „Situationsdefinition" ist, die gegenwärtige Situation, den Kontext und das Umfeld abzubilden. Dies kann mit der Initiierung eines Projekts und der Analyse der gegenwärtigen Situation (As-Is-Analyse) überlappen (siehe Abschnitt 3.1).

Informationsbeschaffung

Der Zweck der Tools in der Kategorie „Informationsbeschaffung“ ist die wichtige Vorbereitung für viele weitere Aktivitäten. Die Beschaffung aller relevanten Informationen gibt Ihnen ein besseres Verständnis, neue Ansichten und Fakten und ist eine gute Vorbereitung für die weiterführende Analyse. Tools und Techniken dieser Kategorie kommen in den Prozessstufen 1 „Diagnose“ und 3 „Analyse“ zur Anwendung (siehe Abschnitt 3.2).

Informationskonsolidierung

Der Zweck der Tools ist, wie der Name schon sagt, die Zusammenfassung und Konsolidierung von Informationen, die entweder von den Tools der Informationsbeschaffung oder von Kreativitäts-Tools erarbeitet wurden. Des Weiteren sind in dieser Kategorie Tools zur grafischen Aufbereitung und Darstellung von qualitativen Informationen enthalten. Das Buch beinhaltet jedoch nur wenige Tools, die sich mit der Darstellung von quantitativen Informationen befassen, die also statistischer Natur sind.

Kreativität

Der Zweck der Tools in der Kategorie „Kreativität“ ist es, neue Dimensionen und Aspekte zu entdecken, neue Ideen zu entwickeln, und „über den Tellerrand hinaus zu schauen“ – basierend auf unkonventionellem und kreativem Denken und Handeln. Die Tools dieser Kategorie kommen in den Prozessstufen 1 „Diagnose“ und 3 „Analyse“ zur Anwendung (siehe Abschnitt 3.3).

Zielformulierung

Der Zweck der Tools in der Kategorie „Zielformulierung“ ist es, den gewünschten Endzustand nach Implementieren und Erreichen der Lösung zu definieren. Die Tools und deren Anwendung sind entscheidend für den Erfolg des Projektes. Ein guter Zieldefinitionsprozess schafft Klarheit und gibt die Richtung vor (siehe Kapitel 4).

Analyse

Der Zweck der Tools in der Kategorie „Analyse“ ist, die gegenwärtige Situation zu untersuchen, die beschafften Informationen näher zu betrachten und daraus Schlussfolgerungen zu ziehen, um Lösungswege zu entwickeln, die das Problem beheben und das gesetzte Ziel erreichbar machen (siehe Kapitel 5). Die Fähigkeit, etwas zu untersuchen und angemessene Lösungswege zu generieren, bedarf eines gewissen Maßes an interdisziplinärer Kompetenz. Das ist auch der Grund, warum die Analysestufe in verschiedene Unterkategorien unterteilt wurde. Jede Unterkategorie enthält spezielle Werkzeuge gemäß der „Art des Problems“. Zum Beispiel benötigen strategische Problemstellungen auch den gezielten Einsatz von Werkzeugen und Techniken zur strategischen Analyse. Aus der Gesamtheit der elf

„Analyse-Unterkategorien“ befasst sich dieses Buch nur mit den in der Abbildung 15 grau unterlegten Modulen:

- Organisationsanalyse
- Systemanalyse
- Strategieanalyse.

Organisationsanalyse

Der Zweck der Tools in der Kategorie „Organisationsstruktur-Analyse“ ist es, eine Organisation in Bezug auf ihre Struktur zu analysieren (siehe Abschnitt 5.1).

Systemanalyse

Der Zweck der Tools in der Kategorie „Systemanalyse“ ist es – typischerweise in einem Geschäftsumfeld –, die funktionalen Anforderungen an die technischen Systeme zu analysieren, zu definieren und in eine technische Nomenklatur zu übersetzen. Daher beschäftigen sich die meisten Tools in dieser Kategorie mit Aspekten von Technologie und Systemen wie z. B. Prozessen, Daten, Events (siehe Abschnitt 5.2).

Strategieanalyse

Der Zweck der Tools in der Kategorie „Strategieanalyse“ ist es, die gegenwärtigen und zukünftigen Möglichkeiten eines Unternehmens zu prüfen, um eine starke Marktposition aufrechtzuerhalten oder auszubauen. Die meisten Tools haben eine Nähe zur strategischen Unternehmensberatung (für ein Wirtschaftsunternehmen), wobei die Anwendung nicht auf einen Geschäftszusammenhang begrenzt werden muss (siehe Abschnitt 5.3).

Entscheidungsfindung

Der Zweck der Tools in der Kategorie „Entscheidungsfindung“ ist es, zu bewerten, zu priorisieren, zu vergleichen und die Beweggründe zu verstehen, um die Entscheidungsfindung besser zu unterstützen (siehe Kapitel 6).

Projektmanagement

Der Zweck der Tools in der Kategorie „Projektmanagement“ ist es, den Problemlösungsprozess zu unterstützen, welcher sich oft in der Form eines Projektes abspielt. Deswegen wurde das Projektmanagement als eine eigene Kategorie eingeführt, um brauchbare Tools für die effiziente und effektive Führung von Projekten zur Verfügung zu stellen (siehe Kapitel 7).

Der Bereich „Fachwissensbereiche“ des in der Abbildung 15 dargestellten Konzeptes deutet an, dass sich hinter jeder interdisziplinären Analyse-Unterkategorie weitere Fachbereichsthemen und oft damit verbundene Dienstleistungsangebote der Beratungsindustrie verbergen. Das Buch behandelt diese Gruppen nicht weiter im Detail. Es ist aber wichtig zu verstehen, dass die einzelnen Komponenten in

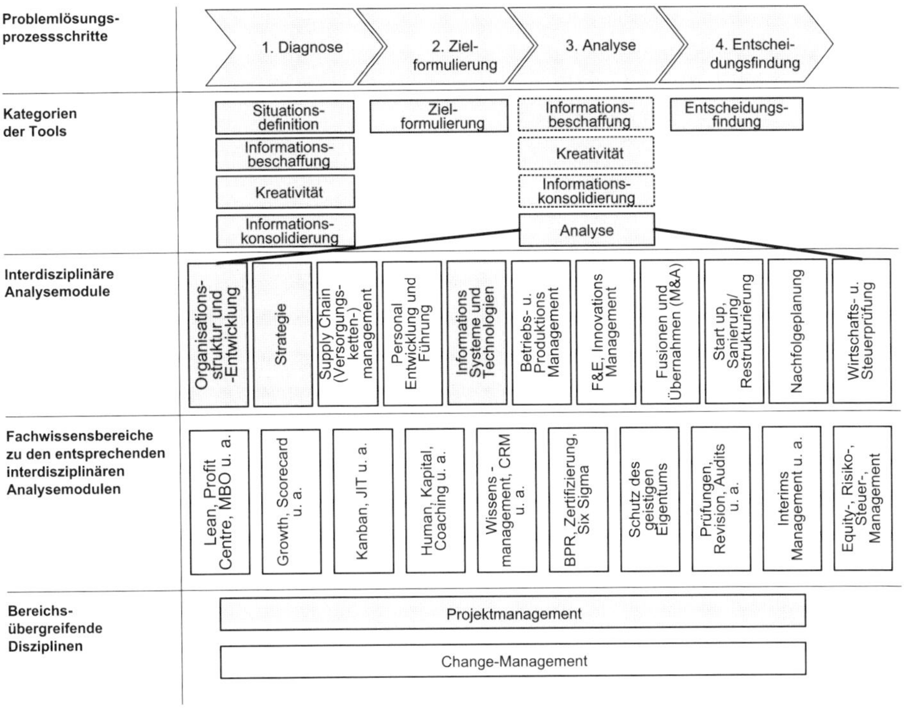

Abbildung 15 Überblick über das Konzept und seine Bestandteile. Das Buch befasst sich mit den grau unterlegten Bereichen

Zusammenhang stehen. Im „Handbuch der Unternehmensberatung" Kapitel III (Sommerlatte, 2004) werden diese Themen detaillierter und fundierter behandelt.

Die Querschnittsfunktion „Projektmanagement" (Projektsteuerung und Kontrolle) erstreckt sich in Abbildung 15 über die gesamte Länge des Problemlösungsprozesses. Damit soll angedeutet werden, dass diese Querschnittsfunktionen nicht nur viele andere Funktionen im Unternehmen unterstützen (→ Querschnitt), sondern auch, dass Querschnittsfunktion(en) an allen Prozessschritten unterstützend beteiligt sind. Die Tatsache, dass sich Projektmanagement als eine eigenständige berufliche Qualifikation etabliert hat, verdeutlicht die Bedeutung dieser Querschnittsfunktion.

2.3 Die Auswahl des richtigen Tools

Typische Fragen, die bei der Auswahl des richtigen Tools auftreten, sind: „Wie weiß ich, was es gibt und was ich benötige? Welche Kategorie ist für mich relevant?" Die Auswahl eines angemessenen Tools folgt den drei logischen Schritten, die in Abbildung 16 dargestellt sind.

Der Entscheidungsbaum in Abbildung 17 bietet eine Anleitung, wie Sie am besten das richtige Tool suchen,identifizieren und auswählen. Nutzen Sie den Entscheidungsbaum, um herauszufinden, in welcher Situation Sie sich befinden. Folgen Sie dann den Punkten A bis E in der Anleitung, um zur richtigen Stelle im Buch zu gelangen. Falls Sie wissen, was Sie suchen, können Sie natürlich direkt zu der entsprechenden Seite gehen.

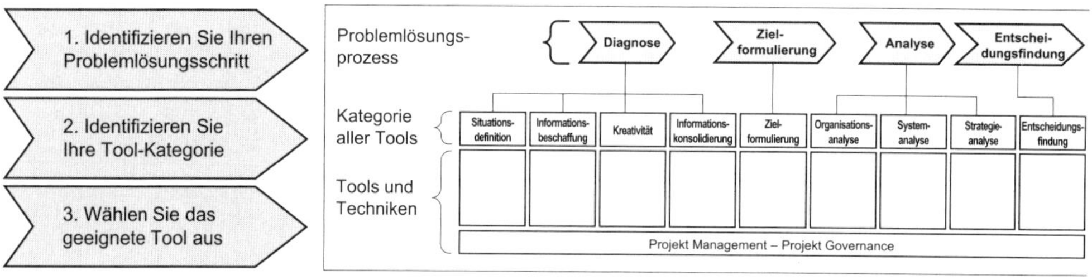

Abbildung 16 Wie finde ich das richtige Tool für mich?

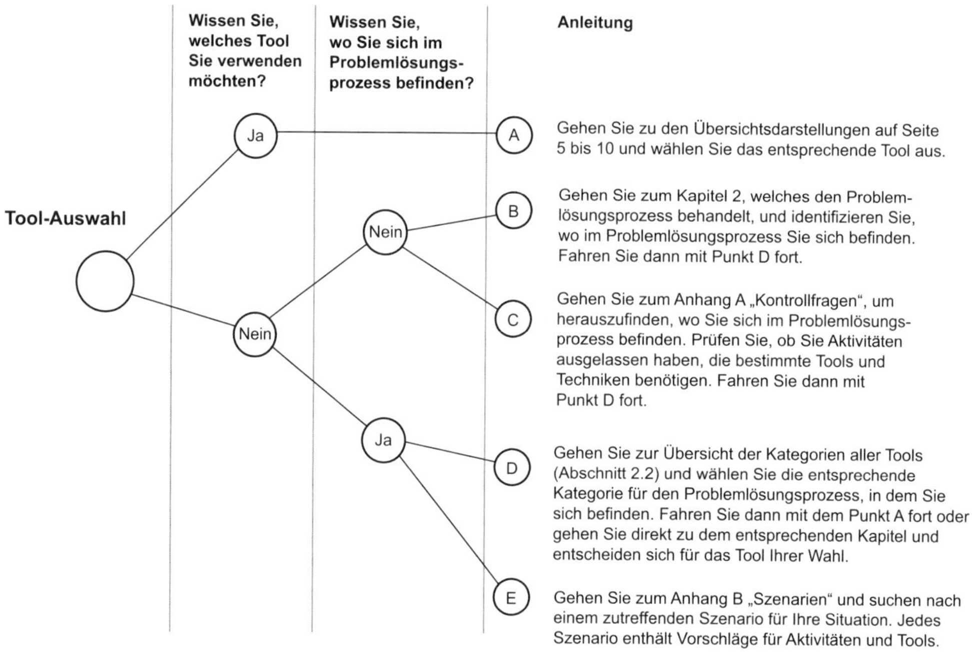

Abbildung 17 Entscheidungsbaum, um das richtige Tool zu finden

2.3.1 Kurzübersicht aller Tools (A)

Die *Kurzübersicht* auf Seite 5 bietet Ihnen eine tabellarische Übersicht über die Kategorisierung der Tools, ihre Seitenzahl und jeweils zwei Bewertungen, um die Auswahl des für Sie richtigen Tools zu vereinfachen. Die erste Bewertung bezieht sich auf die Benutzerfreundlichkeit. Die zweite Bewertung basiert auf der subjektiven Einschätzung des Autors zur Effizienz des Tools (Aufwand/Nützlichkeit).

Eine alternative Übersicht über die *Anwendungsbereiche* der Tools finden Sie auf Seite 8. Diese tabellarische Darstellung gibt einen Überblick über alle Bereiche, in denen die jeweiligen Tools zur Anwendung kommen können.

2.3.2 Definition der Stufe des Problemlösungsprozesses (B)

Wenn Sie nicht wissen, wo Sie sich – innerhalb des Problemlösungsprozesses – befinden, und daher auch nicht klar ist, welche Kategorie für Sie relevant ist, dann finden Sie im Kapitel 2.1 „Problemlösung" auf Seite 27 nützliche Hinweise. Stellen Sie fest, wo Sie sich innerhalb des Problemlösungsprozesses befinden und welche Kategorie daher für Sie in Frage kommt.

2.3.3 Kontrollfragen zur Identifizierung des benötigten Tools (C)

Während jeder Phase des Problemlösungsprozesses ergeben sich wichtige Fragen, die beantwortet werden müssen. Die Kontrollfragen im Anhang A sollen Sie dabei unterstützen und sicherstellen, dass Sie alle wichtigen Bereiche abdecken. Natürlich bestimmen die Komplexität und der Schwierigkeitsgrad des Problems, welches Tool am besten zur Anwendung eignet ist und wie viel Zeit, Aufwand und Ressourcen Sie benötigen, um das Problem (und die Kontrollfragen) zufriedenstellend zu lösen. Erst wenn Sie alle Kontrollfragen, die in Ihrer Situation von Bedeutung sind, beantwortet haben, sollten Sie sich mit der nächsten Phase des Problemlösungsprozesses befassen.

Die zur Verfügung gestellten Tools und Techniken spielen bei der Beantwortung der Kontrollfragen eine wichtige Rolle. Beginnen Sie mit den Kontrollfragen. Vielleicht haben Sie gewisse Fragestellungen und Aspekte übersehen? Die Kontrollfragen im Anhang A auf Seite 378 sollen Ihnen helfen, ein angemessenes Tool zu finden und Sie bei der Problemlösung zu unterstützen.

2.3.4 Welche Kategorie ist die richtige? (D)

Wenn Sie wissen, in welcher Phase des Problemlösungsprozesses Sie sich befinden, dann sollten Sie einschätzen können, welche Kategorie für Sie in Frage kommt und in welcher Kategorie Sie somit das benötigte Tool finden können. Nutzen Sie Abschnitt 2.2, um die richtige Kategorie zu finden. Um das richtige Tool innerhalb der identifizierten Kategorie auszuwählen, gehen Sie zur *Kurzübersicht* auf Seite 5 oder Seite 8 direkt zum entsprechenden Kapitel der Kategorie.

2.3.5 Zusammenstellen einer Einkaufsliste (z. B. für einen Workshop) (E)

Um die Verwendung dieses Buches weiter zu veranschaulichen, habe ich in Kapitel 9 eine Liste für verschiedene Szenarien mit empfohlenen Tools und Aktivitäten zusammengestellt. In dem folgenden Beispiel wird exemplarisch ein Auswahlprozess für einen Workshop zum Projektstart dargestellt:

Stellen Sie sich vor, Sie würden angefragt, einen Workshop zu moderieren. Alles, was Sie wissen, ist, dass zahlreiche Personen aus verschiedenen Bereichen in diesem Projekt zum ersten Mal zusammenarbeiten sollen. Das Projekt wurde innerhalb kürzester Zeit etabliert und der geplante Projektmanager hat zwischenzeitlich das Unternehmen verlassen. Eine exemplarische *Einkaufsliste* an Aktivitäten, Tools und Techniken für solch eine Situation könnte wie folgt aussehen (siehe auch Abbildung 18):

1. Sie wollen sicherstellen, dass Sie und alle Beteiligten wirklich verstehen, welches Problem dieses Projekt lösen soll. → Ist-Ist nicht-Tool (Abschnitt 3.1.11) aus der Kategorie „Situationsdefinition“, um das wirkliche Problem einzugrenzen und innerhalb des Teams zu kommunizieren.
2. Sobald Sie den Projektauftrag durchgeschaut haben, wollen Sie überprüfen, ob andere oder zusätzliche Personen in dieses Projekt einbezogen werden sollten. → Stakeholder-Übersicht (Abschnitt 3.1.13)
3. Der Projektauftrag erscheint unvollständig und scheint sich sehr auf einen Bereich zu konzentrieren. Sie wollen überprüfen, ob andere dies genauso sehen und ob es nicht noch weitere Einflussfaktoren gibt, die die Probleme verursachen. → Kräftefeld-Tool (Abschnitt 3.4.8) aus der Kategorie „Informationskonsolidierung“, um neue Perspektiven zu entdecken.
4. Nachdem Sie den Projektauftrag entsprechend um zusätzliche Aktivitäten und Ergebnisse erweitert haben, wollen Sie diese mit den Projektzielen abgleichen. → SMART-Zielformulierungs-Tool (Abschnitt 4.6).
5. Sie wollen sich anschließend mit den Projekt-Aktivitäten befassen und diese näher festlegen. → Gantt-Chart-Terminplan (Abschnitt 7.6) und Projektstrukturplan (PSP) (Abschnitt 7.5) aus dem Projektmanagement-Kapitel 7.
6. Sie wollen alle Rollen und Verantwortlichkeiten klar definieren und es nicht dem Projektplan überlassen, dass alle Aufgaben erledigt werden. Damit wollen Sie vermeiden, dass alle wieder zu ihrer Arbeit zurückkehren und nichts weiter passiert. → CIDA-Tool (Abschnitt 7.12).
7. Am Ende des Workshops wollen Sie herausfinden, was alle Teilnehmer bzgl. der getroffenen Entscheidungen und Pläne denken. Sie verwenden das → 100-Punkte-Tool (Abschnitt 6.11), um eine Bewertung und Feedback einzuholen.

Beispielhafte Zusammenstellung einer „Einkaufsliste an Tools" für einen Workshop

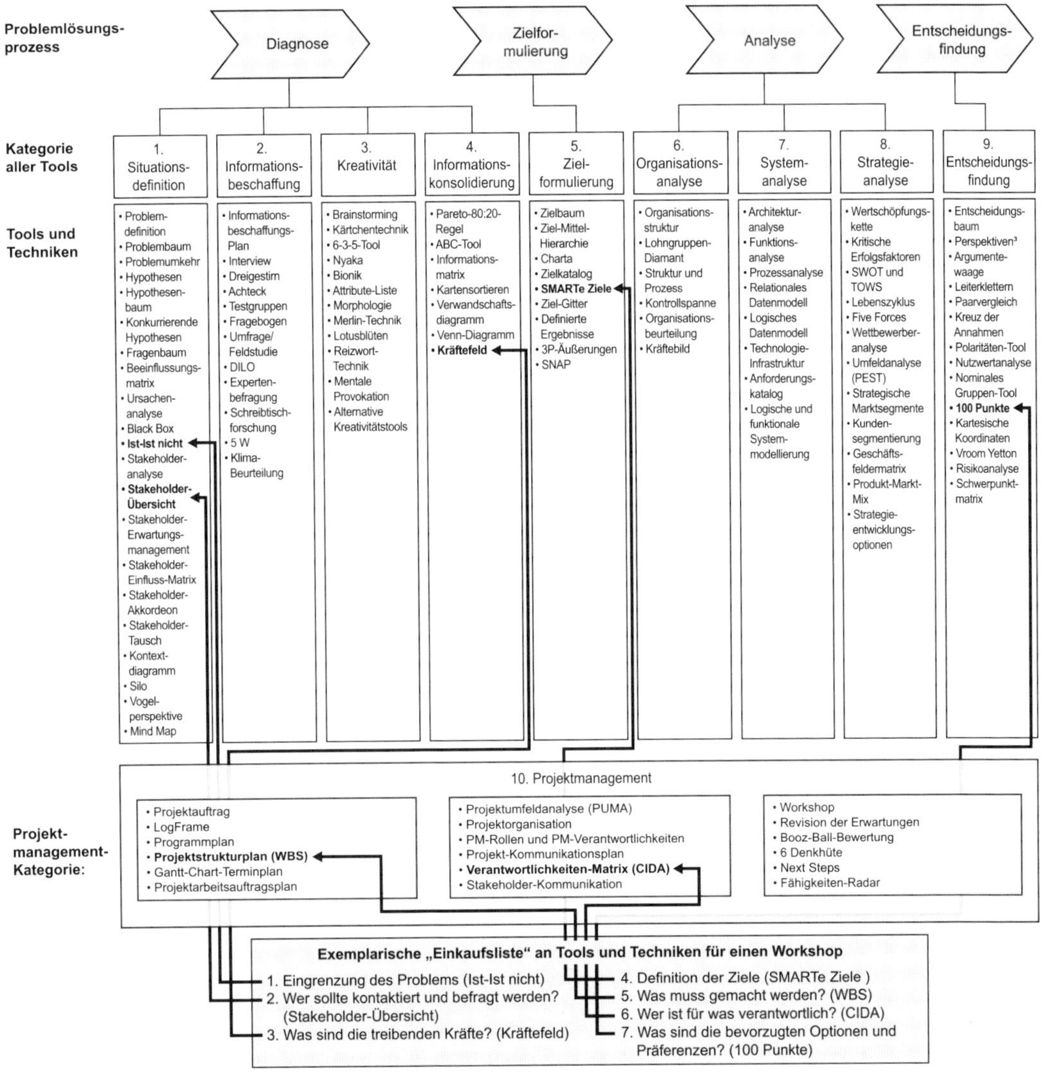

Abbildung 18 Eine Einkaufsliste der Tools für einen Workshop (graues Kästchen)

3 Diagnose

In vielen Geschäftsbereichen gibt es immer wieder Themen oder Problembereiche, die untersucht werden müssen. Weit verbreitet sind folgende typische Schwachstellen in beliebiger Reihenfolge, die keine vollständige Übersicht darstellt (nach: Harris, erweitert durch den Autor):

- Nicht funktionierende Organisationsstrukturen
- Schlechte Finanzkontrolle
- Zwischenmenschliche Konflikte
- Fehlende Qualitätskontrolle
- Schwaches Management oder schwache Führung
- Sicherheitsrisiken
- Ineffizientes Marketing
- Schlechte Kommunikation
- Taktische Fehleinschätzungen
- Fehlende Weitsicht/Visionen
- Kein Wettbewerbsgedanke
- Kein Eingehen auf Kundenwünsche
- Fehlende Anpassung an neue Technologien
- „Insel"-Zustand von Abteilungen und Systemen
- Angst vor Veränderung

Die zuvor aufgeführte Liste stellt nur eine exemplarische Auswahl typischer Symptome in der Geschäftswelt dar. Im nächsten Schritt geht es darum, die ursächlichen Probleme und Zusammenhänge genau zu verstehen und dann zu definieren.

3.1 Situationsdefinition

Den wahrscheinlich bekanntesten Schritt im Problemlösungsprozess halten die meisten Menschen für den einfachsten: Definition der Situation und des Problems. Dabei handelt es sich um den am häufigsten falsch verstandenen und somit oft am schlechtesten ausgeführten Schritt in diesem Prozess. Für viele bedeutet „Definition der Situation und des Problems" lediglich eine schriftliche Fixierung der Definition oder Beurteilung des Problems. Tatsächlich ist dieser Schritt jedoch viel weitgreifender zu sehen. Etwas zu definieren bedeutet, Grenzen aufzuzeigen, etwas zu lokalisieren, zu isolieren, zu unterscheiden, zu differenzieren, zu trennen. Den Problemstatus (oder Lösungsstatus) zu definieren bedeutet jedoch mindestens, das Folgende zu tun (Nickols 1994):

- Grenzen aufzeigen und festlegen (lokalisieren)
- Unterscheidende Merkmale herausstellen (isolieren)
- Den Zustand mit exakten Beschreibungen feststellen (formulieren)
- Die Bedeutung und die Definition herausstellen (erklären).

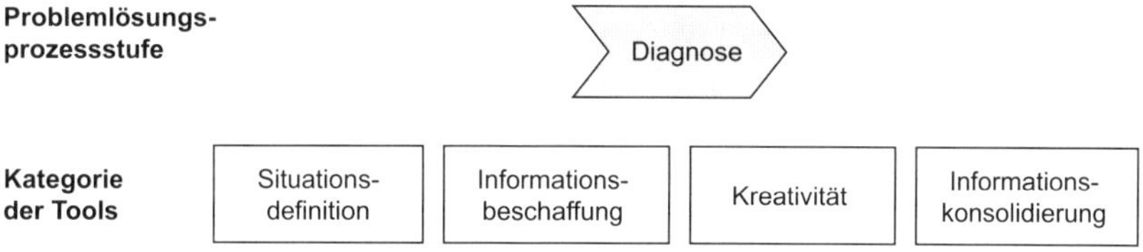

Abbildung 19 Die vier Kategorien der Tools während der Diagnose-Phase

Problem- oder Lösungszustände sind selten von Beginn an klar erkenntlich. Dies entwickelt sich meist im Prozess. In manchen Fällen ergibt sich die komplette Definition des Problems erst nach der Lösung. Bis dahin ist sie ein sich ändernder und entwickelnder Teil des Prozesses.

> Auch wenn die „Definition der Situation/des Problems" ein guter erster Schritt des Problemlösungsvorgangs ist, sollte man dies nur als Startpunkt ansehen und diesen Punkt regelmäßig wieder aufsuchen.

Der erste Schritt im Problemlösungsprozess ist die Diagnose. Man beginnt üblicherweise mit den Tools aus der Kategorie „Definition des Problems/der Situation", gefolgt von den Tools zur „Informationsbeschaffung und Konsolidierung". Manchmal kommen dabei auch Kreativitäts-Tools ins Spiel, um das „Outside the Box"-Denken zu unterstützen (siehe Abbildung 19 und Tabelle 2). So ist es möglich, ein umfassendes Bild der Situation zu erhalten und ein besseres Verständnis für die Ursache des Problems zu erzielen.

Die Situationsdefinition (Diagnose der Situation) unterscheidet vier verschiedene Betrachtungsweisen. Seien Sie sich dieser vier Denkweisen während Ihrer Aktivitäten in der Diagnosephase bewusst. Welche Tools verwenden Sie für die jeweilige Betrachtungsweise?

1. *Systemorientierte* Betrachtungsweise – strukturiert die Ausgangssituation hinsichtlich der Funktionsweise und unterteilt es in Unter-/Übersysteme, Systemgrenzen, Elemente, Komponenten usw.

2. *Ursachenorientierte* Betrachtungsweise – versucht, die Symptome und Ursachen der unbefriedigenden Situation zu beschreiben und die relevanten Elemente näher zu bestimmen.
3. *Lösungsorientierte* Betrachtungsweise – soll die Grenzen von IST und SOLL abgrenzen, somit den Lösungsbereich definieren und insgesamt die Blickwinkel auf die möglichen Lösungsideen richten; wobei dies nur der erste Anlauf ist. Die eigentliche Erarbeitung der Lösung erfolgt in der Analysephase.
4. *Zukunftsorientierte* Betrachtungsweise – ergibt sich ganz natürlich aus der vorhergehenden Betrachtungsweise, da diese den Grundstein für die kurz-, mittel- oder langfristige Sichtweise der Zukunft legt. Typische Überlegungen sind z. B.: Wie sieht die Zukunft aus, wenn nicht eingegriffen wird? Was sind die notwendigen Randbedingungen?

   (Quelle: Haberfellner)

Die Kategorie Situationsdefinition beginnt mit Tools, die sich ganz gezielt mit der Problemdefinition befassen, bevor Tools behandelt werden, die helfen sollen, den Kontext und die Situation näher zu definieren.

Tabelle 2
Wählen Sie Tools aus der Kategorie „Definition des Problems oder der Situation"

Zweck der Kategorie	Name des Tools oder der Technik	Seite	Benutzerfreundlichkeit	Aufwand/ Nützlichkeit
Definition des Problems/ der Situation	Problemdefinition	51	☺☺	☺☺☺
	Problembaum	56	☺☺	☺☺
	Problemumkehrung (Reverse the problem)	60	☺☺	☺☺
	Hypothesen	62	☺	☺☺☺
	Hypothesenbaum	63	☺	☺☺
	Konkurrierende Hypothesen	66	☺	☺☺
	Fragenbaum (Issue tree)	67	☺☺	☺☺
	Beeinflussungs-/Ursachenmatrix	70	☺	☺☺
	Fischgräten-Ursachenanalyse	72	☺☺	☺☺
	Black Box	75	☺☺☺	☺☺
	Ist-Ist nicht	77	☺☺☺	☺☺☺
	Stakeholderanalyse	79	☺☺	☺☺☺
	Stakeholder-Übersicht (Stakeholder map)	84	☺☺☺	☺☺
	Stakeholder-Erwartungsmanagement	87	☺☺	☺☺
	Stakeholder-Einfluss-Matrix	89	☺☺	☺
	Stakeholder-Akkordeon	92	☺☺	☺☺
	Stakeholder-Tausch	93	☺☺	☺☺☺
	Kontextdiagramm	95	☺	☺☺
	Silo	100	☺	☺☺
	Vogelperspektive	101	☺☺	☺☺
	Mind Map	103	☺☺☺	☺☺

3.1.1 Problemdefinition

„Was ist das Problem? Die ganze Diskussion verwirrt und überwältigt mich."

Zweck und Absicht (Warum und wann anwendbar?)

Die Definition eines Problems ist hier in einem Tool zusammengefasst. Die klare Definition und *Ein*grenzung des Problems sowie die *Ab*grenzung von der Auswirkungen und Symptomen ist idealerweise die erste Tätigkeit einer jeden Problemlösungsinitiative oder eines Projekts. Sie stellt die Basis für alle weiteren Tätigkeiten dar und sollte als Ausgangspunkt die erste Ihrer Tätigkeiten sein.

Funktion und Aufgabe (Wie funktioniert es?)

Die Problemdefinition besteht aus zwei Teilen: Die vorläufige *Definition* des Problems (dies ist oft Teil eines Projektauftrags) und die gezielte *Strukturierung* des Problems sowie die Unterteilung in die Teilprobleme und -aspekte. Zur weiteren Strukturierung verwenden Sie dann am besten auch die folgenden Tools: Problembaum (Abschnitt 3.1.2), Hypothesenbaum (Abschnitt 3.1.5) und den Fragenbaum (Abschnitt 3.1.7).

Anleitung (Wie gehe ich vor?)

Das Hauptziel bei der Moderation eines Workshops zur Problemdefinition ist es, herauszufinden, worum es bei dem Problem wirklich geht. Die Problemdefinition sollte so präzise sein, dass es jeder ohne weitere Erklärung versteht.

- Definieren Sie die Ausgangssituation des Problems und den Rahmen des zu untersuchenden Problems mit Hilfe der folgenden sieben Kriterien:

  1. *Situation und Problembeschreibung* – Beschreiben Sie die IST-Situation, Umstände und Ursachen, z. B. Umsatzrückgang um 40 % im letzten Jahr im Kern-Franchisegeschäft durch neues Ess-/Konsumverhalten und einen neuen Franchise-Konkurrenten.

  2. *Ausgangssituation und Auftrag* – Wie lautet der Projektauftrag, um was geht es? Verwenden Sie eine Beschreibung in einfachen Worten, z. B. „Erweiterung des Geschäftsfeldes in den USA durch ein neues Franchisekonzept im Bereich Healthy-Food in den nächsten 12 Monaten"

  3. *Entscheidungsträger/Stakeholder* – Definieren Sie Sponsoren und Verantwortliche für den betroffenen Bereich mit Entscheidungsgewalt, z. B. Geschäftsleitung und Leiter Entwicklung und Marktforschung.

  4. *Erfolgskriterien* – Was sind die potenziellen Vorraussetzungen für einen Erfolg – rascher Markteinstieg und „First-to-Market"-Vorteil? Verbraucherverhalten ist nachhaltig.

  5. *Entscheidungskriterien* – Kriterien, anhand deren das Projekt gemessen und die weitere, phasenweise Genehmigung erteilt wird. Dies können u. a.

sein: Umsatz, Marktanteil in Prozent, Produktivitätssteigerung, Kosteneinsparung in Prozent.

6. *Grenzen und Beschränkungen* – Diese Aspekte grenzen mögliche Lösungen und den weiteren Verlauf des Projekts ein, z. B. Investitions-Budget, Markennamen, bestehende Abkommen, ROI, Zeitrahmen einhalten, Standorte nicht aufgeben.

7. *Scope* – Was ist Teil des Untersuchungs-/Lösungsbereiches? Welche Bereiche kommen in Betracht? Dies kann u. a. Folgendes ein- oder ausschließen: geografische Standorte, Produkte, Märkte, Kundensegmente, Produktionsverfahren usw.

- Dokumentieren Sie Ihre Ergebnisse und Erkenntnisse und lassen Sie dies von den Stakeholdern bestätigen und absegnen (siehe Tabelle 3).

Typische Fehler, die es zu vermeiden gilt

- Seien Sie vorsichtig mit vagen Aussagen. Ungenaue Beschreibungen der Problemsituation führen nur zu weiteren Verwirrungen und vernebeln die wahren Umstände. Beispiele für solche vagen Problemdefinitionen sind z. B.:
  - Der Einsatz der verwendeten Maschinen ist nicht effizient.
  - Die Armut der Menschen ist daran Schuld.
  - Das Training ist nicht wirksam.
  - Das Management ist inkompetent.
- Vermeiden Sie Urteile und/oder Kritik, sei es an Individuen, Abteilungen oder dem Management. Dies führt oft nur zu noch mehr Problemen. Beispiele für unangemessene Aussagen wären:
  - Inkompetente Angestellte.
  - Management verweigert seine Unterstützung für diese Initiative.
  - Die Marketingabteilung macht ihren Job nicht richtig.
- Widerstehen Sie der Versuchung, vorschnell die Lösungen beschreiben zu wollen, während das Problem noch nicht klar definiert ist. Anzeigen dafür sind Wortlaute wie: „Mangel an ..., inadäquat, ungenügend, unangemessen, fehlende ...“. Die folgenden Beispiele sind keine Problemdefinitionen, sondern vorgefasste Meinungen.
  - „Mangel an angemessenem Training für die Angestellten, fehlender Dünger für die Felder oder fehlende Wasserpumpen, fehlende medizinische Ausstattung, ungenügende Prozessrichtlinien“ usw.
- Tappen Sie nicht in die Falle, das Problem zu verallgemeinern und zu „One size fits all“-Aussagen zu gelangen, die die wahren Ursachen unter Umstän-

den verschleiern. Fragen Sie also genau nach und definieren Sie so genau wie möglich. Aussagen wie die folgenden helfen Ihnen nicht:

- „Die schlechte Schulausbildung ist das Problem." – Sie sollten dann fragen: Welche Arten von Schule, in welchen Regionen, wo gibt es Ausnahmen?
- „Schuld ist die hohe Fehlerrate." – Wo und wie? Unter welchen Umständen? Wo und wo nicht?
- „Schnelles Autofahren ist das Problem." – Wo und unter welchen Umständen? Wie wird das gemessen? Für wen ist das relevant, für wen nicht?

- Das Problem, von dem alle reden, ist nicht immer das Problem, mit dem Sie sich beschäftigen und das Sie dann lösen sollten.
- Vermeiden Sie den „Herdentrieb" und die Gruppen-„Blindheit", die dazu führen können, dass Sie Informationen nur selektiv wahrnehmen und sich der Gruppen- oder Kundenmeinung bzgl. des Problems anschließen.

Empfehlungen (für die Problemdefinition)

- Geben Sie *konkrete, messbare Fakten und Zahlen* an, um das Problem zu illustrieren. Anstatt „Das Training ist nicht wirksam", könnten Sie sagen: „60 % der Teilnehmer würden ihren Kollegen von diesem Training abraten". Oder anstatt „ineffiziente Maschine" könnten Sie sagen: „Die Ausschuss-Rate ist mit 20 % zu hoch, 20 % der produzierten Teile konnten nicht verwendet werden."
- Wenn Sie das *Verhalten* als Teil der Problemdefinition beschreiben, seien Sie sich Ihrer *Subjektivität* bewusst und untermauern Sie das genau beschriebene Verhalten mit Zahlen und Fakten. Anstatt „inkompetente Angestellte" zum Beispiel: „Acht von zehn Angestellten gaben ihre Berichte in den letzten acht Wochen zu spät und/oder mit Fehlern ab."
- *Beschreiben Sie* das *beobachtbare* Problem, anstatt Ihre Interpretation und Ihren damit verbundenen Lösungsvorschlag anzubieten. „Fehlende Pestizide" sind nicht das Problem, sondern das Problem ist: „Die Reblaus frisst die Weinreben, was zum Absterben des Weinstocks führt". Das Problem ist also nicht die Tatsache, dass die Lösung noch nicht implementiert wurde.
- *Grenzen* Sie das *Problem ein.* Dies wird Ihnen auch bei der weiteren Problemlösung helfen, Kontext, Missstände, Fehlverhalten, Umstände usw. besser einschätzen zu können. Dies kann wiederum helfen, Ihre nächsten Schritte besser zu planen. Anstatt „die schlechte Schulausbildung ist das Problem", wäre es hilfreicher, das Problem so zu definieren: „An staatlichen Oberstufenschulen in ländlichen Regionen mit Städten, die weniger als 25.000 Einwohner haben, ist in den letzten drei Jahren bei Schülern aller Einkommensklassen eine Schulabbruch-Rate von 20 % (davor 5 %) zu verzeichnen". Zwei Drittel dieser Schüler sind für mehr als 18 Monate ohne Ausbildungsplatz oder Einkommensmöglichkeit.

Tipps und Anregungen

- Wenn Sie diese erste Momentaufnahme abgeschlossen haben, fahren Sie mit der Strukturierung des Problems fort. Zum Strukturieren verwenden Sie am besten eines oder mehrere der folgenden Tools:
  - Der Problembaum (Abschnitt 3.1.2) bricht ein Problem in seine Bestandteile auf und zwar in die Gründe (oder Ursachen) für das Problem und in die resultierenden Auswirkungen. Das Tool befasst sich also mit dem *„Was"*: „Was ist das Problem, was sind die Ursachen und was sind die Auswirkungen?" Zum Beispiel: Was könnten die Ursachen für den Umsatzrückgang sein?
  - Der Hypothesenbaum eignet sich zum Testen von Hypothesen und hinterfragt, warum Sie glauben, dass Ihre Annahmen richtig sind. Das Tool befasst sich mit dem *„Warum"*: „Was sind Ihre Annahmen bzgl. des Problems und dessen Ursachen und warum sind diese korrekt?"
  - Der Fragenbaum eignet sich zur Identifizierung von potenziellen Ideen und Möglichkeiten, wie man das Problem anpacken könnte. Das Tool befasst sich also mit dem *„Wie"*: „Welche Möglichkeiten haben wir, um wie das Problem zu lösen?" Zum Beispiel: Wie könnten man den Umsatz wieder steigern ?
- Verwenden Sie das Tool Denkmodell und Denkebenen bei der Problemlösung (Abschnitt 2.1.3), damit Sie sich auf die richtige (instrumentale und funktionale) Denkebene konzentrieren.
- Für die meisten Menschen hat die Auseinandersetzung mit Problemen etwas Negatives und somit reden wir viel lieber von den Lösungen. Tappen Sie nicht in diese Falle, wenn Sie eine Diskussion moderieren. Prüfen Sie die unbewussten Annahmen über die Ursache(n) des Problems: Was sind Vermutungen und was sind Tatsachen?
- Verwenden Sie die *MTV*-Regel: Unterscheiden Sie folgende Aspekte, wenn Sie das Problem näher ein- und abgrenzen. Markieren Sie Ihre Daten mit einem M, T oder V auf den Notizkarten oder verwenden Sie verschiedenfarbige Post-it®-Notes beim Moderieren von Workshops. Arbeiten Sie dann daran, Meinungen und Vermutungen in Fakten zu verwandeln.
  - *Meinungen* – sind die hauptsächliche Form von Informationen, die Sie finden werden. Es sind Fakten, die jedoch meist nur von einigen als Tatsachen gesehen werden und die nicht überprüft wurden. Meinungen können auf praktischen Erfahrungen, Gerüchten und selbst auf Vorurteilen beruhen. Das Hauptproblem ist, dass Viele glauben „ihre Meinungen entsprechen den Tatsachen". Unterscheiden Sie also klar, was Fakten und was Meinungen sind und kennzeichnen Sie dies entsprechend.

- *Tatsachen* – bekannte und anerkannte Fakten und Tatsachen, die messbar sind und mehrheitlich als Tatsachen anerkannt sind. Es liegt an Ihnen, abzuschätzen, ob es ich lohnt, die Zeit zu investieren, um die Tatsachen als solche zu beweisen.
- *Vermutungen* – sind Schätzungen und Annahmen, die mehrheitlich nicht als Tatsachen, sondern als unsichere Einschätzung angesehen werden. Sie können auch als Ergebnis von Kreativitätstechniken manchmal sehr wertvoll, aber auch wertlos sein.

(Quelle: Straker)

- Unterscheiden Sie die beiden *Denkebenen* – die rationale und die emotionale – und machen Sie sich und anderen klar, auf welcher Ebene Sie denken und argumentieren. Verwenden Sie beide Ebenen zur „Bereicherung der jeweils anderen", denn beide sind wichtig und hilfreich.
  - Die *rationale Ebene* befasst sich mit Gliedern, Strukturieren, Abgrenzen, und Identifizieren von Einflussgrößen, Mängeln, Ursachen und Auswirkungen.
  - Die *emotionale Ebene* befasst sich mit folgenden Aspekten:

    Wie ist das Problem entstanden?

    Was wurde bereits getan?

    Worin liegt das Problem?

    Was wäre die Ideallösung?

    Was wäre der heimliche Wunsch?

    Wo liegt das Problem noch?

    Wie kann man es auch/anders sehen?

    An was haben wir bisher nicht gedacht?

(Quelle: Haberfellner)

- Vergessen Sie nicht, dass jeder Einzelne, jede Abteilung, jedes Unternehmen, einzigartig ist. Sie haben nicht die gleichen Probleme und sind auch nicht alle in der gleichen Situation. Daraus folgen unterschiedliche Sichtweisen und Einschätzungen, was denn das eigentliche Problem ist.
- Das Problemdefinition-Tool legt den Schwerpunkt auf die Definition des Problems; das konzeptionell entsprechende Tool wäre das Projektauftrag-Tool (Abschnitt 7.2) mit dem Schwerpunkt Definition des Projektes. Seien Sie sich also einer potenziellen Überschneidung bewusst.

Beispiel für eine Problemdefinition – (fiktive) neue Geschäftsstrategie einer Fast-Food-Firma

Tabelle 3 Problemdefinition

Problemdefinition: Erfolgreiche strategische Geschäftsfelder	
Situation und Problembeschreibung	Umsatzrückgang um 40 % im letzten Jahr im Kern-Franchisegeschäft durch neues Ess-/Konsumverhalten und neuen Franchise-Konkurrenten.
Ausgangssituation und Auftrag	Erweiterung des Geschäftsfeldes in den USA durch ein neues Franchisekonzept im Bereich Health-Food in den nächsten 12 Monaten.
Entscheidungsträger und Stakeholder	Geschäftsleitung und Leiter der Entwicklung und Marktforschung.
Erfolgskriterien	Rascher Markteinstieg und „First-to-Market"-Vorteil, Verbraucherverhalten ist nachhaltig.
Entscheidungskriterien	Marktanteil von mind. 25 % innerhalb der nächsten 24 Monate. Break Even innerhalb von 36 Monaten.
Grenzen und Beschränkungen	Das Kerngeschäft und bestehende Kunden dürfen nicht kannibalisiert werden, ebensowenig bestehende Franchisees.
Scope	US-Markt, neue Produkte, neue Produktionstechnik, neue Franchisekonzepte, neue Vertriebswege.

Querverweis zu verwandten Tools in diesem Buch

Problembaum (Abschnitt 3.1.2), Hypothesenbaum (Abschnitt 3.1.5), Hypothesen (Abschnitt 3.1.4), Fragenbaum (Abschnitt 3.1.7), Problemumkehrung (Abschnitt 3.1.3).

Bibliografie: Straker, Haberfellner, Woodrow

3.1.2 Problembaum

„Was ist das Problem? Was war zuerst und was folgte als Konsequenz? Was sind die Auswirkungen, was die Ursachen, was der Anlass und warum und wie? Es ist alles ineinander verwoben und verworren!"

Zweck und Absicht (Warum und wann anwendbar?)

Ein Problembaum eignet sich besonders dann zur Problemdefinition, wenn es sich um ein eher neues und unbekanntes Problem handelt. Ein Problembaum hilft, ein Problem einzukreisen, besser zu verstehen und Ursachen von Auswirkungen abzugrenzen.

Ein Problembaum ist auch ein guter Startpunkt, um ein Projekt und dessen Ziele und die zugrunde gelegten Vermutungen der verschiedenen Stakeholder zu klären.

Funktion und Aufgabe (Wie funktioniert es?)

- Ein Problembaum ist eine hierarchische Darstellung, basierend auf dem Konzept eines verzweigten Baums. Der Stamm repräsentiert das Problem. Die Wurzeln stellen die Ursachen und Gründe für das Entstehen des Problems dar. Die Äste stellen die aus dem Problem resultierenden Auswirkungen und Konsequenzen dar.
- Ziel ist es, in einer Diskussion die einzelnen Elemente zu identifizieren, anschließend zu definieren, um sie dann getrennt voneinander betrachten und lösen zu können.
- Ein Problembaum stellt die Frage: „*Was*“: Was ist das Problem, was sind die Ursachen und was sind die Auswirkungen? Zum Beispiel: „Was ist das Problem? Umsatzrückgang! Was könnten die Ursachen für den Umsatzrückgang sein?“
- Manchmal wird ein Problembaum nur mit einer Verzweigungsebene gezeichnet, d. h. es werden nur Ursachen (Wurzeln) oder nur Auswirkungen (Äste) dargestellt.

Anleitung (Wie gehe ich vor?)

- Definieren Sie das Ausgangs-/Kern-Problem und platzieren Sie diese Aussage zentral, z. B. auf einem Flipchart. Es kann gut passieren, dass Sie das Problem erst noch weiter klären und abgrenzen müssen. Behalten Sie dabei den Projektauftrag im „geistigen Auge“, ohne die Ziele und den Zweck des Projektes Hauptteil der Diskussion werden zu lassen. Sie haben hoffentlich bereits eine Problemdefinition gemacht (siehe Problemdefinition (Abschnitt 3.1.1))?

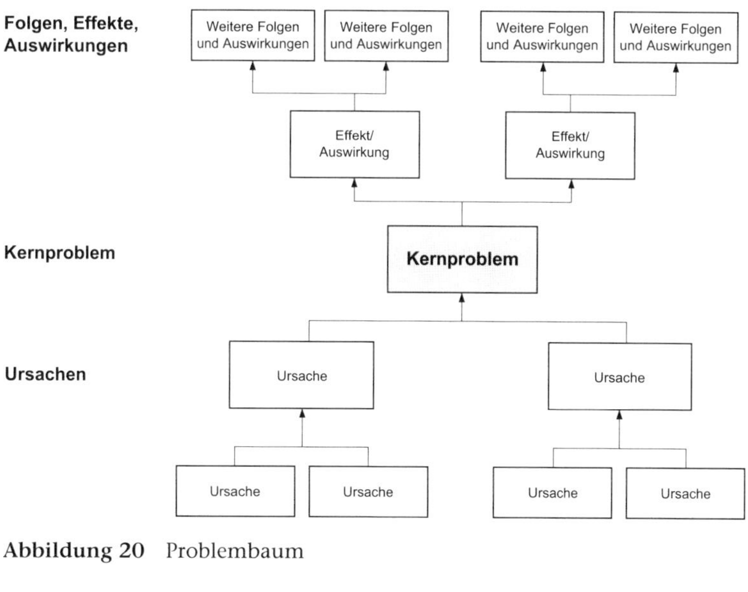

Abbildung 20 Problembaum

- Fragen Sie jetzt *„Was“* – „Was sind die direkten Ursachen für das Problem?“ Notieren Sie die Gründe und Ursachen auf z. B. Post-it®-Notes oder Karteikarten. Platzieren Sie die Karten dann in einer MECE-konsistenten Hierarchie, die einer Baumstruktur ähnelt und die Wurzeln des Problembaums darstellt.
- **M**utually **E**xclusive und **C**ollectively **E**xhaustive (MECE) = (GAZE)
  - Mutually Exclusive (= **g**egenseitig **a**usschließend): Aussagen überschneiden sich inhaltlich nicht. Wenn es zwei oder mehr Ursachen für das Problem gibt und die eine Ursache ist nicht die Ursache für die andere, dann platzieren Sie beide auf der gleichen Ebene. Oder anders ausgedrückt: inhaltlich inkorrekt wäre z. B. die drei Gruppen: Affen, Fische und Säugetiere. Korrekt wäre Fische und Säugetiere.
  - Collectively Exhaustive (= **z**usammen **e**rschöpfend): Aussagen zusammen beschreiben die Aussage auf nächst höherer Ebene. Korrekt wäre als komplette Darstellung zum obigen Beispiel: Alle Wirbeltiere, bestehend aus Fischen, Vögeln, Reptilien, Amphibien und Säugetieren.
- Fragen Sie dann nach den Auswirkungen – „Was sind die Auswirkungen und Konsequenzen des Problems?“ Notieren Sie diese ebenfalls und arrangieren Sie diese in einer logischen MECE-konsistenten Baumstruktur-Verästelung, die von der Problembox wegführt.
- Versuchen Sie nicht, jede mögliche Ursache und Auswirkung abzubilden, sondern gruppieren Sie die relevanten. Bilden Sie möglichst wenige und deutliche Äste/Wurzeln im ersten Schnitt – maximal fünf, besser drei Äste/Wurzeln, damit Sie nicht die Übersicht verlieren.

Beispiel für einen Problembaum zu einem Entwicklungshilfe-Projekt zum Thema Wasser

Tipps und Anregungen

- Es ist sehr wichtig, wo und wie Sie das Problem in seine Einzelteile zerlegen, denn dies kann das ursächliche Problem verschleiern oder an die Oberfläche bringen. Es macht einen Unterschied, ob Sie z. B. ein Umsatzrückgangs-Problem in die Produktgruppen jeder Geschäftseinheit zerlegen, oder ob Sie eine mehr funktionale Aufteilung (Produktion, Marketing, Verkauf usw.) wählen. Beides kann je nach Situation zum Erfolg führen.
- Verwenden Sie niemals „Was“ und „Wie“ auf der gleichen Ebene.
  - Was = Ursache oder Auswirkung → Problembaum (3.1.2)
  - Warum = Annahme zu Lösung oder Ursache → Hypothesenbaum (3.1.5)
  - Wie = Maßnahme → Fragenbaum (3.1.7)
- Prüfen Sie, ob Sie nicht zu allgemeine Aussagen formuliert haben. Sind die Ursachen und Auswirkungen praxisrelevant?

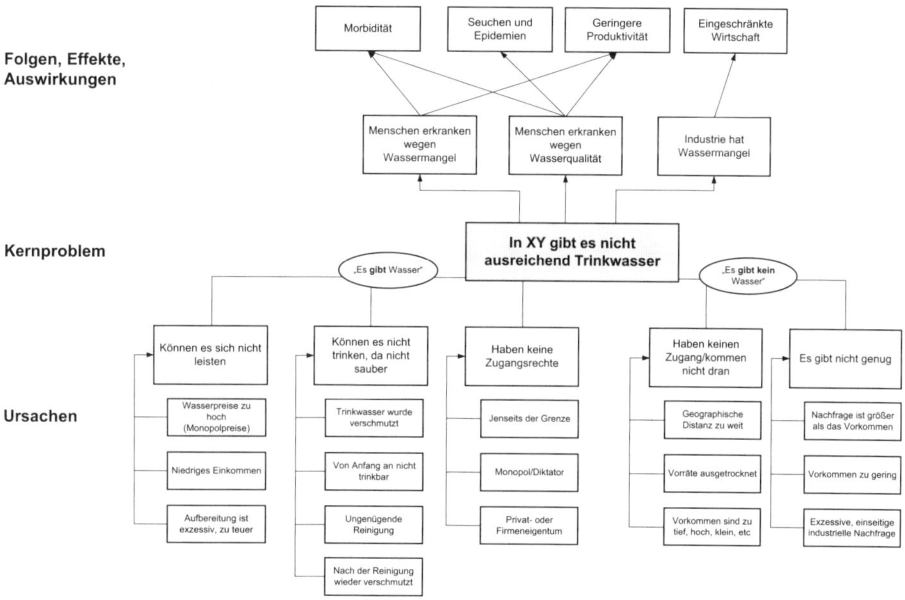

Abbildung 21 Wassermangel – Problem, Ursachen und Auswirkungen

- Übertreiben Sie den Aufbau des Problembaums nicht – beachten Sie die 80:20-Regel!
- Kennzeichnen Sie die Boxen (Ursachen oder Auswirkungen), mit denen sich das Projekt beschäftigen wird oder auch nicht. Sie können das Ist-Ist nicht-Tool (Abschnitt 3.1.11) dazu verwenden, den Projekt-Scope weiter zu dokumentieren.
- Egal, wie viel Wissen und Einblick Ihr deduktiver Problembaum repräsentiert, er eignet sich nicht unbedingt für eine sich selbsterklärende Kommunikation. Helfen Sie Ihrem Gegenüber, den Problembaum zu verstehen. Erklären Sie die resultierenden Schwerpunkte, die nicht offensichtlich sind.
- Der Problembaum ist der Fischgräten-Ursachenanalyse sehr ähnlich (Abschnitt 3.1.9). Im Bereich „Organisational Design – OD“ wird dieses Tool auch als „Stream Analysis“ Tool bezeichnet (siehe dazu Abbildung 42 auf Seite 99).
- Vergessen sie nicht, dass die Qualität des Problembaums von der Qualität und Einbeziehung der richtigen Personen abhängt. Laden Sie also die richtigen Personen zu Ihrem Workshop ein. Notfalls führen Sie verschiedene, getrennte Workshops durch.
- Vergessen Sie nicht, dass der Problembaum-Workshop auch eine gute Möglichkeit ist, Beziehungen zwischen und mit den Stakeholdern aufzubauen. Dies können Sie auch als Gelegenheit zum Lernen nutzen.
- Falls Sie keinen Gruppenkonsens bezüglich der Problemdefinition finden können und auch „Brainstorming“ nichts bringt, dann lassen Sie entweder

demokratisch abstimmen (100-Punkte-Tool (Abschnitt 6.11) oder Nominales Gruppen-Tool (Abschnitt 6.10)) oder entschließen Sie sich, mit einer temporären Problemdefinition weiterzuarbeiten und dann später die anderen Optionen weiter zu bearbeiten.

Problembaum ↔ Hypothesenbaum ↔ Fragenbaum ↔ Zielbaum

- Vom Problembaum zum Hypothesenbaum (Abschnitt 3.1.5) gelangen Sie, indem Sie die Ursachen (Wurzeln) des Problembaums verwenden, um aus diesen relevante Hypothesen zu formulieren.
- Nach dem Hypothesenbaum ist der Fragenbaum der nächste logische Schritt. Verwenden Sie die Hypothesen zu möglichen Lösungen als Ausgangspunkt und fragen Sie: „Wie und welche Möglichkeiten haben wir, um das Problem zu lösen?“
- Ein Problembaum beschäftigt sich mit Problemen, also eher negativen Dingen als mit den Lösungsmöglichkeiten. Sie können dies ändern, indem sich den Problembaum umdrehen und dann einen Zielbaum (Abschnitt 4.2) erhalten.

Querverweis zu verwandten Tools in diesem Buch

Problemdefinition (Abschnitt 3.1.1), Fischgräten-Ursachenanalyse (Abschnitt 3.1.9), Beeinflussungs-/Ursachenmatrix (Abschnitt 3.1.8), Zielbaum (Abschnitt 4.2).

Bibliografie: Straker, Haberfellner

3.1.3 Problemumkehrung

„Ich möchte das Problem mal unorthodox angehen.“

Zweck und Absicht (Warum und wann anwendbar?)

Setzen Sie dieses Tool ein, wenn Sie sicherstellen wollen, dass Sie nichts übersehen haben oder mal anders vorgehen wollen als sonst – basierend auf der Logik: „Wenn ich genau weiß, was ich nicht will, hilft mir das beim Definieren dessen, was ich will“. Wenn Sie sich mit dem Gegenteil beschäftigen, erhalten Sie einen besseren Einblick in das ursprüngliche Problem.

Die Problemumkehrung kann Ihnen auch dabei helfen, die Logik und Schlussfolgerungen einer bestimmten, bereits geplanten Lösung zu testen und zu überprüfen. Die Problemumkehrung wird manchmal auch als Kreativitäts-Tool eingesetzt.

Funktion und Aufgabe (Wie funktioniert es?)

Konzentrieren Sie sich absichtlich auf das Gegenteil des zu untersuchenden Problems, um zu Perspektiven, Ideen und Lösungen zu gelangen, die Sie sonst nicht sehen würden.

Anleitung (Wie gehe ich vor?)

Aus Konsistenzgründen wurde in dieser Toolkategorie das Beispiel zum Problem Wassermangel konsequent in den Beispieldiagrammen und Anleitungen verwendet. Vor allem bei diesem Tool führt dies in der Anleitung zu makaber anmutenden und unangenehmen Szenarien. Der Leser möge dies verzeihen. Der Vermittlung von Methodenwissen und der konsistenten Fortführung des Wasserbeispiels wurde hier Priorität eingeräumt.

- Formulieren Sie das Problem in einfacher Form (z. B. Menschen werden durch schlechtes Wasser krank).
- Jetzt formulieren Sie das Problem in das Gegenteil um und überlegen, was ist das, was alle anderen nicht machen (z. B. wie können wir erreichen, dass noch mehr Menschen durch Wasser krank werden)?
- Welche Aktivitäten könnten Ihnen helfen, dieses Ziel (des umgekehrten Problems) zu erreichen (z. B. gezieltes Vergiften, Sabotage von Abwasserreinigungseinrichtungen, Staudämme zerstören, Verkauf von Wasserfiltern verbieten usw.)?
- Was wären die Konsequenzen und Auswirkungen dieser Aktivitäten (z. B. überfüllte Krankenhäuser, mehr Todesfälle, zerstörte Wasser-Infrastruktur, Ausfall der Arbeitskräfte, Krankheitstage, verschlechterte Produktivität usw.)?
- Was könnte daran von Vorteil und positiv sein? Beim gewählten Beispiel klingt es etwas makaber: z. B. langfristige Entlastung des Sozial- und Krankenversicherungssystems durch vorzeitige und erhöhte Todesfälle, Aufträge für Bauindustrie und Wasserdienstleister, erhöhte Wertschätzung und Bewusstsein in der Bevölkerung für Wert und Umgang mit Wasser, erhöhtes Umwelt- und Recyclingwissen.
- Und jetzt? Sie sollten ein besseres Verständnis für die Problemsituation haben und dafür, welche Dinge und Aktivitäten Ihre Problemsituation verschlimmern könnten. Welche Aktivitäten könnten Sie jetzt ganz aktiv verfolgen, um entsprechend gegenzusteuern? Oder anders gefragt: Welche Aktivitäten gibt es, um das Erreichen des Ziels des umgekehrten Problems zu verhindern? Was könnten Sie also tun, um für Sie relevante Dinge zu vermeiden, z. B. die Sabotage von Abwasserreinigungseinrichtungen zu verhindern?
- Verwenden Sie z. B. Brainstorming, um mögliche Ideen weiter zu entwickeln.

Tipps und Anregungen

Die Problemumkehrung (Abschnitt 3.1.3) wird manchmal auch als Kreativitäts-Technik verwendet, indem kreative Lösungsansätze durch „Umkehrung" der Fragestellung gewonnen werden. Sie wird auch manchmal Kopfstand Methode genannt.

Querverweis zu verwandten Tools in diesem Buch: Problembaum (Abschnitt 3.1.2), Fragenbaum (Abschnitt 3.1.7).

Bibliografie: Woodrow

3.1.4 Hypothesen

„Ich hatte eine ähnliche Situation zuvor und habe eine ziemlich gute Vorstellung von diesem Problem. Ich möchte keine Zeit verschwenden und „das Rad nicht neu erfinden". Ich möchte meine Erfahrung und meine Intuition nutzen."

Zweck und Absicht (Warum und wann anwendbar?)

Hypothesen beziehen sich auf Erfahrung, Intuition und Wissen über ähnliche Probleme und werden angewandt, um etwas in seinen Einzelheiten besser und schneller zu verstehen. Der Aufwand an Zeit und Nachforschungen kann somit deutlich verringert werden.

Eine Definition für Hypothese lautet: „Bezeichnung für eine ungeprüfte Spekulation, unbewiesene Annahme oder Behauptung"; Gegenteil von sicherem Wissen (Quelle: Wirtschaftslexikon Gabler).

Funktion und Aufgabe (Wie funktioniert es?)

- Das Hypothesen-Tool hilft dabei, die Analyse und Ihre Arbeit zu fokussieren – testen Sie die Annahmen der Hypothese und nichts anderes. So sparen Sie Zeit, weil Sie sich auf Daten konzentrieren, die die Hypothese stützen oder ablehnen, anstatt auf zeitaufwändiges Sammeln aller Informationen.
- Es schützt davor, in dem Datenüberfluss der Analyse zu „ertrinken".

Anleitung (Wie gehe ich vor?)

- Formulieren Sie Hypothese(n), die den wahren/wirklichen Kern der Situation/des Problems betreffen.
- Entscheiden Sie, was Ihrer Meinung nach wirklich vor sich geht. Benutzen Sie andere Tools, um Probleme statt Symptome, am besten aber Ursachen zu identifizieren (z. B. Fischgräten-Ursachenanalyse in Abschnitt 3.1.9).
- Entscheiden Sie, wie der Sachverhalt beschrieben werden soll. Entwickeln Sie Begründungen, basierend auf Ihrem Wissen, Ihrer Erfahrung, Annahmen und Intuitionen.
- Entscheiden Sie, welche Daten zu sammeln sind und wie man den Nachweis führt.
- Übereilen Sie die Formulierung der Hypothese nicht. Betrachten Sie das Problem und die grundsätzlichen Prozesse, bis Sie sich sicher sind, dass Sie die Situation verstanden haben und dass ihre früheren Erfahrungen und Ihr Wissen anwendbar sind. Stellen Sie dann Annahmen auf, die zu Hypothesen werden.

Tipps und Anregungen

Seien Sie sich Ihrer Annahmen nicht zu sicher, versuchen Sie, diese umzustoßen, anstatt sich selbst zu bestätigen, dass „Sie wieder einmal richtig lagen". Bei diesem Tool geht es um Zeit- und Arbeitsersparnis, nicht um blinden Aktionismus oder „Selbstbeweihräucherung".

Beispiel einer möglichen Hypothese

„Die Verkaufsabteilung verbringt mehr als 40 Prozent ihrer Zeit mit Verwaltungs-Aktivitäten."

Querverweis zu verwandten Tools in diesem Buch

Fischgräten-Ursachenanalyse (Abschnitt 3.1.9) oder Ist-Ist nicht-Tool (Abschnitt 3.1.11), Pareto-80:20-Regel (Abschnitt 3.4.2).

3.1.5 Hypothesenbaum

„Ich möchte meine Annahmen und Vermutungen ein bisschen strukturieren, um eine bessere Übersicht zu bekommen."

Zweck und Absicht (Warum und wann anwendbar?)

Der Hypothesenbaum eignet sich besonders dann, wenn der Anwender auf vorherige Erfahrungen zu diesem Problem bauen kann. Der Hypothesenbaum hilft Ihnen, sich auf die wesentlichen und wahrscheinlichsten Aspekte Ihrer Hypothesen zu konzentrieren – um diese dann später mit Hilfe eines Fragenbaums (Abschnitt 3.1.7) weiter zu Lösungsmöglichkeiten zu entwickeln.

Der Hypothesenbaum soll Ihnen helfen, Ihr weiteres Vorgehen zu planen, indem die relevantesten Argumente hervorgehoben werden, die Sie dann durch Ihr weiteres Vorgehen beweisen.

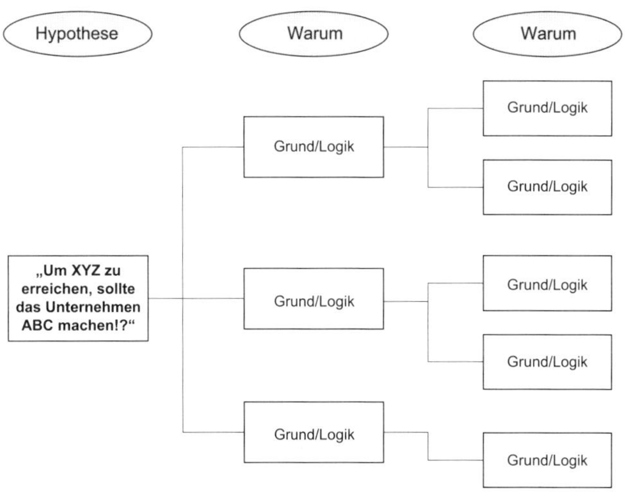

Abbildung 22
Hypothesenbaum

Funktion und Aufgabe (Wie funktioniert es?)

- Der Hypothesenbaum stellt vermutete Lösungsmöglichkeiten dar, kann jedoch auch vermutete Problemursachen in einer grafischen Baustruktur abbilden.
- Ein *Hypothesenbaum* beginnt mit einer *Aussage* – der ausformulierten Annahme über Problemursachen oder Lösungsmöglichkeiten. Im Gegensatz dazu beginnt ein *Fragenbaum* (Abschnitt 3.1.7) mit einer *Frage* – genauer gesagt, der Ausgangspunkt ist die zentrale Frage, die in „der ersten Box links steht", und davon ausgehend lassen sich in den weiteren Verzweigungen mögliche Lösungsmöglichkeiten entwickeln.
- Alle Ebenen des Hypothesenbaums sind durch die Frage „Warum?" miteinander verbunden. Die Hypothese wird durch die Unterhypothese (das Argument, das „Warum") weiter detailliert, bewiesen oder widerlegt. Jede Unterhypothese begründet und rechtfertigt also die darüberliegende Hypothese.
- Eine Hypothese könnte z. B. lauten: „Um (wasserbezogene) Krankheiten und Todesfälle zu vermeiden, sollten Menschen nur unbedenkliches Wasser konsumieren oder: „Wir könnten unbedenkliches Wasser trinken, wenn wir Verschmutzung vermeiden, vorher angemessen reinigen und einfachen Zugang zu Wasser bereitstellen." Eine der Unterhypothesen könnte lauten: „Die Verwendung von guten Wasserfiltern hilft, Wasser keimfrei und gesundheitlich unbedenklich zu machen". Welche weiteren Argumente fallen Ihnen ein?
- Vergessen Sie jedoch nicht, dass die Aussagen/Argumente nicht garantierte Tatsachen und Fakten sind, sondern Vermutungen, Annahmen und Meinungen. Das ist das Gute daran, denn Sie müssen sie noch nicht rechtfertigen. Die Aussagen basieren bisher nur auf Ihrer Erfahrung, Meinung und Einschätzung, die hoffentlich nicht falsch sind.

Anleitung (Wie gehe ich vor?)

- Idealerweise existiert bereits ein Problembaum (Abschnitt 3.1.2), auf dessen Logik Sie aufbauen können.
- Leiten Sie aus dem existierenden und definierten Problem und dessen Ursachen die Annahmen ab, die Sie für relevant halten, um das Problem zu lösen, z. B. Umweltverschmutzung und schlechte Abwasserreinigung sind die maßgeblichen Ursachen für die schlechte Wasserqualität.
- Verwenden Sie das Hypothesen-Tool in Abschnitt 3.1.4, um mehr über das Formulieren von Hypothesen zu lernen.
- Beachten Sie den Unterschied zum Hypothesen-Tool, das sich prinzipiell eher mit Annahmen und Vermutungen zu den Ursachen des Problems beschäftigt. Beides ist möglich.
- Wie bereits erwähnt, basieren eine Hypothese und der Hypothesenbaum auf einem gewissen Vorwissen und Kenntnissen bezüglich des Problems und

möglicher Lösungen. Beschaffen Sie sich also Zugang zu Experten und deren Feedback zu Ihrem Hypothesenbaum.

- Formulieren Sie Ihre elementare Haupthypothese in der Form: „Um das Ziel XYZ zu erreichen, sollte die Person/das Unternehmen o. a. Folgendes (ABC) machen." Die Aktivität ABC steht hier für die angemessene(n) Lösung(en), um die hauptsächlichen Ursachen für das Entstehen des Problems zu beseitigen.

Tipps und Anregungen

- Die Ausgangshypothese sollte aktionsorientiert sein, z. B. „Um XYZ zu erreichen, sollte das Unternehmen die Aktivität ABC ausführen."
- Testen Sie, ob die Aussagen/Argumente auf allen Ebenen die Frage „Warum?" beantworten, und zwar wieder als Hypothesen.
- Fügen Sie Ihrem Hypothesenbaum auch durchaus mögliche Gegenargumente, Nachteile oder andere Alternativen hinzu. Berücksichtigen Sie also auch ein Argument für „warum nicht?", denn auch diese sollten Sie später prüfen.
- Auch ein Hypothesenbaum sollte dem MECE-Prinzip folgen, d. h. Sie sollten prüfen, ob die Begründungen für die jeweils voran- bzw. darüber stehenden Hypothesen vollständig sind, bis auf die bereits bekannten Tatsachen. Prüfen Sie auch, ob alle Argumente überlappungsfrei sind (MECE).

Beispiel für das Wasser-Problem, siehe auch Beispiel zu Problembaum und Fragenbaum

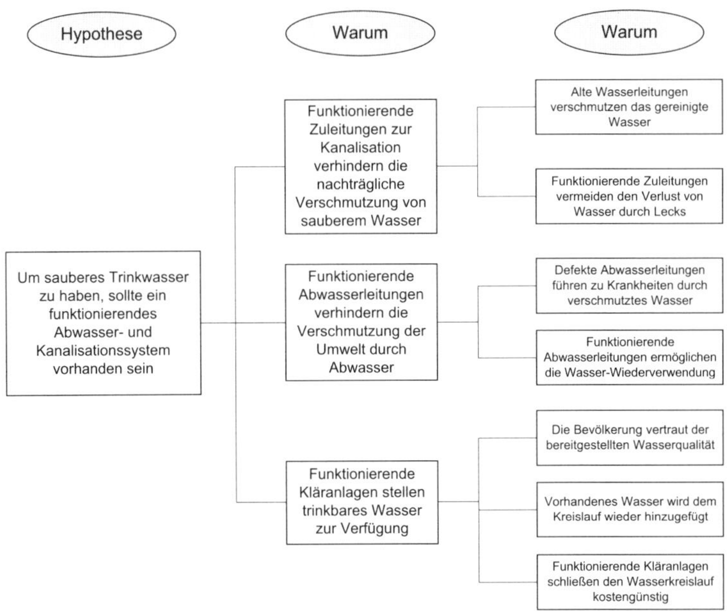

Abbildung 23 Hypothesenbaum mit Wasserproblem

Querverweis zu verwandten Tools in diesem Buch

Problembaum (Abschnitt 3.1.2), Fragenbaum (Abschnitt 3.1.7)

Bibliografie: Rasiel

3.1.6 Konkurrierende Hypothesen

„Wie neutral und voreingenommen bin ich bei meinen Hypothesen? Ich möchte testen, ob ich wichtige Hypothesen übergangen habe."

Zweck und Absicht (Warum und wann anwendbar?)

Wenn Sie herausfinden wollen, ob und welche Hypothesen Sie vielleicht übersehen, übergangen oder diesen nicht die notwendige Aufmerksamkeit geschenkt haben.

Funktion und Aufgabe (Wie funktioniert es?)

Das Tool „Konkurrierende Hypothesen" stellt einer primären Hauptthypothese andere konkurrierende Hypothesen in einer Matrix gegenüber, um sie miteinander zu vergleichen.

Tabelle 4 Konkurrierende Hypothesen – Beispiel Wasserqualität

	Primäre Hypothese	Konkurrierende Hypothesen		
Tatsachen und „Beweisstücke"	**Abwasserreinigung funktioniert nicht richtig**	**Umweltverschmutzung**	**Alte Rohrleitungen**	**Resistente Bakterienstämme**
Steigende Anzahl an Zeitungsmeldungen bzgl. Abwasserproblemen	+	+	+	-
Steigende Verkaufszahlen von Wasserfiltern	+	+	+	+
Steigende Krankenhaustage wegen E.coli-Infektionen	+	-	-	+
Es gibt seit Jahrzehnten wieder Cholera-Fälle	+	?	-	+
Grundwasserspiegel fällt	-	-	-	-
Verbrauch an Kunstdünger steigt	+	+	-	-
Sanitäre Hygieneregeln werden nicht eingehalten	-	-	-	+

Anleitung (Wie gehe ich vor?)

- Notieren Sie Ihre bevorzugte Annahme und Vermutung bezüglich der Ursache(n) des Problems und formulieren Sie diese dann als Hypothese (Hypothesen-Tool, Abschnitt 3.1.4). Schreiben Sie diese in die Spalte „Primäre Hypothese“.
- Denken Sie jetzt über alle möglichen Tatsachen, Umstände und „Beweisstücke“ nach, die ihre primäre Hypothese unterstützen. Schreiben Sie jeweils ein Beweisstück pro Zeile in die erste Spalte.
- Notieren Sie dann alle weiteren, möglichen Hypothesen, die ebenfalls Ursache für das Problem sein könnten. Schreiben Sie diese in die weiteren Spalten und ignorieren Sie Ihre eigene Meinung.

Betrachten Sie nun jedes Beweisstück und prüfen es gegen jede Hypothese. Unterstützt das Beweisstück die jeweilige Hypothese oder nicht? Markieren Sie ein „+“ (unterstützt) oder „–“ (unterstützt nicht). Die wahrscheinlich relevanteste Hypothese ist nicht unbedingt diejenige mit den meisten „+“, sondern vielleicht die mit den wenigsten „–“.

Querverweis zu verwandten Tools in diesem Buch

Hypothesen (Abschnitt 3.1.4), Hypothesenbaum (Abschnitt 3.1.5)

Bibliografie: Woodrow

3.1.7 Fragenbaum

„Ich will nicht nur ein wildes Brainstorming, sondern auch eine gewisse Struktur und Logik in der Diskussion zu möglichen Lösungsideen für unser Problem.“

Zweck und Absicht (Warum und wann anwendbar?)

Der Fragenbaum (engl. Issue Tree) eignet sich zur Identifizierung von potenziellen Ideen und Möglichkeiten, wie man ein Problem anpacken könnte. Das Tool befasst sich also mit dem „Wie“ – „Welche Möglichkeiten haben wir, um das Problem wie zu lösen?“ Zum Beispiel: „Wie könnten man den Umsatz wieder steigern?“ Oder: „Wie könnte man erreichen, dass alle Trinkwasser haben?“

Der Fragenbaum beschäftigt sich also nicht damit, das Problem einzugrenzen – diese Aufgabe erledigt der Problembaum –, sondern versucht, mögliche Problemlösungsideen durch eine logische und hierarchische Struktur darzustellen und zu identifizieren. Durch Beantworten der impliziten Fragen des Fragenbaums können Sie dann schnell feststellen, ob Ihre Hypothesen wahr sind. Daraus ergibt sich, dass sich ein Fragenbaum idealerweise an einen Hypothesenbaum (Abschnitt 3.1.5) und/oder eine Hypothesendefinition (Abschnitt 3.1.6) anschließt.

Ein Fragenbaum stellt also eine Reihe von Fragen dar, die es zu beantworten gilt, um die zugrunde liegenden Hypothesen zu beweisen oder zu widerlegen.

Ein Fragenbaum unterstützt Sie auch dabei, die für die weitere Diagnose und Analyse relevanten Fragen zu identifizieren und somit keine Zeit mit der Informationsbeschaffung für irrelevante Fragen zu verschwenden.

Funktion und Aufgabe (Wie funktioniert es?)

- Der Fragenbaum ist dem Problembaum sehr ähnlich und unterscheidet sich hautsächlich dadurch, dass er lösungsorientiert aufgebaut ist, der Problembaum dagegen ursachen- bzw. auswirkungsorientiert. Der Fragenbaum basiert also auf einem guten Verständnis des Problems (und idealerweise auf einem bereits klar definierten Problembaum), um darauf aufbauend eine Hierarchie von Ideen und Lösungsmöglichkeiten zu schaffen.
- Bei dem Fragenbaum geht es nicht um die kreative Lösungsfindung, sondern um das strukturierte logische Vorgehen, bei dem jeder Schritt (Ast) auf dem hierarchisch vorhergehenden aufbaut und dabei immer fragt: „*Wie* könnte man das Problem lösen, um das angestrebte Ziel zu erreichen? Welche Möglichkeiten gibt es?" Jede Möglichkeit wird dann weiter in Teil-Möglichkeiten aufgeschlüsselt.
- Eines der wichtigsten Qualitätsmerkmale für einen Fragenbaum ist das MECE-Prinzip: Aussagen überschneiden sich inhaltlich nicht und sind zusammen erschöpfend. Das bedeutet, alle Aussagen auf einer Ebene beschreiben zusammen die Aussage auf der nächst höheren Ebene.

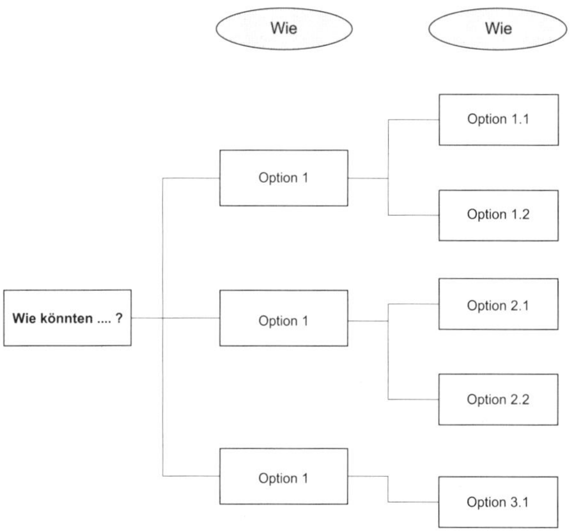

Abbildung 24 Fragenbaum-Diagramm

Anleitung (Wie gehe ich vor?)

- Bevor Sie sich ins Detail stürzen, verwenden Sie die Problemdefinition (Abschnitt 3.1.1), um mehr Klarheit zu schaffen. Manchmal ist der schwierigste und wichtigste Schritt, den Ausgangspunkt bzw. die Kernproblematik richtig einzugrenzen und zu definieren. Bauen Sie, wenn möglich, auf einen Problembaum (Abschnitt 3.1.2) oder Hypothesenbaum (Abschnitt 3.1.5) auf.
- Fragen Sie sich also, welche Aspekte/Aussagen wahr und korrekt sein müssen, damit Ihre Hypothesen korrekt sind. *Wie* können wir das Wasserproblem lösen? Welche Möglichkeiten gibt es? Welche Möglichkeiten eignen sich am ehesten und welche Hypothesen sind somit wahr?
- Die Antworten auf alle Fragen insgesamt sollten die Antwort auf die Frage auf der nächst höheren Ebene abdecken. Vereinfacht anhand des Wasserbeispiels würde dies heißen: Wenn die möglichen Antworten auf die Frage nach sauberem Wasser drei Möglichkeiten beinhalten (Umweltverschmutzung vermeiden, bessere kommunale Abwasserreinigung , private Wasserbehandlung vor dem Trinken), dann könnte es für die Frage „Wie könnte ich das Wasser vor dem Konsum behandeln?" verschiedene Lösungsmöglichkeiten geben, die dann in ihrer Gesamtheit die obige Frage möglichst komplett abdecken. Die Antworten könnten sein:
  - physikalische bzw. mechanische Verfahren (Fällung, Flockung, Sedimentation, Sieben, Membranverfahren und Wasser-Filter usw.)
  - physikalische bzw. chemische Verfahren (Ionenaustausch, Chlor, Härtestabilisierung, Entkeimungstabletten usw.)
  - biologische Verfahren (biologische Reaktoren, energetisch usw.)
  - spezielle, andere Wasserbehandlungsverfahren (UV-Licht usw.).

Bohren Sie dann bei jeder Frage und den resultierenden Antworten so lange weiter nach, bis Sie auf befriedigende Lösungsmöglichkeiten gestoßen sind.

Tipps und Anregungen

Der Fragenbaum hilft auch, um zu Beginn eines Projektes die Projektbereiche und Arbeitsschwerpunkte zu identifizieren (siehe auch Projektstrukturplan/PSP) und die Struktur für die Projektkommunikation zu schaffen (siehe auch Projekt-Kommunikationsplan (Abschnitt 7.11).

Beispiel für einen Fragenbaum bezüglich des Wasserproblems

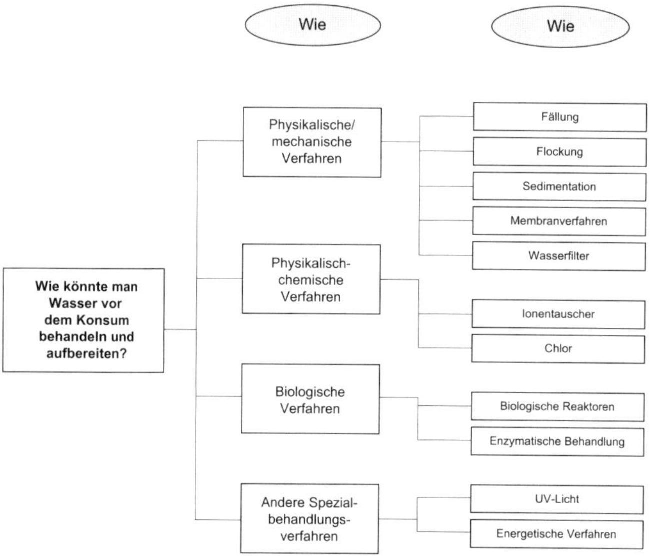

Abbildung 25 Fragenbaum – Wie könnte man das Wasser vor dem Konsum behandeln?

Querverweis zu verwandten Tools in diesem Buch

Problembaum (Abschnitt 3.1.2), Hypothesenbaum (Abschnitt 3.1.5)

Bibliografie: Rasiel, GTZ, DFID.gov.uk

3.1.8 Beeinflussungs-/Ursachenmatrix

Zweck und Absicht (Warum und wann anwendbar?)

Eine Beeinflussungsmatrix – auch manchmal Wirkungsnetz genannt – ist ein Tool zur Betrachtung und Analyse von komplexen Ursachen-Wirkungszusammenhängen. Es eignet sich daher zur Untersuchung und Definition von Problemen und deren komplexen Ursachen-Wirkungszusammenhänge.

Funktion und Aufgabe (Wie funktioniert es?)

In einer Beeinflussungsmatrix werden Ursachen und Auswirkungen grafisch gegenübergestellt und können auch quantifiziert werden, um abschätzen zu können, welche Veränderungsmaßnahmen relevant sind.

Anleitung (Wie gehe ich vor?)

- Notieren Sie die Ursachen in der ersten Spalte.
- Notieren Sie eine Liste der Wirkungen und Auswirkungen in der ersten Reihe.
- Schätzen Sie die Stärke der Einflüsse ab und tragen Sie diese in die Matrix ein. Entweder verwenden Sie Kreuze „x" für Ursachen, die Einflüsse haben, oder verwenden Sie Ziffern (0 = kein Einfluss, 1 = schwacher Einfluss, 2 = starker Einfluss).
- Ermitteln Sie die Zeilensummen. Diese Summen repräsentieren die Einflussstärke, die von diesem Element ausgeht. Eine Spaltensumme zeigt an, wie sehr ein Element von anderen beeinflusst wird.

Beispiel für eine Ursachenmatrix in Tabellenform

Tabelle 5 Ursachenmatrix

Auswirkungen = Wirkung auf ...	**Preise**	**Löhne**	**Wett-bewerbs-position**	**Margen/ Rabatte**	**...**
Ursachen = Wirkung von ...					
Marketing	×		×		
Umwelt			×		
Gewerkschaften		×			
Absatz	×			×	
Mitarbeiterbonus		×			
...					

Tipps und Anregungen

- Siehe auch das Kontextdiagramm mit den verschiedenen Darstellungsformen (Abschnitt 3.1.18)
- Eine Ursachenmatrix eignet sich zur Darstellung von einfachen Sachverhalten. Für komplexere Zusammenhänge eignet sich die Beeinflussungsmatrix. Das Beispiel in Abbildung 26 zeigt die Häufigkeit der Kommunikation innerhalb einer Projektgruppe.

Beispiel für eine Beeinflussungsmatrix in Dreiecksform für Projekt-Kommunikationsbeziehungen

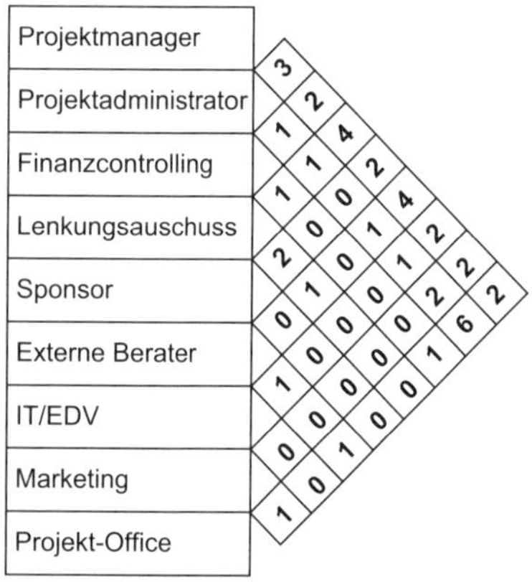

Abbildung 26
Beeinflussungsmatrix – Darstellung der Häufigkeiten in der Projektkommunikation zwischen den Abteilungen

Querverweis zu verwandten Tools in diesem Buch

Problembaum (Abschnitt 3.1.2), Fischgräten-Ursachenanalyse (Abschnitt 3.1.9), Fragenbaum (Abschnitt 3.1.7), Kontextdiagramm (Wirkungsnetz) (Abschnitt 3.1.18)

Bibliografie: Haberfellner

3.1.9 Fischgräten-Ursachenanalyse

Zweck und Absicht (Warum und wann anwendbar?)

Das Fischgräten- oder Ursachenanalyse-Tool (manchmal auch Ishikawa- oder Ursachen-Effekt-Tool genannt) liefert eine visuelle Karte der Ursachen, die zu einem bestimmten Problem (Effekt) führen. Es wird am besten eingesetzt, um ein vorhandenes Problem in einem frühen Stadium zu erforschen oder um während der Analysephase noch „tiefer zu graben".

Funktion und Aufgabe (Wie funktioniert es?)

Es hilft einem Team, sich auf den Kern des Problems zu fokussieren, und nicht auf das Symptom. Es erzeugt einen Schnappschuss des kollektiven Wissens oder der Wissenslücken zu einem Problem und stellt es grafisch dar.

Man kann damit alle möglichen Ursachen, die zu einem Problem führen, identifizieren, aufzeigen, die zu Grunde liegenden Ursachen finden und die Zusammenhänge zwischen diesen und darunter liegenden Antriebskräften erkennen. Mit anderen Worten handelt es sich um die grafische Illustration der Beziehungen zwischen einem Problem, den Ursachen eines Problems und den Auswirkungen (der Effekte).

Anleitung (Wie gehe ich vor?)

- Definieren und nennen Sie die Hauptgründe für das Problem, um ein Ursachen-Effekt-Diagramm aufzubauen.
- Schreiben Sie die *Effekte/Auswirkungen* in einen Kasten auf die rechte Seite des Diagramms oder auf ein Flipchart. Prüfen Sie, ob sich alle über das Problem einig sind. Um präzise zu sein, sollte so viel Information wie möglich dabeistehen. Das *Rückgrat des „Fisches"* geht quer über das Papier, davon gehen mehrere Linien aus, die zu einem Kasten führen, in dem die Kategorie der möglichen *Ursache* steht.
- Fragen Sie: „Warum passiert das?" Die Frage wird so lange wiederholt, bis das Team keine Ursachen mehr findet. Für jeden tieferen Grund geht man einen Schritt weiter, um ein noch tieferes Verständnis zu erzielen. Benutzen Sie das 5-W-Tool (Abschnitt 3.2.11), um mehr Informationen zu erhalten, und identifizieren Sie die versteckten oder unbekannten Ursachen.
- Mögliche Unteraspekte schreiben Sie neben die Linien jeder Kategorie.
- Seien Sie flexibel mit der Benennung der „Hauptgräten". Es gibt kein perfektes Set oder die richtige Anzahl von Kategorien:
  - Ein Produktionsprozess hat üblicherweise die folgenden Kategorien: Maschinen/Ausstattung, Materialien, Werkzeuge und Menschen.
  - Ein Serviceprozess hat üblicherweise folgende Kategorien: Richtlinien, Kanäle, Prozessabläufe und Menschen.

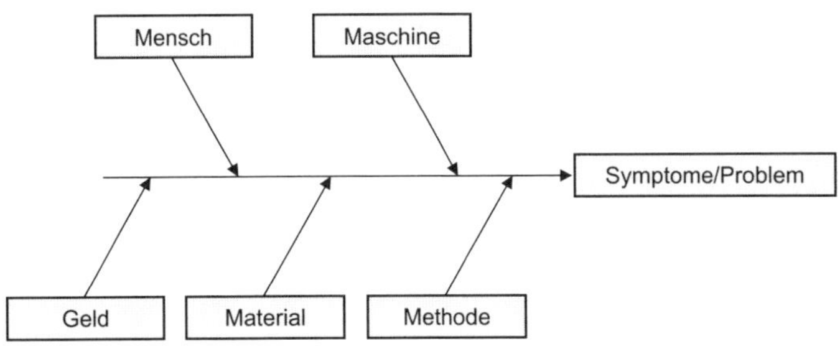

Abbildung 27
Die meisten Probleme haben ihre Ursache in einem der fünf gezeigten Bereiche

  - Kategorien für beide sind: Umfeld, Einschätzung, Kommunikation und Zeitpläne.
  - Man kann auch die Hauptschritte eines aktuellen Geschäftsprozesses an die Stelle der Hauptgrund-Kategorien setzen.
  - Ein anderes typisches Set von Kategorien ist: Mensch, Maschine, Material, Geld und Methode, wie in Abbildung 27 dargestellt.

Tipps und Anregungen

- Platzieren Sie ein vergrößertes Fischgräten-Diagramm an einem öffentlichen Platz in der Firma und stellen Sie Post-it®-Zettel zur Verfügung, damit alle mitmachen können. Fordern Sie alle auf, Gründe und Lösungen anzukleben.
- Eine Umkehrung des Fischgräten-Tools ist die Lösungs-Effekt-Analyse, bei der man die mögliche Lösung in einen Kasten links stellt, eine horizontale Linie davon nach rechts zieht und davon ausgehend weitere Linien mit den möglichen Konsequenzen darstellt, wie in Abbildung 28.

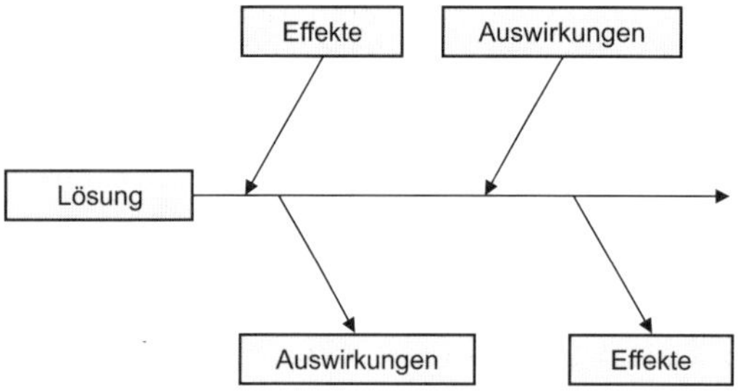

Abbildung 28 Lösungs-Effekt-Variante zum Fischgräten-Tool

Beispiel eines Fischgräten-Modells

Abbildung 29 zeigt ein komplexeres Beispiel für ein Fischgräten-Modell als Ausschnitt eines Risikomanagement-Projektes. Manchmal wird solch ein Modell schnell unübersichtlich, so dass Sie sorgfältig überlegen sollten, was aufgezeigt werden soll.

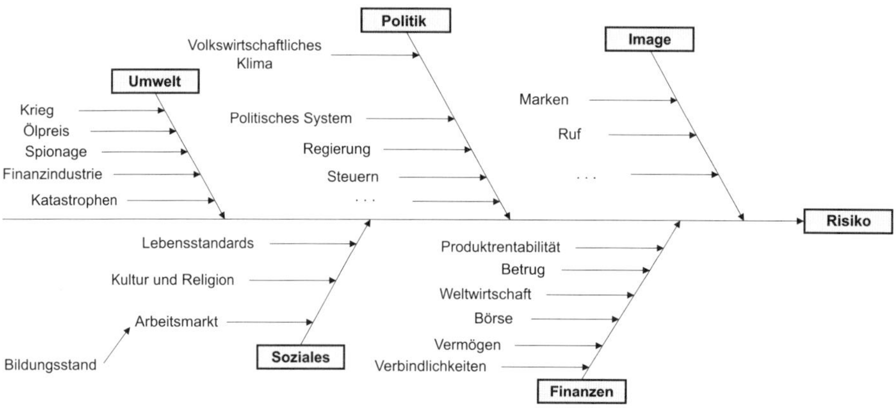

Abbildung 29 Ein Beispiel für Gründe und Auslöser, die ein Risiko hervorrufen

Querverweis zu verwandten Tools in diesem Buch

Mind Map (Abschnitt 3.1.21), 5 W (Abschnitt 3.2.11).

Bibliografie: Harris, Markham. Das Ursache-Wirkungsdiagramm (auch Ishikawa-Diagramm) ist eine von Kaoru Ishikawa entwickelte Idee und Diagrammform.

3.1.10 Black Box

„Ich möchte verstehen, was passiert. Die ganze Situation wirkt zu verwirrend. Ich verliere den Überblick. Wer/was liefert den Input und den Output?"

Zweck und Absicht (Warum und wann anwendbar?)

Das Black-Box-Tool dient dazu, die Komplexität eines Problems zu verringern, insbesondere, wenn man dazu neigt, sich in der Komplexität und den vielfältigen Aspekten und Stakeholdern des Problems zu verstricken. Das Augenmerk der Black Box liegt auf dem System (System nicht als technischer Ausdruck) und seiner Interaktion mit der Außenwelt. Nochmals: Die Black Box konzentriert sich nicht darauf, wie das Innere der Black Box funktioniert, sondern darauf, was sich um die Black Box herum befindet und was (nicht wie etwas) mit der Black Box interagiert.

Funktion und Aufgabe (Wie funktioniert es?)

- Durch die Definition des Systems als Black Box sollte man sich nur auf die Interaktion (Input/Output) mit der Außenwelt des Systems oder der Situation konzentrieren und das Innere der Black Box außer Acht lassen.
- Das Black-Box-Tool reduziert die Komplexität, da man nicht abgelenkt wird vom „Wie, wo und was" des Inhalts der Black Box. Ein zusätzlicher, jedoch separater Vorgang ist, das Innere zu definieren. Dafür gibt es mehrere Techniken und Tools.

Anleitung (Wie gehe ich vor?)

- Definieren Sie die Situation/das Problem als „Black Box". Das zu betrachtende Problem befindet sich in der „Black Box", ist also nicht „ersichtlich". Es werden nur die Eingangs-/Ausgangsströme betrachtet, z. B. wird in Abbildung 30 das Problem der Kartoffelernte ignoriert.

Abbildung 30 Black Box am Beispiel Kartoffelernte

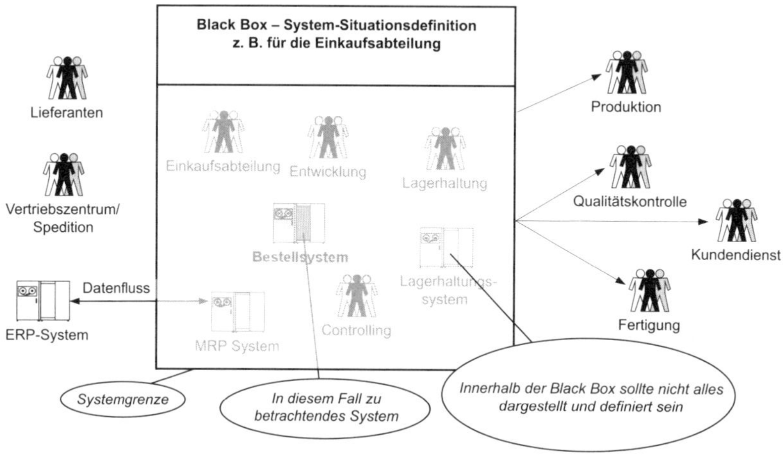

Abbildung 31 Schwerpunkt der Black-Box-Betrachtung ist das Bestellsystem

- Stellen Sie alle Input- und Output-Ströme fest. Diese Ströme können Kommunikation, Information, Auskünfte und Wünsche von Systemen oder Menschen sein. Berücksichtigen Sie alle Daten, Ressourcen, Informationen, Prozesse usw. (Abbildung 31).
- Bedenken Sie Abhängigkeiten und ausgelöste Ströme (eine Forderung von der Black Box, die als Reaktion einen Input auslöst).

Tipps und Anregungen

- Die Aktivitäten zur Sammlung relevanter Informationen können sich für ähnliche Tools, beispielsweise Kontextdiagramm, Stakeholder-Übersicht oder Entity Relationship Tool (ERD), überschneiden. Sie unterscheiden sich aber in ihrer Tiefe.
- Das Tool, das die entgegengesetzte Logik benutzt, nennt man „Spotlight", da es die betroffenen Punkte ins Licht des Scheinwerfers rückt. Man konzentriert sich auf den Inhalt der „Black Box", ohne sich darum zu kümmern, wo und wie diese Box mit der Außenwelt operiert.

Beispiel für die System- bzw. Situationsdefinition einer Einkaufsabteilung

Die Black Box in Abbildung 31 enthält alle Komponenten des Betrachtungsfeldes. Alle anderen Komponenten außerhalb des Betrachtungsfeldes interagieren über die Systemgrenzen hinweg mit dem für diese Situation definierten (Sub-) System und sind daher nicht Teil der betrachteten Situation und deren Komponenten.

Querverweis zu verwandten Tools in diesem Buch

Ein Kontextdiagramm (siehe Abschnitt 3.1.18) ist eine detailliertere Version des Black-Box-Diagramms. In ihm ist der Inhalt der Black Box erklärt, mit Details ausgestattet und dokumentiert. Ein Kontextdiagramm betrachtet mehr als die Input-Output-Beziehungen der Black Box (Haberfellner, Nagel et al.). Andere zu erwägende Tools für ein späteres Stadium sind die Stakeholder-Übersicht (Abschnitt 3.1.13) und das relationale Datenmodell (ERD) (siehe Abschnitt 5.2.5).

Bibliografie: Haberfellner, Nagel u. a., 1994

3.1.11 Ist-Ist nicht

„Ich möchte zwischen relevant und nicht relevant unterscheiden. Manchmal kann man etwas besser definieren, wenn man weiß, was es nicht *ist."*

Zweck und Absicht (Warum und wann anwendbar?)

Klären und Definieren des Umfangs eines Problems, beispielsweise für Mitglieder eines Projekts bei einem Workshop.

- Dieses Tool bringt das Denken auf den richtigen Kurs, ist aber für komplexere Problemstellungen nicht geeignet.
- Um ein Problem zu isolieren oder die wahre Natur eines Konflikts zwischen Gruppen oder Individuen zu klären, benötigt man bei diesem Tool gute Kommunikation und freie Kommunikationswege.
- Um die Diskussion bezüglich des Scopes und Umfangs eines Projekts zu unterstützen und greifbarer zu machen, sollte es idealerweise während eines Projektworkshops oder eines Projekt-Kick-off-Meetings eingesetzt werden.

Funktion und Aufgabe (Wie funktioniert es?)

- Es zeigt, was sich innerhalb und außerhalb des Problembereichs befindet.
- Bei der Klärung, was *nicht* Teil des Problems ist, stellen die übrig bleibenden Punkte ziemlich wahrscheinlich die relevanten Teile (*Ist*) des Problems dar.
- Es funktioniert wie der Fischfang mit einem Netz: Die richtige Größe von Fischen bleibt im Netz hängen, die kleineren (*nicht* das Problem) schlüpfen durch die Maschen.
- Der Projektumfang und Scope lassen sich grafisch – entweder in einem Diagramm oder in einer Tabelle – darstellen.

Anleitung (Wie gehe ich vor?)

- Benutzen Sie ein Flipchart mit zwei Spalten für „Ist" bzw. „Ist nicht".
- Stellen Sie den Workshop-Teilnehmern eine Reihe von Fragen, die ihre Situation betreffen, z. B. „Wo und wann tritt das Problem auf?", „Wie tritt es auf?", „Welche Prozesse und welche Menschen sind beteiligt?".

- Besprechen Sie dann die zu Grunde liegenden Fakten und Daten, um festzulegen, was jeweils in die Ist- und in die Ist-nicht-Spalte gehört. Falls benötigt, zeichnen Sie ein Diagramm entsprechend der Abbildung 32.
- Ähnlich wie bei der Eingrenzung und Klärung, was und was nicht Teil eines Problems und/oder Ursache ist, ist der Projektinhalt gleichermaßen in *Ist* und *Ist nicht* abzugrenzen. Sie könnten das gleiche Diagramm oder auch eine Tabelle mit *„In Scope"* und *„Out of Scope"* betiteln.
- Fragen Sie: „Was gehört zum Projektinhalt und was nicht?" Womit wird sich das Projekt (in dieser Phase) befassen und Lösungsansätze liefern und wofür nicht?

Beispiel: Implementierungsprojekt für ein ERP-System, Bereich Einkauf/Beschaffung

Tabelle 6 Abgrenzung In/Out of Scope

Implementierungsprojekt für ein ERP System – Bereich Einkauf/Beschaffung	
Ist (In Scope)	**Ist nicht (Out of Scope)**
• Betrachtung der Kostenstellenzuordnung • Überarbeitung des Einkaufsprozesses • Überarbeitung der Zuständigkeiten und Verantwortungen/Rollen • Ressourcen und Personal im Einkauf • Systemimplementierung	• Zentralisierung Einkauf • Lagerhaltung und Mindestlagerbestand • Überarbeitung der Leistungsindikatoren im Einkauf und im Lager • Budget für Einkauf

Tipps und Anregungen

Überprüfen Sie die Ursache des Problems mit Hilfe der Fischgräten-Ursachenanalyse (Abschnitt 3.1.9), um sicher zu gehen, dass die erkannten Probleme nicht

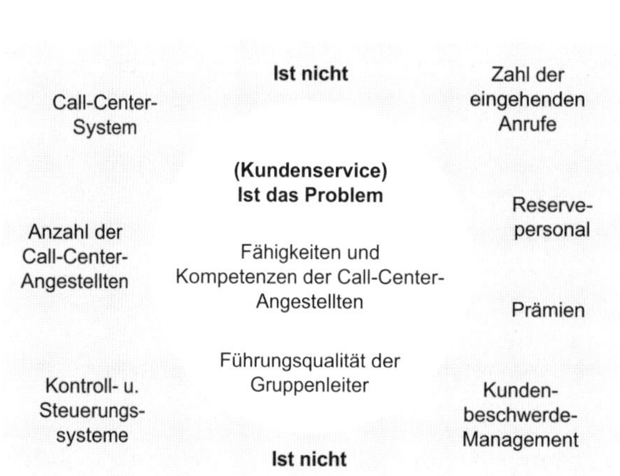

Abbildung 32 Ist-Ist nicht-Diagramm

nur Symptome sind, sondern dass Sie wirklich die Ursache erkannt haben. Benutzen Sie andere Kreativitäts-Tools, um Symptome und Ursachen voneinander zu differenzieren, zu erkennen und zu erforschen.

Beispiel: Service-Level-Problem in einem Call-Center

Abbildung 32 zeigt, was das wirkliche Problem ist.

Querverweis zu verwandten Tools in diesem Buch

Fischgräten-Ursachenanalyse (Abschnitt 3.1.9).

Bibliografie: Butler

3.1.12 Stakeholderanalyse

„Wer sind denn nun meine Stakeholder? Alle Projektmitglieder, der Sponsor und wer noch? Wie finde ich die, die noch fehlen?"

Zweck und Absicht (Warum und wann anwendbar?)

Mit der Stakeholderanalyse können wir bestimmen, wen wir während des Projekts und der Problemlösungsphase berücksichtigen müssen. Stakeholder sind ständig präsent, doch sie müssen zunächst identifiziert werden. Ihre Werte und Positionen müssen verstanden werden, denn sonst werden Ihre Bedürfnisse nur zufällig und meist ungenügend erfüllt.

> Stakeholder sind diejenigen Personen, die ein maßgebliches Interesse, einen Anteil an einem oder ein Anrecht auf ein Ergebnis haben. Sie beeinflussen – in welcher Form auch immer – nicht nur dieses Ergebnis, sondern werden auch selbst davon beeinflusst. Sie sind somit im weitesten Sinn (Projekt-) Beteiligte, die positive oder negative Auswirkungen auf das Projekt und das Projektergebnis haben.

Funktion und Aufgabe (Wie funktioniert es?)

Die Stakeholderanalyse ist der Grundstein für alle weiteren Stakeholder-Tools und gibt Ihnen eine Anleitung, wie Sie Stakeholder identifizieren und weiter mit ihnen umgehen.

Informationen zu Stakeholder-Rollen

Projekt-Stakeholder sind Personen und Organisationen, die aktiv in das Projekt involviert sind oder deren Interessen positiv oder negativ vom gescheiterten oder erfolgreichen Ausgang des Projekts beeinflusst werden. Das Projektmanagement-Team muss die Stakeholder erkennen, ihre Bedürfnisse und Erwartungen definieren und dann diese Erwartungen beeinflussen, um eine erfolgreiche Projektarbeit durchzuführen. Das Erkennen von Stakeholdern ist oft sehr schwierig. Ist beispielsweise ein Arbeiter am Fließband, dessen zukünftige Anstellung vom Ausgang eines neuen Produkt-Design-Projekts abhängt, ein Stakeholder oder nicht?

Haupt-Stakeholder eines jeden Projektes sind:

- Der Projektmanager – die verantwortliche Person für das Projektmanagement.
- Der Kunde – die Person oder Organisation, die das Ergebnis des Projektes benutzt. Es gibt mehrere Gruppen von Kunden. Die Kunden eines neuen pharmazeutischen Produkts beispielsweise können Ärzte sein, die es künftig verschreiben, die konsumierenden Patienten und die Krankenkassen, die dafür zahlen.
- Die ausübende Organisation – das Unternehmen, dessen Angestellte direkt mit der Arbeit im Projekt betraut sind.
- Besitzer oder Sponsor – die Person oder Gruppe innerhalb der Organisation, die für die ideelle Unterstützung sowie für die finanziellen Ressourcen sorgt.

Darüber hinaus gibt es viele verschiedene Namen und Kategorien für Projekt-Stakeholder, intern und extern: fachliche Experten und Sponsoren (Budgetverwalter), Zulieferer und Vertragsfirmen, Teammitglieder und ihre Familien, Regierungsagenturen und Medienhäuser, Bürger, zeitweilige oder permanente Lobby-Gruppen und grundsätzlich die ganze Gesellschaft. Die Benennung und Gruppierung von Stakeholdern ist primär eine Hilfe, um herauszufinden, welche Personen und Organisationen sich selbst als Stakeholder sehen. Die Rollen und Verantwortlichkeiten von Stakeholdern können sich überschneiden. Die Erwartungen der Stakeholder zu erarbeiten kann schwierig sein, da die Stakeholder oft unterschiedliche Ziele verfolgen, die untereinander im Konflikt und Gegensatz stehen können, wie beispielsweise:

- Der Abteilungsleiter, der ein neues Management-Informationssystem bestellt hat, besteht auf niedrigen Kosten, der Systemarchitekt legt Wert auf technische Qualität und der Programmierer möchte so viel wie möglich daran verdienen.
- Der Vizepräsident der Forschungsabteilung einer Elektronikfirma gründet den Erfolg des neuen Produkts auf dessen State-of-the-Art-Technologie, der Vizepräsident der Herstellung bezeichnet es als besonders praktisch, und der Leiter der Marketingabteilung ist hauptsächlich an der zahlreichen Ausstattungsdetails interessiert.
- Der Besitzer eines Baugrundes achtet auf die Einhaltung der Zeitpläne, die örtliche Behörde möchte das Steuereinkommen maximieren und eine Naturschutz-Lobby will die Naturschäden so gering wie möglich halten, während Anlieger das ganze Projekt am liebsten an eine andere Stelle verlegen würden.

Anleitung (Wie gehe ich vor?)

- *Identifizieren Sie alle Stakeholder* – Verwenden Sie entweder kreatives Nachdenken, Durcharbeiten einer Checkliste, Tools wie die Black-Box oder eine Dominosteinchen-Logik (manchmal auch Netzwerkanalyse genannt); bei letzterer befragen Sie zuerst bisher bekannte Stakeholder und fragen Sie diese nach weiteren Partnern und folgen Sie deren Empfehlungen usw.

- Wo und falls sinnvoll: *Gruppieren* Sie die Stakeholder in Gruppen – stellen Sie fest, welche Stakeholder-Gruppe das Projekt beeinflusst und welche Stakeholdergruppe vom Projekt und dessen Ergebnis beeinflusst wird. Zum Beispiel sind die „Anwohner" eine Stakeholdergruppe bei einem Flughafenausbau, auch wenn Sie nicht Teil des Projektteams sind.

- *Priorisieren Sie die Stakeholder* – Fragen Sie sich ob die Personen für das Projekt relevant und legitim sind. Sie können zur Bewertung auch das Stakeholder-Einfluss-Matrix-Tool (Abschnitt 3.1.15) verwenden.

- *Bestimmen Sie die Einflussfaktoren von Stakeholdern* – in Bezug auf die Projektorganisation, Ressourcenausstattungen und deren Ansehen in der Öffentlichkeit, damit Sie verstehen, wer für welchen Bereich relevant ist und warum.

- *Bestimmen Sie die Einflüsse und deren Richtung, die auf Stakeholder einwirken* – Einflüsse und „Machtspiele", die von anderen Stakeholdern ausgehen, unterstellte Mitarbeiter usw. Verwenden Sie zur Bewertung u. a. auch die Tabellen 7 und 8.

- *Ermitteln Sie den Beteiligungsgrad* – Inwiefern und in welcher Art besteht die Form der Beteiligung und Einbindung der Stakeholder? Gibt es eine Pflicht zur Zusammenarbeit, Berichterstattung, Erlaubniseinholung, ein Informationsanrecht usw.? Verwenden Sie zur Bewertung auch die Logik des CIDA-Tools (Abschnitt 7.12).

- *Kategorisieren Sie die Stakeholder* – entweder nach Art der Beteiligung, Einflussrichtung/-relevanz, Bezugsgruppen, Priorität der Einbindung (siehe Beispiel Tabelle 7), Interessensgruppen, strategischen Anspruchsgruppen.

- *Bestimmen Sie das zu erwartende Verhaltensmuster* – Schätzen Sie ab, welche Verhaltenmuster und Taktiken bei den unterschiedlichen Stakeholdern wie stark ausgeprägt sind. Wer könnte der Förderer, Rebell, Taktierer, Despot, Anführer, Teamplayer, Good Cop – Bad Cop sein?

- *Schätzen Sie Schwächen und Stärken ein* – Welche Stärken und Schwächen eines jeden einzelnen Stakeholders sind wie und warum relevant für das Projekt? Verwenden Sie auch die Stakeholder-Einfluss-Matrix (Abschnitt 3.1.15).

- *Bestimmen Sie Inhalts- und Medienthemen* – Bestimmen Sie wichtige Inhalte, Themen und Probleme, die für entsprechende Kommunikationsmaßnahmen des Projektes (siehe Projektkommunikations-Plan) sowie für die Interaktion mit der Projektumwelt wichtig sind.

- *Identifizieren Sie Unterstützer und Blockierer* – Brechen Sie diese beiden Gruppen auf die einzelnen Inhalts- und Medienthemen herunter, um das weitere Vorgehen und die Ansprache weiter differenzieren zu können. Je nach Thema könnte die eine Person gleichzeitig Unterstützer und Blockierer sein.
- *Stellen Sie Erwartungen fest* – führen Sie eine Stakeholder-Erwartungsmanagementanalyse durch, um die Erwartungen und Bedenken der einzelnen Stakeholder zu dokumentieren und gegenüberstellen zu können.
- *Legen Sie präventive Maßnahmen fest* – z. B. Kommunikationspläne, Change-Management-Maßnahmen usw.
- *Legen Sie reaktive Maßnahmen fest* – in Bezug auf das zu erwartende Verhalten der Stakeholder.

(Quelle: Weka, PMI – erweitert durch den Autor)

Anleitung für eine Stakeholder-Wertigkeitstabelle (Tool-Option B) (Wie gehe ich vor?)

In ähnlicher Art wie bei den zuvor beschriebenen Schritten werden die Rollen und Positionen aller relevanten Stakeholder beurteilt. Um ein Verständnis der Konsequenzen zu erhalten, wird nun genauer analysiert, wie sich die verschiedenen Aspekte auswirken, z. B. „Einfluss vs. Wichtigkeit" oder „Stärken und Schwächen der Stakeholder", „Rolle im Projekt vs. Rolle im Unternehmen" usw. Man findet so heraus, wie passende Win-Win-Situationen konstruiert werden könnten, um mit diesen Stakeholdern umgehen zu können (siehe Tabelle 7). Zusätzlich kann man die Stakeholder-Punkte-Tabelle benutzen (Tabelle 8), um ein Ranking der Stakeholder zu berechnen. Je höher dabei die Punktezahl ausfällt, desto wichtiger und wertvoller ist der Stakeholder und man muss ihm umso mehr Aufmerksamkeit und Beachtung schenken. Arbeiten Sie mit der Stakeholder-Einfluss-

Tabelle 7 Vorlage für eine Stakeholder-Wertigkeitstabelle

Stakeholder-Wertigkeit (Tool-Option B)							
Stakeholder	Ziele, Motivation, Interessen, Ansprüche	Einfluss des Stakeholders	Bedeutung und Auswirkung auf das Projekt	Projektrolle	Stärke des Stakeholders	Schwäche des Stakeholders	Win-Win-Strategie
Name, Unternehmen, Abteilung							
Name, Unternehmen, Abteilung							
Name, Unternehmen, Abteilung							

Tabelle 8 Vorlage für eine Stakeholder-Punktetabelle

Stakeholder-Punktetabelle (Tool-Option B) (1 = niedrig, 5 = hoch, sehr gut)					
Stakeholder	Interessens-ebene	Einfluss-ebene	Auswirkungs-ebene	Maß an Unterstützung	Gesamt-punktzahl
Projektsponsor	1 2 3 4 5	1 2 3 4 5	1 2 3 4 5	1 2 3 4 5	
z. B. Technik-experten	1 2 3 4 5	1 2 3 4 5	1 2 3 4 5	1 2 3 4 5	
z. B. Kunden-dienst	1 2 3 4 5	1 2 3 4 5	1 2 3 4 5	1 2 3 4 5	
z. B. Vertriebs-manager	1 2 3 4 5	1 2 3 4 5	1 2 3 4 5	1 2 3 4 5	

Matrix (Abschnitt 3.1.15), um ein besseres Verständnis und bessere Strategien im Umgang mit Stakeholdern zu entwickeln.

Tipps und Anregungen

- Neigen Sie nicht übermäßig dazu, nur Stakeholder mit gleichen Zielen und Interessen auszuwählen und in das Projekt zu integrieren, da dieses Ungleichgewicht sich später „politisch" sehr problematisch auswirken kann. Meist ist es hilfreich, für das Endergebnis ausdrücklich Stakeholder mit unterschiedlichen Interessen einzubinden, um somit einen offenen Prozess und Transparenz zu gewährleisten.
- Verwenden Sie auch das Kräftebild (Abschnitt 5.1.6) oder die Projektumfeldanalyse (PUMA) (Abschnitt 7.8) zur Darstellung der Stakeholder-Positionen und der Kräfteverhältnisse.

Mitroff hat sieben Kategorien von Einschätzungen und Perspektiven von Stakeholdern festgelegt, mit deren Hilfe man ein Beziehungsnetz von interessierten Personen entwickeln kann:

- Der *imperative Ansatz* bestimmt Stakeholder, die sich gefühlsmäßig stark für eine Richtung oder für Aktionen von Organisationen engagieren.
- Der *positionale Ansatz* bestimmt Stakeholder, die eine Position in einer politikbestimmenden Struktur einnehmen, egal ob intern oder außerhalb der Organisation (z. B. Regierung).
- Der *reputative Ansatz* bestimmt Stakeholder nach sozial-metrischen Gesichtspunkten. Dazu werden Personen mit unterschiedlichen Kenntnissen oder unterschiedlich wichtige Personen gebeten, diejenigen zu bestimmen, von denen sie annehmen, dass sie berechtigte Interessen in diesem System vertreten.
- Der *soziale Beteiligungsansatz* legt Personen oder Organisationen als Stakeholder fest, die einen regulatorischen oder politischen Einfluss haben.

- Der *Meinungsführer-Ansatz* bestimmt diejenigen, die die Meinung anderer Stakeholder prägen.
- Der *demografische Ansatz* bestimmt Stakeholder nach Kriterien wie Alter, Geschlecht, Rasse, Beruf, Religion, Bildungsniveau u. a.
- Der *organisationsorientierte Ansatz* versucht, die Personen und Gruppen zu bestimmen, die wichtige Beziehungen zu anderen wichtigen Organisationen besitzen.

Querverweis zu verwandten Tools in diesem Buch

Projektumfeldanalyse (PUMA) (Abschnitt 7.8), Stakeholder-Einfluss-Matrix (Abschnitt 3.1.15) Verantwortlichkeiten-Matrix (CIDA) (Abschnitt 7.12), Stakeholder-Übersicht (Abschnitt 3.1.13).

Bibliografie: PMI, WEKA

3.1.13 Stakeholder-Übersicht

„Diese Aktion wird größer und größer – ich muss mit immer mehr Leuten sprechen. Ich möchte sichergehen, dass ich niemanden übersehe und alle Personen im Boot habe."

Zweck und Absicht (Warum und wann anwendbar?)

Mit diesem Tool lässt sich herausfinden und darstellen, welche Stakeholder Teile des zu untersuchenden Bereichs/Projektes sind, oder ob Sie eine spezielle Interessensgruppe darstellen und deswegen in ein Projekt oder eine Unternehmung eingebunden werden müssen. Die Stakeholder-Übersicht ist ein sehr nützliches Tool während der Startphase eines Projekts, da sie hilft, das Gesamtbild besser zu verstehen und zu erkennen, wer die „Mitspieler" sind.

Funktion und Aufgabe (Wie funktioniert es?)

Es zeigt alle Stakeholder, die das Projekt beeinflussen und/oder von seinem Ergebnis beeinflusst werden.

Anleitung (Wie gehe ich vor?)

- Stellen Sie fest, welche Stakeholder-Gruppe das Projekt beeinflusst und welche Stakeholder-Gruppe vom Projekt und dessen Ergebnis beeinflusst wird. Zum Beispiel sind die „Anwohner" eine Stakeholdergruppe bei einem Flughafenausbau, auch wenn Sie nicht Teil des Projektteams sind.
- Berücksichtigen Sie, welche Stakeholder-Gruppen sich innerhalb und außerhalb des Projekt-Bereichs befinden und stellen Sie dies in einem Diagramm dar, indem Sie verschiedene Farben oder Umrisse von Kästen oder Kreisen be-

nutzen. Diese Information hilft zum Beispiel, eine Auflistung von Personen aufzustellen, um diese nach Informationen zu befragen.

- Gruppieren Sie die Stakeholder nach logischen Gruppen, z. B. alle internen Stakeholder nach Abteilungen links im Diagramm, alle außen stehenden auf der rechten Diagrammseite usw.

Tipps und Anregungen

- Benutzen Sie die Stakeholder-Übersicht, um die Erwartungen jeder Gruppe zu managen, nachdem Sie die einzelnen Gruppen identifiziert haben. Verwenden Sie dazu auch das Stakeholder-Erwartungsmanagement (Abschnitt 3.1.14).
- Vergleichen und prüfen Sie auch alle Ihre Stakeholder mit der Black Box (Abschnitt 3.1.10), dem relationalen Datenmodell (ERD) (Abschnitt 5.2.5) und dem Kontextdiagramm (Abschnitt 3.1.18), um die Konsistenz und Vollständigkeit sicherzustellen. Überprüfen Sie fehlende Informationen, indem Sie die unterschiedlichen Diagramme untereinander vergleichen. Dies verbessert die Qualität. Nichts ist ärgerlicher, als vom Sponsor eines Projekts daran erinnert zu werden, dass einer der Haupt-Stakeholder nicht berücksichtigt wurde.

Beispiel einer Stakeholder-Übersicht für ein Projekt

Abbildung 33 zeigt, welche Stakeholder innerhalb und außerhalb des Projektrahmens liegen.

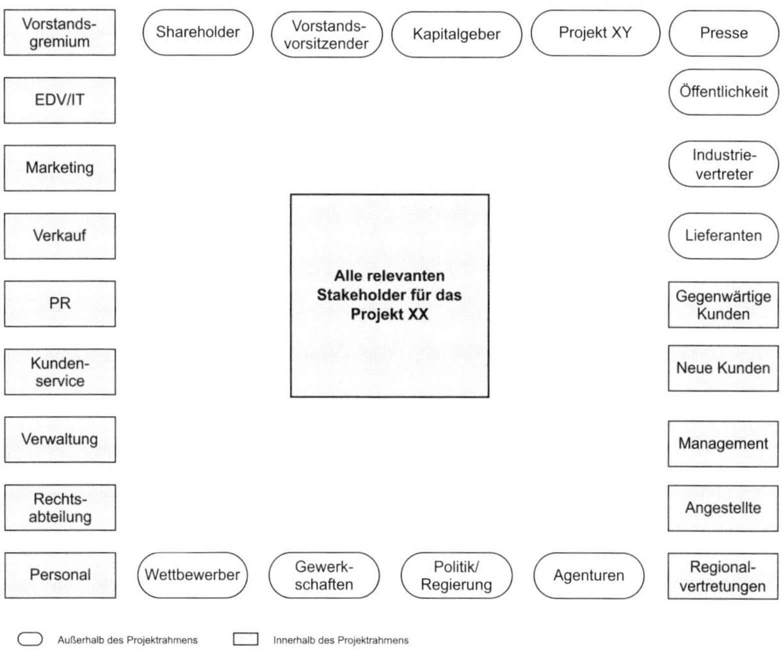

Abbildung 33 Stakeholder, die innerhalb und außerhalb des Projektrahmens liegen

Beispiel für eine alternative Darstellung einer Stakeholder-Übersicht

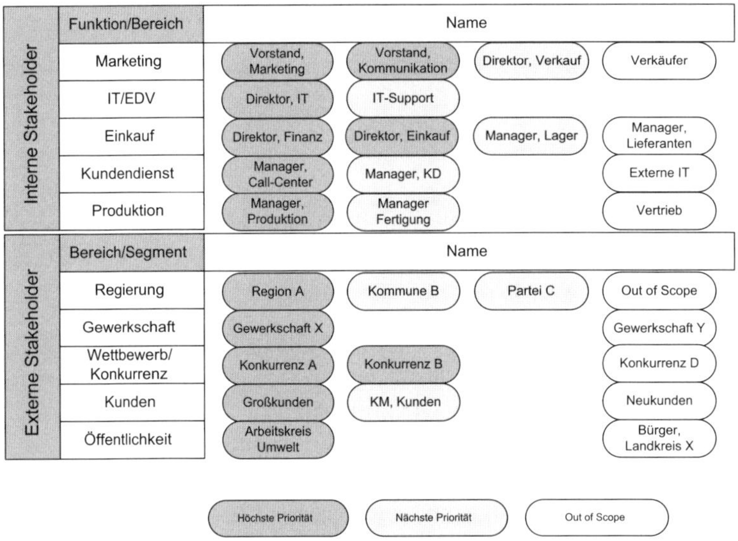

Abbildung 34 Alternative Stakeholder Übersicht

Beispiel für eine alternative Darstellungsform in Form einer Tabelle

Tabelle 9 Interne und externe Stakeholder, priorisiert

	Funktion/Bereich	1. Priorität	2. Priorität	Out of Scope
Interne Stakeholder	Marketing	• Vostand, Marketing • Vorstand, Kommuni-kation	• Direktor, Verkauf • Regionalleiter, Verkauf	• Verkäufer
	IT/EDV	• Director, IT	• IT-Support	
	Einkauf	• Direktor, Finanz • Direktor, Einkauf	• Manager, Lager	• Manager, Lieferanten
	Kundendienst	• Call Center	• Manager, KD	• Externe IT
	Produktion	• Manager, Produktion	• Manager, Fertigung	• Vertrieb
	Segmente	**1. Priorität**	**2. Priorität**	**Out of Scope**
Externe Stakeholder	Regierung/ Behörden	• Region A	• Kommune D • Partei C	
	Gewerkschaft	• Gewerkschaft X		• Gewerkschaft Y
	Wettbewerber/ Konkurrenz	• Konkurrenz A • Konkurrenz B		• Konkurrenz D
	Kunden	• Großkunden	• KM-Kunden	• Neukunden
	Öffentlichkeit	• Arbeitskreis Umwelt		• Bürger, Landkreis X

Querverweis zu verwandten Tools in diesem Buch

Vergleichen Sie dieses Tool auch mit der Black Box und dem Kontextdiagramm (Abschnitt 3.1.18) sowie später mit dem relationalen Datenmodell (Abschnitt 5.2.5). Hat man die Stakeholder festgelegt, kann man mit dem Stakeholder-Erwartungsmanagement (Abschnitt 3.1.14) effektiv deren Erwartungen erfassen. Später kann die Booz-Ball-Bewertung (Abschnitt 7.16) für das Erfassen von Feedback benutzt werden. Verwenden Sie auch die Projektumfeldanalyse (PUMA) (Abschnitt 7.8), Stakeholder-Einfluss-Matrix (Abschnitt 3.1.15) oder Verantwortlichkeiten-Matrix (CIDA) (Abschnitt 7.12).

Bibliografie: PMI, Silberman, WEKA.

3.1.14 Stakeholder-Erwartungsmanagement

„Alle sind einverstanden mit den allgemeinen Zielen, doch später beschwert sich jeder, dass die Lösung nicht dem entspricht, was er erwartet hat. Ich möchte sichergehen, dass ich jedermanns Erwartung erfasst habe und befriedigen kann – falls ich dies möchte.“

Zweck und Absicht (Warum und wann anwendbar?)

Bei jeder Informationsweitergabe „dekodiert“ der jeweilige Empfänger die Information durch seinen individuellen *Filter* gemäß seiner Erfahrung, seinem Wissen, Glauben, dem kulturellen Hintergrund, bestehenden Bedürfnissen usw. Die interne, zukunftsorientierte Antwort oder die Annahme, dass meist nicht kommuniziert wird, könnte man eine *Erwartung* nennen.

Mit dem Stakeholder-Erwartungsmanagement-Tool können Sie bestimmen, wen Sie während des Projekts und der Problemlösungsphase berücksichtigen müssen. Stakeholder sind ständig präsent – doch sie müssen zunächst festgelegt werden, ihre Werte und Positionen müssen verstanden werden, denn sonst werden ihre Bedürfnisse nur zufällig und meist ungenügend erfüllt.

Funktion und Aufgabe (Wie funktioniert es?)

Das Tool erfasst die relevanten Erwartungen und Vorbehalte aller Stakeholder und dokumentiert und kommuniziert diese in einer transparenten Form. Jeder einzelne Stakeholder hat ein unterschiedliches Verständnis, abweichende Perspektiven und Interpretationen bezüglich eines Projekts. Versteht man diese Erwartungen und Vorbehalte im Vorfeld, kann eine proaktive Kommunikation diese unrealistischen Hoffnungen ausräumen. Somit können Problempunkte behandelt werden, bevor sich Schäden und Enttäuschungen manifestieren.

Anleitung für eine Tabelle, die die Erwartungen der Stakeholder dokumentiert (Wie gehe ich vor?)

- Nutzen Sie ein erstes Meeting, um jeden Stakeholder nach zwei Punkten zu fragen: Erwartungen und Vorbehalte. Halten Sie diese sofort in einer Tabelle fest (Tabelle 10). Idealerweise überprüfen Sie Ihr eigenes Verständnis der vom Stakeholder geäußerten Aussagen während des Meetings und, falls notwendig, besprechen Sie die aufgezeichneten Punkte mit jedem Einzelnen später nochmals.

Tabelle 10 Vorlage für eine Stakeholder-Erwartungsmanagement-Tabelle

Stakeholderanalyse		
Stakeholder	**Erwartungen**	**Vorbehalte**
Name, Unternehmen, Abteilung		
Name, Unternehmen, Abteilung		
Name, Unternehmen, Abteilung		

- Untersuchen Sie das Projekt in Bezug auf:
  - Ziele, den vorgesehenen Rahmen (der nicht immer klar festgelegt ist), den Prozess, das Ergebnis oder andere Punkte, die mit dem Projekt verbunden sind.
  - die Rolle des Stakeholders und seine Einbindung in das Projekt.
  - die Beteiligung anderer Personen an diesem Projekt oder Stakeholder, die übersehen oder irrtümlich mit einbezogen wurden.
  - Vorbehalte (Widerstand) – frühere Projekte haben ähnliche Prozesse durchlaufen oder ähnliche Probleme beinhaltet. Finden Sie heraus, warum vorherige Versuche gescheitert sind, um wiederkehrende Fehler zu vermeiden. Bedenken Sie, dass es tatsachenbasierte und nicht-tatsachenbasierte Gründe gibt.
  - den aktuellen Prozess oder das System, das durch die Einführung des Projekts geändert wird. Welche Aspekte des laufenden Systems sind gut und was kann verbessert werden? Welche Aspekte funktionieren nicht? Es geht nicht darum, Details festzulegen, sondern darum, die Meinungen darüber aufzudecken.

Tipps und Anregungen

- Vermeiden Sie, bei untergeordneten Problemen zu sehr ins Detail zu gehen und sich in Diskussionen darüber verstricken zu lassen. Dies kann unsachlich sein und emotionale Aspekte an die Oberfläche bringen. Stellen Sie Fragen, hören Sie zu und notieren Sie alles, vermeiden Sie aber eigene Kommentare.

- Sorgen Sie dafür, dass die Stakeholder von Beginn an die Erwartungen jedes anderen verstehen. Dies ist eine schwierige und möglicherweise hochpolitische Aufgabe. Recherchieren Sie die Hauptpersonen – um mögliche Minenfelder zu umgehen – und achten Sie darauf, so früh wie möglich unrealistische Erwartungen zu korrigieren. Sonst verwandeln sich diese in „tickende Zeitbomben", die spätestens im letzten Performance-Meeting hochgehen.
- Identifizieren Sie Interessenkonflikte von Stakeholdern in Bezug auf das Problem und unterstützen Sie die Bildung von Koalitionen, um die Erfolgsaussichten zu verbessern.
- Man sollte nicht alle Details eines Projekts mit allen Teammitgliedern austauschen, da manche der Informationen zu brisant sein können.
- In vielen Fällen ist es nicht möglich, mit jedem Stakeholder zu sprechen. Es gibt auch Fälle, in denen Stakeholder über bestimmte Vorstellungen nicht sprechen wollen. Manchmal wissen sie selbst über diese Vorstellungen nicht Bescheid. In solchen Fällen müssen Sie nochmals Hypothesen nutzen.

3.1.15 Stakeholder-Einfluss-Matrix

Zweck und Absicht (Warum und wann anwendbar?)

Das Tool ist nützlich, um den möglichen Einfluss verschiedener Personen auf den Erfolg der vorgeschlagenen Änderungen/Projekte zu bestimmen.

Funktion und Aufgabe (Wie funktioniert es?)

- Das Tool entschärft das politische firmeninterne Ränke- und Machtspiel und hilft dabei, wichtige Punkte diskutieren zu können.
- Die Machtpositionen auf beiden Seiten werden klar dargestellt, um aktiv schwierige Entscheidungen treffen zu können.
- Politisches Bewusstsein kann definiert werden als der Prozess, sich der politischen Umgebung um einen selbst und über den eigenen Einfluss auf die politische Umgebung bewusst zu werden.

Anleitung (Wie gehe ich vor?)

- Bestimmen Sie diejenigen, die Sie für Key-Stakeholder halten.
- Bewerten Sie, ob diese Stakeholder hohen, mittleren oder geringen Einfluss auf die betroffenen Punkte haben. Sie müssen dies von deren generellem Einfluss im Unternehmen trennen. Erforschen Sie deren Einfluss – in welchem Ausmaß können die Stakeholder aufgrund ihrer Position/Macht auf den Ver-

änderungsprozess Einfluss ausüben? Dieser Einfluss kann entweder unterstützend oder hemmend ausfallen, je nach ihrer Einstellung.

- Um deren mögliche Auswirkungen auf das Projekt zu untersuchen, betrachten Sie alle Aspekte des *Verhaltens* der Stakeholder – werden sie unterstützen oder bremsen, sich ablehnend verhalten, für oder gegen die Veränderung sein, oder bleiben sie etwa in der neutralen Mitte?
- Berücksichtigen Sie bei Ihrer Beurteilung die Stakeholder-Einfluss-Matrix und das Stakeholder-Gitter (Abbildung 35), um zu entscheiden, wie man die verschiedenen Stakeholder in Bezug auf Ihre eigene aktuelle Einflussposition „verschieben" oder neu positionieren muss.

Tipps und Anregungen

- Benennen Sie Bereiche und Stakeholder, die man am ehesten motivieren kann. Entweder durch Anreize für ihre Arbeit, oder indem man ihnen ärgerliche und hinderliche Dinge aus dem Weg räumt. Mit welchem unwiderstehlichen Anreiz kann man jemanden positiv motivieren?
- Falls Sie selber nicht in der Einfluss- oder Machtposition sind, um Dinge durchzusetzen, sollten Sie entweder eine größere Machtposition entwickeln oder Stakeholder in der Firma finden, die Ihnen helfen.
- Verwenden Sie auch das Kräftebild (Abschnitt 5.1.6) oder die Projektumfeldanalyse (PUMA) (Abschnitt 7.8) zur Darstellung der Stakeholder-Positionen und -Kräfteverhältnisse.

Beispiel für eine Stakeholder-Einfluss-Matrix und ein Stakeholder-Gitter

Abbildung 35 zeigt eine Stakeholder-Einfluss-Matrix und ein Stakeholder-Gitter. Je nach Position der Stakeholder in jedem dieser Diagramme besteht Handlungsbedarf oder nicht.

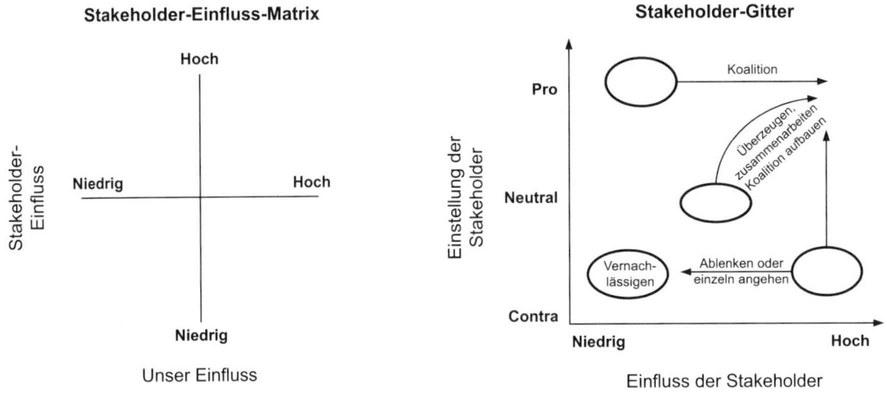

Abbildung 35 Stakeholder-Einfluss-Matrix und Stakeholder-Gitter

Alternative Stakeholder-Bewertungsmatrix

Abbildung 36 zeigt eine alternative Stakeholder-Bewertungsmatrix als Hilfe zur Bewertung und zum Vergleich von Stakeholder-Positionen. In diesem Kontext ist mit Bedeutung gemeint, wie intensiv eine Initiative die Stakeholder beeinflusst.

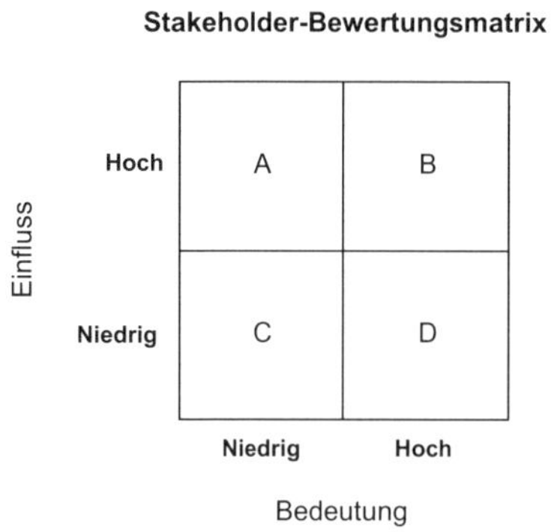

Abbildung 36
Stakeholder-Bewertungsmatrix:
Einfluss – Bedeutung

Welche Art von Stakeholder findet man in welchem Quadranten der Stakeholder-Bewertungsmatrix?

- A – Stakeholder mit großem Einfluss, die deshalb den Ausgang steuern können, aber deren Interessen nicht mit dem Ziel der Initiative übereinstimmen. Diese Gruppe der Stakeholder stellt möglicherweise einen erheblichen Risikofaktor dar und sollte gut beobachtet und betreut werden. Key-Stakeholder kann man betreuen, indem man sie konsultiert oder informiert (siehe CIDA-Tool, Abschnitt 7.12).
- B – Stakeholder mit großem Einfluss, mit Macht oder großer Wichtigkeit, zu denen man gut funktionierende Arbeitsbeziehungen benötigt, um sich ihre Unterstützung zu sichern. Sie bilden die Basis der Unterstützungskoalitionen.
- C – Stakeholder mit geringem Einfluss oder niedriger Wichtigkeit, die geringere Beachtung benötigen.
- D – Stakeholder mit hoher Wichtigkeit für die Initiative, aber mit geringen Einflussmöglichkeiten. Sie benötigen spezielle Aktionen, um ihre Interessen zu schützen.

Querverweis zu verwandten Tools in diesem Buch

Stakeholder-Übersicht (Abschnitt 3.1.13) oder Stakeholder-Erwartungsmanagement (Abschnitt 3.1.14).

Bibliografie: Grundy, Elkin

3.1.16 Stakeholder-Akkordeon

„Worin bestehen die Rollen der Organisation/Firma und der Einzelpersonen in einem Team und was können ich und das Team von beiden erwarten?"

Zweck und Absicht (Warum und wann anwendbar?)

Ein gut funktionierendes Team ist wichtig, und das Verständnis von Rollen und Erwartungen jedes Einzelnen ist ein essenzieller Teil davon. Bei einer Team-Zusammenstellung sollte man dieses Tool benutzen, damit jeder weiß, was er zu erwarten hat und was von ihm erwartet wird.

Funktion und Aufgabe (Wie funktioniert es?)

Durch die zwei Dimensionen eines Teams – Einzelperson und Firma – erfährt das Team, was von ihm erwartet wird, und was es für die Firma und die Einzelnen leisten soll.

Anleitung (Wie gehe ich vor?)

Es ist wichtig, die Bezeichnungen immer parallel zu platzieren, wie in Abbildung 37 gezeigt. Beginnt man mit der Frage „Was forderst (1) du (Person) von der Firma, um Mitglied des Teams zu sein?", muss die entgegengesetzte Frage lauten: „Was erwartet (6) die Firma von den Teammitgliedern, die in einem Team arbeiten?" Fragen Sie paarweise 1-6, 2-5, 3-4 – spielen Sie das Akkordeon auf beiden Seiten (siehe Ziffern in der Vorlage).

- *Person fordert* (1) vom Team: Die Grundvoraussetzungen, die notwendig sind, dass eine Person bereit ist, im Team zu arbeiten (z. B. eine gewisse Qualität der Arbeitsatmosphäre).
- *Person wünscht* (2) sich vom Team: Die Teamorganisation und Arbeitsbedingungen, die man braucht, um gut im Team arbeiten und Kompromisse schließen zu können (z. B. Flexibilität in der Arbeitszeit, um Familienverpflichtungen nachzukommen).
- *Person bringt* in das Team *ein* (3): Fähigkeiten der Person (z. B. Wissen, Ausbildung, Einstellungen), die zur Teamkompetenz beitragen.
- *Unternehmen beliefert* (4) das Team: Was das Unternehmen den Teammitgliedern zur Verfügung stellt, damit diese die Arbeit durchführen können (z. B. Arbeitsräume, Arbeitsplatz, Computer).
- *Unternehmen erbittet* (5) vom Team: Das, worum das Unternehmen die Teammitglieder bittet, wobei Verständigung zur Arbeit mit dem Team notwendig ist (z. B. Überstunden).
- *Unternehmen erwartet* (6) vom Team: Grundvoraussetzung aus Unternehmenssicht ist, dass das Team Mindesterwartungen erfüllt (z. B. Arbeitsleistung).

Vorlage für ein Stakeholder-Akkordeon

Abbildung 37 zeigt ein Stakeholder-Akkordeon in einer Grundversion. Mit etwas Kreativität kann dieses Tool durch zusätzliche Fragen aussagekräftiger gestaltet werden.

Person				Unternehmen		
Fordert von	Wünscht sich von	Bringt ein in	TEAM	Beliefert mit	Erbittet von	Erwartet von
1	2	3		4	5	6

Abbildung 37 Das Stakeholder-Akkordeon

Querverweis zu verwandten Tools in diesem Buch

Stakeholder-Erwartungsmanagement (Abschnitt 3.1.14), Verantwortlichkeiten-Matrix (CIDA) (Abschnitt 7.12).

Bibliografie: Silberman

3.1.17 Stakeholder-Tausch

„Ich möchte, dass jeder die Erwartungen des anderen versteht, anstatt Zeit damit zu verschwenden, Konflikte oder Machtkämpfe zu regeln."

Zweck und Absicht (Warum und wann anwendbar?)

Ursprünglich in der Konfliktbewältigung und Mediation eingesetzt, ist der Stakeholder-Tausch ein hervorragendes interaktives Tool, um alle Stakeholder zusammenzubringen, die Kommunikation zu beginnen und die Ansichten jedes einzelnen von ihnen zu erweitern, wenn eine Situation festgefahren ist und keiner von seiner Position ablassen will. Es funktioniert auch, wenn politische Ränkespiele die Diskussion beherrschen.

Funktion und Aufgabe (Wie funktioniert es?)

Ein Stakeholder-Tausch verringert Konflikte, unterstützt Partnerschaften, ändert Ansichten und öffnet die Kommunikationswege durch eine Art Rollenspiel. Die

Rollen der Stakeholder zu tauschen, bringt so die unbewussten Gefühle hervor, zum Beispiel Angst, aber auch Bedürfnisse.

Anleitung (Wie gehe ich vor?)

- Benutzen Sie eine Stakeholder-Übersicht (Abschnitt 3.1.13), um sicher zu gehen, alle relevanten Beteiligten eingeladen zu haben.
- Vergewissern Sie sich der Bereitschaft aller Teilnehmer („Ja, ich möchte eine Lösung finden") und sorgen Sie für eine ausgeglichene Umgebung (eher am runden Tisch, die Stakeholder gemischt, anstatt in Fronten gegenüber).
- Definieren Sie das Thema, den Diskussionspunkt oder die Projektaspekte, die objektiv gelöst werden müssen (benutzen Sie vielleicht das Ist-Ist nicht-Tool aus Abschnitt 3.1.11) – machen Sie nicht eine Person oder Gruppe zum Thema.
- Nehmen Sie ein großes Blatt und malen Sie einen Kreis in die Mitte, in den Sie das Thema und die Stakeholder in unterschiedliche Bereiche eintragen (siehe Abbildung 38).
- Alle Stakeholder B bis E formulieren ihre Bedürfnisse (Wünsche) und Befürchtungen (Vermeidung), als ob sie in der Rolle des Stakeholders A wären. Somit tauschen alle Stakeholder B bis E ihre Rollen mit der des Stakeholders A. Dann erklärt Stakeholder A, was er möchte (oder braucht) und was er nicht möchte (oder befürchtet).
- Dies wiederholt man mit den Stakeholder B bis E und hält die Unterschiede in den Erwartungen jedes Stakeholders fest.
- Notieren Sie die Kommentare und Annahmen der einzelnen Personen. Die Wirksamkeit dieses Tools liegt im Aufdecken von Annahmen und unterschiedlichen Sichtweisen, die durch das Tauschen der Rolle aufgedeckt werden.

Tipps und Anregungen

- Stellen Sie eine gemeinsame Basis her – vor allem in Konfliktsituationen –, indem Sie Gemeinsamkeiten herausstellen, die vielleicht nur unterschiedlich gesehen werden, und indem Sie ein Gefühl für Partnerschaft herstellen, aus dem heraus unterschiedliche Bereiche betrachtet werden können.
- Zuweilen ist es schwierig, die „Bedürfnisse und Ängste" jedes Stakeholders herauszufinden. Bedürfnisse beinhalten Interessen, Werte, Hoffnungen, Wünsche und Motivationen. Ängste beinhalten Befürchtungen, Sorgen und Anliegen – die Dinge, die uns dazu bringen, uns zu distanzieren, egal ob dies realistisch oder irrational ist.
- Die festgestellten Bedürfnisse (und Ängste) verwendet man dann weiter, um mit ihnen die Ziele in Kapitel 4 zu erarbeiten und festzulegen.

- Während alle Stakeholder zusammen sind, können Sie nach möglichen Lösungen suchen, soweit Zeit und Teilnehmer dieses gestatten.

Beispiel für ein Stakeholder-Tausch-Diagramm

Abbildung 38 zeigt ein Stakeholder-Tausch-Diagramm. Die Frage oder das zu lösende Problem steht im Zentrum; es funktioniert durch den Perspektiventausch der Stakeholder. Die Anordnung der Stakeholder soll deutlich machen, dass Stakeholder in „gemischter Form" sitzen, also nicht zwei „Gleichgesinnte" nebeneinander.

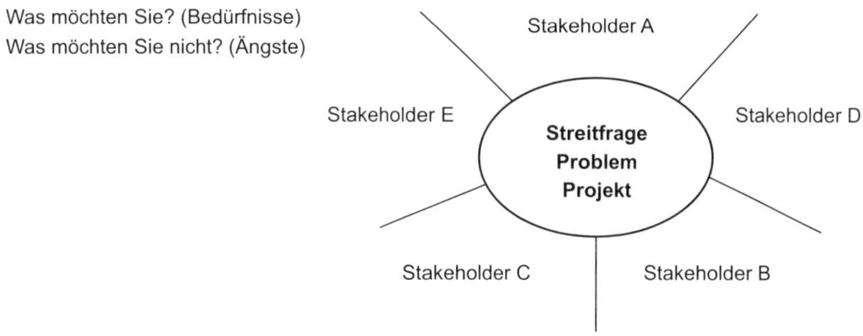

Abbildung 38 Perspektiventausch

Querverweis zu verwandten Tools in diesem Buch

Alle auf Stakeholder bezogene Tools in den Kapiteln 3.1.12, 3.1.13 bis 3.1.17.

Bibliografie: Crum

3.1.18 Kontextdiagramm

„Wer interagiert mit wem? Ich möchte etwas über den Prozess, die Menschen, den Informationsfluss und die Interaktion herausfinden, aber ein Flow Chart ist zu technisch und ich verliere den Überblick."

Zweck und Absicht (Warum und wann anwendbar?)

Dieses Tool hilft, die Komplexität einer Situation und die Verbindung mehrerer Einheiten und Systeme untereinander zu verstehen. Ein Diagramm zeigt das „Bigger Picture" und den Kontext eines Projekts oder einer Situation. Während sich eine Stakeholder-Übersicht stärker auf Personen und Gruppen bezieht, zeigt ein Kontextdiagramm zusätzlich technische oder inhaltliche Einheiten wie z. B. ein Call Center, Gewerkschaften, eine Marketing-Kampagne oder Strukturen, die in einem Kontext zu betrachten sind.

Das Kontextdiagramm wird manchmal auch als Beziehungsdiagramm (engl. Relations Diagram) bezeichnet. Im Gegensatz zu Diagrammen, die eine hierarchische Baumstruktur darstellen, basieren Modelle wie das Kontextdiagramm sowie auch z. B. Mind Map (Abschnitt 3.1.21), Relationales Datenmodell (Abschnitt 5.2.5) auf einer nicht-hierarchischen Darstellung der Elemente und Einheiten in einer nicht-linearen, eher organischen Weise.

Funktion und Aufgabe (Wie funktioniert es?)

- Es werden Situationen, Einheiten und Abhängigkeiten ähnlich wie in einer Mind Map (Abschnitt 3.1.21) im Diagramm aufgezeigt, aber stärker strukturiert und untereinander verbunden. Das Tool liefert einen einfachen Überblick zu einem System und sollte sich auf die Frage konzentrieren: „Welche der zehn lebensnotwendigen Systeme und Untersysteme dieses Unternehmens sind hier relevant?“
- Ein Kontextdiagramm ist eine nicht-hierarchische Version einer Mind Map, also eine einfache Zusammenfassung von untereinander verbundenen Informationen, die in diesem spezifischen Kontext (Projekt/System) relevant sind.
- Das Tool zeigt den Kontext und die Verbindung aller Einheiten untereinander in einem Diagramm.

Anleitung (Wie gehe ich vor?)

- Listen Sie alle Einheiten innerhalb und außerhalb der Problembereiche auf und identifizieren Sie die Abhängigkeiten untereinander. Eine „Einheit“ steht für alles, was relevant ist und im Kontext des Problems/Systems/Vorgangs in Betracht gezogen werden muss. Zum Beispiel sind dies Abteilungen, externe Zulieferer, Webseiten, Schlüsselsysteme usw.
- Stellen Sie den Daten- und Informationsfluss zwischen allen Einheiten (und Systemen) fest. Obwohl der Daten- und Informationsfluss festgehalten wird, wird dieser oft nicht aufgezeichnet. Dies tut man besser in einem relationalen Datenmodell.
- Fragen Sie: „Womit interagiert/worin integriert sich die Einheit?“ und „Welche Informationen werden während der Interaktion übermittelt?“
- Stellen Sie Verbindungen zwischen allen Einheiten her.
- Entscheiden Sie, ob die Einheiten für den Kontext relevant sind. Falls ja, sind sie „im Bereich“, falls nein, sind sie „außerhalb des Bereichs“, können aber weiterhin dargestellt werden. Benutzen Sie beispielsweise Schraffierung, um die „im Bereich“-Einheiten zu kennzeichnen.
- Gleichen Sie dies mit relevanten Stakeholdern auf Genauigkeit und Vollständigkeit ab. Denken Sie daran: Ihre Arbeit besteht darin, den Prozess zu ermöglichen, nicht den kompletten Inhalt zu kennen.

Beispiele und Variationen für Kontextdiagramme

Die Abbildungen 39 und 40 zeigen verschiedene Kontextdiagramme. Das erste zeigt, was „im Rahmen" und was „außerhalb des Rahmens" liegt. Das zweite konzentriert sich darauf, welche Dinge relevant und wie diese miteinander verbunden sind, ohne weiter auf Beziehungen einzugehen.

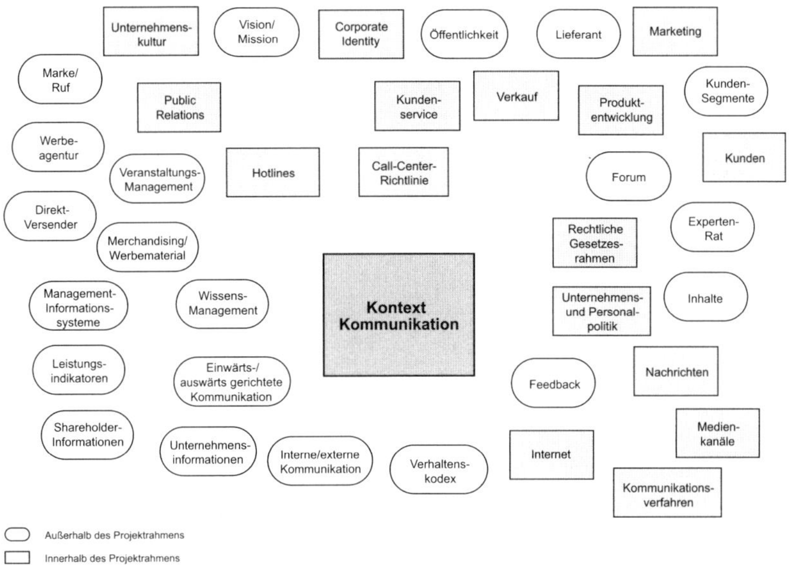

Abbildung 39 Kontextdiagramm zu Kommunikation

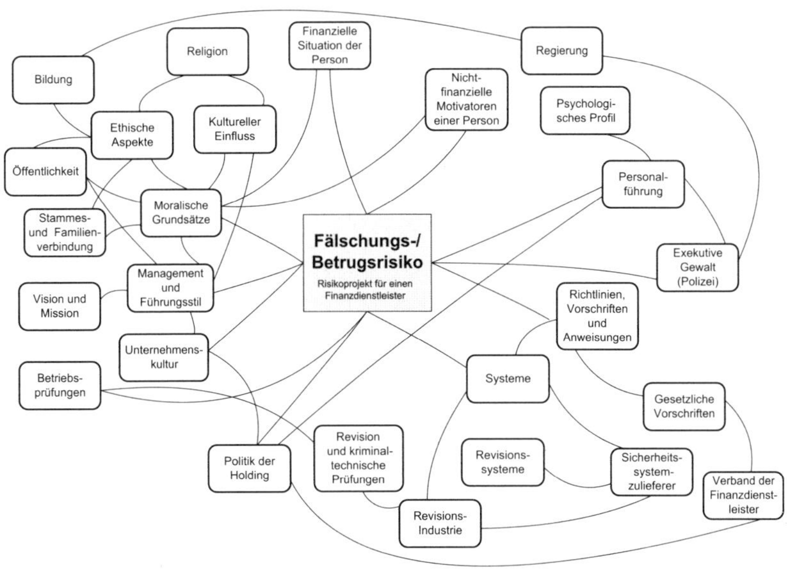

Abbildung 40 Kontextdiagramm zu einem Risikoprojekt

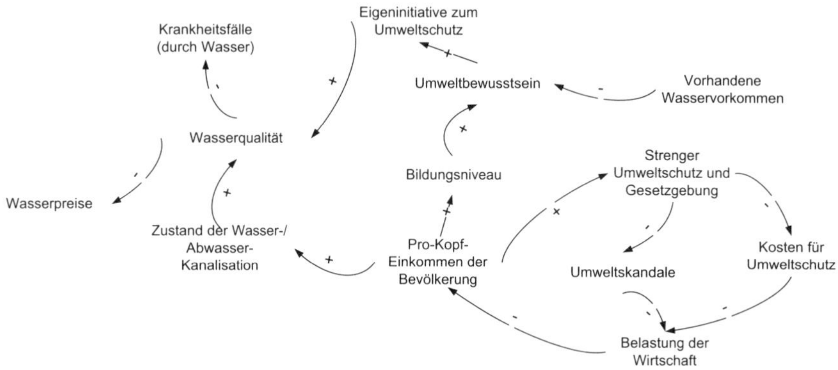

Abbildung 41 Wirkungsnetz-Diagramm

Das dritte Diagramm (Abbildung 41) zeigt, wie Sie netzstrukturartige Zusammenhänge durch ein Wirkungsnetz-Diagramm darstellen können, indem Sie die Relationen zwischen den Elementen/Einheiten in einem Kontextdiagramm durch „+/–“ und Pfeilrichtungen ergänzen.

Tipps und Anregungen

- Bereiten Sie Vorlagen in Ihrem bevorzugten Zeichenprogramm (z. B. MS Visio) vor, um z. B. die Zeichensymbole für Einheiten zu standardisieren.
- Benutzen Sie ein relationales Datenmodell (Abschnitt 5.2.5), um ein mehr technisch orientiertes System darzustellen.
- Überprüfen Sie die Vollständigkeit mit Hilfe der Stakeholder-Übersicht (Abschnitt 3.1.13) und des Black-Box-Diagramms (Abschnitt 3.1.10), die bereits vorhanden sein sollten. Bringen Sie diese nötigenfalls auf den neuesten Stand.
- Sie können ein Kontextdiagramm auch dazu verwenden, Ihre (Projekt-)Ziele und die verschiedenen „Ziele-Treiber“ und Korrelationen zwischen den Zielen und Ursachen in einem Stream-Analysis-Diagramm darzustellen. Dies wäre dann einem Problembaum (Abschnitt 3.1.2) sehr ähnlich, wobei die streng hierarchische Baumstrukturlogik einer Netzplan- oder verzweigten Kartenlogik weicht. Nutzen Sie „+/–“ und Pfeilrichtungen, um Abhängigkeiten darzustellen. Die Pfeilrichtung erfolgt von dem beeinflussenden Element zu dem Element, das beeinflusst wird (siehe Abbildung 42).
- Anstatt, dass jede Einheit in einer logischen, sequenziellen Folge dargestellt wird, ordnen Sie alle Einheiten kreisförmig. Dann zeichnen Sie alle existierenden Verbindungen zwischen den Einheiten ein. Die Einheit mit den meisten Verbindungen ist vielleicht Ihr nächster Aufgabenschwerpunkt. Diese Darstellungsart wird gern für Materialflüsse oder für Lager- oder Materialein- bzw. ausgänge verwendet (siehe Abbildung 43).

Bibliografie: Mizunom

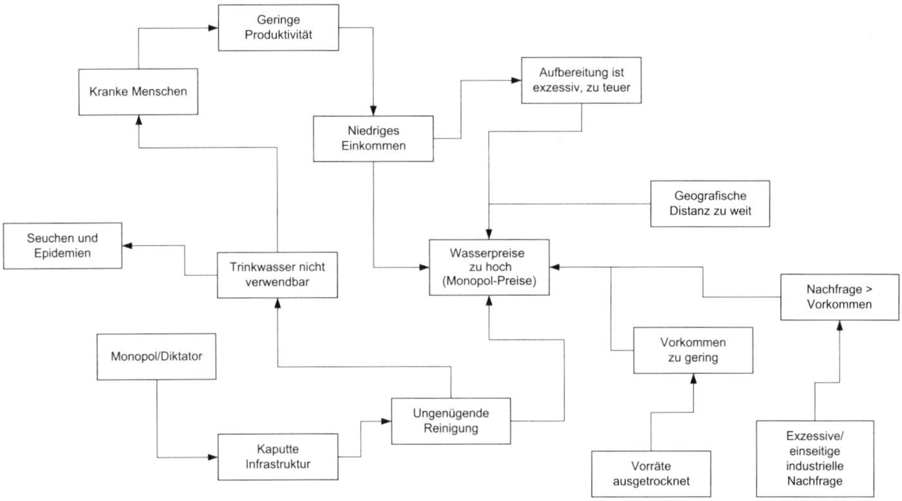

Abbildung 42 Zielbeziehungen in einem Stream-Analysis-Diagramm

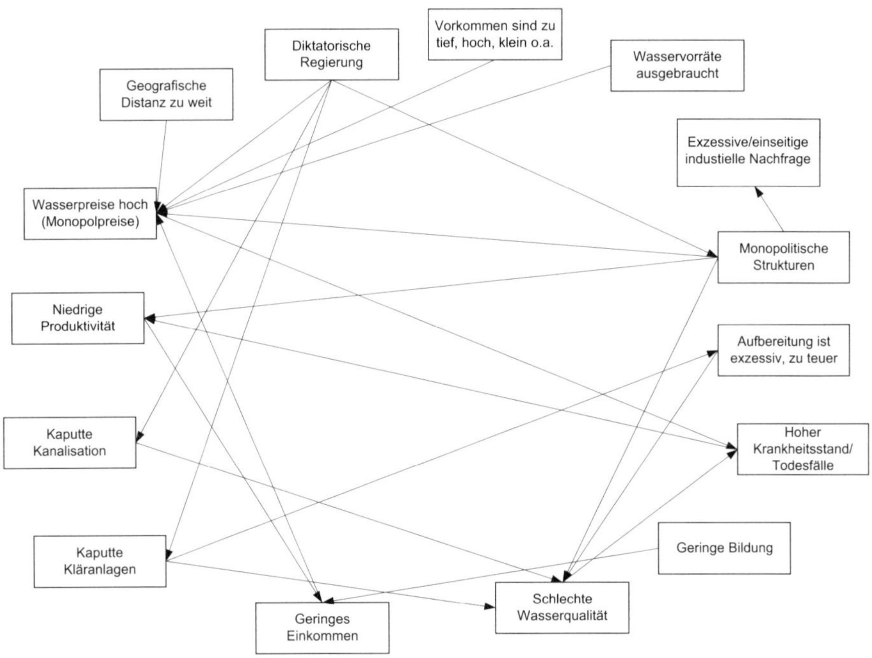

Abbildung 43 Material- oder Informationsflüsse

3.1.19 Silo

„Ich möchte das Potenzial für mehr Integration in diesem Unternehmen aufzeigen, alles ist zerstückelt und voneinander isoliert."

Zweck und Absicht (Warum und wann anwendbar?)

Das Silo-Tool ist ein einfaches Tool, um den Grad von Isolation und Integration von Geschäftseinheiten innerhalb eines Unternehmens zu verstehen und aufzuzeigen. Mangelnde Integration ist eine typische Ursache für schlechte Kommunikation, mangelnde Datenintegration, Prozessunterbrechung, lange Lieferzeiten, schlechten Service, lange Umschlagzeiten u. v. m.

Funktion und Aufgabe (Wie funktioniert es?)

Ein Silo-Diagramm zeigt die Gruppen, Bereiche oder Einheiten, die isoliert arbeiten. Ein Silo kann einen Produkt- oder Servicebereich, Systeme, Geschäftsvorgänge, Datenbanken, Softwareanwendungen, Firmenabteilungen usw. darstellen.

Anleitung (Wie gehe ich vor?)

- Identifizieren Sie alle maßgeblichen Prozesse und Systeme in allen Geschäftsbereichen (Produkt- oder Service-Silo) innerhalb eines Unternehmens oder Bereichs. Zeigen Sie auf, wer in diese Prozesse und Systeme eingebunden ist bzw. wer isoliert arbeitet. Dieser Bereich wird dann zum Silo.
- Legen Sie eine Matrix-Struktur fest, die das Unternehmen widerspiegelt und die Silos zeigt. Zeigen Sie gemeinsame Systeme oder Prozesse, die die Silos durchschneiden.
- Testen Sie, wie beispielsweise mit einer Kundenanfrage umgegangen wird und wie potenzielle Silo-Grenzen Probleme verursachen. Dieses Tool ist eng verbunden mit der Organisationsanalyse (Abschnitt 5.1).

Tipps und Anregungen

Alte, vorhandene Systeme oder Strukturen haben häufig ihren geschichtlichen Ursprung in einer Silo-Umgebung. Das System und die Strukturen umklammern den alten Status quo. Untersuchen Sie die Ursprünge von Systemen, Abteilungen, Prozessen usw. vor allem nach Reorganisationen. Manchmal wurden nur Abteilungen zusammengelegt und Türschilder geändert, das System oder die Prozesse sind aber die alten geblieben.

Beispiel für ein Silo-Diagramm

Abbildung 44 zeigt ein Silo-Diagramm für ein Finanzdienstleistungs-Unternehmen. Hat es Ähnlichkeit mit einem Unternehmen, das Sie kennen?

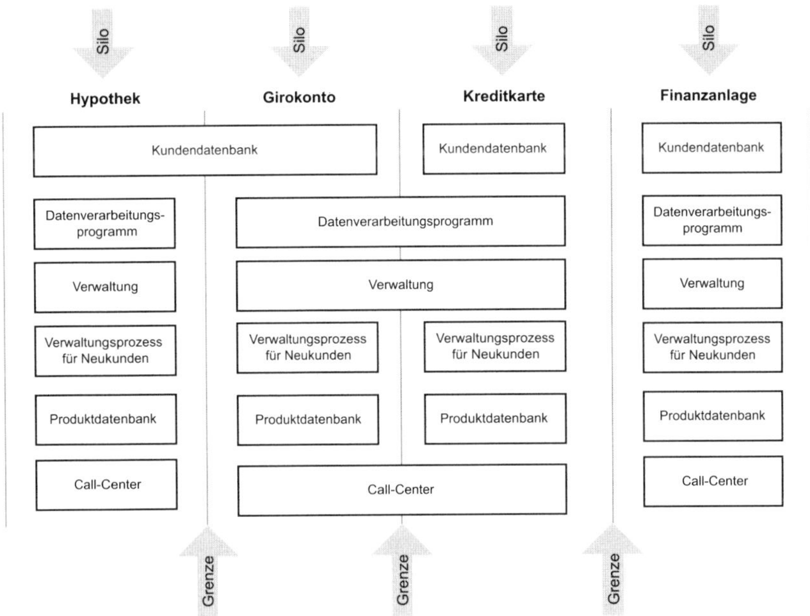

Abbildung 44 Silo-Diagramm – Kommt Ihnen dies bekannt vor?

Querverweis zu verwandten Tools in diesem Buch

Organisationsstrukturen und Organisationscharts (Abschnitt 5.1.1), ebenso das Tool Organisationsstruktur und Prozess (Abschnitt 5.1.3).

3.1.20 Vogelperspektive

„Wir haben uns in eine Sackgasse verrannt und wissen nicht mehr weiter. Wenn wir fliegen könnten und somit aus der Vogelperspektive alle Einblicke auf die anderen wichtigen und unbekannten (unsichtbaren) Dinge haben könnten, was würden wir von da oben sehen?"

Zweck und Absicht (Warum und wann anwendbar?)

- Um mit Veränderungen von Organisationsstrukturen umzugehen oder um die Gesamtsituation klarer zu erfassen und sich dabei nicht von zu vielen Details ablenken zu lassen, sollte man sich „über das Problem stellen" und es aus der Distanz betrachten.
- Um eine verfahrene Situation aufzulösen, stellen Sie sich einen Helikopter vor, der vom Boden abhebt und die Situation unter sich zurücklässt. Konzentrieren Sie sich dann auf die wirklich wichtigen und notwendigen Punkte.

Funktion und Aufgabe (Wie funktioniert es?)

- Die Vogelperspektive ermöglicht neue Sichtweisen und Ansichtspunkte. Man sieht Aktionen der Mitbewerber, Ausführungspläne sowie Trends in benachbarten und verwandten Industriezweigen aus einem anderen Blickwinkel.
- Die Vogelperspektive unterstützt neue und weniger wahrscheinliche Vorgänge mit innerlicher Distanz. In der NLP-Disziplin nennt man dies Dissoziation.

Anleitung (Wie gehe ich vor?)

- Vor strategischen Sitzungen sollte man ein Vogelperspektiven-Diagramm benutzen, um die Notwendigkeit einer großen Übersicht und weiteren Betrachtungsweise klar zu machen. Zeichnen Sie ein Bild der aktuellen Situation aus der Vogelperspektive (Bigger Picture), um die Argumentation zu verdeutlichen.
- Stellen Sie die Frage: „Dürften wir nur eine Sache auswählen, was wäre dies? Was kann man von oben erkennen, was ist wirklich noch relevant und welche anderen neuen Dinge lassen sich auf einmal ebenfalls erkennen?"
- Zeichnen Sie ein Bild der Situation und erforschen Sie den Blickwinkel und die Perspektive aus verschiedenen „Höhen". Stellen Sie sich selbst im Pilotensitz des Helikopters vor und visualisieren Sie eine umfassende Sicht der Sachlage. Diese Vorgehensweise ist auch eine Teamkommunikationsübung, die gut in Verbindung mit Kreativitätstools wie beispielsweise der Fischgräten-Ursachenanalyse (Abschnitt 3.1.9) verwendet werden kann.
- Dokumentieren Sie Ihre resultierenden strategischen Optionen und Erkenntnisse in einer Tabelle wie z. B. der Argumentewaage (Abschnitt 6.4), während Sie neue Perspektiven erforschen.
- Nehmen Sie externe Kräfte mindestens genauso ernst wie interne Vorgänge und die innere Situation.

Tipps und Anregungen

Kombinieren Sie diese Übung mit Kreativitätstechniken, um noch mehr neue Perspektiven zu entdecken.

Querverweis zu verwandten Tools in diesem Buch

Entscheidungsfindung (inkl. Evaluierung, Priorisierung) in Kapitel 6.

Bibliografie: Grundy, Brown, Harris

3.1.21 Mind Map

„Ich möchte ein Brainstorming durchführen und gleichzeitig Notizen aufzeichnen, aber meine Gedanken sind zu schnell und unstrukturiert."

Zweck und Absicht (Warum und wann anwendbar?)

- Mind Map lässt den Aufbau und alle Aspekte eines Problems erkennen und kann als alternatives Tool zu einem Kontextdiagramm (Abschnitt 3.1.18) oder sogar zum Fischgräten-Tool (Abschnitt 3.1.9) eingesetzt werden.
- Um ein eigenes Brainstorming schriftlich festzuhalten, z. B. einen Projekt-Plan, ein Strategiekonzept, Urlaubs- oder Hochzeitsvorbereitungen usw.
- Informationen und Ideen organisieren für Berichte, Memos, Briefe, Erzählungen oder Gedichte, To-Do-Listen, Präsentationen, Meetings, Brainstorming Sessions, Projektverwaltung, Einkaufslisten, Urlaubsplanung, Aufzeichnungen, Notizen ... in anderen Worten für alles, was mit Menschen, Informationen oder Problemen zu tun hat.
- Probieren Sie die Mind Map aus, wenn Sie das nächste Mal ein Memo oder eine Meeting-Agenda schreiben wollen, oder um ein komplexes Projekt aus der Vogelperspektive zu betrachten.

Funktion und Aufgabe (Wie funktioniert es?)

- Die Mind Map zeigt alle Aspekte und untergeordneten Aspekte (oder Ursachen und untergeordnete Ursachen) irgendeines Problems, die man in eine logische und grafische Struktur bringt.
- Es ist eine nichtlineare Art, Informationen zu organisieren, und eine Technik, mit der man den natürlichen Ideenfluss während des assoziativen Denkens festhält.

Anleitung (Wie gehe ich vor?)

- Konzentrieren Sie sich auf die Mitte. Die oft lineare, auf die rationale Gehirnhälfte zielende Erziehung (in der westlichen Welt) hat uns beigebracht, Aufzeichnungen in der linkeren oberen Ecke einer Seite zu beginnen. Unsere Gedanken aber konzentrieren sich auf ein Zentrum. Mind Mapping beginnt mit einem Wort oder einem Bild, das symbolisiert, worüber man nachdenken möchte, und dies steht in der Mitte des Blattes.
- Mind Mapping ist eine einfache Entsorgungsanlage für das Gehirn, die dazu verhilft, neue Ideen und Verbindungen zu entwickeln und herzustellen. Beginnen Sie mit einer offenen, spielerischen Einstellung – seriös können Sie später immer noch werden.
- Freie Assoziationen. Wenn Ideen hochsteigen, notieren Sie die Beschreibung davon in ein oder zwei Worten auf Linien, die vom Zentrum ausgehen. Lassen

Sie die Ideen weiter in Äste und Zweige wachsen. Schreiben Sie alle Ideen auf, ohne sie zu beurteilen oder zu bewerten.

- Schnell denken. Das Gehirn arbeitet am besten in 5- bis 7-minütlichen Schüben, halten Sie also den Ideen-Schwall so schnell wie möglich fest. Schlüsselworte, Symbole und Bilder fungieren als mentale Hilfen, um die Ideen so schnell wie möglich aufzuzeichnen.
- Durchbrechen Sie Barrieren. Vergessen Sie die Vorstellung der A4-Mentalität, die besagt, dass man mit einem Bleistift oder Kugelschreiber auf A4-Papier zu schreiben hat. Benutzen Sie eine Tafel, Einwickelpapier oder beschreiben Sie eine ganze mit Papier verkleidete Wand ... je größer die Unterlage, desto mehr Ideen wird man entwickeln. Benutzen Sie alle möglichen Farben, dicke Filzstifte, Malkreiden oder dünne Bleistifte. Ihr Leben war bisher ohne Farbe, Sinn und Humor, wenn Sie noch nie einen Geschäftsbericht mit Grellpink und Leuchtorange als Mind Map entworfen haben.
- Kein Urteil. Schreiben Sie alles so auf, wie es Ihnen in den Sinn kommt, sogar, wenn es komplett bezugslos ist. Sie entwerfen eine Mind Map für einen Bericht über den Status von Karotten in Texas und plötzlich fällt Ihnen ein, dass Sie Ihren Anzug aus der Reinigung holen mmüssen. Schreiben Sie Reinigung auf. Sonst bleiben Ihre Gedanken immer am Wort „Reinigung" hängen wie eine Platte mit Sprung, und Sie werden keine weiteren Ideen entwickeln können.
- Bewegen Sie Ihre Hände. Gehen die Ideen aus, malen Sie einfach Linien und beobachten Sie Ihr Gehirn dabei, wie es Ideen für diese Linien finden will. Oder wechseln Sie die Farbe, um Ihr Gehirn zu stimulieren. Stehen Sie auf und schreiben auf ein Board, um noch mehr Energie aufzubauen.
- Lassen Sie Organisation und Strukturen zu. Manchmal erkennt man Verbindungen und Bezüge sofort und kann untergeordnete Gedanken zu Ideen anfügen. Manchmal klappt dies nicht, also verbindet man die Eingebungen einfach mit der Mitte. Ordnen kann man später, es geht zunächst darum, die Ideen aus dem Kopf und aufs Papier zu bringen.

Tipps und Anregungen

Diese Technik lässt sich wahlweise auch mit Magnettafeln oder Post-it®-Zetteln verwenden, ähnlich wie beim Brainstorming (Abschnitt 3.3.1).

- Zeichnen Sie farbige oder punktierte Linien zwischen verwandten Elementen verschiedener Zweige, um die Verbindung aufzuzeigen.

Beispiel einer Mind Map für eine Projektplanung

Abbildung 45 zeigt eine Mind Map für einen Projektplan. In diesem Beispiel wurde die Mind Map in drei Stufen entwickelt.

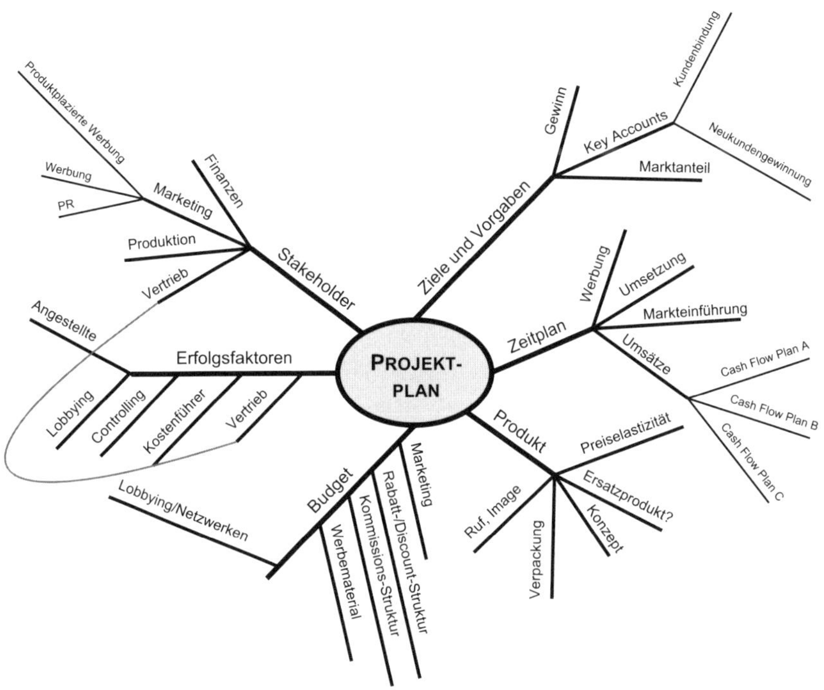

Abbildung 45 Mind Map für einen Projektplan zu einer Produkteinführung

Querverweis zu verwandten Tools in diesem Buch

Mind Maps funktionieren hervorragend, um das Umfeld eines Problems, einer Situation oder eines ganzen Systems darzustellen. Mind Maps sind auch nützlich, wenn man an der Verbesserung verzweigter Geschäftsvorgänge mit mehreren Personengruppen arbeitet. Für einen stärker systembezogenen Blick sollten Sie jedoch das relationale Datenmodell (ERD) (Abschnitt 5.2.5) verwenden.

Bibliografie: Tony Buzan ist der geistige Vater des Mind Mapping.

3.2 Informationsbeschaffung

Informationsbeschaffung ist einer der Schlüssel bei Problemlösungen und eine Grundvoraussetzung für die analytische Arbeit. Relevante Fakten zu finden und Meinungen effektiv und effizient einzuschätzen, ist das Hauptziel der Informationsbeschaffung. Es bildet die Grundlage für eine bessere Diagnose und hilft, die momentane und potenzielle zukünftige Situation einschätzen zu können. Es führen jedoch nicht alle Daten zu einer effektiven Analyse. Analyse gründet sich auf Informationen, nicht auf blanke Daten. Zum Beispiel ist die Aufstellung des Alters jedes Haushaltsbewohners einer Gegend, registriert über die letzten zehn

Jahre, eine Sammlung von Daten, nicht von Informationen. Das Wissen über die Veränderungen in diesen Haushalten über die Zeit – die Trends – ist jedoch Information. Dieses Wissen ermöglicht das Verständnis des Umfelds oder der Situation und kann einen wertvollen Input darstellen (Quelle: Russell-Jones).

Die Daten, die für die Bedürfnisse des Nutzers gesammelt wurden, müssen nach mehreren Kriterien beurteilt werden, bevor man die Informationen erkennen und zuverlässige Schlüsse ziehen kann. Ein Kriterium ist z. B. Genauigkeit – man erkennt, dass nicht alle Daten die gleiche Qualität besitzen. Beurteilen Sie Datenquellen nach Genauigkeit und Zuverlässigkeit – erkennen Sie den Ursprung (Lieferanten) der Daten, um die Zuverlässigkeit beurteilen zu können. Vergewissern Sie sich, dass Sie den Informationen (Quellen) vertrauen können, dies kann die Schlussfolgerungen in einer Präsentation stützen, falls Fragen gestellt und die Datenquellen angezweifelt werden (Quelle: Fleischer).

Die Theorie zur Daten- bzw. Informationsbeschaffung unterscheidet zwischen *primären* und *sekundären* Daten (indirekte Relevanz oder Quelle) sowie *qualitativen* und *quantitativen* Daten. Darüber hinaus gibt es einen zeitlichen Aspekt und die Frage, wie aktuell die Daten sind. Bezieht sich also die Sammlung der Daten auf die Vergangenheit, die Gegenwart oder die Zukunft? In einem typischen Geschäftsumfeld wird man meistens mit zwei verschiedenen Konstellationen zu tun haben:

- primäre, gegenwartsorientierte, interaktive/kollaborative Informationsbeschaffungen wie z. B. Befragungen, Interviews, Fragebogen, Beobachtungen, Ablaufanalysen, oder
- sekundäre, vergangenheitsorientierte, persönliche Informationsbeschaffungen wie z. B. Schreibtischrecherche, Statistiken.

Ein bereits erwähnter wichtiger Aspekt, der Ihre Wahl des richtigen Informationsbeschaffungstools beeinflussen sollte, ist die notwendige „Beschaffenheit" der Ergebnisse. Benötigen Sie messbare, vergleichbare und greifbare Ergebnisse (quantitative Daten in Form von klaren Ja/Nein-Aussagen, Zahlen, Prozentangaben)? Oder reichen auch qualitative Daten in Form von Meinungen in Freitextform, unstrukturierte Antworten auf offene Fragestellungen wie „Was würden Sie anders machen?" aus? Bedenken Sie daher bei Ihrer Wahl die notwendige „Beschaffenheit", die das ausgewählte Tool liefern soll bzw. wird.

Hinweise zur Informationsbeschaffung

Einige allgemeine Punkte können bei Aufgaben zur Informationsbeschaffung nützlich sein (Quellen: Fleischer, Block, geändert vom Autor):

- *Unterscheiden Sie* zwischen „notwendig", „gut zu wissen" und „unnötigem Wissen", wenn Sie Informationen sammeln.
- *Sammeln Sie* Informationen auf „verschiedenen Ebenen", um Ihre Situation besser zu verstehen: erstens das aktuelle Problem und die darunter liegenden

Probleme (Ebene 1), zweitens die Zusammenhänge, was und wie andere zu diesem Problem beitragen (Ebene 2) und letztlich wie ein Einzelner seinen Anteil zu diesem Problem beiträgt: „Was ist Ihre Rolle in diesem Problem?" (Ebene 3).

- *Beurteilen Sie* das Organisations- und Management*klima*, in dem Ihre Ergebnisse vorgestellt werden.
- *Bereiten Sie sich* darauf *vor*, dass der Kunde nicht bereit ist, Informationen mit Ihnen zu teilen.
- *Reduzieren Sie das Datenvolumen* auf eine Menge von Informationen, mit denen man noch umgehen kann.
- Es greift immer die bekannte Regel: „*Müll* kommt *rein* → *Müll* geht *raus*" (während der Analysephase) – Umfang bedeutet nicht Qualität.
- Umfang bedeutet nicht Qualität.
- Berücksichtigen Sie Neigungen – Personen besitzen oft unterschiedliche Beweggründe und Absichten, wenn sie Daten liefern.
- Erkennen Sie die *unvermeidbaren Löcher* und „blinde Flecken" (Blind Spots).
- Seien Sie kreativ.
- Gestalten Sie die Entdeckung fürs Publikum spannend – vermeiden Sie trockene, akademische Forschung, falls Sie richtige Unterstützung und relevante Informationen benötigen.
- *Benutzen Sie* die unterschiedlichen *Tools* zur Informationsbeschaffung zur richtigen Zeit und zum richtigen Zweck.
- Sie sollten *wissen, wann Sie* die Recherche/Analyse *beenden* müssen, um die „Analyse-Paralyse" zu vermeiden – wenden Sie die 80:20-Regel (Pareto) bei Ihren Arbeiten an.
- Verwenden Sie das *Hypothesen-Tool* (Abschnitt 3.1.4), um fokussiert und am effizientesten zu arbeiten.

(Quellen: Fleischer, Block, geändert vom Autor)

Abbildung 46 zeigt die unterschiedlichen Wege, um – entweder eigenständig oder durch die Interaktion mit anderen – Informationen zu beschaffen. Nicht alle werden in diesem Buch behandelt. Die interaktive, kollaborative Informationsbeschaffung benötigt häufig eine bestimmte Struktur, um den Prozess für beide Parteien durchführbar zu machen, und trägt dazu bei, die Qualität der Daten zu verbessern. Die unstrukturierten Tools sind abhängiger von den persönlichen Fähigkeiten, den Prozess zu leiten, mit den beteiligten Parteien zu interagieren, die relevanten Informationen zu extrahieren und die Beziehungen zueinander zu steuern. Wurden alle relevanten Informationen gesammelt, beginnt die eigentliche Arbeit der Datenanalyse.

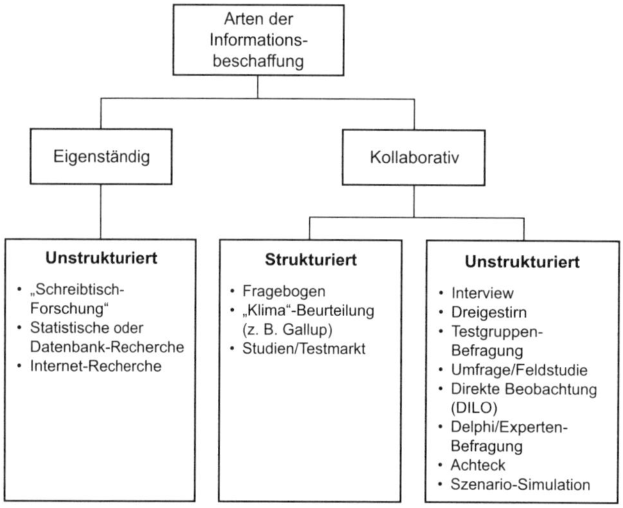

Abbildung 46 Verschiedene Optionen an Tools für die Informationsbeschaffung – strukturierte und unstrukturierte Tools

Die Tools im Abschnitt 3.4 behandeln den Aspekt, Informationen auf einer einfachen Ebene zu gruppieren, zu strukturieren, um die Informationen entsprechend zu konsolidieren und aufzubereiten.

Dieses Buch kann keine weiteren Details zum Thema (statistischer) Datenanalyse und -auswertung liefern. Recherchieren Sie in der einschlägigen Literatur nach Ausdrücken wie Wahrscheinlichkeit, statistische Verteilung, Datenplotting, Extrapolation, Korrelation und Regression, statistische Tests, Messmethoden, Charts, Empfindlichkeitsanalyse, Prognosen usw.

Strukturierte oder unstrukturierte Tools

- *Strukturierte* Informationsbeschaffungs-Tools sind solche, die den Informationsbeschaffungsprozess klar steuern, definieren, strukturieren und somit eher zu klar quantitativen und somit quantifizierbaren Ergebnissen führen. Ein Fragenbogen ist idealerweise so strukturiert, dass er selbständig ausgefüllt werden kann.

- *Unstrukturierte* Informationsbeschaffungs-Tools sind solche, die die Vorgehensweise relativ flexibel und unstrukturiert gestalten, z. B. Internet-Recherche oder die direkte Beobachtung (DILO). Im Ergebnis führt dies tendenziell zu schwer quantifizierbaren Ergebnissen, die statistisch schwer auszuwerten sind, jedoch trotzdem sehr wertvoll sein können. Denken Sie z. B. an offene Fragestellungen in einem Interview wie „Was würden Sie als Chef anders machen?"

Die *Vorgehensweise*, d. h. der Prozess der Informationsbeschaffung entscheidet, ob ein Tool als ***strukturiert*** oder *unstrukturiert* anzusehen ist.

Das resultierende *Ergebnis* der Informationsbeschaffung bestimmt, ob ein Tool *qualitative* oder *quantitative* Ergebnisse liefert, wobei strukturierte Informationsbeschaffungs-Tools eher zu quantitativen Ergebnissen führen.

Ungeachtet der Art der Informationen, die man beschaffen möchte – Informationsfluss, Infrastruktur, Meinungen – gibt es ein paar allgemeine Schritte zur Informationsbeschaffung, die es zu befolgen lohnt:

1. Identifizieren Sie *das sich darstellende Problem* – wahrscheinlich haben Sie dies schon mit Hilfe der Tools in Abschnitt 3.1 getan. Meistens ist das sich darstellende Problem nur ein Symptom für das echte Problem. Der Zweck des Datensammelns ist es nun, den Blickwinkel zu erweitern.

2. Wählen Sie die *Dimensionen und den Rahmen* Ihrer Recherchen – man muss eine begrenzte Anzahl von relevanten Fragen entwickeln und auswählen. Befragen Sie Experten, um die Fragen auszuarbeiten und so zu formulieren, dass man die gewünschten Daten extrahieren kann. Beschränken Sie sich auf maximal 20 Fragen.

3. Bestimmen Sie das *Publikum*. Die Stakeholder-Tools in Abschnitt 3.1 helfen dabei, das Publikum festzulegen und dabei, welche Ebenen des Unternehmens und wie viele Personen/Gruppen in die Datenerhebung mit einbezogen werden. Bedenken Sie einen wichtigen Kommentar von P. Block (Flawless Consulting): „Vergessen Sie nicht, dass bei Menschen, denen man Fragen stellt, Erwartungen geweckt werden, und diese Menschen Feedback über die Ergebnisse erwarten." Und die Personen werden erwarten, dass durch Ihr Vorgehen Verbesserungen entstehen. Man muss mit diesen Erwartungen im Vorfeld umgehen und sich auf alle möglichen Reaktionen vorbereiten. Hat man nicht die Absicht, den Involvierten das Feedback mitzuteilen, sollte man sich auf mögliche negative Reaktionen und ein eventuelles Sinken der Motivation gefasst machen.

4. Wählen Sie das passende *Tool zur Informationsbeschaffung*. Benutzen Sie als Unterstützung Abbildung 46 und Tabelle 11. Das Tool ist abhängig vom Bereich der Befragung, der zur Verfügung stehenden Zeit, der Unterstützung durch das Management, von Schwere und Umfang des Problems und anderen verfügbaren Ressourcen. Übertreiben Sie Ihr Engagement nicht, versprechen Sie nichts, was Sie nicht einhalten können.

5. *Sammeln* Sie Daten. Wenden Sie das jeweilige Tool an und sammeln Sie Daten, bis sie sich wiederholen oder es langweilig wird.

6. *Konzentrieren* Sie die Daten und reduzieren Sie sie auf eine Größe, mit der man arbeiten kann. Dann analysieren Sie und suchen nach Mustern und verwertbaren Daten, z. B. Informationen. Fassen Sie die Daten zusammen und entwickeln Sie ein Verständnis: „Was bedeutet diese Information, welcher Teil davon ist wichtig und für wen?"

Bereiche, zu denen man Fragen stellt, können folgende sein:

- *Ziele* – Ziele der Gruppe und der Personen, mit denen man spricht, Zielklarheit und Einigung über das Ziel, gewünschtes Ergebnis, Punkte, in denen man übereinstimmt, spezifische Resultate, Schlüsseldaten, Bereiche, die verbessert werden sollen. Vergleichen Sie Ihre Ergebnisse mit Hilfe der Tools aus Kapitel 4.
- *Untergruppen* – Beziehungen zwischen betroffenen und Problem-beeinflussenden Gruppen, Ein-/Ausschlüsse, Konflikte und Unterstützung.
- *Unterstützung* – Wer unterstützt wen und wie (oft auch durch stumme Zustimmung)?
- *Evaluation* – Wissen die Menschen, was von ihnen erwartet wird und ob sie den Erwartungen entsprechen? Worin bestehen die Normen und der Prozess, um Feedback und Evaluation zu erhalten?
- *Geschlechterrollen* – Worin bestehen die Rollen, die Männer und Frauen in diesem Unternehmen spielen und welche Auswirkungen hat dies auf das Problem?
- *Abbildungen* – Die Zahlen und Fakten, Minima, Maxima, Durchschnitt, Trends, Volumen – alles, was man messen kann. Besorgen Sie sich Kopien der Unterlagen.
- *Dokumente* – Beachten Sie die unterschiedlichen Arten von Unterlagen (z. B. Input, Produktliste, Ablage, Preisverzeichnis, Output, Bestellung).
- *Arbeitsabläufe* – Beachten Sie die unterschiedlichen Arten von Arbeitsabläufen (normal – was heißt es, einen Job normal auszuführen, Kontrolle – was tut der Mensch, um zu beweisen, dass er den Job erledigt hat, Vorgehen in Ausnahmefällen – Fehler, saisonale Höhepunkte).
- *Status, Autorität, Macht und Herrschaft* – Wie bearbeiten Menschen mit unterschiedlichem Status, unterschiedlicher Autorität oder Macht das Problem? Wie drücken sich die Unterschiede aus und welche Auswirkung hat dies auf das Problem, die Einstellung der Menschen und mögliche Lösungen? Wird die Situation von einem oder mehreren beherrscht und wie äußert sich dies? Sind sie vom Problem beeinflusst oder beeinflussen sie das Problem?
- *Entscheidungsfindung* – Wie läuft die Entscheidungsfindung ab, wie sind die unterschiedlichen Rollen verteilt und wie bewerten Menschen ihren Standpunkt in der Entscheidung?
- *Management-Information* – Wie werden Quellen festgelegt, der Fortschritt verfolgt, der Vorgang evaluiert und die Probleme erkannt?
- *Führungsstil* – Wie äußern sich formelle und informelle Führungspersonen und wie ist ihr Einfluss auf das Problem?
- *Konflikt* – Wie wird mit Konflikten umgegangen, mit Konfrontation, Erlaubnis, geht man darüber hinweg, wählt man Kompromisse, übt man Druck aus oder ignoriert man sie?

- *Einstellungen* zum Projekt und Ihrer Beteiligung und Ihnen selbst – kennen Sie die Einstellung der Menschen, die Einstellung zu einem Problem und was sie von Ihrer Beteiligung daran, das Problem zu lösen, denken.

Zweck und Absichten der Tools zur Informationsbeschaffung in diesem Kapitel sind nicht, Informationen zu erhalten, die mit Angestellten-Performance für Beurteilungslisten, Leistungseinschätzung oder Potenzialentwicklung zu tun haben. Sie werden benutzt, um andere Daten zu eruieren, die mit dem Business verknüpft sind. Man kann diese Tools zwar abwandeln, um auch solche Zwecke zu erfüllen, es gibt dafür jedoch spezifische Tools (z. B. 360°-Feedback).

Bibliografie: Peter Block, *Flawless Consulting,* bearbeitet und erweitert vom Autor

Tabelle 11 Übersicht über die Tools zur Informationsbeschaffung

Zweck der Kategorie	Name des Tools oder der Technik	Seite	Benutzerfreundlichkeit	Aufwand/ Nützlichkeit
Informationsbeschaffung	Informationsbeschaffungs-Plan	111	☺☺	☺☺
	Interview	113	☺	☺☺
	Dreigestirn	115	☺	☺☺☺
	Achteck	116	☺☺	☺☺
	Testgruppen	117	☺	☺☺☺
	Fragebogen	119	☺☺	☺☺
	Umfrage/Feldstudie	121	☺☺	☺☺
	Direkte Beobachtung (DILO)	123	☺☺☺	☺☺
	Expertenbefragung	125	☺☺	☺
	Schreibtisch-Forschung	126	☺	☺☺
	5 W (5 Warum)	127	☺☺☺	☺☺☺
	Klima-Beurteilung	128	☺☺☺	☺☺

3.2.1 Informationsbeschaffungs-Plan

„Welches Tool nutze ich mit welchen Fragen und um was zu beweisen? Und wer macht was, wann und wie? Eine strukturierte Anleitung wäre hilfreich!"

Zweck und Absicht (Warum und wann anwendbar?)

Um in komplexeren Situationen effektiver vorzugehen und nicht von der Vielzahl an Informationsbeschaffungsmöglichkeiten überwältigt zu werden, empfiehlt sich ein Informationsbeschaffungs-Plan.

Funktion und Aufgabe (Wie funktioniert es?)

Ein Informationsbeschaffungs-Plan gibt eine tabellarische Übersicht und Gliederung von zuvor festgelegten Informationsbeschaffungs-Aktivitäten.

Anleitung (Wie gehe ich vor?)

- Verwenden Sie die Anleitung zur Informationsbeschaffung als Vorbereitung.
- Beantworten Sie folgende Fragen und tragen Sie die Ergebnisse in eine entsprechende Tabelle ein:
  - Welche Hypothesen versuchen Sie zu beweisen (siehe Hypothesen, Abschnitt 3.1.4)?
  - Was für Informationen benötigen Sie, um diese Hypothesen und sonstige Annahmen eindeutig zu beweisen?
  - Was sind davon Fakten oder Meinungen oder Vermutungen (siehe MTV-Regel, Problemdefinition, Abschnitt 3.1.1)?
  - Welch Informationen sind unerlässlich? Wichtiges ist von nicht so Wichtigem zu trennen.
  - Welche Schlüsse sollen aus den Informationen gezogen werden (was ist der Zweck)? Ist die vermutete Korrelation und/oder die Schlussfolgerung stichhaltig?
  - Wie genau und detailliert müssen die Informationen sein?
  - Bis wann benötigen Sie die Informationen?
  - Wie viel Zeit und Aufwand können Sie sich erlauben?
  - Wo, wie und durch wen können Sie die Informationen erhalten?
  - Was ist das notwendige oder gewünschte Format (Tabellenkalkulation, Datenbank-Export als SQL, MS Access, Powerpoint o. a.)? Wie sollen die Informationen idealerweise übermittelt werden (Fax, elektronisch, gedruckter Bericht)? In welchem Format sollen die Informationen weiterverarbeitet werden?
  - Wer kann die Beschaffung durchführen?
  - Haben Sie alle notwendigen Ressourcen (Delegierungsrecht, statistisches Wissen, Budget usw.) ?
  - Übertragen Sie die Aktivitäten in Ihren Arbeitsplan oder Projektstrukturplan.

Beispiel für einen Informationsbeschaffungs-Plan

Tabelle 12 Informationsbeschaffungs-Plan

Zugrunde liegende Hypothesen/Annahmen	Dafür notwendige Information	Wozu? Zweck	Tool	Wo und wer? (befragte Person)	Wann? Zeitraum	Durch wen? (Verantwortlicher) (CIDA-Tool)	Kommentar
Bildungsprogramme fehlen	Ist-Zustand an existierenden Programmen	Markt-/Umsatzpotenzial berechnen	Datenbank Recherche	Programm-Verantwortliche	KW 12	P. Meyer	
Marketing und Aufklärung verbessern Umsatz	Anteil der existierenden Kunden, die Informationsmangel hatten	Wissensmangel behindert Verkauf – verbessertes Marketing	Fokus-Gruppe	Kunden Interessenten	KW 13-14	A. Müller T. Hirsch	
Kunden mögen das Produkt	Kundenfeedback		Interview	Kunden	KW 14	A. Müller	
Angestellten mangelt es an Wissen	Trainings/Wissensniveau der Angestellten	Trainingsbedarf und PE-Maßnahmen	Fragebogen	Angestellte	KW 16	P. Meyer	

Tipps und Anregungen

Es ist wahrscheinlich, dass Sie während der Informationsbeschaffung weitere Lücken und Informationsbedarf entdecken. Seien Sie also flexibel bezüglich Ihres ursprünglichen Plans und passen Sie diesen an.

Querverweis zu verwandten Tools in diesem Buch

Projektstrukturplan (PSP) (Abschnitt 7.5).

3.2.2 Interview

„Unsere Meetings ermöglichen mir nicht, den gewünschten Grad an Informationen zu erhalten – die entscheidenden Personen nehmen nicht daran teil, plaudern nur oder taktieren."

Zweck und Absicht (Warum und wann anwendbar?)

- Ein Interview ist das perfekte Mittel, um Informationen auch von den Personen zu erhalten, die nicht Ihre Meetings besuchen, oder wenn das Meeting zu kurz ist, um alle Informationen zusammenstellen zu können.
- Manche Informationen können effizienter auf einer Eins-zu-eins-Basis gesammelt werden.

Funktion und Aufgabe (Wie funktioniert es?)

Ein Interview ist ein verbaler, direkter und unmittelbarer Austausch von Informationen zwischen wenigen Einzelpersonen, wobei meist eine Person Fragen stellt und die andere antwortet, um die gewünschten Informationen aus deren Sicht zu liefern.

Anleitung (Wie gehe ich vor?)

- Siehe Informationsbeschaffung (Abschnitt 3.2) für Details zur Prozedur.
- Planen Sie den Ablauf (Logistik, gewünschtes Ergebnis, Punkte, die abzustimmen sind, spezifische Resultate, Schlüsseldaten, Verbesserungsthemen usw.). Zunächst werden die Interviewpartner festgelegt, anschließend wird vom oberen Management-Level nach unten interviewt. Informieren Sie sich über die Person, die Sie befragen. Sie sollten wissen, was genau deren Funktion ist, z. B. was ein Account-Manager macht.
- Gehen Sie zu zweit in ein Interview, bestimmen Sie, wer das Interview leitet und die Fragen stellt, und legen Sie auch die zusätzlichen Aufgaben fest (z. B. wer Notizen macht).
- Sorgen Sie für eine gute Organisation. Dazu gehört z. B. der rechtzeitige Versand von Einladungen, die Reservierung genügend großer Räume, die Prüfung, ob die Ausstattung funktioniert usw.

- Zu Beginn des Interviews stellen Sie sich vor: „Ich bin ..., ich komme von Firma/Abteilung, ... ich bin hier, weil ... und ich möchte Informationen zu ...“ – präzise, einfach, kurz und klar.
- Nach Durchführung des Interviews überprüfen und evaluieren Sie Ihre Ergebnisse und verändern den Ansatz, wenn notwendig.

Tipps und Anregungen

- Stellen Sie zuvor eine Schreibtisch-Forschung (Abschnitt 3.2.10) an. Sie sollten genügend über das Thema wissen. Benutzen Sie Interviews nicht, um sich allgemeine Informationen zu beschaffen.
- Obwohl die meisten Interviews unter vier Augen, als 1-zu-1-Situation geführt werden, kann es sehr nützlich sein, zwei Fragesteller pro Interviewpartner einzusetzen. Der zweite Interviewer kann Notizen machen und das Gespräch kontrollieren, Feedback zum Auftritt des Fragestellers/Interviewten liefern, die Körpersprache beobachten sowie seinen Eindruck vom Interview darstellen. Sie sollten aber eine „Good Cop-Bad Cop“-Atmosphäre vermeiden, in der der Interviewte sich ausgefragt und bedroht fühlt.
- Eine Alternative sind Telefon-Interviews, die sehr effektiv sein können. Zur Vorbereitung kann es sinnvoll sein, dem Interviewten zuvor einen Fragebogen zukommen zu lassen.
- Handelt es sich um eine große Zahl von Interviewten, benutzen Sie eher das Testgruppen-Tool (Abschnitt 3.2.5).
- Vermeiden Sie zu streiten, zu kritisieren oder von Annahmen auszugehen, und geben Sie gegenüber dem Interviewten keine Versprechungen ab.
- Vergewissern Sie sich, dass der Interviewte den Text autorisiert, wenn er namentlich und seine Aussagen wörtlich aufgeführt sind. Sie benötigen eventuell auch die Erlaubnis eines Vorgesetzten, um Mitarbeiter von ihm interviewen zu dürfen.
- Geben Sie dem Interviewten das Gefühl, wichtig zu sein und dass seine Aussagen wertvoll sind.
- Gehen Sie nicht davon aus, dass der Interviewte Ihnen vertraut und sich sofort öffnet. Er könnte annehmen, dass es versteckte Absichten oder Pläne gibt. Er könnte nur das antworten, von dem er glaubt, dass Sie es hören wollen, oder er will Sie an der Nase herumführen.
- Fertigen Sie klare Aufzeichnungen an und schreiben Sie die Ergebnisse unmittelbar nach Ende des Interviews auf – schnell können Einzelheiten vergessen werden.

3.2.3 Dreigestirn

„Ich frage mich, ob die erhobenen Daten kongruent, verlässlich und konsistent aus einer Perspektive innerhalb wie auch außerhalb der Firma sind. Ist die Vorstellung des Top-Managements dazu, worauf es sich zu konzentrieren gilt, gerechtfertigt?"

Zweck und Absicht (Warum und wann anwendbar?)

Das Dreigestirn-Interview bzw. der Fragebogen dient dazu, drei verschiedene Perspektiven in Bezug auf ein Thema zu erhalten (wie ein Dreigestirn) und die Genauigkeit, Konsistenz und Korrelation von Informationen zu überprüfen.

Funktion und Aufgabe (Wie funktioniert es?)

Das Dreigestirn-Interview (oder der Fragebogen) ist eine Methode, bei der die drei Stakeholder-Gruppen (Top-Management, Lieferant/Kunde und die Angestellten) die gleichen Fragen erhalten, um herauszufinden, ob alle Stakeholder die gleichen Erwartungen und die gleiche Bewertung von etwas haben. Oft unterscheidet sich die Erwartung des Top-Managements erheblich.

Anleitung (Wie gehe ich vor?)

Abhängig von den Themen Ihrer Befragung bereiten Sie einen Fragebogen mit den relevanten spezifischen Fragen vor (um Ihre Hypothese zu überprüfen). Dieser Fragebogen ermöglicht es, die unterschiedlichen Antworten auf die gleichen Fragen zu vergleichen. Rechnen Sie die Zeit und Möglichkeit für einige interviewartige Fragen mit offenen Antworten ein, um Kommentare und Feedback zu erhalten. Siehe auch die Einführung zu Abschnitt 3.2 für Hinweise zum Vorgang der Informationsbeschaffung und die Befragungsbereiche.

Tipps und Anregungen

Nachdem die entscheidenden Faktoren für den Geschäftserfolg erkannt sind, können folgende Fragen gestellt werden: „Wie gut sind wir in diesem Bereich?" oder „Wie wichtig ist dieser Bereich für den Erfolg unseres Geschäfts?" Vergleichen Sie die Antworten der drei unterschiedlichen Stakeholder-Gruppen miteinander.

Querverweis zu verwandten Tools in diesem Buch

Interview (Abschnitt 3.2.2), Kritische Erfolgsfaktoren (Abschnitt 5.3.2).

3.2.4 Achteck

„Ich möchte auch die „weichen“, nicht fassbaren Faktoren des Unternehmens verstehen und mir darüber einen schnellen Überblick verschaffen.“

Zweck und Absicht (Warum und wann anwendbar?)

Das Achteck ist ein exzellentes Instrument, um einen Überblick über die acht Schlüsselfaktoren der Organisationsaspekte („Gefühl für das Klima“) zu erhalten. Es lässt sich am besten anwenden, wenn man in bzw. mit einer bisher unbekannten Firma oder Umgebung arbeitet.

Funktion und Aufgabe (Wie funktioniert es?)

Das Achteck kann als Richtlinieninstrument für Interviews im mittleren und Top-Management verwendet werden, um sicherzugehen, dass alle acht Organisationsaspekte abgedeckt sind. Das Achteck liefert hauptsächlich qualitative Daten in Bezug auf die Kultur und den Führungsstil und sorgt für ein besseres Verständnis der relevanten Stakeholder innerhalb eines Unternehmens für zukünftige Projekte.

Anleitung (Wie gehe ich vor?)

Befragen Sie als Basis für Ihre Untersuchung Personen aus den drei Top-Management-Ebenen am Hauptsitz der Firma und in den Niederlassungen in Bezug auf die acht Schlüsselaspekte der Organisation aus Abbildung 47. Suchen Sie nach Mustern und Einsichten, die man zitieren darf. Notieren Sie sich die Quellen für die spätere Glaubwürdigkeit. Fragen Sie zu jedem der acht Aspekte, was die einzel-

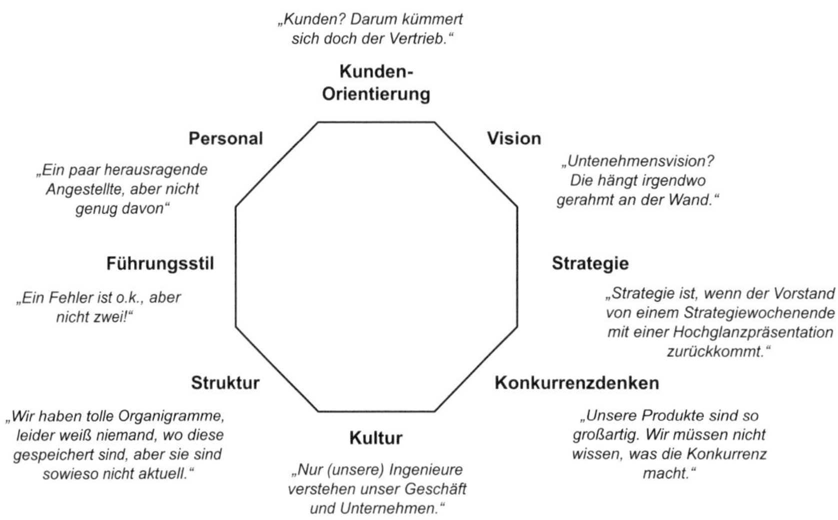

Abbildung 47 Das Achteck

nen Manager „denken und fühlen" und „was die drei wichtigsten Punkte wären, die sie ändern würden, wenn sie könnten". Besonders aussagekräftige Zitate führen Sie im Achteck an.

Beispiel eines Achtecks

Das Beispiel in Abbildung 47 zeigt einige typische Statements, die – vielleicht ein wenig übertrieben – repräsentieren, wie in vielen Unternehmen strategische Ziele in früheren Jahren gesehen wurden.

Querverweis zu verwandten Tools in diesem Buch

Interview (Abschnitt 3.2.2), Stakeholder-Tools (Abschnitte 3.1.13 bis 3.1.17) und Organisationsanalyse (Abschnitt 5.1)

Bibliografie: Bossard Consulting

3.2.5 Testgruppen

„Wir müssen viele Informationen von einer großen Anzahl von Personen und Abteilungen in kurzer Zeit erheben. Eins-zu-eins-Interviews wären ideal, kosten aber zu viel Zeit."

Zweck und Absicht (Warum und wann anwendbar?)

Testgruppen werden in zahlreichen Bereichen eingesetzt, so zum Beispiel von der Marktforschung für Produktentwicklungen oder für Organisationsveränderungen. Oft nutzt man dabei externe Benutzer- oder Verbrauchergruppen. Testgruppen sind nicht für quantitative oder statistische Informationen geeignet, aber sehr gut, um qualitative Ergebnisse zu liefern. Sollen etwa Ideen oder Hypothesen evaluiert werden, wird untersucht, wie spezielle Entscheidungen innerhalb der Firma ankommen. Testgruppen bieten sich auch an, um Informationen von einer größeren Personenanzahl in kurzer Zeit zu sammeln.

Mit Testgruppen werden u. a. auch Mitarbeiter außerhalb der Managementebenen einer Firma erreicht, die normalerweise aus solchen Erhebungen herausfallen. Testgruppen fügen eine neue Dimension der Mobilisierung hinzu und helfen dabei, die „Temperatur" des Produktionsniveaus einer Firma zu messen. Man erhält auch einen Eindruck davon, wo und inwieweit die verschiedenen Schichten der Firma (nicht) aufeinander abgestimmt und ausgerichtet sind – alternativ benutzt man das Dreigestirn-Tool (Abschnitt 3.2.3).

Funktion und Aufgabe (Wie funktioniert es?)

- Eine Testgruppe ist eine kleine Anzahl (8 bis 12) von Menschen einer homogenen Gruppe (Gruppe der Zulieferer, Kunden, Verbraucher, Angestellte einer bestimmten Abteilung), die mit einem Vermittler zusammenkommen, um ein bestimmtes Thema zu betrachten. Oft gibt es mehrere Testgruppen innerhalb der Firma oder als Teil des gleichen Prozesses oder dieser Untersuchung, so dass man Ergebnisse vergleichen und das Ergebnis stützen kann. Die Synergie von Gruppendiskussionen kann mehr Input, Ideen, Anliegen und Erwartungen hervorbringen als Eins-zu-eins-Diskussionen.

- Die Konfrontation mit einer externen Benutzergruppe sorgt für ein ideales Testmarkt-Feedback, wenn die Zielgruppe korrekt ausgewählt ist.

Anleitung (Wie gehe ich vor?)

- Einleitende Hinweise zur Informationsbeschaffung finden Sie in Abschnitt 3.2. Welche Information wird benötigt, warum wird sie benötigt und wie wird sie verwendet?
- Stellen Sie 5 bis 6 Gruppen von 8 bis 12 Personen zusammen. Ihre Zielgruppen sollten gemischt werden und zum Teil homogen, teils abteilungsübergreifend zusammengesetzt sein, mit Sekretärinnen, Angestellten, gegebenenfalls Gewerkschaftsmitgliedern, Arbeitern und Vorgesetzten. Man kann während eines Projektzeitraums die Gruppen mehrere Male zusammenbringen. Jede Sitzung sollte zwischen 60 und 90 Minuten dauern und benötigt einen Vermittler und einen Protokollanten.
- Bereiten Sie den Ablauf vor, der Folgendes beinhalten sollte: Vorstellung des Themas, Zweck, Struktur, Vorstellung der Teilnehmer (benutzen Sie die Workshop-Richtlinien aus Abschnitt 7.14).
- Die Zielgruppen müssen mit großer Kompetenz moderiert werden, um das Optimum aus den Beteiligten herauszuholen. Die Schlüsselfaktoren dazu sind eine freundliche Begrüßung, angenehme Atmosphäre, eine klare und freundliche Erklärung, wie sie helfen können sowie eine Struktur, die die Gruppe durch eine Diskussion führt, wie zum Beispiel das Darstellen von Kundenerfahrungen. Das Gespräch sollte im Fluss bleiben und alle anregen, Beiträge zu liefern. Wichtig ist, den Personen klar zu machen, zwischen ihren Gefühlen, Eindrücken, Erwartungen und dem tatsächlichen Erleben zu unterscheiden.

Zusätzliche Fragen für eine Testgruppe:

- „Start, stopp, weiter" – Bereiten Sie drei unterschiedliche Flipcharts mit diesen drei Überschriften vor, stellen Sie die folgenden Fragen und notieren Sie die Antworten auf den entsprechenden Seiten:

  „Was finden Sie gut daran, wie es in YX (mit XY) läuft?" = WEITER

  „Womit sollten wir aufhören, um XY zu verbessern?" = STOPP

  „Was sollten wir starten/womit beginnen, um XY zu verbessern?" = START

  Benutzen Sie das Clustering- oder Metaplan®-Tool, um das Feedback auf Post-it®-Zetteln anzuordnen.
- Verteilen Sie Post-it®-Zettel und bitten Sie die Teilnehmer, ihre Kommentare zu folgender Frage auf das Flipchart zu kleben, wenn Sie den Raum verlassen:

„Wenn Sie sich mit dem Chef im Aufzug befänden und könnten ihm einen Punkt nennen, um XY zu verbessern, was wäre dies?“

Tipps und Anregungen

- Es ist angebracht, Teilnehmern von Testgruppen etwas für deren Teilnahme zu bezahlen oder sie mit einem Geschenk zu belohnen. Gute Beziehungen zu aktuellen und künftigen Stakeholdern/Kunden werden dadurch ebenfalls gefördert. Kleine Snacks und Getränke sorgen ebenfalls für eine bessere Atmosphäre während des Meetings.
- Abschriften und Videoaufnahmen von Testgruppenergebnissen liefern hervorragende Einsichten zu Einzelheiten der Sichtweisen von Verbrauchern/Kunden/Händlern über die Beziehungen und Interaktionen.
- Eine nützliche Art, sich der Testgruppen-Sichtweise zu bedienen, ist, eine „Kundenreise“ zu entwickeln (falls es sich um eine Kunden-Testgruppe handelt). Sie beschreibt komplett Schritt für Schritt aus der Kundensicht, was ein ideales Kundenerlebnis oder eine ideale Kundenbeziehung darstellen würde.
- Sorgen Sie dafür, dass die Testgruppe zu einem späteren Zeitpunkt eine Zusammenfassung des Feedbacks erhält.

3.2.6 Fragebogen

Zweck und Absicht (Warum und wann anwendbar?)

Wenn Sie schriftliche Informationen von einer großen Personengruppe in kurzer Zeit sammeln wollen, kann ein Fragebogen eine günstige und wenig aufwändige Methode darstellen, um quantitative und/oder qualitative Daten zu erheben. Die Grenzen liegen in der einseitigen Kommunikationsrichtung, die eine präzise Datenerhebung beinträchtigen und unvorhergesehene Ergebnisse verursachen kann. Andererseits benötigt ein Fragebogen nur relativ kurze Vorbereitungszeit, vor allem in Hinblick auf große Befragungsgruppen.

Funktion und Aufgabe (Wie funktioniert es?)

Mit einem Fragebogen werden schriftliche Antworten auf spezifisch formulierte Fragen erhoben, die sich sachlich auf das abgefragte Thema beziehen, wie z. B. Angestellten-Performance, Abschlussberichte, Kundenmeinungen oder Forschungsprojekte. Falls mit eindeutigen Fragen gearbeitet wird, ist eine einfache statistische Analyse möglich.

Anleitung (Wie gehe ich vor?)

- Bestimmen Sie den Zweck und die zu Befragenden, welche Informationen nötig sind, warum und wie sie verwendet und kommuniziert werden sollen, siehe Abschnitt 3.2.

- Entwerfen Sie den Fragebogen. Es erfordert erhebliches Fachwissen und Erfahrung, um sinnvolle Fragen zu formulieren, die eindeutig beantwortet werden können. Diese müssen verständlich und dürfen nicht zu aufdringlich sein. Die Fragen sollten als lohnenswert und nicht als unbedeutend empfunden werden. Wählen Sie Fragen mit geschlossenen Antworten („Ich fühle mich am Arbeitsplatz respektiert.“ → Ja/Nein) im Wechsel mit offenen Fragestellungen („Wie fühlen Sie sich am Arbeitsplatz?“). Offene Fragestellungen liefern eine größere Bandbreite an Antworten als geschlossene, sind aber statistisch viel schwieriger zu analysieren und auszuwerten.
- Organisieren Sie eine effektive Verteilung und einen effektiven Rücklauf des Fragebogens (Kommunikationswege, E-Mail/Ausdruck, Feedback, Abgabetermin, Anschriften für Rückfragen usw.)

Beachten Sie beim Entwurf des Fragebogens folgende Richtlinien:

- Fragen Sie nur einen Aspekt pro Frage ab.
- Verwenden Sie eine verständliche Sprache – keine Fachausdrücke. Je kürzer, desto besser.
- Stellen Sie Fragen, die für die Befragten relevant und anwendbar sind, notieren Sie Ausnahmen.
- Formulieren Sie die Fragen nicht so, dass bestimmte Antworten vorweggenommen werden. Fragen wie „Denken Sie nicht, dass ...“ lassen keinen Raum für unvoreingenommene Antworten.
- Gehen Sie von oben nach unten – stellen Sie die allgemeinste, einfachste und am wenigsten kontroverse Frage zuerst.
- Strukturieren Sie den Fragebogen und gruppieren Sie verwandte Fragen.
- Gestalten Sie den Fragebogen so spannend und benutzerfreundlich wie möglich – ergänzen Sie ihn notfalls mit Zeichnungen und Erklärungen.
- Gestalten Sie ein Deckblatt, das den Zweck, den Verteiler, den Abgabetermin, einen Überblick über die zu erwartenden Kategorien und auch Ansprechpartner bei Problemen darstellt.
- Testen Sie Ihren Fragebogen in einer kleinen Gruppe, bevor Sie ihn insgesamt verteilen. Arbeiten Sie mit einer Testgruppe (Abschnitt 3.2.5), um Ihren Fragebogen zu entwerfen und zu testen.

Tipps und Anregungen

- Punktebewertungen sind ein schwieriges Thema bei Fragebögen und Umfragen. Arbeiten Sie vielleicht lieber mit Leistungsbeschreibungen wie „herausragend, gut, durchschnittlich, schlecht“ zur Bewertung. Die Anzahl der positiven und negativen Leistungsbeschreibungen sollte sich entsprechen.

- Eine weit verbreitete Skala in der Umfrageforschung ist die Likert-Skala. Eine typische Bewertungsskala geht von 1 bis 5 oder von 1 bis 7. Wenn eine Likert-Skala bei Fragebogen oder Umfragen verwendet wird, dann drücken die Befragten ihren Grad der Zustimmung durch Ankreuzen einer der folgenden Aussagen aus: 1 = stimme ganz und gar nicht zu, 2 = stimme nicht zu, 3 = neutral, 4 = stimme zu, 5 = stimme ganz entschieden zu. Ungerade Skalen mit 3, 5 oder 7 möglichen Aussagen haben dann eine neutrale oder unentschiedene Position. Durch die bewusste Wahl einer geraden Skala ohne eine neutrale Position wird der Befragte dazu gezwungen, sich für eine Seite zu entscheiden. Überlegen Sie sich vorher, ob Sie eine neutrale Position zulassen wollen, da diese erlaubt, sich nicht entscheiden zu müssen.
- Wenn Sie regelmäßig Fragebögen und Gutachten erstellen müssen, sollten Sie sich auf jeden Fall ausführlich in der Literatur informieren, einen Kurs belegen oder mit einem Fachmann auf diesem Gebiet zusammenarbeiten. Es gibt viele Stolperfallen, z. B. uneindeutige Ergebnisse bei schlecht formulierten Fragebögen, unkorrekte oder einseitige Datenauswertung.
- Bei einer Rücklaufquote von rund 30 % kann man bereits davon ausgehen, dass der Fragebogen gut für die Zielgruppe gestaltet ist.

3.2.7 Umfrage/Feldstudie

Zweck und Absicht (Warum und wann anwendbar?)

Mit einer Umfrage werden Daten von einer variablen Anzahl von Themen oder Gruppen für eine Vergleichsstudie gesammelt. Umfragen lassen sich innerhalb oder außerhalb eines Unternehmens einsetzen, um mehr über die Erwartungen von Personen herauszufinden, beispielsweise bezüglich eines bestimmten Geschäftsbereiches, zu Servicequalität, Marken, Preis-Leistungs-Verhältnis usw. Umfragen sind ein kostengünstiger Weg, ein Produkt zu testen, und man kann sie mit einer großen Zahl von Personen durchführen.

Funktion und Aufgabe (Wie funktioniert es?)

Eine Umfrage arbeitet mit mehreren Techniken – Interview, Fragebogen, Produktmustern, Direct Mailing usw. – um die Erwartungen und Erfahrungen zu testen, die die Zielperson in Bezug auf das behandelte Thema/Produkt hat. Spezielle Umfragetechniken sind z. B. Aussendungen von Fragebogen, fingierte Anfragen (geschulte Personen stellen Anfragen an das Unternehmen und geben dabei vor, Kunden oder Lieferanten zu sein, und beurteilen das Ergebnis nach festgesetzten Kriterien), oder „Ausgangs"-Befragungen direkt am Ausgang eines Ladens/Geschäfts, also unmittelbar nachdem ein Kunde einen Kauf oder eine Transaktion getätigt hat.

Anleitung (Wie gehe ich vor?)

Die Schlüsselprinzipien bei der Planung einer Umfrage sind:

- Hintergrundinformationen zur Informationsbeschaffung, siehe Abschnitt 3.2.
- Bestimmen, was und wie häufig etwas zu messen ist. Überlegen Sie, ob Sie in wiederkehrende und häufige Umfragen investieren wollen, um die Ergebnisse untereinander vergleichen zu können, Trends zu erkennen und Entwicklungen voranzutreiben.
- Bestimmen Sie die Gruppe, die untersucht werden soll.
- Bestimmen Sie die Umfragetechnik.
- Entwerfen Sie Fragebögen (siehe Abbildung 48 und Abschnitt 3.2.6) und verwenden Sie hauptsächlich Multiple-Choice-Fragen, um Bewertungen über Service-Zufriedenheit und andere Faktoren aus Kundensicht zu erhalten.
- Übertragen Sie die Ergebnisse in eine Tabelle (z. B. Pareto-Tabelle, Abschnitt 3.4.2), ein Histogramm oder in andere statistische Tools, die Klarheit verschaffen.

These	Stark				Stark	Antithese
Mittelmäßigkeit	①	②	③	④	⑤	⑥	Vorzüglichkeit
Apathie	①	②	③	④	⑤	⑥	Enthusiasmus
Egoismus	①	②	③	④	⑤	⑥	Teamarbeit
Misstrauen	①	②	③	④	⑤	⑥	Vertrauen
Schufterei	①	②	③	④	⑤	⑥	Spaß
Inkompetenz	①	②	③	④	⑤	⑥	Kompetenz
Ineffizienz	①	②	③	④	⑤	⑥	Ergebnisse

Abbildung 48 Beispiel für einen Umfragebogen – „Bitte ankreuzen!"

Tipps und Anregungen

Eine spezielle Art der Umfrage ist die periodische Untersuchung „Dip Stick" (= Ölmessstab) siehe Abbildung 49). Man taucht in die bestehende Stimmung ein (Dip) und zieht einen momentanen Schnappschuss heraus (Stick), um einen aktuellen Zustand wie z. B. die Kundenzufriedenheit herauszufinden. Die periodische Untersuchung kann ähnlich wie bei der Klima-Befragung (Abschnitt 3.2.12) für die Stimmungsüberwachung benutzt werden, aber auch für Feldstudien über Klienten/Kunden.

Abbildung 48 zeigt ein Beispiel eines Fragebogens für eine periodische Untersuchung zu „Werten in einem Projektteam". Die Befragten können die Parameter ganz einfach durch Ankreuzen bewerten.

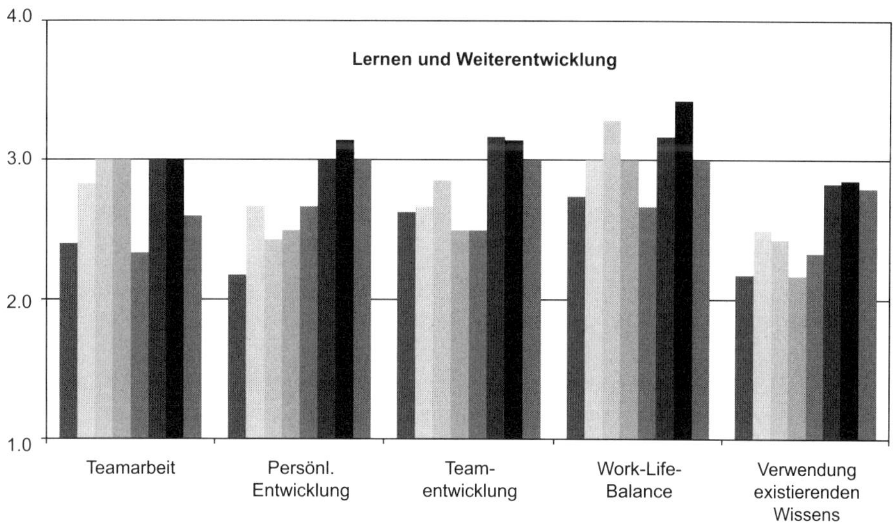

Abbildung 49 Beispiel für Dip-Stick-Untersuchung zu Lernen/Weiterbildung

Abbildung 49 zeigt Werte für eine periodische Untersuchung zur Entwicklung eines Projektteams. Die acht Werte für jeden der untersuchten Faktoren (sogenannte Soft Skills) zeigen an, wie sich das Team in einer bestimmten Zeit entwickelt hat.

3.2.8 Direkte Beobachtung (DILO)

„Ich wüsste zu gern, womit die Angestellten den ganzen Tag verbringen."

Zweck und Absicht (Warum und wann anwendbar?)

Die direkte Beobachtung (DILO: Day In the Life Of) ist ein ideales Tool, um zu Beginn eines Projekts ein Verständnis vom Geschäftsfeld und den Aktivitäten eines Unternehmens zu gewinnen.

Funktion und Aufgabe (Wie funktioniert es?)

- DILO ist eine ganztägige Beobachtung, die einen Blick in Echtzeit über einen bestimmten Zeitraum im Leben einer Geschäftsführung, einer Abteilung oder eines einzelnen Angestellten ergibt. Sie analysiert zwei Dimensionen: die Beschäftigung mit den Aufgaben (Arbeit) und mit den Menschen.
- Dadurch lässt sich verstehen und quantifizieren, wie Personen ihre Zeit verbringen (produktive Zeit, unproduktive Zeit). Man kann Möglichkeiten zur Verbesserung in bestimmten Zielbereichen erkennen und reale Fakten erhalten, wenn die benötigten Daten nicht anders zu bekommen sind oder wenn die Gültigkeit der Daten überprüft werden soll.

- DILOs zeigen das echte Leben eines Unternehmens auf jeder untersuchten Ebene und helfen so, Vorgänge zu verstehen.
- Beobachtungen tragen dazu bei, zu verstehen, wie Resultate zustande kommen und validieren Ihre sonstigen Untersuchungsergebnisse und Hypothesen.

Anleitung (Wie gehe ich vor?)

- Bestimmen Sie die zu „besichtigenden" Vorgänge. Das vorherige Einverständnis des Managements ist unbedingt nötig.
- Kontaktieren Sie die Zielperson des DILO. Es werden Datum und Zeit eines Treffens festgelegt und die Person wird gebrieft.
- Bereiten Sie Ihre Beobachtung vor (siehe Hinweise zur Informationsbeschaffung zu Beginn des Kapitels 3.2).
- Verändern Sie die Arbeitsbedingungen des Beobachteten so wenig wie möglich.
- Fertigen Sie detaillierte Notizen von Themen und zeitlichen Komponenten des Arbeitstages/Arbeitsbereiches an, verwenden Sie in Beschreibungen Beispiele und verwenden Sie ganze Sätze.
- Fassen Sie die Informationen zusammen, solange sie noch frisch sind.
- Erzählen Sie, wie der Tag abläuft (schreiben Sie eine gut lesbare Schilderung).
- Dokumentieren Sie Zeiten und ordnen Sie Aufgaben vordefinierten Kategorien zu, z. B. Verwaltung, Anrufe, Meetings, Supervision, Pausen, Reisen usw. Benutzen Sie dieselben Standardvorlagen für alle DILOs.
- Addieren Sie die Zeiten auf jeder Berichtsseite und addieren Sie diese am Ende der Aufzeichnung.
- Berechnen Sie den prozentualen Anteil jeder Kategorie am Ende der Aufzeichnung.
- Überprüfen Sie Ihre Aufzeichnungen zusammen mit einem Kollegen, verbessern Sie sie nach seinen Anweisungen, entwickeln Sie einen Bericht.

Tipps und Anregungen

- Identifizieren Sie rechtzeitig den verantwortlichen Manager.
- Achten Sie auf Stärken genauso wie auf Schwächen.
- Soll eine Schichtarbeit beobachtet werden, sollten Sie ein DILO bei jeder Schicht absolvieren, um valide Ergebnisse zu erzielen.
- Bedenken Sie: Der Beobachtete präsentiert sich sicher von seiner besten Seite.

- Wird der DILO nicht gemeinsam mit Managern oder Vorgesetzten durchgeführt, besprechen Sie Ihre Ergebnisse mit dem Manager oder Vorgesetzten, um sicherzugehen, ob Ihre Beobachtungen typisch für die Person sind.
- Beabsichtigt man eine Situation zu verbessern, ist es zuweilen nützlich, Aufgaben zu erkennen und zu unterscheiden, die standardisiert, delegiert, rationalisiert werden können.

3.2.9 Expertenbefragung

„Wir haben Probleme, den Experten-Jargon zu verstehen, die Fachleute sprechen einfach in einer anderen Sprache, aber wir benötigen ihren Rat."

Zweck und Absicht (Warum und wann anwendbar?)

Die Expertenbefragung (z. B. Delphi-Studie) wird eingesetzt, um Ideen zu gewinnen, wenn die zukünftige Situation oder Trends unsicher sind, wenn Informationen oder Urteile von Fachleuten oder der Rat eines Außenstehenden nötig sind, um ein kontroverses Thema anzugehen.

Funktion und Aufgabe (Wie funktioniert es?)

Die Expertenbefragung funktioniert nur, wenn die Experten eindeutig den Zweck verstehen, warum sie zu einer bestimmten Gruppe sprechen sollen, wenn sie das vorhandene Wissensniveau der Gruppe einschätzen können und wenn sie die Parameter und Grenzen der Beratung kennen.

Die Ausdrücke „Delphi-Studie" und „Expertenbefragung" werden in der Literatur häufig synonym verwendet. Manchmal bedeutet es, dass ein Sachexperte über Zukunftsszenarios spricht, manchmal geht es um einen Input, ohne sich mit der anderen Person zu treffen.

Anleitung (Wie gehe ich vor?)

Bestimmen Sie die „blinden Flecken" (Blind Spots) und „schwarzen Löcher", also die Lücken Ihres Wissens zum Thema. Suchen Sie dann den besten Experten für dieses Gebiet. Fragen Sie sich aber auch, „ob ein Fachmann, der zu uns spricht, die beste Möglichkeit ist, die Informationen zu erhalten, die wir brauchen".

Informell angewendet geht es bei dem Tool darum, eine Gruppe relevanter Experten zusammenzuführen, um die Thematik zu diskutieren und Vorschläge zu testen, so dass Einzel- und Gruppenmeinungen eingeholt werden.

Die formelle Variante arbeitet mit Fragebögen, die zu den Experten geschickt und dann analysiert werden. Dann werden weitere Fragebögen verteilt, um die detaillierten Antworten dieser Personen zu geäußerten Meinungen aus der Gruppe einzuschätzen, bis man eine Schlussfolgerung ziehen kann. Diese Technik erfordert keine persönliche Eins-zu-eins-Interaktion.

3.2.10 Schreibtisch-Forschung

„Ich möchte Einzelheiten verstehen und in der Lage sein, mit Experten über das Thema zu sprechen, aber ich benötige zunächst möglichst schnell Informationen."

Zweck und Absicht (Warum und wann anwendbar?)

Schreibtisch-Forschung ist die ideale Lösung, um Informationen speziell für die benötigten Bedürfnisse mit nur begrenzt zur Verfügung stehenden Mitteln (z. B. Zeit, Finanzbudget, Dringlichkeit, Wissensniveau) zu erhalten. Schreibtisch-Forschung erlaubt die Freiheit und die Entscheidungsmöglichkeit, die Recherche zu beginnen, zu verändern und zu stoppen, wann immer man möchte. Schreibtisch-Forschung ist ideal, wenn man schnell Informationen zu Themen benötigt, die bereits erforscht wurden, und wenn die Informationen gespeichert und zugänglich sind.

Funktion und Aufgabe (Wie funktioniert es?)

Schreibtisch-Forschung ist der persönliche und unstrukturierte Ansatz, Informationen hauptsächlich über Informations- und Wissensquellen zu erhalten (Datenbanken, Bibliotheken, Bücher, Archive, Internet, Foren, elektronische Datenbanken).

Anleitung (Wie gehe ich vor?)

- Schauen Sie nochmals auf die Hinweise zur Informationsbeschaffung (am Anfang von Kapitel 3.2) hinsichtlich Ablauf und Untersuchungsgebiet. Stellen Sie sicher, dass Sie das „Forschungsgebiet" und dessen Grenzen verstanden haben.
- Legen Sie relevante Suchbegriffe fest, da diese die Qualität und den Umfang der Suchergebnisse bestimmen.
- Suchen Sie die relevanten Datenquellen ab, prüfen Sie die Relevanz der Ergebnisse und extrahieren Sie die benötigten Daten. Bei der Benutzung von Suchmaschinen sollten Sie Boolesche Operatoren wie Anführungszeichen und +-Zeichen zur Eingrenzung und Verknüpfung der Suchbegriffe verwenden. Informieren Sie sich dazu auch in den „FAQs" und nutzen Sie die Option zur erweiterten Suche, um die Effektivität zu erhöhen und irrelevante Ergebnisse weitgehend auszuschließen.

Tipps und Anregungen

- Um die Benutzung Ihres Internet-Browsers bei der Suchmaschinen-Verwendung zu verbessern, öffnen Sie jeden Ergebnis-Link in einem neuen Fenster (oder Tabulatorfenster), anstelle den Link im selben Fenster zu öffnen. So kann man nicht zutreffende Links ausschließen, ohne ständig den Vor-Zurück-Button benutzen zu müssen und den Überblick zu verlieren. Speichern Sie die Links und Ergebnisse gemeinsam auf Ihrer Festplatte und behalten Sie den Link als Quelle oder Referenz. Notieren Sie die URL und das Datum als spätere Quelle (wie es auch für Literaturverzeichnisse nötig ist).

- Um Zeit zu sparen und einen Überblick über die Resultate zu behalten, legen Sie eine Struktur für die Ergebnisse an, die der logischen Struktur der Thematik entspricht.

3.2.11 5 W (5 Warum)

„Ich denke, dass wir die Ursachen des Problems noch nicht erkannt haben. Ich würde gern ein schnelles Tool kennen, um die Ursachen eines relativ einfachen Problems herauszufinden."

Zweck und Absicht (Warum und wann anwendbar?)

5 W ist eine effektive Technik, um einer Gruppe auf systematische Art die „echten" Gründe eines auftretenden/aufgetretenen Problems zu zeigen. 5 W kann auch ein wichtiges Tool bei einer Informationsbeschaffung sein, die ein tieferes Verständnis erfordert.

Funktion und Aufgabe (Wie funktioniert es?)

5 W ist eine Technik, um in minimaler Zeit zur Ursache eines Problems vorzustoßen.

Anleitung (Wie gehe ich vor?)

- Fragen Sie zu dem spezifischen Problem einfach „Warum?" (oder besser „Was kann der Grund dafür sein, dass dies passiert ...?").
- Fahren Sie damit fort, die Frage „Warum?" fünf Mal zu stellen, bis eine zufriedenstellende Antwort gefunden wird – dies kann entweder etwas Triviales/Banales sein, oder man hat den Kern des Problems erfasst.
- Jede Antwort wird somit (durch das „Warum") weiter hinterfragt.

Tipps, Vorschläge und Alternativen

Die Fischgräten-Ursachenanalyse (Abschnitt 3.1.9) ergänzt dieses Tool hervorragend.

Seien Sie sich bewusst, dass die Frage „Warum" bei Befragten oft eine ablehnende Reaktion oder Einstellung hervorruft. Zeigen Sie dafür Verständnis, versuchen Sie, Unterstützung zu geben und vermeiden Sie, dies zu verurteilen.

3.2.12 Klima-Beurteilung

„Ich wüsste gern, was wirklich in den Angestellten vor sich geht."

Zweck und Absicht (Warum und wann anwendbar?)

Die Klima-Beurteilung ermöglicht Ihnen, die Stimmungen und Gefühle der Personen auf einem unauffälligen und effizienten Weg zu erfassen. So können Sie rechtzeitig darauf reagieren und korrigierend eingreifen. Das Tool ist nicht dafür gedacht, die Leistung einzelner Personen zu messen, dafür sind Tools wie 360°-Feedback oder Performance-Evaluation besser geeignet.

Funktion und Aufgabe (Wie funktioniert es?)

Die Klima-Beurteilung erforscht die relevanten Merkmale eines zufriedenstellenden Arbeitsplatzes und versucht herauszufinden: Wer ist engagiert, beschäftigt sich womit, wie lange und warum? Es geht um Mitarbeiterengagement oder -zufriedenheit, die weitere Aspekte beinhalten wie z. B. Motivation, Arbeitsbereitschaft, Einsatz des Einzelnen für und in einer Organisation, seine Identifikation, Kompatibilität, Eigenschaften als Teamplayer usw. In einem Familienumfeld wären die äquivalenten Aspekte Fürsorge, Vertrauen, Bestätigung, Anerkennung, Sicherheit und Loyalität.

Die Annahme ist, je größer das Mitarbeiterengagement ist, desto größer ist auch die Bereitschaft, sich in einem außergewöhnlichen Maße zum Vorteil des Unternehmens einzusetzen. Des Weiteren wird angenommen, dass eine positive Korrelation zwischen hohem Mitarbeiterengagement und höherer Produktivität, geringeren Ausfallzeiten/Krankheitstagen und Mitarbeiterbindung besteht (Quelle: Ramsey).

Anleitung (Wie gehe ich vor?)

- Wie bei jeder Informationsbeschaffung müssen Sie auch hier den Schwerpunkt Ihrer Klima-Befragung klar festlegen. Was wollen Sie prüfen und beweisen? Zögern Sie nicht, einen Experten für die Fragebogenerstellung sowie dessen anschließende Auswertung und Interpretation hinzuzuziehen.
- Die nachfolgende Liste bietet Ihnen eine Aufstellung an relevanten Kategorien mit entsprechenden Merkmalen und Kriterien sowie eine Vielzahl an exemplarischen Fragen und Aussagen für jede Kategorie.
- Wählen Sie für jeden Bereich, den Sie überprüfen wollen, die entsprechende Kategorie mit den entsprechenden Fragen. Kreieren Sie daraus dann – unter Zuhilfenahme des Fragebogen-Tools (Abschnitt 3.2.6) – Ihren individuellen Klima-Beurteilungsfragebogen. Verwenden Sie entweder eine Likert-Skala (von 1 bis 5) oder Ja/Nein als Antwortmöglichkeiten für Ihre Fragen.
- Passen Sie die angeführten Aussagen/Fragestellung Ihren Bedürfnissen an und formulieren Sie diese entsprechend um.

Auswahl an Merkmalen und Kriterien für einzelne Kategorien:

Engagement (z. B. Zugehörigkeit, Gefühl der Bestimmung/Aufgabe, Verpflichtung, Eigenverantwortung, Anerkennung, der Wunsch, einen Beitrag zu leisten, Selbstvertrauen usw.):

Ich fühle mich der Firma X zugehörig. | Ich identifiziere mich mit der Strategie und Mission meiner Firma. | Ich bin stolz, für die Firma X zu arbeiten. | Ich fühle mich in meiner Abteilung wohl, geschätzt und Teil der Abteilung. | Ich lerne und entwickle mich in meinem Job weiter. | Ich mag meine Arbeit. | Meine Arbeit gibt mir das befriedigende Gefühl, etwas zu vollbringen. | Ich habe das Gefühl, dass meine Tätigkeit einen Sinn hat. | Meine Arbeit und Position geben mir die Möglichkeit, das zu tun wofür ich eingestellt wurde. | Mein Vorgesetzter hat mich kürzlich für gute Leistung gelobt oder etwas anerkannt. | Meine Arbeit und Leistungen werden anerkannt und wertgeschätzt. | Ich werde dazu ermutigt, Verbesserungsvorschläge zu machen. | Ich habe ein Mitspracherecht bei Dingen, die mich betreffen.

Identifikation (z. B. Wachstum, Ziele, Funktion, Karriere-Strategie, Vision, Mission, Arbeitsplatzbeschreibung usw.):

Ich sehe, wie meine Tätigkeit einen Beitrag zu den Unternehmenszielen leistet. | Die Mitarbeiter unterstützen die Vision der Firma. | Die Unternehmensleitung und mein Vorgesetzter haben mir mitgeteilt, was von mir und meiner Tätigkeit erwartet wird. | Meine Arbeitsbelastung ist realistisch und angemessen. | Ich sehe die Zukunft meines Arbeitgebers als positiv. | Ich sehe eine Zukunft für mich bei dieser Firma. | Ich werde am Arbeitsplatz fair behandelt. | Die Kommunikation am Arbeitsplatz ist offen und ethisch korrekt. | Es gibt keine unangemessenen Bemerkungen über Mitarbeiter, die anders sind. | Ich kann meine Meinung frei und offen äußern. | Ich bin mit den ethischen, moralischen Grundsätzen und Regeln des Unternehmens zufrieden. | Ich habe das Gefühl, dass die Firma diese Regeln angemessen umsetzt und anwendet. | Meine Verbesserungsvorschläge werden angenommen (und umgesetzt). | Ich habe einen Plan für meinen beruflichen Werdegang und meine Weiterentwicklung. | Mir wird als Angestellter die Möglichkeit gegeben, auftretende Probleme zu lösen. | Ich hatte kürzlich ein Mitarbeitergespräch, in dem meine Leistung und Weiterentwicklung besprochen wurde. | Das Unternehmen hat gute Prozesse für z. B. Rekrutierung, Mitarbeiterbewertung, Fortbildung usw.

Grundbedürfnisse (z. B. Mittel, Ressourcen, Ausrüstung, Ausstattung, Unterstützung usw. – hauptsächlich extrinsische Aspekte):

Das Unternehmen bietet eine freundliche und entgegenkommende Arbeitsumgebung. | Das Unternehmen stellt alle notwendigen Ressourcen und Ausstattungen, die ich zur effektiven Arbeit brauche, zur Verfügung. | Das Unternehmen hat mich in den letzten 6/12 Monaten weitergebildet. | Ich habe alle notwendigen Werkzeuge, um eine hochwertige Leistung/Qualität zu liefern.

Innerer Antrieb (z. B. Leistung, Motivation, Enthusiasmus, Aufgabenerfüllung usw.):

Die Firma inspiriert mich, mein Bestes zu geben. | Mitarbeiter sind bereit, mehr zu geben, als man erwarten könnte, um erfolgreicher zu werden. | Ich bin bereit, mir mehr Mühe zu geben, um mehr Leistung zu erreichen. | Ich gebe mehr als notwendig ist. | Ich bin motiviert, mein Bestes bei der Arbeit zu geben. | Meine Tätigkeit und die Arbeitsplatzbelastung haben keine negativen Auswirkungen auf mich oder mein Familienleben. | Wenn ich Fehler bei der Arbeit mache, übernehme ich auch die Verantwortung dafür.

Eignung (z. B. Loyalität, Verpflichtungen, Arbeitsplatzbeschreibung, Mitarbeiterbindung, Vereinbarkeit usw.):

Ich würde das Unternehmen als großartigen Arbeitgeber empfehlen. | Ich würde ein Arbeitsangebot für eine gleichwertige Position mit gleichem Gehalt woanders ablehnen und lieber hier bleiben. | Ich habe mich im letzten Jahr mit dem Gedanken befasst, meinen Job zu kündigen. | Ich kann mir gut vorstellen, hier noch in 1/3/5/10/20 Jahren zu arbeiten. | Das Unternehmen hat im Allgemeinen einen guten Ruf. | Um zum Unternehmenserfolg beizutragen, bin ich bereit, freiwillig Dinge zu tun, die nicht in meiner Arbeitsplatzbeschreibung stehen. | Ich bin stolz, anderen zu erzählen, wo ich arbeite. | In meiner Tätigkeit werden (alle) meine Fähigkeiten vollständig genutzt. | Es besteht eine gute Übereinstimmung zwischen meinen Fähigkeiten und den Anforderungen meiner Tätigkeit.

Zusammenhalt (z. B. Unterstützung, Interaktion, Kooperation, Beteiligung, Einfühlungsvermögen usw.):

Ich versuche, anderen Mitarbeitern zu helfen, wann immer ich kann. | Mitarbeiter aus verschiedenen Abteilungen arbeiten kooperativ zusammen, um gemeinsame Ziele zu erreichen. | Mitarbeiter unterstützen sich bei persönlichen und/oder Familienangelegenheiten. | Ich stehe hinter der guten Arbeit meiner Kollegen. | Mein Vorgesetzter kümmert sich um mich als Mensch und Angestellter. | Ich habe im Unternehmen jemand, mit dem ich auch über heikle oder vertrauliche Dinge reden kann. | Meine Mitarbeiter behandeln mich mit Respekt. | Ich bekomme das notwendige Training und die Fortbildung, um hochwertige Arbeit leisten zu können. | Ich habe das Gefühl, in meiner Abteilung wertgeschätzt und einbezogen zu werden. | Wir leben Teamgeist und Zusammenarbeit. | Das Führungsmanagement ist (jederzeit) zugänglich für mich. | Mein Vorgesetzter informiert mich regelmäßig über Arbeitsplatzangelegenheiten. | Meine Mitarbeiter und deren Arbeit sind mir wichtig.

- Geben Sie den Personen einen Beurteilungs-Fragebogen. Legen Sie eine Abgabefrist fest und analysieren Sie die Antworten.
- Besprechen Sie die Ergebnisse mit den Beteiligten und vereinbaren Sie Dinge, die Sie umsetzen wollen. Befassen Sie sich nicht nur mit den „Problemkindern“ und schlechten Bewertungen!

Tipps und Anregungen

- Sorgen Sie für Anonymität, finden Sie keine Namen heraus. Bieten Sie an, dass jemand seinen Namen angeben kann, wenn er möchte. Holen Sie sich externe Beratung durch einen Psychometrik-Experten, falls Sie sich bei der Auswertung der Daten nicht sicher sind.
- Die drei Schlüsselkriterien für Fragebogen und Umfragen sind: Gültigkeit, Zuverlässigkeit und Anwendbarkeit. Sind die Fragen und Ergebnisse gültig für Ihre Hypothese? Sind die Ergebnisse statistisch zuverlässig? Gibt es einen kausalen Zusammenhang zwischen Ihrer Hypothese und den Befragungsergebnissen, sind die Ergebnisse anwendbar?
- Weniger ist oft mehr. Konzentrieren Sie sich lieber auf wenige gute Fragen und stellen Sie sicher, dass die Befragten sich nicht fragen, ob (und was) mit den Antworten gemacht wird.
- Hier noch ein paar Beispiele, falls Sie offene Frage stellen wollen:
  - Was/wovon würden Sie sich mehr (weniger) in der Organisation wünschen?
  - Was sollte sich Ihrer Meinung nach ändern?
  - Wenn Sie 15 Sekunden mit dem Geschäftsführer im Lift hätten, was würden Sie ihm sagen wollen?
- Es gibt viele verschiedene Möglichkeiten, die erhaltenen Antworten zu analysieren und zu bearbeiten. Eine Möglichkeit der Darstellung ist die Gruppierung in die folgenden drei Kategorien von Mitarbeitern:
  - engagierte Angestellte – sie arbeiten mit Leidenschaft, verspüren eine große Bindung zu dem Unternehmen. Sie sind pflichtbewusst und werben für die Firma und ihre Arbeit.
  - nicht engagierte Angestellte – sie haben innerlich gekündigt und sind geistig nicht voll bei der Arbeit. Sie verbringen zwar Ihre Zeit bei der Firma, bringen jedoch kein Engagement bzw. keine Energie mit.
  - „aktiv entkuppelte" Angestellte – sie sind mehr als nur unglücklich bei der Arbeit. Sie zeigen Ihren Unmut und Unzufriedenheit ganz aktiv und bewusst; sie untergraben die Moral und machen die Leistungen Ihrer Mitarbeiter zunichte. (Quelle: Thackray)

Querverweis zu verwandten Tools in diesem Buch

Fragebogen (Abschnitt 3.2.6)

Bibliografie: BSI Consulting, www.employeeengagement.ning.com, Ramsay, Thackray.

3.3 Kreativität

Im Laufe unseres Lebens ahmen wir viele Verhaltensweisen nach und übernehmen immer wieder Ideen aus unserer Umgebung. So entwickeln wir Einschätzungen von Tatsachen, Denkprozesse, formulieren Annahmen, die für uns gelten, bis wir herausgefordert werden. Es ist schwierig, Dinge zu „entlernen" und aus unseren vorgeprägten Denkstrukturen auszubrechen, die zu Vorurteilen, Hartnäckigkeit und Annahmen verleiten. Die Kreativitätstools in diesem Kapitel können dabei helfen, außerhalb des „eigenen Käfigs" zu denken. Kreatives Denken – Intuition, Verständnis, Inspiration – kommt von den Aktivitäten der rechten Gehirnhälfte, was in den konventionellen Erziehungssystemen nicht immer gefördert wird. Jedoch besitzt jeder von uns Fantasie, die Grundlage für kreatives Denken.

Intuitive Kreativitätstechniken sind gekennzeichnet durch:

- kreative Anregung mittels spontaner Geistesreaktionen – z. B. Brainstorming (Abschnitt 3.3.1), 6-3-5-Tool (Abschnitt 3.3.3)
- Artverfremdung des Problems mit neuen Betrachtungsweisen – z. B. Problemumkehrung (Abschnitt 3.1.3)
- Problemvergleiche mit Hilfe von Analogien – z. B. Bionik (Abschnitt 3.3.5), Morphologie (Abschnitt 3.3.7)
- Einsatz des Unterbewusstseins – z. B. Reizwort-Technik (Abschnitt 3.3.10), Mentale Provokation (Abschnitt 3.3.11)
- Strukturübertragung – z. B. Merlin-Technik (Abschnitt 3.3.8), Logische und funktionale Systemmodellierung (Abschnitt 5.2.8)

Beachten Sie, dass die Tools dieses Kapitels – wie das Symbol anzeigt – in beiden Phasen, Diagnose und Analyse, verwendet werden können/sollen, um

Tabelle 13 Kreativität-Tools

Zweck der Kategorie	Name des Tools oder der Technik	Seite	Benutzerfreundlichkeit	Aufwand/Nützlichkeit
Informationskonsolidierung	Brainstorming	133	☺☺	☺☺
	Kärtchentechnik	136	☺☺☺	☺☺
	6-3-5-Tool	137	☺☺☺	☺☺☺
	Nyaka (Defektanalyse)	138	☺☺	☺☺
	Bionik	140	☺☺	☺
	Attribute-Liste	141	☺☺	☺
	Morphologie	142	☺☺	☺
	Merlin-Technik	143	☺☺	☺☺☺
	Lotusblüten-Tool	146	☺☺☺	☺☺☺
	Reizwort-Technik	148	☺☺	☺☺☺
	Mentale Provokation	149	☺☺	☺☺☺
	Übersicht zu alternativen Kreativitätstools	151	–	–

divergentes Denken anzuregen, neue Ideen zu entdecken und sich der Informationen strukturiert zu bedienen.

Die Anwendung von Kreativitätstools ist besonders in der klassischen Produktentwicklung, im Design- und im Marketing-Bereich verbreitet. Man sollte sie jedoch auch in anderen Bereichen benutzen, z. B. bei der Herstellung von Synergien zwischen Abteilungen und Personen, um Systeme zu entwickeln – Logik und Kreativität passen gut zusammen – in der Personalentwicklung, in lateraler Karriereentwicklung, Steuerung der Geschäftsentwicklung (Visionen, Strategien, Diversifikationen) oder für Verbesserungen der Geschäftsvorgänge.

Grundregeln für kreatives Arbeiten:

- Alle Ideen und Informationen akzeptieren.
- Keine Kritik oder Analyse der Ideen oder Informationen.
- Bauen Sie auf den Ideen anderer auf.
- Alle Ideen und Informationen werden aufgelistet.
- Notieren Sie Ihre Idee.
- Kritisieren Sie später.
- Motivieren Sie sich selbst.
- Immer „warum" oder besser „was könnten die Gründe sein" fragen.
- Ein aufgeräumter, stressfreier Arbeitsplatz ist hilfreich.
- Distanz zu den Problemen schaffen.
- Vorsicht bei schnellen Lösungen.
- Rechtzeitig Pausen und Erholung einplanen.
- Selbstbesinnung fördern.
- Positives Umweltklima für Kreativität.

Bibliografie: Osborn, Linneweh

3.3.1 Brainstorming

„Ich muss in kurzer Zeit Ideen finden und es ist eine große Gruppe von Menschen beteiligt. In dieser Prozessphase ist Quantität wichtiger als Qualität!"

Zweck und Absicht (Warum und wann anwendbar?)

Brainstorming ist ein gebräuchliches Tool, um kreativ und effizient Ideen zu jedem beliebigen Thema zu erhalten, indem man weder Kritik noch Wertung zulässt. Es steht vor dem Prozess der Planung, Entscheidungsfindung oder Problemlösung. Ursprünglich von Alex Osborn in den 1930er-Jahren als Technik entwickelt, die das kreative Denken anregt, hilft es uns heute, unbewusste Gedanken an die Bewusstseinsoberfläche zu bringen.

Diese Art von zwischenmenschlicher Interaktion wird immer wichtiger, da die steigende Komplexität der Probleme in Unternehmen Entscheidungsfindung in Gruppen anstatt von Einzelnen erfordert; Brainstorming ist sowohl ein Kreativitäts- als auch ein Kommunikationstool.

Funktion und Aufgabe (Wie funktioniert es?)

- Die hauptsächliche Aufgabe eines Brainstorming ist die „Produktion" einer großen Zahl von Ideen, ungeachtet deren Qualität. Alle Ergebnisse werden festgehalten und aufgeschrieben.
- Brainstorming fördert das offene Denken, falls ein Team in alten Denkweisen festgefahren ist, und fordert alle Teammitglieder, so dass idealerweise nicht nur wenige Personen die Gruppe dominieren.
- Brainstorming ermöglicht den Teammitgliedern, gegenseitig auf der Kreativität der anderen aufzubauen, während der Fokus auf dem Hauptthema bleibt.
- Die im Brainstorming gesammelten (geeigneten) Ideen werden später zu Lösungen weiterentwickelt. Dies geschieht in einem separaten Prozess.

Anleitung (Wie gehe ich vor?)

- Wählen Sie Ihre Brainstorming-Gruppenmitglieder. Eine gemischte Gruppe von maximal zehn Teilnehmern ermöglicht unterschiedliches Wissen, andere Sichtweisen und Annäherungen. Sorgen Sie für eine ungestörte Atmosphäre und eine kreisförmige Sitzanordnung, um die Interaktion zu fördern.
- Einigen Sie sich über das Thema, formulieren Sie die zentrale Brainstorming-Frage und schreiben Sie diese für jeden gut sichtbar auf. Jeder soll sie nochmals in eigenen Worten formulieren, um sicherzugehen, dass jeder das Thema richtig verstanden hat.
- Stellen Sie Aufzeichnungsmöglichkeiten wie Flipchart, Karten, Post-it©-Zettel, Tafeln zur Verfügung.
- Abwechselnd äußert jeder eine Idee. Niemals wird eine Idee kritisiert!
- Ideen werden sichtbar in großer Schrift festgehalten, auf einem Flipchart oder ähnlichem.
- Abwechselnd werden Ideen geäußert, bis jeder aufgibt, auf jeden Fall nach höchstens 40 Minuten. Dann sind die Ideen (oder die Personen) erschöpft.
- Betrachten Sie die geschriebene Liste und entfernen Sie Dubletten. Untersuchen Sie die einzelnen Ideen weiter. Fragen Sie die Gruppe, ob Klärungs- oder Informationsbedarf zu einzelnen Punkten besteht.

- Nach einer kurzen Pause werden die Ideen klassifiziert und mit Hilfe von Gruppierungs-Tools wie dem Verwandtschaftsdiagramm (Abschnitt 3.4.6) oder Clustering in Gruppen oder relevante Strukturen gegliedert. Falls benötigt, verwenden Sie Entscheidungshilfe-Tools wie die Nutzwertanalyse (Abschnitt 6.9).

Tipps, Vorschläge und Alternativen

- Mit Hilfe eines externen Moderators wird vermieden, dass Personen mit starken Interessen an bestimmten Zielvorgaben die Gruppe dominieren. Die Moderation sorgt dafür, dass jeder etwas beiträgt und alle gleichwertig agieren können.
- Handelt es sich beim Thema nicht um schwierige oder kritische Punkte und die Gruppe fühlt sich mit der Vorgehensweise und den Mitgliedern untereinander wohl, versuchen Sie einen unstrukturierten, ungeordneten und ungehinderten Ablauf, bei dem Ideen jederzeit von jedem geäußert werden können. Achten Sie jedoch darauf, dass sich alle beteiligen.
- Die Gordon-Alternative ist eine didaktische Variante des schriftlichen Brainstorming-Tools und unterscheidet sich darin, dass nur der Moderator das zu Grunde liegende Problem kennt und daher den Ideenfindungsprozess steuern kann. Die Vorzüge liegen darin, dass die Beteiligten nicht durch vorgegebene Themen eingeschränkt sind. Es verhindert zudem einen egozentrischen Einfluss auf die Resultate durch Einzelne.
- Arbeiten Sie mit zwei Moderatoren, um die Ideen festzuhalten und den schnellen Ideenfluss aufrechtzuerhalten.
- Oft ergibt sich eine ruhige Runde, bevor eine neue und sogar kreativere Runde von Ideen folgt. Machen Sie sich keine Gedanken, wenn es zwischendurch ein paar Minuten eher still ist. Ist die Gruppe festgefahren, machen Sie eine Pause oder lesen laut alle Ideen vor, die man bis dahin gesammelt hat, um die Gruppe zu motivieren, Analogien, Assoziationen oder Vergleiche mit Hilfe der Merlin-Technik (Abschnitt 3.3.8) zu finden.
- Eine sinnvolle Variante ist, neben dem klassischen Brainstorming eine umfangreiche Liste mit Annahmen zu brainstormen, die viele Leute mit dem Problem verbinden. Zum Beispiel: Benzin ist Brennstoff für Autos. Autos fahren auf Straßen. Dann versucht man mit Brainstorming Wege zu finden, diese Annahmen umzustoßen. (Quelle: Kenichi Ohmae)

Bibliografie: Osborn, Nagel, Harris

3.3.2 Kärtchentechnik

„Ideen zu teilen, ist nützlich. Aber nicht jeder spricht gern zu einer Gruppe, beschreibt gerne seine Ideen oder beurteilt Ideen vorzeitig. Ich mag die Brainstorming-Arbeitsweise. Welche Alternativen gibt es?"

Zweck und Absicht (Warum und wann anwendbar?)

Die Kärtchentechnik ist eine Option, um Ideen mit weniger Interaktion zu erzeugen, und scheint ideal, wenn man nicht viel Zeit und/oder weniger aktive Teilnehmer hat als beim Brainstorming. Eine ähnliche Technik ist die Metaplan®-Methode, ursprünglich entwickelt von Wolfgang Schnelle, oder das KJ-Tool des Anthropologen Jiro Kawakita.

Funktion und Aufgabe (Wie funktioniert es?)

- Jeder Teilnehmer schreibt seine Ideen einzeln auf Kärtchen auf, dann kategorisiert die Gruppe alle Karten (Ideen) gemeinsam und entwickelt so meistens weiterführende Ideen und Vorgehensweisen.
- Die Kärtchentechnik vermeidet Stolperfallen der herkömmlichen Brainstorming-Technik, z. B. wenn dominante, urteilende oder undisziplinierte Teilnehmer beteiligt sind.
- Die Teammitglieder bauen auf die Kreativität der anderen auf und können über ihre eigenen Ideen zuvor etwas nachdenken.
- Die Visualisierung durch die Darstellung der geschriebenen Kärtchen ist ein wichtiges Element dieses Tools und beschleunigt den Prozess.

Anleitung (Wie gehe ich vor?)

- Kärtchen, Flipcharts, Marker, Tafeln, Sprühkleber, Pins usw. bereitstellen.
- Erklären Sie die Vorgehensweise und stellen Sie das Problem oder Thema vor, zu dem Ideen benötigt werden.
- Bitten Sie alle, die Ideen leise, jeder für sich zu brainstormen und sie innerhalb von zehn Minuten aufzuschreiben (jede Idee auf einem Kärtchen in großer Schrift, kurze Sätze und maximal drei Zeilen).
- Der Moderator entwickelt zuvor eine Struktur mit unterschiedlichen Überschriften. Malen Sie Linien und Ovale auf das Flipchart, um anzugeben, was wohin gehört, und versehen Sie die Ovale mit den Überschriften.
- Nach dem stillen Brainstorming heften die Teilnehmer nacheinander ihre Kärtchen an die Wand und lesen still die Ideen der anderen. Dann gruppieren sie ihre Kärtchen mit ähnlichen der anderen Teilnehmer.
- Weitere Teilnehmer heften ihre Kärtchen zur relevanten Gruppe. Alternativ liest der Moderator die Kärtchen laut vor und die Gruppe (!) entscheidet, wo sie zugeordnet werden.

- Bei dieser Vorgehensweise werden Kärtchen und/oder Gruppen auch neu zugeordnet, ebenso wie Überschriften, oder es werden welche gelöscht.
- Während der Gruppendiskussion können weitere Kärtchen (Ideen) angefügt werden.
- Anstatt zuvor eine gruppierte Struktur vorzugeben, hängt man ähnliche Kärtchen zusammen und lässt die Gruppe Überschriften finden.

Tipps und Anregungen

- Die Teilnehmer hängen die Kärtchen nicht selbst auf. Der Moderator kann diese einsammeln, mischen und dann laut vorlesen und die Gruppe entscheidet, wo sie zugeordnet werden.
- Ermuntern Sie die Teilnehmer, zusätzliche Kommentare und Ideen zu äußern, während Sie die Kärtchen sammeln und gruppieren. Der Moderator sollte nicht kommentieren, nur den Vorgang leiten.
- Arbeiten Sie für die Gruppendiskussion mit Gruppierungstools oder dem Venn-Diagramm.
- Fotografieren Sie laufend das sich weiterentwickelnde Flipchart, um den kreativen Prozess aufzuzeigen und zu dokumentieren.

Bibliografie: Butler, Nagel, Harris, Haberfellner, Kawakita

3.3.3 6-3-5-Tool

Zweck und Absicht (Warum und wann anwendbar?)

Das 6-3-5-Tool eignet sich gut als Tool, um auf den Ideen anderer aufzubauen. Es ist eine stille Variation zum Brainstorming (Abschnitt 3.3.1) und beinhaltet die schriftliche Dokumentation der Ergebnisse in einer einfachen und schnellen Form.

Funktion und Aufgabe (Wie funktioniert es?)

Der 6-3-5-Prozess zwingt die Teammitglieder dazu, bewusst auf der Sichtweise und dem Input der anderen aufzubauen, ohne dass dominante Personen anderen ihre Ideen aufzwingen. Der anregende Effekt des klassischen Brainstormings tritt dabei in den Hintergrund. Dafür ist es definitiv ein Vorteil, dass man auf den Ideen der anderen aufbaut und deren Ideen bereits schriftlich dokumentiert sind.

Ein zusätzlicher Vorteil ist, dass man keinen Moderator benötigt. Der Nachteil besteht darin, dass man häufig innerhalb der Ideen-Bandbreite des Vorgängers bleibt.

Anleitung (Wie gehe ich vor?)

- *Sechs* Personen – *drei* Ideen auf Kärtchen – *fünf* Minuten pro Runde
- Ausgehend von einem Brainstorming-Thema hat jeder Einzelne des Teams (meist sechs Personen) fünf Minuten Zeit, um drei Ideen (ein Kärtchen pro Idee) zu notieren.
- Nach fünf Minuten gibt jeder der sechs seine Kärtchen an den nächsten weiter, der wiederum fünf Minuten Zeit hat, drei weiterführende Ideen zu den vorhandenen hinzuzufügen.
- Dieser Vorgang wird wiederholt (fünf Mal), bis jede der sechs Personen alle Kärtchen bearbeitet hat.
- Sorgen Sie dafür, dass die Teilnehmer sich nicht gestresst und unter Druck gesetzt fühlen.

Tipps und Anregungen

Anstelle von 6-3-5 sind andere Kombinationen möglich; z. B. 7-4-6 (7 Personen, 4 Ideen, 6 Minuten) oder 5-2-8, abhängig von der Anzahl der Personen mit guten Ideen und von der Komplexität der zu entwickelnden Ideen. Es kann effizienter sein, den Personen mehr Zeit nach jeder Kärtchen-Runde zu geben (z. B. 5-7-9-11-13-15 Minuten).

Querverweis zu verwandten Tools in diesem Buch

Diskutieren Sie die Ideen und benutzen Sie Ideengruppierungstools oder die Fischgräten-Ursachenanalyse (Abschnitt 3.1.9), um Zusammenhänge zu zeigen.

Bibliografie: Ursprünglich entwickelt von Helmut Schlicksupp und B. Rohrbach, weitere Literatur von Haberfellner, Nagel.

3.3.4 Nyaka (Defektanalyse)

Zweck und Absicht (Warum und wann anwendbar?)

Nyaka ist eine pragmatische und strukturierte Methode, um Defekte zu orten und kreativ in der Gruppe Lösungsmöglichkeiten zu finden. Der Ausdruck kommt aus dem Französischen „il n'y a qu'à" – das, was man zu tun hat.

Funktion und Aufgabe (Wie funktioniert es?)

Nyaka bringt kreative Ideen hervor und basiert auf den natürlichen Fähigkeiten einer Gruppe, Zustände zu verbessern. Nyaka hilft dabei, sich auf Defekte oder Problemzonen zu konzentrieren und kreativ pragmatische Lösungen für jeden einzelnen Defekt zu finden.

Anleitung (Wie gehe ich vor?)

Wählen Sie einen Gruppenleiter und beschreiben Sie das Problem. Ziehen Sie in der Mitte eines Flipcharts eine senkrechte Linie. Nennen Sie die linke Seite „Was ist falsch (Defekte)" und die rechte Seite „Lösung (Nyaka)" (siehe Tabelle 14).

Tabelle 14 Beispiel einer Nyaka-Tabelle

Problem: Wie können wir die Leistungsfähigkeit der manuellen Papierlocher verbessern?

Was ist verkehrt, nicht in Ordnung? (Defekt)	Mögliches Heilmittel (Nyaka)
Kann nicht gleichzeitig Löcher in mehrere Seiten stanzen.	Anpassen der Öffnungsweite an die Anzahl der zu lochenden Seiten.
Hinterlässt oft ölige Flecken auf dem Papier.	Verwendung von Materialien, die keine Schmierung benötigen.
Nur Verwendung als Papierlocher.	Füge andere Funktion und Verwendungen hinzu.
Macht braucht oft viel Kraft, um zum Erfolg zu gelangen.	Verwende den Federmechanismus.
Viel Platzverbrauch auf dem Tisch, wegen sperriger Bauweise.	Platzgewinn durch Kombination mit einem anderen Gerät.
Man findet ihn nie, wenn man ihn braucht.	Verbindung mit dem Ordner.

Lösungsvorschlag: Herstellung von Ordnern, die eine einfache Locherfunktion integriert haben.

Quelle: „Creative Manager" Pocketbook von Townsend

- Die Gruppe soll so viele Dinge wie möglich auflisten, die mit oder an dem Produkt oder dem Service oder der Situation nicht funktionieren. Notieren Sie jeden Punkt in der Defekt-Spalte.
- Dann bitten Sie die Gruppe, über die Reparatur (pragmatische Lösung) für jeden der aufgelisteten Defekte zu brainstormen. Dabei sollen so viele der Defekte wie möglich behoben und das Produkt/der Service/die Situation verbessert werden.
- Stellen Sie jede Reparatur/Lösung dem relevanten Defekt gegenüber und einigen Sie sich dann auf ein neues, verbessertes Produkt, einen Service oder einen Prozess usw.

Das Beispiel in Tabelle 14 listet auf „was verkehrt oder nicht in Ordnung ist" und „mögliche Heilmittel" für die Verbesserung eines manuellen Papierlochers. Beachten Sie, dass der Lösungsweg schnell gefunden werden kann, wenn für jeden Defekt ein „Heilmittel" gefunden werden kann.

Querverweis zu verwandten Tools in diesem Buch

Benutzen Sie die Ursachenanalyse (Abschnitt 3.1.9) um zu prüfen, ob die vorgeschlagenen Reparaturen (Nyakas) nicht nur die Symptome, sondern auch die Ursachen behandeln.

Bibliografie: Townsend

3.3.5 Bionik

Zweck und Absicht (Warum und wann anwendbar?)

Bionik ist ein Akronym aus den Begriffen Biologie und Technik. Es bezeichnet die Nutzung und Anwendung von Prinzipien aus der Natur und deren Anpassung an die Bedürfnisse der Menschheit. Es ist auch eine Kreativitätstechnik, die verwandte Phänomene von Pflanzen oder Tieren benutzt, um eine kreative Lösung für ein (technisches) Problem zu finden. Die Evolution in der Pflanzen- und Tierwelt hatte einen ähnlichen Zweck wie unsere heutige Businesswelt: optimierte Energieausnutzung, Qualitätsverbesserung, verbesserte Effizienz und Produktivität. Daher sind viele Optimierungsstrategien der Natur oder biokybernetische Prinzipien auf organisatorische oder technische Problemstellungen anwendbar.

Stehen Sie vor einem eher technischen Problem und suchen einen kreativen Ansatz, versuchen Sie es bionisch und suchen bei Mutter Natur.

Funktion und Aufgabe (Wie funktioniert es?)

Bionische Suche für Analogien in der Natur, die man auf Problemsituationen übertragen und anwenden kann: z. B. wurde die Schutzfunktion eines Pilzes mit einem Regenschirm kopiert, die Form einer Fledermaus findet Anwendung im Drachenbau, die Art der Fortbewegung einer Qualle wird bei Raketenantrieben nachgeahmt.

Anleitung (Wie gehe ich vor?)

- Bestimmen Sie die Struktur und Art des Problems, z. B. Schutz, Spannung und Struktur, Schwimmfähigkeit usw.
- Suchen Sie die „Welt" nach ähnlichen Strukturen, Funktionen, Effekten und Mechanismen ab. Nutzen Sie kreative Quellen wie z. B. den Besuch eines Zoos, einen Parkspaziergang oder eines Museums, oder betrachten Sie Tierabbildungen oder Naturbücher. Alternativ können Sie auch das Internet nutzen, wenn dies für Sie sinnvoll erscheint.
- Wenden Sie Beispiele aus der Natur nicht blindlings an; sehen Sie sie eher als Konzept, Inspiration oder Ideengeber, um neue Anwendungsgebiete zu erschließen.

Bibliografie: Nagel

3.3.6 Attribute-Liste

Zweck und Absicht (Warum und wann anwendbar?)

Die Attribute-Liste ist am effektivsten anzuwenden, wenn ein Produkt oder Objekt schon existiert und verbessert werden muss. Das Tool benutzt eine bestehende Situation, um darauf kreativ aufzubauen und zu verbessern.

Funktion und Aufgabe (Wie funktioniert es?)

Die Attribute-Liste ist eine analytisch-systematische Kreativitätstechnik, mit der – ausgehend von den gegenwärtigen Eigenschaften (Attributen) und Merkmalen – für jedes Merkmal weitere Ausprägungen (und Verbesserungen) gesucht werden. Dieser Ansatz hat Ähnlichkeiten mit dem morphologischen Ansatz (siehe auch Abschnitt 3.3.7).

Anleitung (Wie gehe ich vor?)

- Listen Sie alle relevanten Eigenschaften und Merkmale des bestehenden Objekts bzw. des Systems auf.
- Beschreiben Sie die aktuellen Merkmale und Design-Aspekte, vor allem diejenigen, die zu verbessern sind.
- Spezifizieren Sie die gewünschten Design-Aspekte und Merkmale für jedes Attribut (Material, Sicherheit, Herstellung, Recyclingfähigkeit usw.).
- Entwickeln Sie mögliche Gestaltungsmöglichkeiten und Lösungen.

Tipps und Anregungen

- Nehmen Sie sich genügend Zeit, um die bestehenden Merkmale zu definieren und die gewünschten Merkmale, Eigenschaften und Wirkungen zu verstehen.

Tabelle 15 Beispiel einer Attribute-Liste für die Verbesserung eines Stromsteckers

Attribute-Liste für einen Stromstecker			
Attribut, Merkmal	**Gegenwärtige Gestaltung**	**Erwünschte Eigenschaften**	**Mögliche Gestaltung**
Gestaltungsziel	Herstellungsgerecht	Kabelmontagegerecht, einfacher zu montieren	Feste Stifte, Abdeckkappe über Kabel-Stifte-Verbindungsfeld
Bestandteile	Zwei gleiche Gehäuseteile, zwei gleiche Kontaktstifte, zweiteiliger Kabelzug mit zwei Schrauben	Weniger Teile	Kabelzug-Sicherung durch Selbstquetschung
Material	Gehäuse: Bakelit, Messingstifte, Stahlschrauben, verzinktes Stahlblech für Schelle	Gehäusematerial: bruchfest, einfach zu recyclen, einfach und billig einfärbbar	Thermoplast

Worin besteht der Grund, sie zu ändern? Diese Fragestellung hilft oft, mögliche Lösungen zu finden.

- Wie das Beispiel in Tabelle 18 zeigt, kann nicht in jedem Fall eine schnelle Lösungsfindung erwartet werden. Trotzdem kann eine Lösung für einige Attribute zu einer Verbesserung des Produktes oder des Objektes führen.

Bibliografie: Haberfellner

3.3.7 Morphologie

Zweck und Absicht (Warum und wann anwendbar?)

Der Schweizer Astrophysiker Fritz Zwicky entwickelte ein Tool, das eine systematische Herangehensweise an die Entwicklung von Ideen mit der Hilfe einer Matrix bot. Es eignet sich besonders für solche Personen, die ein technisches und analytisches Verständnis haben. Ähnlich wie die Attribute-Liste eignet sich die Morphologie besonders für Situationen, bei denen es eher um die Lösung technischer oder ingenieurwissenschaftlicher Fragen oder die Erweiterung des Horizontes bezüglich bestehender Produkte oder Systeme geht.

Funktion und Aufgabe (Wie funktioniert es?)

Mit dem morphologischen Kasten werden zu jedem Problem Lösungen gesucht, die in einer Matrix kombiniert werden. Daraus wird die geeignetste Kombination ermittelt (siehe Tabelle 16).

Anleitung (Wie gehe ich vor?)

- Definieren Sie das Problem: „Welche Funktionen sind zu erfüllen und welche Eigenschaften werden von der Lösung erwartet?"
- Definieren Sie erforderliche Funktionalitäten, Möglichkeiten, besondere Merkmale und Qualitäten.
- Der kreative Prozess beginnt mit der strukturierten Erfassung der Möglichkeiten. Dokumentieren Sie alle Möglichkeiten möglichst strukturiert. Im Beispiel der Tabelle 16 sind theoretisch drei Arten von Brennstoff möglich: flüssig, fest, gasförmig.
- Wählen Sie die wichtigsten Möglichkeiten aus und erstellen Sie die Matrix. Platzieren Sie die Funktionen oder Parameter in der Senkrechten oder ersten Spalte, mögliche Ausprägungen der Parameter in den Zeilen. Nummerieren Sie die einzelnen Optionen.
- Jede Zelle der Matrix steht für eine Option. Verbinden Sie die einzelnen Funktionsalternativen und wählen Sie die geeignetste Lösung für Ihr Problem aus.

Tabelle 16 Beispiel einer Morphologiematrix

<table>
<tr><th colspan="13">Morphologiematrix</th></tr>
<tr><th>Parameter</th><th colspan="12">Ausprägung der Parameter</th></tr>
<tr><th></th><th colspan="4">Möglichkeit 1</th><th colspan="4">Möglichkeit 2</th><th colspan="4">Möglichkeit 3</th></tr>
<tr><td>A Beförderungs-raum</td><td colspan="4">1 Antrieb und Beförderungsraum in einer Einheit</td><td colspan="4">2 Antrieb mit Beförderungsraum und weiteren Anhängern</td><td colspan="4">3 Antrieb allein und Beförderungsraum im Anhänger</td></tr>
<tr><td>B Lenkung</td><td colspan="6">1 Manuelle Lenkung</td><td colspan="6">2 Lenkung durch Schienen</td></tr>
<tr><td>C Brennstoff</td><td colspan="4">1 Flüssig</td><td colspan="4">2 Fest</td><td colspan="4">3 Gasförmig</td></tr>
<tr><td>D Antrieb</td><td colspan="3">1 Dampf</td><td colspan="4">2 Verbrennung</td><td colspan="3">3 Elektro</td><td colspan="2">4 Nuklear</td></tr>
</table>

Querverweis zu verwandten Tools in diesem Buch

Attribute-Liste (Abschnitt 3.3.6).

Bibliografie: Fritz Zwicky und Mehrmann

3.3.8 Merlin-Technik

Zweck und Absicht (Warum und wann anwendbar?)

Osborn, der Entwickler des Brainstormings, hat eine Checkliste entwickelt, um dem Kreativitätsprozess mehr Struktur und Führung zu geben. Sie basiert auf dem Prinzip der Analogie – Vertrautes wird verfremdet, Fremdes wird vertraut gemacht, Gegensätzliches gesucht. Diese Technik kann alleine oder in der Gruppe angewandt werden.

Funktion und Aufgabe (Wie funktioniert es?)

Finden Sie Antworten auf Fragen, die eine Ideenentwicklung fördern. Die Osborn-Checkliste soll helfen, Probleme (und potenzielle Lösungen) aus einer ungewöhnlichen Sicht zu betrachten und kreative Lösungen zu entwickeln. Optionen werden auf kreative Weise in alle Richtungen erweitert: als sei man Merlin der Zauberer und könnte alles herbeizaubern.

Anleitung (Wie gehe ich vor?)

Brainstormen Sie für zehn Minuten „verrückte" Möglichkeiten (Antworten) auf folgende Fragen:

Anders verwenden

- Wie kann die Idee anders verwendet werden?
- Welchen Nutzen, Gebrauch hat die Idee noch?

Anpassen

- Was spricht dafür – was spricht dagegen?
- Was ist der Idee ähnlich?
- Welche Parallelen lassen sich ziehen?
- Gibt es Analogien in der Natur? (Vgl. Abschnitt 3.3.5)
- Wie können die Ideen gruppiert, strukturiert werden? (Siehe auch Abschnitt 3.3.12)

Ändern

- Was kann man ändern?
- Kann ich die Anordnung ändern?
- Wie kann man die Bedeutung, Farbe, Bewegung, Klang, Geruch, Form, Größe verändern und umgestalten?

Vergrößern

- Wie kann man es größer machen oder etwas zufügen? Wie kann man Stärke, Länge, Dicke, Höhe vergrößern?
- Wie lässt es sich vervielfachen, übertreiben oder grober gestalten?
- Was lässt sich hinzufügen? Mehr Zeit, höhere Frequenz, mehr Kraft/Stärke, Höhe, Größe, Länge, Dicke, Gewicht, mehr Inhalte, ein besonderer Nutzen?

Verkleinern

- Wie kann man es kleiner machen oder was kann man wegnehmen?
- Wie kann man die Idee kleiner, niedriger, dünner, kürzer, leichter, heller, feiner, enger gestalten, es abschwächen, weniger häufig nutzen oder etwas aussparen?
- Kann man es unterteilen oder als Miniatur verwenden?

Ersetzen

- Was kann man an der Idee ersetzen?
- Wer oder was kann an die Stelle der Idee treten? Kann man Elemente von anderen Ländern oder Epochen übernehmen?
- Wer statt dessen? Was statt dessen? Andere Inhalte? Andere Materialien? Andere Prozesse? Andere Stärken? Andere Orte? Andere Annäherungen? Andere Stimmen/Meinungen? Andere Zeiten?

Umstellen

- Welche Teile, Strukturen können ausgetauscht, verändert, umgestellt werden?
- Können die Ablauffolge oder Ursache und Wirkung geändert werden?
- Gibt es andere Muster oder eine andere Gestaltung? Lassen sich Plätze tauschen oder der Plan ändern?

Umkehren

- Wie kann positiv und negativ getauscht werden?
- Wie sieht das Gegenteil oder das Spiegelbild der Idee aus?
- Wie lässt sich das Problem verfremden? Kann die Idee um 180° gedreht werden? Lassen sich Rollen tauschen?
- Lässt sich der Spieß umdrehen, die Idee auf den Kopf stellen oder lassen sich Plätze tauschen?

Kombinieren

- Was lässt sich kombinieren?
- Wie kann man die Idee mit einer anderen kombinieren? Lässt sich eine höhere Vollständigkeit erreichen?
- Gibt es Lösungen aus anderen Bereichen?
- Kann es in einzelne Module zerlegt werden?

Umwandeln

- Wie wäre es mit einer Mischung, Beimischung, Legierung, Auswahl/Sortiment, dem Ganzen?
- Kann man einzelne Einheiten kombinieren?
- Kann man Löcher hineinbohren, lässt es sich bündeln oder ausbauen? Kann man es härten, verflüssigen oder transparent gestalten?

Tipps und Anregungen

- Benutzen Sie dieses Tool, während Sie mit anderen Kreativitätstools arbeiten, um die Quantität der Optionen, Ideen und Variationen zu erhöhen.

Princeton Creative Research hat eine Checkliste entwickelt, um Ideen zu evaluieren. Dazu können Sie folgende Fragen benutzen:

- Haben Sie alle Vorteile oder Vorzüge der Idee berücksichtigt? Besteht wirklich ein Bedarf dafür?
- Haben Sie genau die Probleme oder Schwierigkeiten erfasst, die Ihre Idee lösen soll?
- Ist Ihre Idee ein ursprüngliches, neues Konzept oder eine neue Kombination bzw. Adaption?
- Welche sofortigen oder kurzfristigen Gewinne oder Erfolge sind zu erwarten? Lohnen sich die Projektergebnisse? Sind die Risikofaktoren akzeptabel?
- Welche langfristigen Erfolge sind zu erwarten?
- Ist die Idee auf Fehler oder Einschränkungen untersucht worden?
- Gibt es Probleme, die durch die Idee verursacht werden? Worin bestehen die Änderungen?

- Wie einfach oder kompliziert gestaltet sich die Umsetzung oder Ausführung der Idee?
- Könnte man mehrere Variationen der Idee ausarbeiten? Kann man alternative Ideen vorschlagen?
- Beinhaltet Ihre Idee einen natürlichen Kaufanreiz? Ist der Markt dafür reif? Kann der Kunde es sich leisten? Wird man es kaufen? Gibt es einen Zeitfaktor?
- Was, falls vorhanden, bietet die Konkurrenz in diesem Bereich? Ist Ihr Unternehmen konkurrenzfähig?
- Haben Sie die Möglichkeiten der Ablehnung oder von Schwierigkeiten berücksichtigt?
- Erfüllt Ihre Idee ein echtes Bedürfnis, oder muss das Bedürfnis durch Marketing- und Werbemaßnahmen erst erzeugt werden?
- Wie schnell könnte man die Idee in die Produktion umsetzen und auf welche Weise?

Bibliografie: Osborn, Townsend, Princeton Creative Research

3.3.9 Lotusblüten-Tool

„Ich habe ein zentrales Thema und will darauf aufbauend meine Gedanken und die Perspektive erweitern, aber Brainstorming ist mir zu fusselig und unscharf."

Zweck und Absicht (Warum und wann anwendbar?)

Das Lotusblüten-Tool eignet sich, wenn Sie bereits eine Kernidee oder ein -thema haben und Sie wollen darauf basierend weitere Perspektiven und Ideen „konstruieren".

Funktion und Aufgabe (Wie funktioniert es?)

- Die Metapher einer Lotusblüte ist deswegen angebracht, weil das Kernthema im Inneren der Blüte sitzt und die weiteren Ideen wie aufgehende Blütenblätter auseinandergezogen und dabei weiterentwickelt werden.
- Der erste Kreis von Ideen bildet die Basis für das Entstehen von weiteren Ideen in einem dynamischen Prozess.

Anleitung (Wie gehe ich vor?)

- Verwenden Sie die Vorlage in Abbildung 50 oder verwenden Sie Post-it®-Notes oder Karteikarten und bauen Sie das Bild langsam mit den Workshop-Teilnehmern (oder alleine) auf. Verschiebbare Karten eignen sich hier besser als ein White Board oder ein Flipchart.

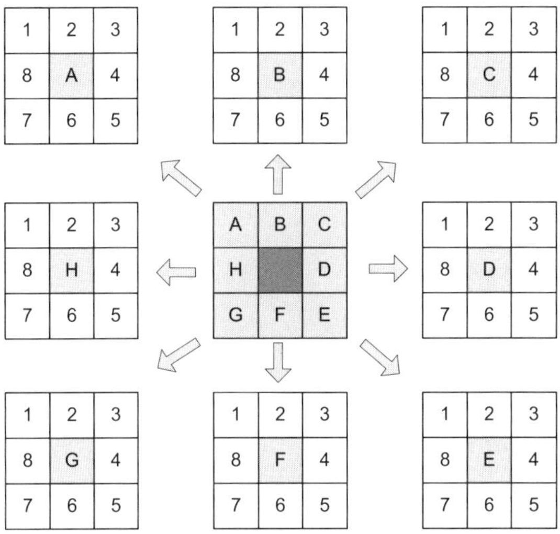

Abbildung 50 Lotusblüten-Konzept

- Schreiben Sie das Kernproblem/-thema, die Kernidee zentral ins Zentrum des 3×3-Blocks in der Mitte, z. B. hoher Krankheitsstand bzw. hohe Anzahl an Krankheitstagen der Mitarbeiter.
- Fragen Sie jetzt die Teilnehmer nach möglichen Ideen, Vorschlägen zum Kernthema. Verwenden Sie auch andere Kreativitätstools wie z. B. Brainstorming (Abschnitt 3.3.1) oder die Merlin-Technik (Abschnitt 3.3.8). Wählen Sie dann acht Ideen aus und schreiben Sie je eine dieser ausgewählten Ideen auf eine weitere Karte und platzieren Sie diese in jeweils eine der 3×3-Kästchen um das zentrale Thema. Dies ist dann die erste Ebene.
  Die gefundenen Ideen zur Verbesserung des Beispielthemas könnten z. B. sein: Bezahlung anpassen, bessere Hygiene- und Arbeitsbedingungen, Vitaminspritzen und Impfungen, strengere ärztliche Kontrollen, bessere Geräte und Ausstattung, mit Kündigung drohen, besser motivieren, Krankheitszahlen offenlegen.
- Kopieren Sie dann die acht gefundenen Ideen auf wieder acht Karten und platzieren diese dann wieder als zentrales Thema in die acht vorhandenen 3×3-Matrices. Wiederholen Sie jetzt die vorherige Runde und generieren Sie wieder acht Ideen je 3×3-Matrix-Box.
- Versuchen Sie, so viele Felder wie möglich zu füllen. Fahren Sie mit der nächsten 3×3-Matrix fort, wenn Sie zu sehr ins Stocken geraten.
- Danach sollten Sie versuchen, die peripheren Ideen mit dem ursprünglichen Kernthema in Verbindung zu bringen. Sie haben jetzt theoretisch 72 Ideen generiert.

Querverweis zu verwandten Tools in diesem Buch:
Brainstorming, Merlin-Technik

Bibliografie: Die Lotusblüten-Technik wurde von Yasuo Matsumura vom Clover Management Research Institute, Chiba City, in Japan entwickelt. Weitere Quellen sind Michalko, Fabrega, Nölke.

3.3.10 Reizwort-Technik

„Jeder weiß mal wieder alles besser und meint, er habe Recht. So kommen wir nicht zu einer neuen Sichtweise."

Zweck und Absicht (Warum und wann anwendbar?)

Die Reizwort-Technik ist angebracht, wenn Sie es mit eingefahrenen Denkstrukturen oder verhärteten Diskussionsfronten zu tun haben und Sie einen völlig neuen Blickwinkel für originelle Lösungen benötigen.

Funktion und Aufgabe (Wie funktioniert es?)

Durch die Konfrontation mit provokativen Begriffen, die direkt nichts mit dem Kernthema zu tun haben, werden die Teilnehmer „aufgestachelt" und angeregt zu neuen Ideen, Fantasie und Spontanität. Es soll zum Verlassen der gewohnten Denkbahnen und zu ungewohnten Assoziationen veranlassen und dabei kühne Gedankensprünge bzw. kreative Ideen produzieren.

Anleitung (Wie gehe ich vor?)

- Legen Sie die Aufgabe bzw. das Problem fest.
- Laden Sie die Teilnehmer ein, sich zusammen mit Ihnen „Reizwörter" auszudenken, die aber nichts mit dem Problem zu tun haben dürfen. Sie können z. B. ein Wörterbuch, Lexikon, eine Zeitung oder einen Einkaufskatalog zur Hand nehmen und relativ wahllos Begriff auswählen. Sie können auch einfach blind auf einen Begriff im Text tippen. Schließen Sie keinen Begriff aus, nur weil er Ihnen nicht nützlich erscheint.
- Schreiben Sie rund fünf bis zehn Reizwort-Begriffe jeweils einzeln auf Karteikarten.
- Analysieren und diskutieren Sie dann diese Reizwörter, aber nur die Begriffe selbst, ohne sich mit dem Problem zu befassen.
- Überlegen Sie, was die Sache, die der Begriff bezeichnet, ausmacht und schreiben Sie die Ergebnisse auf.
- Transferieren Sie dann diese Reizwörter auf die ursprüngliche Aufgabenstellung. Diskutieren Sie, wie Sie einen Bezug zwischen den Reizwörtern und dem

ursprünglichen Problem herstellen können. Vergleichen Sie Aussagen zum Reizwort mit Aussagen zu Ihrem Problem: Wo gibt es Übereinstimmungen, wo Unterschiede? Gehen Sie aber nicht gleich analytisch an die Aufgabe heran, sonst werden die Ideen gleich wieder ausgebremst. Erlauben Sie jede verrückte Idee.

- Nachdem Sie sich das erste Reizwort vorgenommen haben, folgt das zweite, dritte usw.

Beispiel

Wie könnten Sie einen Bezug herstellen zwischen den Reizwörtern: Stahlseil, Bilderrahmen, Palme, Vermieter, Ehering und dem Problem: Diebstahl am Arbeitsplatz?

Tipps und Anregungen

- Kombinieren Sie Ihr Vorgehen mit der Walt-Disney-Technik. Dabei geht es darum, nacheinander ganz bewusst drei Sichtweisen einzunehmen, um das Problem und anschließend die Ideen aus verschiedenen Sichtweisen zu betrachten. Die drei Rollen sind: der Träumer, der Realist und der Kritiker. Dies ist der Logik der 6 Denkhüte (Abschnitt 7.17) von de Bono sehr ähnlich.
- Seien Sie sich bewusst, dass die Reizwort-Technik die Gefahr exzentrischer Lösungsideen birgt, die in der Realität nicht funktionieren können.

Querverweis zu verwandten Tools in diesem Buch

6 Denkhüte (Abschnitt 7.17)

Bibliografie: Woodrow, Wikipedia.org, mycoted.com, Nölke

3.3.11 Mentale Provokation

Zweck und Absicht (Warum und wann anwendbar?)

Die mentale Provokation eignet sich, wenn Sie – ähnlich wie im Fall der Reizwort-Technik – Dinge von einer komplett neuen Seite betrachten wollen. Es hilft Ihnen, Möglichkeiten in Betracht zu ziehen, auf die Sie normalerweise nicht gekommen wären, weil sie Ihren Erfahrungen oder dem gesunden Menschenverstand widersprechen. Die mentale Provokation kann Sie also unterstützen, im Ideenfindungsworkshop neue Produkt- oder Marketingideen aufzudecken.

Funktion und Aufgabe (Wie funktioniert es?)

Die mentale Provokation versucht, bewusst Eigenschaften einer Sache oder Sachlage zu verändern, um dann (scheinbar) widersinnige, realitätsferne oder anders ungewöhnliche Konsequenzen hervorzurufen, durch die Sie dann zum Entdecken von neuen Ergebnissen stimuliert werden.

Die mentale Provokation hilft Ihnen auch bei der Verbesserung Ihrer geistigen Flexibilität. Dazu beobachten Sie z. B. Alltagsobjekte oder alltägliche Vorkommnisse, bilden daraus eine mentale Provokation und überlegen sich anschließend, welche Ideen oder Vorteile sich daraus für Sie ergeben könnten. Diese provokativen Aussagen sind zur einfacheren Identifizierung mit PO gekennzeichnet.

Anleitung (Wie gehe ich vor?)

- Legen Sie die Aufgabe bzw. das Problem fest; z. B. Mitarbeitermotivation verbessern.
- Kommunizieren Sie klar, dass mentale Provokationen nie als Aussagen gemeint sind, die wahr oder falsch sind. Sie dienen nur als Dominostein, um die Diskussion und Ideengeneration auszulösen. Kennzeichnen Sie also jede mentale Provokation mit dem Präfix PO. Denken Sie bei jeder PO-Aussage: „Was wäre, wenn ...?"
- Beginnen Sie dann, Provokationen zu generieren. Bedienen Sie sich dabei folgender Möglichkeiten:
  - *Ignorieren* Sie *Annahmen*, die Sie über die Aufgabenstellung machen – z. B. PO: Die Firma hat keine Angestellten.
  - *Idealfall* – Wie ist der Zustand, der im Idealfall gelten würde? – z. B. PO: Alle Mitarbeiter sind immer 120 % motiviert, nie müde und nie krank.
  - *Umkehrung* – Stellen Sie einen Sachverhalt oder eine Beziehung auf den Kopf – z. B. PO: Die Angestellten schicken den Boss heim oder kündigen ihm, wenn er ihnen zu viel wird.
  - *Übertreibung* – Verändern Sie eine quantitative Eigenschaft – z. B. PO: Jeder Angestellte muss nur eine Stunde in der Woche arbeiten.
  - *Zufall* – Wählen Sie einen zufälligen Begriff aus und verwenden Sie ihn in der Ausgangssituation, ähnlich wie bei der Reizwort-Technik – z. B. Mitarbeitermotivation PO: Bücherschrank.
  - *Verfälschung* – Verfälschen Sie eine qualitative Eigenschaft der Problemstellung – z. B. PO: Die Angestellten machen nie Fehler.

Alltag-Beispiele für mentale Provokationen *aus dem Alltag* könnten z. B. sein:

- PO: Der Billardtisch ist hügelig.
- PO: Je mehr man isst, desto billiger wird die Rechnung.
- PO: Der Angestellte delegiert, der Boss arbeitet.
- PO: Das Ziffernblatt einer Uhr bewegt sich, die Zeiger stehen still.
- PO: Das Meer ist mit Wein gefüllt.

- PO: Es ist bekannt, wer beim Poker blufft.
- PO: Mein Geburtsdatum ändert sich regelmäßig.
- Nachdem Sie Provokationen gebildet haben, müssen Sie und die Teammitglieder daraus Lösungsideen entwickeln. Aus „PO: mein Billardtisch ist hügelig", könnte die Idee entstehen, ein entsprechendes Tisch-Spiel zu kreieren.

Querverweis zu verwandten Tools in diesem Buch

6 Denkhüte (Abschnitt 7.17), Reizwort-Technik (Abschnitt 3.3.10)

Bibliografie: De Bono hat diese Technik definiert.

3.3.12 Übersicht zu alternativen Kreativitätstools

Bevor ich mich Tools zuwende, die darauf ausgerichtet sind, Informationen und Daten zu gruppieren und strukturieren, habe ich an dieser Stelle einige Tools in Kurzform aufgelistet, um das Gesamtbild mit weiteren alternativen Kreativitätstools und -techniken abzurunden.

- Gunnar Heinsohn entwickelte die *Rätselvermehrung:* Durch das Kombinieren verschiedener Probleme miteinander, die nichts miteinander zu tun haben, wird das Bewusstsein angeregt und man nähert sich auf Umwegen der Lösung.
- Die *6 Hüte* von Edward de Bono werden detaillierter im Abschnitt 7.17 als Feedback-Tool erläutert. Sie können aber ebenso als Kreativitätstechnik eingesetzt werden und funktionieren, im Gegensatz zu den meisten Tools, nicht durch interaktive Diskussion, sondern es werden nacheinander folgende Phasen der Ideensuche durchlaufen:
  - *Weißer Hut:* Informationen sammeln
  - *Roter Hut:* Emotionen zum Problem beschreiben
  - *Schwarzer Hut:* Einwände ausdrücken
  - *Gelber Hut:* Positive Seiten der Veränderung suchen
  - *Grüner Hut:* Neue Ideen und Alternativen suchen
  - *Blauer Hut:* Die Ideen verknüpfen und sortieren

  Durch die verschiedenen Sichtweisen auf das Problem können neue Ideen gefunden werden. Man ist dadurch gezwungen, alte Denkbahnen zu verlassen.
- *Szenariotechnik:* Dabei wird überlegt, welche Möglichkeiten es in Zukunft geben kann, z. B. für Zukunftsstudien. Oft werden nur drei Szenarien durchgespielt: eine optimistische, eine pessimistische und eine bei unveränderten Bedingungen. Mit dieser Technik kann man sich vor zukünftigen Problemen schützen. Man macht die Zukunft planbar.

Die Szenariotechnik hat drei Hauptphasen: 1. Planung, 2. Erstellung und 3. Transfer. Bei der Szenariotechnik sollte es eine Leitungsgruppe und einen Projektverantwortlichen und Moderator geben. Die ideale Gruppengröße liegt bei 10 bis 15 Personen, möglichst Menschen mit unterschiedlichen Hintergründen. Die Hauptphasen unterteilen sich in sieben Unterphasen: In der Planung gibt es nacheinander die Situationsanalyse und die Informationsphase. In der Szenarioerstellung gibt es dann die Schlüsselfaktorenanalyse, eine Informationsphase, die Erarbeitung der Zukunftsprojektionen und die Formulierung der Szenarien. Der Szenariotransfer besteht aus der 7. Phase, der Entwicklung von Leitbildern, Zielen und Strategien. Meist dauert ein Szenarioprojekt mindestens mehrere Tage. Bei der Schlüsselfaktorenanalyse und der Erarbeitung der Zukunftsprojektionen kann das Brainstorming eingesetzt werden. Die Ergebnisse und Informationen werden auf Plakaten und Karten visualisiert.

- *Bisoziation:* Nutzt eine Kombination von Dingen, die normalerweise nicht zusammengehören. Es ist eine Kreativitätstechnik, die durch Assoziation und Kombination von Bildern und Begriffen aus fremden Sinnzusammenhängen und Beziehungsstrukturen versucht, etwas Neues zu erschaffen. Arthur Koestler entwickelte diese Technik, um Denkgewohnheiten, Muster und vorgefasste Meinungen oder gewohnte gedankliche Assoziationen zu unterbrechen und den Geist für neue Denkanstöße zu öffnen.

  Der Ablauf kann so erfolgen: Definieren Sie genau das Problem oder Thema. Die Personengruppe betrachtet dann z. B. eine Serie von Bildern und versucht, diese mit dem Problem oder dem Thema zu assoziieren. Die Ideen und Konzepte werden aufgeschrieben für eine spätere Diskussion und Umsetzung.

3.4 Konsolidierung von Informationen

Diese Kategorie befasst sich mit Tools, die zur Aufbereitung, Konsolidierung und Darstellung von Informationen dienen.

Die Tools dieses Kapitels werden typischerweise *nach* der Verwendung von Tools aus der Kategorie Informationsbeschaffung oder Kreativität angewandt.

3.4.1 Konsolidierung von qualitativen und quantitativen Informationen

Zur Aufbereitung von *qualitative*n Informationen werden *sachlogische, zeitliche* oder *örtliche Gesichtspunkte* und Kriterien verwendet. Unter *sachlogische* Gesichtspunkte fallen:

- *Eigenschaften* – bezeichnen im allgemeinen Verständnis das zum Wesen einer Person oder Sache gehörende Merkmal, z. B. „Der Ball ist rund“.

- *Verhalten* – einschließlich Reaktionen, Zustandsveränderungen, Mimik, Gestik, Sprache, Handlung.
- *Beziehungen/Zusammenhänge* – mindestens eine Eigenschaft, welche minimal zwei Objekte miteinander verbindet, z. B. gleiche Sprache
- *Wirkungen* – das Resultat einer Ursache, basierend auf einem kausalen Zusammenhang.

Die meisten Tools in dieser Kategorie befassen sich mit der Aufbereitung, Konsolidierung und Darstellung von *qualitativen* Informationen.

Quantitative Informationen werden mit Techniken aus der Statistik bearbeitet und aufbereitet. Dazu zählen folgende Techniken, die oft mit Tabellenkalkulations-Software (z. B. MS Excel) aufbereitet und in Charts dargestellt werden:

- ein- und mehrdimensionale Auszählungen von Häufigkeiten und Summen (Histogramme, arithmetisches/geometrisches Mittel)
- Strichlisten
- ABC-Analysen (siehe Abschnitt 3.4.3)
- Korrelations- und Regressionsanalysen
- Kennziffernbildung
- Sensitivitätsanalysen
- statistische Verteilungen (diskrete und stetige Verteilungen, z. B. Gaußsche Normalverteilung)

Die stochastische Statistik befasst sich mit der Analyse von historischen Informationen und Zahlen. Die Wahrscheinlichkeitsrechnung in der Statistik befasst sich mit der Aufbereitung und Abschätzung von „Zahlen für die Zukunft" (Quelle: Haberfellner).

Zusammenstellung und Darstellung von qualitativen Informationen

Für qualitative Informationen bietet hauptsächlich eine der drei nachfolgenden Logiken zur Darstellung an:

- *Listen* – Es ist die einfachste Form, Informationen als Liste oder Aufzählung darzustellen, typisch sind sortierte Listen. Verwenden Sie das Leiterklettern-Tool (Abschnitt 6.5) oder den Paarvergleich (Abschnitt 6.6), um die Informationen in einer Liste in eine Rangfolge zu sortieren, und um eine Entscheidungsfindung vorzubereiten.
- *Baumhierarchien* – Sie eignen sich zur Darstellung von Informationen, die in einem hierarischen Zusammenhang stehen. Zum Beispiel können ähnliche Informationen in Chunks (Haufen) zusammen gruppiert werden. Gruppen von Chunks werden dann wieder in einer Oberkategorie zusammengefasst.

Daraus ergibt sich eine Hierarchie mit Ebenen nach oben und unten wie in einem Familienstammbaum, oder einem Organigramm oder in der Kapitelstruktur in einem Buch. Typisch für Baumhierarchien ist die Eltern-Kind-Beziehung zwischen den Hierarchieebenen. Typische Tools zur Darstellung sind z. B. Problembaum (Abschnitt 3.1.2), Hypothesenbaum (Abschnitt 3.1.5), Verwandtschaftsdiagramm (Abschnitt 3.4.6) oder ein Entscheidungsbaum (Abschnitt 6.2). Verwenden Sie zum Aufbau einer Hierarchie und für die korrekte Bezeichnung der Hierarchieebenen das Kartensortieren (Abschnitt 3.4.5).

- *Relationale Karten/Übersichten* – In Situationen, in denen Informationen komplexere und unstrukturierte Beziehungen zueinander haben, stößt eine Baumhierarchie zur Darstellung meist an ihre Grenzen. Hier eignen sich relationale Karten besser. Sie kommen auch unseren Denkstrukturen entgegen. Ein bekanntes Beispiel für so eine Darstellung ist eine Mind Map (Abschnitt 3.1.21). Weitere Tools, die vernetzte und komplexere Situationen und Informationen abbilden, sind z. B. das Kontext-Tool (Abschnitt 3.1.18), Venn-Diagramm (Abschnitt 3.4.7) oder das Verwandtschaftsdiagramm (Abschnitt 3.4.6) (Quelle: Straker).

Tabelle 17 Übersicht der Tools zur Konsolidierung von Informationen

Zweck der Kategorie	Name des Tools oder der Technik	Seite	Benutzerfreundlichkeit	Aufwand/Nützlichkeit
Informationskonsolidierung	Pareto-80:20-Regel	154	☺☺	☺☺☺
	ABC-Tool	157	☺	☺☺☺
	Informationsmatrix	159	☺☺	☺☺
	Kartensortieren	161	☺	☺☺
	Verwandtschaftsdiagramm	162	☺☺	☺☺☺
	Venn-Diagramm	165	☺☺	☺
	Kräftefeld (Force Field)	166	☺☺	☺☺

3.4.2 Pareto-80:20-Regel

„Wo liegen die Hauptaktivitäten und -themen, welche die größte Auswirkung auf das Endresultat haben?"

Zweck und Absicht (Warum und wann anwendbar?)

Das Pareto-Prinzip ist ein sehr effektives Mittel, um zu zeigen, welche Elemente eines Problems die größte Auswirkung haben. Das Pareto-Prinzip beschreibt das statistische Phänomen, wie sich Mitteleinsatz und Auswirkung verteilen und befasst sich somit mit der Aufbereitung von quantitativen Daten. Dies zu verstehen, hilft bei der Wahl von Projekten und Alternativen oder bei der Zeit- und Ressourcenplanung und -verteilung.

Funktion und Aufgabe (Wie funktioniert es?)

Das Pareto-Prinzip geht zurück auf den italienischen Ökonom Vilfredo Pareto (1848-1923) und ist allgemein bekannt als 80:20-Regel. Sie besagt, dass 80 Prozent der Ergebnisse von nur 20 Prozent der Anstrengungen resultieren, während die verbleibenden 20 Prozent nur durch 80 Prozent Anstrengung erzielt werden können – oder auch: 20 Prozent der Gründe verursachen 80 Prozent aller Probleme. Das Pareto-Prinzip kann bei vielen, auch alltäglichen Fragestellungen beobachtet werden. 20 Prozent der eingesetzten Zeit bringt 80 Prozent der Ergebnisse (Zeitmanagement). In einem durchschnittlichen Haushalt verursachen 20 Prozent der Kostenpositionen 80 Prozent der Kosten. In einer Wohnung weisen 20 Prozent des Teppichs 80 Prozent der Gesamtabnutzung auf. Beispiele aus dem Geschäftsbereich sind:

- 20 % der Kunden generieren 80 % des Unternehmenseinkommens.
- Die besten 20 % der Zulieferer erzeugen 80 % des Werts der Teile und der Zulieferungen an eine Firma.
- 20 % der Angestellten verursachen 80 % der Abwesenheitstage durch Krankheit.
- 20 % der Produkte verursachen 80 % der Produktionskosten.
- 20 % der Qualitätsprobleme oder Gründe für Stillstand führen zu 80 % Rücknahmen, Fehlern oder Verzögerungen.
- 20 % der Produkte erzeugen 80 % des Profits.
- 80 % der Kundennachfrage werden durch 20 % der Werbemaßnahmen verursacht.

Anleitung (Wie gehe ich vor?)

- Haben Sie das Problem oder den Bereich bestimmt, zu dem Sie mehr wissen möchten, benutzen Sie Ihre geschäftliche Erfahrung oder den gesunden Menschenverstand und die oben angeführten Beispiele, um Hypothesen zu den Bereichen zu entwickeln, die Sie untersuchen möchten.
- Die Hauptquelle der Informationen dafür kommt aus der quantitativen Informationsbeschaffung oder aus einem Brainstorming.
- Wählen Sie die bedeutendste Einheit für Messungen wie Häufigkeit oder Kosten. Dann wählen Sie die zeitliche Periode für die Untersuchung.
- Sammeln Sie die notwendigen Daten für die Problemkategorie (z. B. mit dem DILO-Tool aus Abschnitt 3.2.8 oder unter Zuhilfenahme von existierenden Daten). Vergessen Sie nicht, Datenquelle, Ort und Beobachtungszeitraum zu vermerken.
- Vergleichen Sie die relative Häufigkeit oder die Kosten jeder problematischen Kategorie (im detaillierten Beispiel in Abbildung 51 wären dies: Krankheits-

fehltage, Fortbildungsfehltage, unbezahlte Urlaubstage, Urlaubstage, Überstundenausgleich, andere Fehltage).

- Hat man die Summen jeder Kategorie und die ganze Gesamtsumme ermittelt, sortiert man die Daten auf- oder absteigend und vergleicht die oberen und unteren Kategorien. Kalkulieren Sie die kumulativen Prozentanteile, beginnen Sie mit der höchsten Problemkategorie.
- Werten Sie die Resultate aus und benutzen Sie mögliche Varianten wie „davor-danach-Szenarien" (gepaarte Pareto-Tabellen). Ändern Sie die Gruppierung der Daten oder die angelegte Messskala für die Kategorien, um die Aussagefähigkeit der Analyse zu erhöhen. Eine häufig verwendete Kombination ist die von Kosten und Häufigkeiten.

Beispiel für ein 80:20-Diagramm

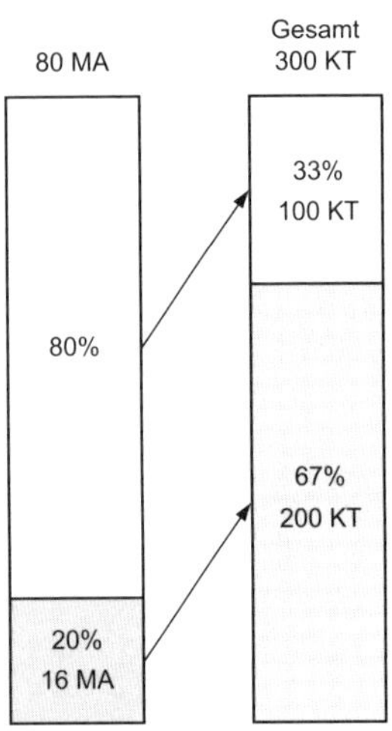

Abbildung 51
20 Prozent aller Mitarbeiter (MA) verursachen 67 Prozent aller Krankheitstage (KT)

Das Beispiel zeigt die Ergebnisse einer Untersuchung in Bezug auf Krankheitsfehltage der Angestellten einer Firma. Es gibt insgesamt 80 Angestellte. Eine Auflistung besagt, dass vier Personen „häufig" krank sind, gefolgt von zwölf Personen, die „relativ häufig" krank sind. Diese ersten beiden Gruppen machen 200 der insgesamt 300 Krankheitsfehltage aus. Die verbleibenden 64 Angestellten verursachen 100 Krankheitsfehltage. Damit ergibt sich: 16 von 80 = 20 % der Angestellten verursachen 200 von 300 = 67 % der Krankheitsfehltage.

Querverweis zu verwandten Tools in diesem Buch

Fischgräten-Ursachenanalyse (Abschnitt 3.1.9), Mind Map (Abschnitt 3.1.21), die meisten quantitativen Informationsbeschaffungs- und Prioritäten-Tools wie Schwerpunktmatrix (Abschnitt 6.15).

Bibliografie: Bassard und Ritter, Nagel

3.4.3 ABC-Tool

Zweck und Absicht (Warum und wann anwendbar?)

Das ABC-Tool ist ein betriebswirtschaftliches Analyseverfahren und Ordnungsverfahren zur Klassifizierung einer großen Anzahl von quantitativen Daten (Erzeugnisse, Kunden oder Prozesse). Als eine Variante des Pareto- oder 80:20-Tools (Abschnitt 3.4.2) wird es oft in Versorgungsketten, Logistik und Untersuchungen z. B. zu Materialbeschaffung, Ausstattungsverwaltung und Kostenbuchhaltung oder Preisberechnung verwendet. Das ABC-Analyse-Tool eignet sich auch für:

- Trennen des „Wesentlichen" vom „Unwesentlichen",
- Setzen von Rationalisierungsschwerpunkten,
- Vermeiden von unwirtschaftlichen Anstrengungen und
- Steigern der Wirtschaftlichkeit.

Die ABC-Analyse gruppiert und klassifiziert Dinge nach ihrer relativen Wichtigkeit. Die Klassifizierung kann sich auf den Geldwert beziehen, auf die Verfügbarkeit, Varianten in Durchlaufzeiten, Notwendigkeit für den Betrieb einer Einheit, neue Kundenteile ausschließlich für dieses Produkt usw.

Funktion und Aufgabe (Wie funktioniert es?)

Der Aufbau des Tools besteht in der Regel aus zweidimensionalen Wertepaaren. Diese Wertepaare werden zunächst nach Größe sortiert, danach kumuliert und in Klassen eingeordnet. Anhand dieser Einordnung kann man sich ein Bild der Situation verschaffen und weitere Vorgehensweisen ableiten. Typische Kombinationen von Wertepaaren sind: Kunden – Umsatz, Artikel – Bestand (Anzahl), Ressourcen – Kosten, Kosten – Nutzen.

Jeder Wert wird üblicherweise einer der drei folgenden Kategorien oder Maßgaben zugeteilt:

- A: wichtig, hoher Wert (bis 65-80 % des Wertanteils, aber nur 10-15 % des Volumens).
- B: weniger wichtig (bis 15 % des Wertanteils und ein weit größerer Anteil des Volumens)
- C: relativ unwichtig (Menge von 65 % des Volumens, die nur 5 % des Werts ausmacht).

Diese Einteilung in unterschiedliche Kategorien von Wert und Wichtigkeit ermöglicht maßgeschneiderte Ansätze und Strategien, um die unterschiedlichen Kategorien von Lagerbestand, Zulieferern, Kunden, Schlüsselprodukten, Rohmaterial usw. entsprechend behandeln zu können. Die A-Kategorie erhält die meiste Aufmerksamkeit und erfordert strenge Kontrolle, B-Kategorie-Einheiten sind wichtig und Teil des „Bigger Picture" und die C-Kategorie-Einheiten benötigen ein effizientes und kostengünstiges Management durch das große Volumen und die damit verbundenen zeitaufwändigen Aufgaben.

Anleitung (Wie gehe ich vor?)

- Teilen Sie die Menge von Objekten in die Klassen A, B und C auf und ordnen Sie diese nach absteigender Bedeutung.
- In der einfachsten Form beginnt man das ABC-Tool mit einem Balkendiagramm, in dem die Balken nach Größe angeordnet sind, der höchste links. Die zu Grunde liegenden Daten bilden eine Rangfolge der nach den höchsten Werten oder Größen geordneten Objekte, z. B. alle Lieferanten, geordnet nach deren Umsatzvolumen.
- Untersuchen Sie dann, wie viele Ihrer Lieferanten 80 % des Gesamtumsatzvolumens repräsentieren. Dies ist Ihre A-Gruppe. Die Gruppierung für B und C folgt der gleichen Logik. Kumulieren Sie dann die Gruppenwerte der drei Balken, um ein Diagramm ähnlich der Abbildung 52 zu erhalten.

Beispiel für ein typisches ABC-Diagramm

Abbildung 52 zeigt ein ABC-Diagramm am Beispiel einer Lagerhaltungsliste.

In diesem Beispiel machen die ersten 15 % aller Teile ungefähr 65 % des kumulierten Werts aus. Bei einer Firma mit 1.000 unterschiedlichen Lagerteilen bedeutet dies: Wenn man 150 Teilen mehr Aufmerksamkeit schenkt (mit einem ausgeklügelten Lagerhaltungs- und Kontrollsystem), hat man eine gute Kontrolle über rund 65 % des gesamten Lagerwerts.

Die nächsten, ungefähr 20 % der Teile machen üblicherweise weitere 15-20 % des kumulativen Geldwerts aus. Dafür braucht man keine so anspruchsvollen Kontrollmechanismen mehr. Die letzten 15 % der (weniger wertvollen oder weniger benötigten) Teile machen nur noch 5 % aus und können mit einem einfachen System kontrolliert werden.

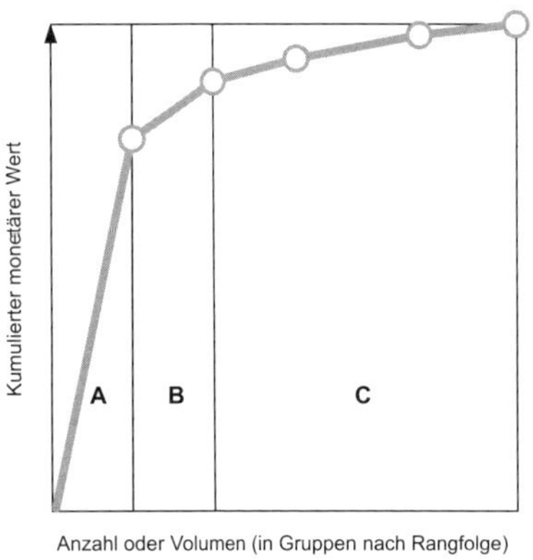

Abbildung 52
ABC-Analyse-Diagramm:
A repräsentiert die wichtigste Gruppe

Ein anderes Beispiel wäre die Kontrolle der Reisekosten. Hier verursachen rund 20% der Reisen 80% der gesamten Reisekosten. Diese 20 Prozent sollten daher genau beobachtet und kontrolliert werden.

Hinweis

In der Management-Literatur bedeutet ABC manchmal auch aktivitätsbasierende Kostenberechnung, wobei es sich um einen speziellen, kostenbasierten Ansatz handelt, um einem Produkt oder einem Service feste oder variable Kosten zuzuordnen. Dies ist jedoch eine andere Technik als das ABC-Tool, das in diesem Buch beschrieben wird.

Querverweis zu verwandten Tools in diesem Buch

Pareto-80:20-Regel (Abschnitt 3.4.2)

3.4.4 Informationsmatrix

Zweck und Absicht (Warum und wann anwendbar?)

Die Informationsmatrix eignet sich zur Vorbereitung und Aufbereitung von quantitativen Informationen, bevor diese weiter in Charts abgebildet werden. Das Tool eignet sich besonders dann, wenn sich die Informationen ganz natürlich in Gruppen und Kategorien einteilen lassen und wenn Sie die verschiedenen Gruppen von Informationen vergleichen wollen.

Das menschliche Gehirn verarbeitet Informationen bezüglich eines Problems in Wort- und Schriftform oft nicht so einfach. Hier unterstützt die übersichtliche Darstellung in einer Matrix.

Funktion und Aufgabe (Wie funktioniert es?)

Die Informationsmatrix ist ein Tool, das quantitative Informationen in einer tabellarischen Form darstellt.

Anleitung (Wie gehe ich vor?)

- Identifizieren und gruppieren Sie die Informationselemente, z. B. alle Firmen oder Kundensegmente, die an einer Umfrage teilgenommen haben.
- Identifizieren Sie die Ergebnisse für jedes Informationselement, z. B. Anzahl der Firmen, die gewisse Kriterien erfüllen, oder positives Kundenfeedback bezüglich bestimmter Produkte.
- Listen Sie alle Elemente in der ersten Spalte einer Tabelle und alle Ergebnisse in der obersten Reihe auf.
- Füllen Sie jede Zelle mit den vorhandenen Informationen und Daten.
- Achten Sie darauf, die Zahlen als absolute und relative Zahlen einzutragen.

Beispiel für eine IT-Service-Desk-Fehleranalyse in einem Unternehmen in einer Informationsmatrix

Elemente/ Region	Fehlergründe pro Monat – absolute Häufigkeit				
	Problem mit Internet-zugang	**Drucker-problem**	**Software-problem**	**Login-/ Zugangs-problem**	**Summe**
Region A	200	20	30	120	370
Region B	250	30	40	80	400
Region C	50	10	50	60	170
Region D	100	30	20	70	220
	600	**90**	**140**	**330**	**1160**

Gleiche Zahlen – als relative Prozentzahlen dargestellt:

Elemente/ Region	Fehlergründe pro Monat – relative Häufigkeit				
	Problem mit Internet-zugang	**Drucker-problem**	**Software-problem**	**Login-/ Zugangs-problem**	**Summe**
Region A	33%	22%	21%	36%	28%
Region B	42%	33%	29%	24%	32%
Region C	8%	11%	36%	18%	18%
Region D	17%	33%	14%	21%	21%

Man könnte zur Schlussfolgerung gelangen, dass Region B mit 400 (32 %), gefolgt von Region A mit 370 (28%), am meisten Probleme hat.

Wenn man nun noch als Referenz die Anzahl der Nutzer pro Region einbringt mit A – 8000, B – 5000, C – 1500, D – 900, ergibt sich Folgendes:

Elemente/ Region	Fehlergründe pro Monat – Fehler pro 100 Nutzer				
	Problem mit Internet-zugang	**Drucker-problem**	**Software-problem**	**Login-/ Zugangs-problem**	**Summe**
Region A	2,5	0,3	0,4	1,5	4,6
Region B	5,0	0,6	0,8	1,6	8,0
Region C	3,3	0,7	3,3	4,0	11,3
Region D	11,1	3,3	2,2	7,8	24,4
	21,9	4,9	6,7	14.9	48,4

Jetzt wird ersichtlich, dass Region C und D eine deutlich höhere Anzahl an Problemfällen pro Nutzer haben. Man könnte theoretisch von den Regionen A und B lernen, was diese bereits erfolgreich tun, anstatt diese zur Problemregion zu deklarieren.

Bibliographie: Woodrow

3.4.5 Kartensortieren

Zweck und Absicht (Warum und wann anwendbar?)

Das Ziel des Kartensortierens ist es, aus dem vorhandenen Informationschaos einen leicht verständlichen Aufbau mit logischer Struktur zu erstellen. Das Kartensortieren wird u. a. bei der Entwicklung von Webseiten verwendet, wo es hilft, logische und benutzerfreundliche Navigations- oder Menüstrukturen zu entwickeln. Es lässt sich überall dort einsetzen, wo es darum geht, qualitative Informationen so zu gruppieren, dass Endnutzer die Informationen intuitiv verstehen und diese nutzen können.

Denken Sie z. B. an die Struktur auf einer Auktions-Webseite für Gebrauchtwaren. Sie möchten dort etwas verkaufen und müssen daher Ihren Artikel klassifizieren und in eine Gruppe einordnen. Das Kartensortieren hat die vorgegebene Logik oder Struktur geschaffen. Sie wird manchmal als Taxonomie (Klassifizierungslehre) bezeichnet und ist Teil der Informationsarchitektur.

Funktion und Aufgabe (Wie funktioniert es?)

- Kartensortieren definiert die Logik/das Muster/die Struktur von Informationen so, wie ein Nutzer es erwarten würde, die Informationen vorzufinden.
- Durch Interaktion und Gruppenarbeit werden Informationen (z. B. Webseiten-Menüstruktur/Navigationsüberschriften, Produkt-Portfolio u. a.) in eine auf den Endnutzer orientierte und benutzerfreundliche Struktur sortiert, ohne dass der Moderator Einfluss auf das Ergebnis – die Taxonomie der Begriffe – hat. Das Kartensortieren erfasst, was und wie die Mehrheit der Menschen Informationen sieht und versteht.

Anleitung (Wie gehe ich vor?)

- Identifizieren Sie relevante Mitarbeiter als Testpersonen (ca. 7 bis 15)
- Bereiten Sie Karteikarten (Index-Karten) vor. Schreiben Sie alle Informationen auf Karten. Als Regel gilt: einen Begriff pro Karte.
- Sie können als Moderator drei verschiedene Freiheitsgrade vorgeben:
  - *Offenes* Sortieren – keine Vorgaben bezüglich der Anzahl der möglichen Oberbegriffe und keine Festlegung der Oberbegriffe (Testpersonen müssen die Anzahl und Namen der Oberbegriffe selbst oder innerhalb der Gruppe festlegen).

  - *Halb-offenes* Sortieren – eine feste Anzahl von Oberbegriffen, wobei die Testpersonen die Namen der Oberbegriffe selbst festlegen.
  - *Geschlossenes* Sortieren – die Anzahl und Namen der Oberbegriffe sind festgelegt. Die Testpersonen ordnen die Begriffe auf den Karten den Oberbegriffen zu, die am ehesten passend erscheinen.
- Die Aufgabe für die Testpersonen besteht darin, die Begriffe auf den Karten in einer nach ihrer Meinung sinnvolle Logik innerhalb der Oberbegriffe einzusortieren.
- Zur leichteren Handhabung markieren Sie jede Karte mit einer Nummer. Rechnen Sie mit ca. 30 bis 100 Karten, um ein Ergebnis zu erhalten, das feinkörnig genug ist.
- Sie können die Karten entweder als Einzelarbeit oder als interaktive Gruppenarbeit verteilen.
- Sie können dies einmalig oder mehrmals mit verschiedenen Gruppen durchführen.

Tipps und Anregungen

Bei der Generierung eines Verwandtschaftsdiagramms wird eine sehr ähnliche Vorgehensweise verwendet, wobei dabei der Schwerpunkt auf die hierarchische Gruppierung (in einer Baumstruktur) gelegt wird.

Querverweis zuv verwandten Tools in diesem Buch

Verwandtschaftsdiagramm (Abschnitt 3.4.6), Informationsmatrix (Abschnitt 3.4.4)

Bibliografie: Kahlbach

3.4.6 Verwandtschaftsdiagramm

Zweck und Absicht (Warum und wann anwendbar?)

Das Verwandtschaftsdiagramm (engl. Affinity diagram) dient dazu, Ideen oder Informationen, die mit anderen Techniken gewonnen wurden, in Gruppen zusammenzufassen und gemäß einer gewissen Logik zu sortieren: z. B. durch Zusammenstellung von Produkten, Berichten oder durch andere große Mengen von gemischten Daten.

Funktion und Aufgabe (Wie funktioniert es?)

- Ein Verwandtschaftsdiagramm organisiert und strukturiert eine Liste von Elementen oder Faktoren und ist das Darstellungstool, das man idealerweise für Chunking (= grobes Gruppieren) einsetzt.

- Es bestärkt auch die Kreativität während der Suche nach verwandten Daten und definiert eine gruppierende Logik. Somit liefern Verwandtschaftsdiagramme eine neue Sichtweise und Klärung.

Anleitung (Wie gehe ich vor?)

- Formulieren Sie das diskutierte Thema in einem vollständigen Satz.
- Brainstormen Sie mindestens 20 Ideen oder Themen zum Problem oder sammeln Sie Informationen durch Forschung oder Interviews.
- Zeichnen Sie jede Idee oder Information auf Kärtchen oder Post-it®-Zetteln auf.
- Sortieren Sie Informationen gleichzeitig in fünf bis zehn verwandte Gruppen. Verschieben Sie einfach jede Notiz, die Ihrer Meinung nach in eine andere Gruppe gehören könnte, und verschieben Sie sie später nochmals, falls erforderlich.
- Für jede Gruppe legen Sie eine Zusammenfassung, Beschreibung oder Überschrift in Abstimmung mit der Arbeitsgruppe an.
- Falls nötig, teilen Sie große Gruppen in Untergruppen, und bezeichnen Sie diese mit Unter-Überschriften.
- Erstellen Sie ein Verwandtschaftsdiagramm: Breiten Sie alle Ideen und Verwandtschaftskärtchen auf einem Blatt Papier oder einer Tafel aus. Bilden und umrahmen Sie Gruppen mit den Verwandtschaftskärtchen an der Spitze jeder Gruppe. Die hieraus entstehende hierarchische Struktur erzeugt ein wertvolles, besseres Verständnis der Situation.
- Verwenden Sie das MECE-Prinzip, das schon im Problembaum (Abschnitt 3.1.2) beschrieben wurde, um die Qualität Ihres Diagramms zu erhöhen.

Tipps und Anregungen

- Es ist in Ordnung, wenn Notizen einzeln stehen bleiben. Die „Einzelgänger" können ebenso wichtig sein wie andere, die sich ganz natürlich in Gruppen einfügen.
- Es ist möglich, dass eine Notiz in einer Gruppe ein Überschriftskärtchen wird. Wählen Sie nicht einfach die nächstliegende, passende Überschrift – eine neue Überschriftskarte zu erstellen führt oft zu bahnbrechenden Ideen.
- Die Zuordnung zu Gruppen ergibt häufig ein neues Verständnis von dem, was zusammengehören sollte. Überprüfen Sie, ob dies realistisch ist. Benutzen Sie eine Pinnwand (oder Post-it®-Zettel auf einem Brett), um Ideen schnell und flexibel darzustellen, zu bewegen, zu gruppieren und zu ersetzen.
- Ein Beispiel für ein Verwandtschaftsdiagramm zeigt Abbildung 53. Es basiert auf rund 60 Ideen aus einem Brainstorming. Die Ideen, die unter „Mix" grup-

piert wurden, könnten auch als „Marketing-Tools" bezeichnet werden oder unter „Print" und „Online" gruppiert werden.

- Schauen Sie nach kleineren Gruppen; gehören diese vielleicht besser zu einer anderen, größeren Gruppe?
- Schauen Sie nach großen Clustern; sind diese vielleicht zu groß und sollten besser aufgeteilt werden?
- Manchmal hilft es, alle Karten durcheinander zu mischen oder einfach paarweise Karten zu tauschen, bevor Sie mit der Arbeit anfangen, um eingefahrene Denkweisen aufzubrechen und neue Muster zu entdecken.
- In einem Workshop kann es helfen, wenn Sie eine separate Arbeitsfläche einrichten, um Karten zwischenzuparken und dann einzelne zutreffende Karten den Bereichen, Clustern und Kategorien zuordnen zu können.
- Wenn Sie sich zeitweise nicht entscheiden können, wo eine Karte am besten eingeordnet werden soll, kreieren Sie ein Duplikat und markieren Sie die beiden Karten mit „D".
- Als grobe Regel: Sammeln Sie nicht mehr als sieben bis zehn Karten. Falls die Gruppe größer ist, prüfen Sie, ob Sie die Gruppe nicht sinnvoll aufspalten können.

Beispiel eines Verwandtschaftsdiagramms für verschiedene Kommunikationsmittel

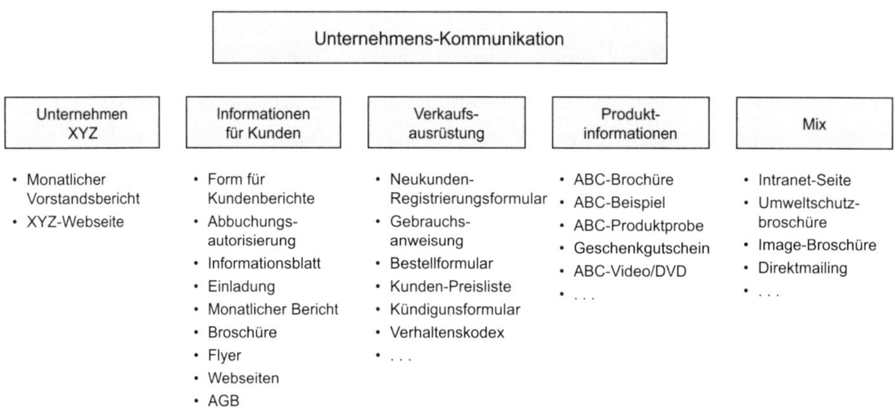

Abbildung 53 Verwandtschaftsdiagramm zur Struktur der Kommunikationsmittel eines Unternehmens

Querverweis zu verwandten Tools in diesem Buch

Venn-Diagramm (Abschnitt 3.4.7), Kärtchentechnik (Abschnitt 3.3.2), Mind Map (Abschnitt 3.1.21).

Bibliografie: Nagel, Bassard und Ritter Straker, Kahlbach.
Das Verwandtschaftsdiagramm (engl. Affinity diagram) wird auch KJ-Methode genannt, nach dem Erfinder Jiro Kawakita.

3.4.7 Venn-Diagramm

Zweck und Absicht (Warum und wann anwendbar?)

In manchen Fällen ist die Situation so komplex, dass eine hierarchische Baumstruktur (z. B. Verwandtschaftsdiagramm, Abschnitt 3.4.6) überfordert ist, aber auch eine Darstellung in einer Karte wie z. B. ein Kontextdiagramm (Abschnitt 3.1.18) oder ein Relationales Datenmodell (Abschnitt 5.2.5) nicht angebracht sind, da die Situation nicht spezifisch genug ist, um Pfeile einzeichnen zu können. In diesen Situationen eignet sich das Venn-Diagramm.

Funktion und Aufgabe (Wie funktioniert es?)

Venn-Diagramme arbeiten mit runden Formen, um unterschiedliche Anordnungen oder Elemente von Situationen oder Ideen darzustellen. Wo Elemente von Gruppen überlappen, überschneiden sich Kreise und stellen so die Beziehung – ähnlich wie in der Mengenlehre – zwischen den unterschiedlichen Elementen dar.

Anleitung (Wie gehe ich vor?)

- Gehen Sie durch die Informationen und Ideen und legen Sie Elemente ähnlicher Art fest. Benutzen Sie einen Marker für Elemente, die zu mehr als einer Gruppe gehören.
- Gruppieren Sie Elemente ähnlicher Art in einer Box und entwickeln Sie so einen schematischen Überblick.

Alternativen

Neben dem Verwandtschaftsdiagramm (Abschnitt 3.4.6) gibt es ähnliche Tools, die unter dem Begriff Chunking (Organisieren oder Aufgliedern in größere oder kleinere Stücke) zu finden sind, wie z. B. 3M-Tool (Meta – großer Chunk, Makro – mittlerer Chunk und Mikro – kleiner Chunk) oder unter Clustering. Chunking ist ursprünglich ein NLP-Ausdruck, der auch im Informationstechnologie-Bereich benutzt wird. Der grafische Ansatz bei Chunking beinhaltet, die Themen oder Ideen in einem Kasten in der Mitte eines Flipcharts zu platzieren. Ein zweiter Kasten wird über den ersten gezeichnet, um zu notieren, wovon die ursprünglichen ersten Themen ein Teil sind – die Frage danach, was umfassender ist als das Thema bzw. was das „Bigger Picture" ist. Teilbereiche der Themen werden in Kästen unterhalb der ersten Box gezeichnet. Schließlich werden ähnliche, vergleichbare oder parallele Themen (der gleichen Hierarchie) in Kästen neben der ursprünglichen Box platziert. Chunking ist eine gute Lösung, um den größeren Kontext zu verdeutlichen.

Beispiel für ein Venn-Diagramm

Abbildung 54 zeigt ein Venn-Diagramm und macht deutlich, dass schnell eine komplexe Struktur entsteht.

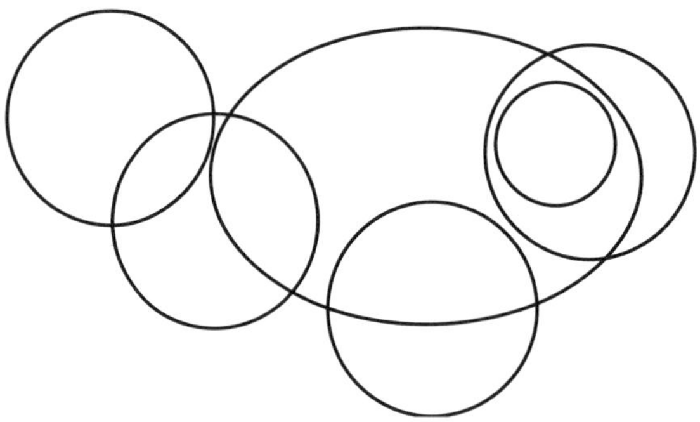

Abbildung 54
Venn-Diagramm

Bibliografie: Harris, Nagel, Haberfellner, Bassard und Ritter, Straker.

3.4.8 Kräftefeld (Force Field)

„Einige konkurrierende Gruppen engagieren sich für unterschiedliche Initiativen. Keine von ihnen versteht und berücksichtigt die Gegenseite und die Widerstände für oder gegen die gewünschten Veränderungen. Ich möchte diese Kräfte identifizieren und darstellen."

Zweck und Absicht (Warum und wann anwendbar?)

Die Kräftefeldanalyse wurde in den 1950er-Jahren von Kurt Lewin entwickelt. Sie dient dazu, Kräfte zu entdecken, die den gewünschten Änderungen entgegenstehen, diese zu analysieren und proaktiv anzugehen. Andere nützliche Anwendungsbereiche sind:

- Nachteile und Vorteile von Ideen und Initiativen im Vorfeld zu testen und zu evaluieren,
- Gründe und Faktoren erkennen, die die Lösung eines Problems unterstützen oder bremsen, und
- erkennen, wann eine Idee voraussichtlich auf Widerstand stößt.

Funktion und Aufgabe (Wie funktioniert es?)

Das Kräftefeld zeigt die Relationen und Bedeutungen von Faktoren, die möglicherweise das Problem, ein Ziel, eine Initiative oder gewünschte Veränderung beeinflussen. Es gibt jederzeit Situationen, in denen die einen Kräfte eine bestimmte

Situation oder einen Prozess unterstützen und entgegengesetzte Kräfte gegen die Situation oder den Prozess arbeiten. Die antreibenden Kräfte für eine Veränderung unterstützen die Bewegung in die Richtung eines gewünschten Zustands, während bremsende Kräfte (gegen Veränderung) versuchen, den Status quo zu halten; also ist die bestehende Situation eine Balance zwischen Kräften für und gegen Veränderung. Das Kräftefeld kann auch die Vorteile und Nachteile einer Situation darstellen, um sie leichter vergleichen zu können.

Anleitung (Wie gehe ich vor?)

- Nachdem der Arbeitsgruppe der Zweck des Kräftefeld-Tools erklärt wurde, wird der Buchstabe „T" auf ein Flipchart gezeichnet. Notieren Sie das Thema oder Problem, das Sie analysieren oder genauer erforschen möchten, über dem horizontalen Balken des „T".
- Erläutern Sie das Problem. Beschreiben Sie anschließend die Idealsituation, die Sie mit den Anwesenden erreichen möchten.
- Identifizieren Sie die Kräfte, die zur idealen Situation treiben. Diese Kräfte können intern oder extern sein. Listen Sie diese auf der *linken Seite* des „T" auf.
- Identifizieren Sie alle relevanten Kräfte, die existieren können, in:
  - Umgebung (sozial, politisch, ökonomisch, technologisch, ökologisch, usw.)
  - Unternehmen (Mission, Ziele, Strategien, Kulturen, Werte, Glaube usw.) und Gruppen in Unternehmen (Abteilungen, Geschäftseinheiten, informelle Gruppen usw.)
  - Wechselbeziehungen (Rollen, Stile, Funktionen, Allianzen, Konflikte usw.)
  - Individuen (Ziele, Erwartungen, Bedürfnisse, Wünsche, Verhaltensstile usw.)
- Identifizieren Sie Kräfte, die die Bewegung in Richtung Idealzustand bremsen. Diese notieren Sie auf der rechten Seite.
- Priorisieren Sie die antreibenden Kräfte. Verwenden Sie das 100-Punkte- (Abschnitt 6.11) oder das nominale Gruppen-Tool (Abschnitt 6.10), falls Sie keine Einigung erzielen. Möchten Sie die Situation in einem Diagramm darstellen wie in Abbildung 55, dann verdeutlicht die Länge der Pfeile die Wichtigkeit bzw. den Einfluss der Kraft.
- Finden Sie heraus, wo der Balancepunkt liegt und arbeiten Sie daran, die bremsenden Kräfte zu reduzieren und die antreibenden Kräfte zu stärken. Gestalten Sie den gewünschten Zustand attraktiver. Wählen Sie die effektivsten Aktionen, um die Pro-Kräfte zu erhöhen und die Anti-Kräfte zu schwächen.
- Listen Sie die durchzuführenden Schritte auf und setzen Sie diese in Ihre Umsetzungsstrategie oder Präsentation fürs Management ein.

Tipps und Anregungen

- Häufig ist es erfolgreicher, Barrieren aus dem Weg zu räumen, als sich zu sehr auf die treibenden Kräfte zu konzentrieren, da die Verstärkung der treibenden Kräfte oft größere Widerstände erzeugt.
- Ist nicht klar, ob eine Kraft für oder gegen das Projekt ist, notieren Sie diese auf einem separaten Blatt, um sie später zu diskutieren.
- Lassen Sie genügend Raum zwischen den Kräften, um Strategien oder Schritte einzufügen und benutzen Sie unterschiedliche Farben, um die beiden zu unterscheiden.

Beispiele

Tabelle 18 und Abbildung 55 zeigen zwei Beispiele: eine Kräftefeld-Tabelle zum Thema „mit dem Rauchen aufhören" und ein Kräftefeld-Diagramm mit Pro und

Tabelle 18 Beispiel für eine Kräftefeld-Tabelle, um „Nichtraucher zu werden"

Kräftefeld: Die ideale Situation wäre „mit dem Rauchen aufzuhören"	
Treibende Kräfte für (+)	**Bremsende Kräfte gegen (–)**
A: Gesundheitsrisiko *Aktionspunkt 1:*	C: Gewohnheit *Aktionspunkt 4:*
B: Brandflecken in Kleidern *Aktionspunkt 2:*	D: Abhängigkeit *Aktionspunkt 5:*
Schlechtes Vorbild: *Aktionspunkt 3:*	Geschmack
Kosten	Werbung
Auswirkungen auf andere	Unnachsichtigkeit

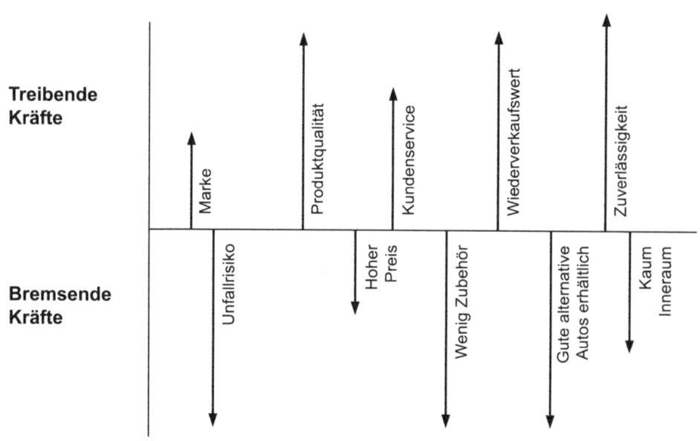

Abbildung 55 Das Kräftefeld-Diagramm zeigt die treibenden und bremsenden Kräfte für einen Autokauf

Kontra bei der Entscheidung, ein bestimmtes Auto zu kaufen. Die große Schwierigkeit beim Erstellen eines solchen Diagramms ist es, die richtige Länge der Pfeile zu entscheiden.

Querverweis zu verwandten Tools in diesem Buch

Das Kräftefeld ist nicht nur ein nützliches Tool, um auf kreative Weise die bestehenden Kräfte zu verstehen, sondern kann auch eine wichtige Rolle während der Analyse oder der Phase der Entscheidungsfindung spielen. Damit lassen sich auch Kriterien entwickeln, mit denen die Effektivität von Verbesserungen abgeschätzt werden kann.

Bibliografie: Butler, Grundy

4 Zielformulierung

Zweck der Kategorie	Name des Tools oder der Technik	Seite	Benutzerfreundlichkeit	Aufwand/ Nützlichkeit
Zielformulierung	Zielbaum	172	☺☺	☺☺
	Ziel-Mittel-Hierarchie	174	☺☺	☺☺☺
	Charta	177	☺☺	☺☺☺
	Zielkatalog	179	☺☺	☺☺
	SMARTe Ziele	181	☺☺☺	☺☺
	Definierte Ergebnisse	184	☺☺	☺☺
	3P-Äußerungen	186	☺☺☺	☺☺☺
	Ziel-Gitter	183	☺☺☺	☺☺
	SNAP	188	☺☺	☺☺

Zielsetzungen beginnen meist mit Fragen wie dieser: „Was wollen wir bzw. was wollen wir erreichen oder vermeiden?" Die Antworten können lauten: „Wir wollen die Profitabilität verbessern" oder „der Schadstoffausstoß soll verringert werden". Das sind die Ziele oder gewünschten Ergebnisse. Dieser Abschnitt beschreibt Tools, mit denen man solche Antworten (Ziele) identifizieren, verstärken, verstehen, definieren und testen kann. Ziele sind Feststellungen, die den Lösungsfindungsprozess leiten, und die definieren, was eine Lösung als Resultat für den gewünschten Zustand bezwecken wird.

Zieldefinition aus unterschiedlichen Blickwinkeln

Abbildung 56 enthält Zitate, die das Wesen der Zielsetzung treffend zusammenfassen. Es existieren verschiedene Begriffe – Ziel, Zweck, Lösung, Absicht, Intention, Ergebnis – die das Gleiche meinen: Man möchte einen Zustand erreichen, der besser ist als der derzeitige Status quo.

Eine ungenügende Definition von Zielen oder Ergebnissen ist häufig der Grund für Konflikte und Missverständnisse. Daher ist dies eine wichtige Komponente, die eindeutig durchgeführt und verstanden sein will. Die folgenden Tools helfen dabei, alle Blickwinkel zu prüfen, um „High Quality Goals" zu erzielen. Hier wurden Tools aus breit gefächerten Disziplinen verwendet: aus Coaching, Projektmanagement, Pädagogik, Beratung (Counselling), aus der Literatur zur Selbsthilfe in Lebens- und Berufsberatung, aus den Humanwissenschaften, NLP usw. Sie sollen

Abbildung 56 Zusammenfassung von „typischen" Zielsetzungen

Sie dabei unterstützen, mit den verschiedenen Situationen und Anforderungen gut umgehen zu können und die Zielformulierung spannender und unterhaltsamer zu gestalten.

Man könnte in diesem Zielsetzungskapitel einen Abschnitt über die „Balanced Scorecard" erwarten. Die Balanced Scorecard ist jedoch eine eigene „Wissenschaft" und muss deshalb umfassender behandelt werden als es in diesem Buch möglich ist. Nutzen Sie für weitere Informationen dazu entsprechende Fachliteratur.

4.1 Kriterien zur Zielformulierung

Ziele und die Zielformulierung sind für den Problemlösungsprozess sehr wichtig, da sie

- die Diagnose und Situationsdefinition auf eine *lösungs*orientierte Betrachtung hin ausrichten, und somit vermeiden, „im Problem stecken zu bleiben",
- die Lösungssuche steuern und als *kommunikations- und konsensunterstützende Mittel* gesehen werden können, die helfen sollen, die Beteiligten (Stakeholder) auf ein gemeinsames Ziel hin auszurichten,
- als *Bewertungs- und Referenzkriterien* dienen, wenn die geschaffene Lösung mit den ursprünglichen Muss-, Soll- und Wunschzielen verglichen werden.

Daraus folgt, dass Ziele nicht offensichtlich sind und – bezogen auf das zu lösende Problem – erarbeitet und definiert werden müssen.

Typische Merkmale einer guten Zielformulierung sind:

- Zielbereich/Zielobjekt – Woran sind die Ziele gebunden?

- Zieleigenschaft oder Zielinhalt – Was soll erreicht werden?
  - erwünschte Wirkung erreichen
  - unerwünschte Wirkung vermeiden (siehe Zielgitter)
- Zielausmaß – Wie viel soll erreicht werden? (siehe Zielkatalog)
- Zeitbezug – Wann soll es erreicht werden?
- Ort – Wo soll es wirksam werden?
- Lösungsneutralität – Mutually exclusive, collectively exhaustive (MECE)

Ein Beispiel für ein gut formuliertes Ziel ist: „Wir, die Stadt X, wollen in den nächsten drei Jahren die Anzahl der Verkehrsunfälle im innerstädtischen Bereich durch Aufklärungsmaßnahmen um mindestens 40 % reduzieren."

Siehe auch ergänzend das SMART-Tool (Abschnitt 4.6)

4.2 Zielbaum

„Der Problembaum war hilfreich, um das Problem zu zerlegen; jetzt möchte ich aber genauso konstruktiv meine Ziele definieren!"

Zweck und Absicht (Warum und wann anwendbar?)

Nachdem Sie den Problemauftrag mit Hilfe der Problemdefinition eingegrenzt haben und der Problembaum das Problem besser definiert hat, können Sie nun den Zielbaum verwenden, um die Ziele und Unterziele zu definieren.

Die im Zielbaum definierten Ziele dienen somit zur Bestätigung oder Erweiterung der Projekt-/Programmziele, die z. B. mit der Charta (Abschnitt 4.4) definiert wurden.

Funktion und Aufgabe (Wie funktioniert es?)

- Die problemorientierten Aussagen des Problembaums werden in zielorientierte Aussagen konvertiert. So wird aus „Wassermangel" das Ziel „Verbesserung der Wasserbereitstellung".
- Der Zielbaum kann in Erweiterung auch die Ziel-Mittel-Beziehungen darstellen (siehe auch Ziel-Mittel-Hierarchie, Abschnitt 4.3).

Anleitung (Wie gehe ich vor?)

- Fangen Sie beim Kernproblem an und formulieren Sie alle Elemente (Boxinhalte) des Problembaums in erwünschte, erstrebenswerte Ziele um – als ob das

Problem bereits behoben wäre. So werden aus den Ursachen und Auswirkungen die Lösungsmöglichkeiten, die im Projekt umgesetzt werden.

- Prüfen Sie die sich ergebenden Ziel-Mittel-Beziehungen. Ergeben die Aussagen Sinn? Sind die Ziele realistisch und/oder notwendig? Entfernen Sie unangebrachte und ergänzen Sie, wo nötig.
- Zeichnen Sie Ziel-Mittel-Beziehungen in das Diagramm ein.

Beispiel für einen Zielbaum und wie ein Problembaum zum Zielbaum wird

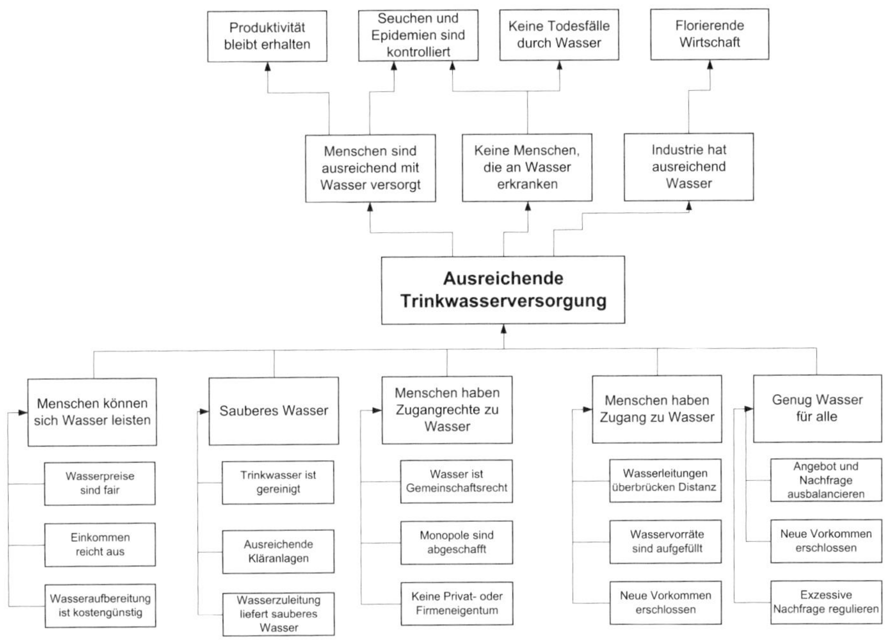

Abbildung 57 Zielbaum mit Ziel-Mittel-Verzweigungen und dem Hauptziel in der Mitte

Tipps und Anregungen

- Im Problembaum würde stehen: „Wenn A für die Ursache steht, dann ist B die Auswirkung des Problems." Im Zielbaum würde stehen: „Das Mittel X ist notwendig, um das Ziel Y zu erreichen." Bedenken Sie jedoch, dass nicht aus jeder Ursache-Auswirkung-Beziehung eine Ziel-Mittel-Aussage wird. Dies hängt auch von der Formulierung, Wortwahl und der Situation ab.

Querverweis zu verwandten Tools in diesem Buch

Problemdefinition (Abschnitt 3.1.1), Problembaum (Abschnitt 3.1.2), Hypothesenbaum (Abschnitt 3.1.5), Ziel-Mittel-Hierarchie (Abschnitt 4.3), Charta (Abschnitt 4.4)

Bibliografie: www.dfid.gov.uk

4.3 Ziel-Mittel-Hierarchie

„Wir haben Probleme, die Zusammenhänge und Abhängigkeiten der verschiedenen Ziele zu erkennen – welche stehen im Widerstreit, welche erzeugen Synergien und welche Maßnahmen und Ziele beeinflussen einander?“

Zweck und Absicht (Warum und wann anwendbar?)

Große Unternehmensziele werden häufig auf der Führungsebene festgelegt. Anschließend werden sie dann in einfache umsetzbare Ziele übersetzt, je weiter sie in einem Unternehmen durch die Ebenen nach unten wandern. Diese Ziele verdeutlichen die Prioritäten und Unterziele für die jeweilige Hierarchieebene.

- Die Ziel-Mittel-Hierarchie hilft, die Abhängigkeiten zwischen den Zielen der oberen Ebenen und den Zielen der operationalen Ebenen sowie Projekt-Zielen besser zu verstehen. Man kann überprüfen, ob eine Maßnahme auf die „richtigen“ Dinge ausgerichtet ist – gemeint sind beeinflussende und beeinträchtigende Hebelwirkungen. Beispiel: Erhöht das Projektziel „Einrichtung eines Call-Centers“ den Umsatz? Wenn ja, wie?
- Bei der Vorbereitung für einen Business Case (finanzielle Wirtschaftlichkeitsbetrachtung) werden die Zusammenhänge, die zugehörigen Motive und die Logik zwischen Mitteln und den erwarteten Zielen und Ergebnissen deutlich gemacht. Für einen Business Case müssen die treibenden Faktoren quantifiziert werden, damit das Zahlenwerk gesund und realistisch wird.

Funktion und Aufgabe (Wie funktioniert es?)

Eine Ziel-Mittel-Hierarchie arbeitet wie ein Uhrwerk. Dreht man an einem Rad, werden sich mehrere andere Räder immer mitbewegen. Es ist jedoch schwierig vorherzusagen, in welche Richtungen sie sich drehen werden. Versteht man die Bezüge und Abhängigkeiten untereinander, wird klar, in welche Richtung man *sein* Rad drehen muss.

Die Ziel-Mittel-Hierarchie bricht Ziele auf ihre Unterebenen und eine hierarchische Struktur herunter, um die Motive und Faktoren erkennbar zu machen, die die Ziele auf höherer Ebene beeinflussen. Jedes Ziel ist ein wertbestimmendes Element und ein Hebel, der das übergeordnete Ziel beeinflusst, während es ein Ziel für die wertebestimmenden Elemente und Hebel auf der Ebene darunter darstellt.

Anleitung (Wie gehe ich vor?)

- Schlüsseln Sie die gewünschten Ergebnisse und Ziele entweder von oben nach unten oder umgekehrt auf und prüfen Sie folgende Punkte:
  - Ergeben die genannten Ziele und Verbindungen dazu Sinn?
  - Sind die Ziele in beide Richtungen konsistent?

- Stehen die Projektziele und die Unternehmensziele miteinander in Einklang (siehe Beispiel in Abbildung 58)?
- Sind die Ziele messbar und können sie derzeit gemessen werden?

- Listen Sie die Abhängigkeiten auf und entwickeln Sie Ihr eigenes Hierarchie-Modell.
- Überprüfen Sie es mit den Stakeholdern und Sponsoren.

Tipps und Anregungen

- Planen Sie Schritte, um die gesteckten Ziele zu erreichen. Diese können als Teil eines Projektvertrags festgelegt werden, wofür Sie z. B. das Charta-Tool (Abschnitt 4.4) benutzen können.
- Achten Sie darauf, dass alle Initiativen und Projekte, die die gleichen Ziele beeinflussen, voneinander wissen, in Einklang sind und entsprechend gut koordiniert werden.
- Es ist wichtig, zu verstehen und zu verifizieren, ob und wie alle Unterziele sich zum korrespondierenden Ziel der nächsten Ebene ergänzen.

Beispiel einer Ziel-Mittel-Hierarchie für die höchste Ebene

Abbildung 58 zeigt antreibende und beeinflussende Faktoren eines wirtschaftlichen Ziel-„Baums“. Für solch ein Beispiel kann ein Unternehmensziel sein: „Einnahmen erhöhen“. Das SMART-Ziel könnte sein, die derzeitigen Einnahmen von 200 Millionen Euro zum Ende des nächsten Finanzjahres um 10 % zu erhöhen.

Als Ergebnis dieses Unternehmensziels setzt die Serviceabteilung vielleicht auf eine Initiative zur Erhöhung der Einnahmen, z. B. indem sie Verkaufsförderung und Marketingaktivitäten verstärkt. Das SMART-Ziel der Abteilung könnte lauten: „Den ROI der Sales- und Marketingabteilung um 5 % erhöhen.“

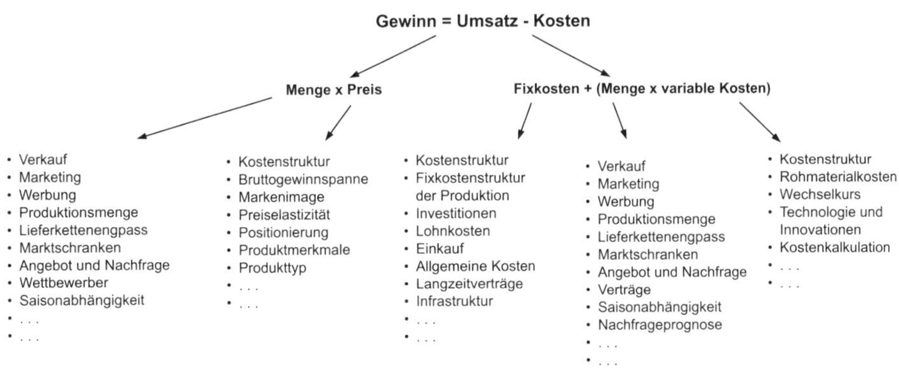

Abbildung 58
Antreibende und beeinflussende Faktoren eines wirtschaftlichen Ziel-„Baums“

Als Folge dieses Abteilungsziels wird ein bestimmter Bereich innerhalb dieser Abteilung, zuständig für Directmailing, sein SMART-Ziel definieren: „Die Rücklaufquote bei Direktwerbeaktionen von derzeit 2 % bis zum Ende des Finanzjahres auf 3,5 % erhöhen, mit unverändertem Budget von 1 Million Euro"; usw.

Beispiel einer Ziel-Mittel-Hierarchie: „Welches Projekt und Kerngeschäft unterstützt welches Ziel?"

Abbildung 59 zeigt ein anderes Beispiel einer Ziel-Mittel-Hierarchie, das genutzt werden kann, um herauszufinden, ob Ziele vereinbar sind mit den Wechselwirkungen zwischen den einzelnen Zielen.

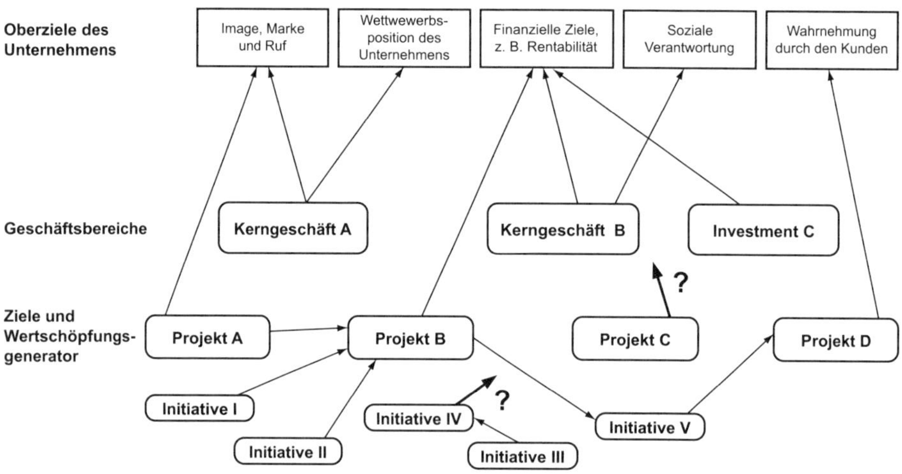

Abbildung 59 Ziele und gegenseitige Abhängigkeiten – sind sie konsistent?

Ein alternativer Ansatz, basierend auf Wert- bzw. Kostenfaktoren

Als Variation der Ziel-Mittel-Hierarchie lassen sich Wert- bzw. Kostenfaktoren als Ansatz verwenden und dann auf Ihr jeweiliges Szenario anwenden. Ein werttreibender Faktor dabei ist – egal ob innerhalb oder außerhalb des Unternehmens – umsatzfördernd oder er generiert einen sonstigen Mehrwert, jetzt oder in der nahen Zukunft, direkt oder indirekt. Dieser Mehrwert kann sich sowohl für den Kunden als auch für das Unternehmen selbst ergeben, z. B. Image, Ruf, Innovationskompetenz usw. Wie zu erwarten, gibt es natürlich viele Hierarchien, aus denen sich die Faktoren zusammensetzen. Genau diese Zusammenhänge gilt es zu prüfen: Welche Sub-Faktoren treiben zusammen welchen Haupt(-wert)-Faktor an?

Ähnlich wie bei der Ziel-Mittel-Hierarchie könnten Sie die Zusammenhänge von untereinander abhängigen Faktoren, Hebeln und (Werte-/Kosten-)Treibern auch als hierarchisches Diagramm darstellen. Die Zusammensetzung und Gruppierung der Werte- und Kostentreiber hängt dabei von Ihrer Situation ab. Diese Faktoren stehen in engem Zusammenhang mit den Faktoren, die bei dem Tool Kritische Erfolgsfaktoren zum Einsatz kommen. Des Weiteren spielen die Faktoren bei Kostenanalysen eine wichtige Rolle.

Querverweis zu verwandten Tools in diesem Buch

Zielkatalog (Abschnitt 4.5), Charta (Abschnitt 4.4), Zielbaum.

Bibliografie: Haberfellner, Grundy, Grant, Kostka

4.4 Charta

„Projektziele, Projektaktivitäten, Projektüberblick, Projektmittel usw. ... – das füllt zu viele Seiten. Gibt es kein Tool, das eine Zusammenfassung des Wesentlichen liefert?"

Zweck und Absicht (Warum und wann anwendbar?)

Eine (Projekt-)Charta ist ein nützliches Dokumentations- und Kommunikationstool für den Projektstart und für eine spätere Kontrolle der zuvor vereinbarten Zielelemente. Die Struktur und Logik einer Charta fungiert auch sehr gut als Richtschnur und Konsistenzkontrolle, während man Ziele erforscht und definiert.

Funktion und Aufgabe (Wie funktioniert es?)

Eine Charta liefert einen zusammengefassten Überblick der Schlüsselelemente auf einer Seite. Sie ist auch ein ausgezeichnetes Test-Tool, um zu überprüfen, ob das, was man erreichen möchte, auf Ergebnissen basiert, die wiederum auf Aktivitäten beruhen. Idealerweise benutzt man die Charta während der Dauer einer Initiative oder eines Projekts, weil man damit die Arbeit planen, verteilen und die Arbeitsfortschritte prüfen kann, und sie ist wichtig für den abschließenden Überblick und die Evaluation.

Anleitung (Wie gehe ich vor?)

- Die Festlegung und Entwicklung des „Inhalts" geschieht am besten mit Hilfe von einigen der anderen Zielsetzungs-Tools wie z. B. dem Zielkatalog (Abschnitt 4.5) und der Ziel-Mittel-Hierarchie (Abschnitt 4.3).
- Die grundsätzliche Logik der Charta besteht darin, dass jede Spalte auf dem Input der rechts davon liegenden Spalte basiert (siehe Tabelle 19). Um die beabsichtigten Ziele zu erreichen, müssen die Ergebnisse detailliert in der mittleren Spalte aufgeführt sein, da diese den Input und die Basis liefern.

- Man muss die Unterschiede zwischen den drei Spalten wirklich verstehen – sie sind nicht sofort eingängig und Sie müssen sie den Personen, mit denen Sie arbeiten, erklären.
- Die Ziel-Spalte enthält Ziele und Absichten, also alles, was das Projekt erreichen soll.
- Die Ergebnis-Spalte enthält alle greifbaren Dinge, die durch die Hauptaktivitäten entstehen, die produziert und demonstriert werden, z. B. die Analyseergebnisse eines Fragebogens, ein neuer Prototyp oder ein Spezifizierungskatalog. Ergebnisse sind nicht die Aufgaben oder Aktivitäten. Ergebnisse sind das, was man erhält, wenn die Aktivitäten ausgeführt werden. Im Englischen beschreibt das Wort „deliverables" den Kern sehr gut – das Hauptaugenmerk liegt auf der Tatsache, dass etwas Greifbares produziert wird, das auch messbar und eindeutig fassbar ist. Dies ist das Mittel zum Zweck (= Ziel).
- Die Spalte mit den Kernaktivitäten enthält die Bausteine, die auf der rechten Seite beginnen. Jede Hauptaktivität führt oder trägt zu mindestens einem Ergebnis bei. Jedes Ergebnis unterstützt mindestens ein Ziel; warum sollte man es sonst ausführen? Arbeiten Sie mit dieser Logik, um die Charta von rechts nach links und von links nach rechts zu überprüfen.
- Die Spalte „außerhalb des Betrachtungsfeldes" weiter unten kann man benutzen, um Bereiche zu kennzeichnen, die man ausdrücklich nicht berücksichtigen wird. Zum Beispiel kann die Spalte „außerhalb des Betrachtungsfeldes" dazu benutzt werden, um explizit Bereiche festzulegen, die nicht betrachtet werden sollen. Benutzen Sie bei Bedarf auch die Spalten „Zeit/Mittel/Kosten" und „Kritische Erfolgsfaktoren", wenn Sie zum Kontext passen.
- Ergänzen Sie zusätzliche Spalten, wenn Sie z. B. finanzielle und nicht-finanzielle Vorteile („Benefits") oder bereits identifizierte Risiken in die Zielvereinbarung einbringen wollen. Ebenso können vertragliche Verantwortlichkeiten in einer Charta festgehalten werden. Welche Verpflichtungen hat Ihr Geschäfts-

Tabelle 19 Vorlage für eine Charta

Charta		
Objectives/Ziel	**Deliverables/Ergebnis**	**Key Activities/Kernaktivitäten**
•	• •	• • •
Out of scope – „außerhalb des Betrachtungsfeldes"	Time/Resources/Cost – Zeit/Mittel/Kosten	Critical Success Factors/ Kritische Erfolgsfaktoren
•	•	• • •

partner? Haben Sie z. B. die Bereitstellung von Ressourcen, Informationen oder Studien vorab vereinbart und dokumentiert oder sichergestellt, dass Stakeholder für Trainingsmaßnahmen anwesend sind?

Querverweis zu verwandten Tools in diesem Buch

Projektmanagement-Tools, Zielkatalog (Abschnitt 4.5), Ziel-Mittel-Hierarchie (Abschnitt 4.3).

4.5 Zielkatalog

Zweck und Absicht (Warum und wann anwendbar?)

Ein Zielkatalog liefert einen Rahmen, um Ziele und Ergebnisse umfassend und korrekt in jeder Phase der Zielsetzung oder des Projekt-Prozesses beurteilen zu können. Die Ziele müssen während des Projekts/Prozesses immer wieder überprüft und als Referenz in der Phase des Entscheidungs- und Evaluierungsprozesses benutzt werden.

Funktion und Aufgabe (Wie funktioniert es?)

Der Vorgang der Zielsetzung sorgt dafür, dass das Ziel klar definiert und verstanden wird. Es sollte entsprechend aller Anforderungen dokumentiert und kommuniziert werden, so dass alle relevanten Parteien das Ziel und Ergebnis verstehen.

Anleitung (Wie gehe ich vor?)

- Definieren Sie das Objekt (z. B. Beschaffungssystem, Farbenherstellungsanlage, Reduktion schädigender Emissionen in Städten nahe einer Chemiefabrik usw.), das Sie verändern oder verbessern wollen. In dieser frühen Phase kann es manchmal verschwommen sein und muss daher später nochmals überprüft werden.
- Formulieren Sie das Ziel, seine gewünschten und nicht gewünschten Qualitäten, Eigenschaften und Attribute.
- Untersuchen Sie das erwartete Ergebnis und was einzelne Gruppen mit ihren Zielen bewirken wollen. „Ist eine Reduktion der Emissionen das Endziel, oder geht es eher darum, die sinkenden Eigentumswerte zu verhindern oder den Gestank zu vermeiden, der Grillabende unmöglich macht?“ Fragen Sie mehrere Male, was die Ziele an Nutzen bringen, bis Sie die tiefer liegende Motivation erfahren. Diese Fragetechnik entspricht dem 5-W-Tool in Abschnitt 3.2.11.
- Manchmal sollen Ziele gleichzeitig verschiedene Anforderungen erfüllen, was zu verwirrenden Äußerungen und Widersprüchen führen kann, z. B.: eine Re-

duktion der Emission, aber keine ökonomischen oder kommerziellen Nebenwirkungen (Jobverluste, weil die Chemiefabrik schließen muss). Nicht alle Ziele sind perfekt aufeinander abgestimmt und lassen sich synergetisch erreichen.

- Quantifizieren Sie die Dimensionen der Ziele (in Zeit, Menge, Prozentangaben, Qualität, Ort) und beschreiben Sie, wie Sie diese messen würden (siehe „SMARTe Ziele", Abschnitt 4.6).
- Überprüfen Sie die festgelegten Ziele und entwickeln Sie Kategorien (und Unterkategorien) für Ziele und Unterziele mit Hilfe des Tools Ziel-Mittel-Hierarchie in Abschnitt 4.3.
- Legen Sie für jedes Ziel Wichtigkeit, Dringlichkeit und Priorität fest. Benutzen Sie eine Logik wie z. B. M = Must have (höchste Priorität), S = Should have oder N = Nice to have.
- Dokumentieren Sie Ihre Arbeit mit Hilfe des Zielkatalogs und überprüfen Sie alles gemeinsam mit den Stakeholdern und den Verantwortlichen für das jeweilige Ziel. Diese Überprüfung führt logisch zum Stakeholder-Erwartungsmanagement in Abschnitt 3.1.14: Man überprüft den Zielkatalog in Abstimmung mit den Stakeholder-Erwartungen in Bezug auf die Ziele.

Tipps und Anregungen

- Prüfen Sie das Ziel und das Ergebnis mit „Warum, wie, wann, wie viel, wo, wer?".
- Bedenken Sie, dass der Besitzer bzw. der Leiter des Projekts oder der Firma die Ziele festlegt. Sie müssen sicherstellen, dass Sie und die anderen Beteiligten diese verstehen. Schließlich sollten Sie prüfen, ob diese Ziele in die Richtung des gewünschten Oberziels gehen.
- Vermischen Sie nicht Ziel und Lösung. Benennen Sie nicht die Lösung, wenn Sie ein Ziel definieren wollen. Eine Lösung kann kein Ziel sein, es handelt sich lediglich um ein Mittel zum Ziel. Ein Ziel benennt das „Was", eine Lösung das „Wie".
- Die Kategorien des Zielkatalogs müssen mit einer bestehenden Firmenstruktur, einem Berichtssystem oder einem existierenden Balanced-Scorecard-System abgestimmt werden.
- Ein Zielkatalog (Tabelle 20) folgt einer ähnlichen Logik wie der Anforderungskatalog (Abschnitt 5.2.7), lediglich auf einer strategischen Ebene.

Querverweis zu verwandten Tools in diesem Buch

SMARTe Ziele (Abschnitt 4.6), Charta (Abschnitt 4.4), Anforderungskatalog (Abschnitt 5.2.7), Stakeholder-Erwartungsmanagement (Abschnitt 3.1.14).

Bibliografie: Haberfellner

Tabelle 20 Beispiel eines Zielkatalogs

Zielkatalog			
Zielkategorie	**Zieldefinition**	**Bedingungen, Beschränkungen**	**Priorität („Muss, sollte, wäre schön")**
	Finanzen		
Rentabilität	Hohe Kosteneinsparung	Min. 5 %	Sollte
Liquidität	Minimale zusätzliche Investitionen erforderlich	Max. 500,000 €	Muss
	Funktionen und Prozesse		
Sicherheit und Verlässlichkeit	Keine Ausfallzeit länger als 15 Minuten	Max. drei Vorkommnisse pro Jahr	Muss
Leistung	...	...	...
	Personal		
Fähigkeiten, Qualifikationen	...	...	...

4.6 SMARTe Ziele

Zweck und Absicht (Warum und wann anwendbar?)

Die Zielsetzung ist eine Fertigkeit an sich, die man erlernen und üben muss. Mit Hilfe des SMARTe-Ziele-Tools lassen sich solche Workshops besser leiten, bei denen viel Ablenkung herrscht und eine einfache Führungshilfe benötigt wird, um die Abläufe zu steuern und die Qualität und Vollständigkeit der identifizierten Ziele zu gewährleisten. Das Tool trägt dazu bei, die Qualität des festgelegten Ziels zu verbessern. Es hilft nicht bei der Festlegung (und quantitativen Überprüfung) eines Ziels.

Funktion und Aufgabe (Wie funktioniert es?)

Das SMARTe-Ziele-Tool ist eine Richtlinie, um die Qualitätsanforderungen für Ziele zu implementieren und Stabilität, Vollständigkeit und Kongruenz zu garantieren.

Anleitung (Wie gehe ich vor?)

Überprüfen Sie jedes festgelegte Ziel anhand der fünf S-M-A-R-T-Kriterien. Jeder Buchstabe steht für ein Qualitätsmerkmal, das nachfolgend erklärt wird. Verfeinern Sie jedes Ziel, indem Sie einen kurzen Satz dazu formulieren, Beispiel dazu in Klammern:

- *S – Specific, spezifisch:* Erklären Sie detailliert, was Sie beabsichtigen (z. B. „den ROI des Grundstücksentwicklungsinvestments im Osten Deutschlands erhöhen")!
- *M – Measurable, messbar:* Legen Sie Zahlen fest (z. B. „ROI um 2 % erhöhen, ausgehend von bestehenden 6 % im Jahresbericht 2005")!
- *A – Agreed upon, vereinbart:* Wer hat zugestimmt? (Eine Unterschrift ist eine gute Absicherung)
- *R – Realistic, realistisch:* im Gegensatz zu idealistisch!
- *T – Time bound, zeitgebunden:* Setzen Sie einen Meilenstein (z. B. „bis Dezember 2010" oder „innerhalb der nächsten sechs Monate")!

Tipps und Anregungen

- Wenn Sie „es" nicht messen können, dann erfinden Sie einen Maßstab und messen es daran. Können Sie es nicht messbar machen, dann verschwenden Sie Ihre Zeit nicht mit der Festlegung eines entsprechenden Zieles – ein Rat, der immer noch auf viele Situationen zutrifft. Hat man Schwierigkeiten, qualitative Ziele zu definieren – oft bei Service- oder Qualitätsaspekten – führen Sie einen Leistungs-Indikator oder -Index ein, der als Maßstab für steigende oder sinkende Leistung gilt. Fragen Sie: „Wie lässt sich feststellen, dass die Leistung schlecht ist oder etwas nicht mehr ausreichend funktioniert?" Dies liefert Anzeichen dafür, wo man einen Maßstab einführen könnte. Zum Beispiel könnte die „Verbesserung des Arbeitsklimas und der Geschäftskultur" ein Ziel darstellen. Die Maßstäbe (oder Performance-/Leistungs-Indikatoren) könnten sein: Angestellten-Verweildauer, Krankheitstage, Anzahl der Disziplinarverfahren, nicht dokumentierte Materialverluste, usw.
- Um eine Leistungsverbesserung mit Hilfe der SMART-Ziele zu erreichen, überwachen Sie pro-aktiv den Fortschritt jedes einzelnen SMART-Ziels. Manchmal genügt bereits die reine Messung, um die Leistung in den betrachteten Bereichen zu verbessern.
- Eine andere Interpretation des Akronyms SMART ist: Specific, Measurable, Achievable, Relevant, Timed *(spezifisch, messbar, erreichbar, relevant, zeitlich festgelegt).*

Beispiel einer SMART-Zieldefinition

Zusammen mit der Entwicklungs- und Fertigungsabteilung soll ein vierrädriges Motorrad innerhalb von 12 Monaten nach Projektstart ohne externe Hilfe entworfen werden, mit einem Budget von zwei Millionen Euro. Als Ergebnis sollten mindestens drei Design-Studien vorliegen, die so detailliert sind, dass sie direkt in die Produktion gehen könnten.

Bibliografie: Haberfellner, Butler

4.7 Ziel-Gitter

„Ich möchte Ziele auf einer höheren Ebene besprechen, ohne eine Diskussion über greifbare, konkrete Ergebnisse. Kann man konstruktiv über theoretische Ziele sprechen?“

Zweck und Absicht (Warum und wann anwendbar?)

Eingriffe in komplexe Unternehmen erfordern, dass man vorsichtig die möglichen Effekte der Maßnahmen durchdenkt, die man in Erwägung zieht. Maßnahmen, die man in Unternehmensstrukturen durchführt, schlagen oft Wellen, zuweilen mit unvorhersagbaren und unbeabsichtigten Folgen. Unsere Ziele und Vorhaben sind oft mehrdimensional. Das bedeutet, dass wir Zustände beseitigen und andere herstellen wollen. Wir wollen aber auch bestimmte Bedingungen beibehalten oder vermeiden.

Funktion und Aufgabe (Wie funktioniert es?)

Will man etwas, das existiert, nicht mehr haben, besteht das Ziel darin, es zu *eliminieren*. Will man etwas haben, das noch nicht existiert, besteht das Ziel darin, es zu *erreichen*. Aus dem Zusammenspiel unserer Erwartungen und Vorlieben kann man vier Kategorien von Zielen ableiten: *Erreichen, Erhalten, Vermeiden* und *Eliminieren.*

Eine Möglichkeit, die Multidimensionalität unserer Ziele und gewünschten Ergebnisse zu untersuchen besteht darin, die Unterschiede zwischen unseren Annahmen (über „was wir haben“) und unseren Präferenzen („was wir wollen“) zu vergleichen und zu erkennen. Dazu nutzt man das Ziel-Gitter.

Anleitung (Wie gehe ich vor?)

Stellen Sie folgende Fragen, um alle Ihre Ziele klar zu machen:

- Haben wir „es“?
- Wollen wir „es“?
- Was wollen wir erreichen?
- Was wollen wir erhalten?
- Was wollen wir vermeiden?
- Was wollen wir eliminieren?

Vorlage für das Ziel-Gitter

Abbildung 60 zeigt eine Vorlage für ein Ziel-Gitter „Haben wir es?/Wollen wir es?" – Entsprechend diesen Fragen können Situationen im Gitter klassifiziert werden.

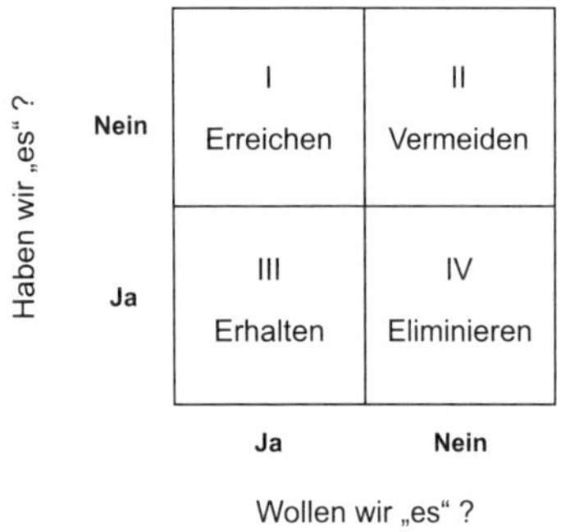

Abbildung 60
„Haben wir es und wollen wir es?"

Bibliografie: Arnold, Nickols (1992)

4.8 Definierte Ergebnisse

Zweck und Absicht (Warum und wann anwendbar?)

Im geschäftlichen Umfeld ist SMART weit verbreitet, um Ziele oder Ergebnisse zu entwickeln. Beim Tool „SMARTe Ziele" werden fünf SMART-Elemente manchmal zu verschwommen formuliert. Das hier beschriebene Tool hilft Ihnen, ein umfassenderes Bild bezüglich Ihrer Zielvorstellung zu definieren.

Funktion und Aufgabe (Wie funktioniert es?)

Die NLP-basierte Methode verwendet sechs Prozessschritte mit Fragen, um Ihre Zielvorstellungen besser zu verstehen, zu verfeinern, und somit ein sorgfältiger bestimmtes Ziel zu erhalten.

Anleitung (Wie gehe ich vor?)

Die sechs Prozessschritte sorgen dafür, dass man sich auf das konzentriert, was man erzielen möchte, und nicht auf das, was man nicht erzielen möchte. Das Gewicht liegt darauf, was und wie man es tut bzw. wie man das Ziel erreichen will. Arbeiten Sie dazu die folgenden Schritte mit den Fragen durch:

1. *Positiv* – „Was möchte ich bzw. möchten wir erreichen?"
   Formulieren Sie Ihr Ziel positiv und legen Sie einen konkreten Schwerpunkt für das Ziel fest. „Ich möchte meine Arbeit ändern und im Tourismusbereich arbeiten" anstatt „falls ich entlassen werde, möchte ich einen Job finden, bei dem ich mit Menschen arbeite."

2. *Spezifisch, messbar, konkret* – „Wie erkenne ich, dass ich es (das Ziel und die Zwischenziele) habe? Wann weiß ich, dass ich es erreicht habe?"
Berücksichtigen Sie die harten, statistischen, finanziellen und Leistungsfaktoren genauso wie die „weichen" Faktoren, z. B. Gefühle von Personen, Reaktionen oder Verhalten. Wie würden Sie z. B. Ihre persönliche Work-Life-Balance messen: keine Wochenendarbeit, jeden Tag eine Stunde spielen mit meinen Kindern oder anderers?

3. *Im Kontext* – „Wo und wann möchte ich dieses Ziel/Ergebnis haben? Wo und wann möchte ich dieses nicht haben?" Machen diese Ziele Sinn?
Der dritte Prozessschritt (Kontext) testet die Rahmenbedingungen Ihrer Zielformulierung im Bezug auf die folgenden Kriterien:

   - Eigene *Fähigkeiten* – haben Sie die Fähigkeiten, um das Ziel erreichen zu können?
   - Eigener *Schwerpunkt* – das Ziel mag interessant sein, aber ist es wirklich relevant für Sie?
   - Eigene *Vorlieben* – haben Sie das Ziel so gewählt, weil es Ihren Vorlieben entspricht und bequem ist oder ist es wirklich wichtig?
   - *Praktikabel* – ist es praktikabel und sinnvoll?
   - *Realistisch* – ist es realistisch, das Ziel erreichen zu können? Warum oder warum nicht?
Vor allem ist dies in einem Geschäftskontext wichtig, in dem die eigene Kontrolle häufig stark eingeschränkt ist. Ist das Ziel, „den Rücklauf unserer nächsten Direktmailing-Kampagne um 2% zu erhöhen", ein realistisches Ziel und kann man den nötigen Vorgang wirklich kontrollieren und steuern? Siehe auch Fragen unter Punkt 4.
   - *Kontrollierbar* – Welche Aspekte des Ziels und der Zielerreichung können Sie kontrollieren und welche nicht?
Stellt Ihr Versprechen, das Ziel zu erreichen, ein (zu) großes Risiko dar, da es zu viele unkontrollierbare Variablen gibt? Ein hohes Risiko muss nicht automatisch zur Ablehnung eines Zieles führen. Sie sollten sich jedoch über die unkontrollierbaren Variablen bewusst sein, damit Sie sich auf die kontrollierbare Variablen konzentrieren können, um das entsprechende Risiko proaktiv zu steuern.

4. *Eigenständig erreichbar* – „Haben Sie die dafür notwendigen Ressourcen, um das Zeil zu erreichen bzw. zu erfüllen? Welche Mittel benötige ich, um in der Lage zu sein, dies zu erreichen? Was brauche ich, um das zu erreichen? Ist es etwas, was ich selbst erreichen kann? Oder ist es nötig, dass sich andere Menschen auf eine bestimmte Art verhalten?"
Mittel und Ressourcen sind z. B. unterstützende Arbeitskräfte, Fachwissen, Zugang zu Informationen, Handlungsvollmachten, Zeit, Geld, Fähigkeiten, Energie, Ausstattung usw. Prüfen Sie, was genau Sie benötigen und was fehlt.

Es ist sehr wichtig, dass das Ergebnis im Bereich des eigenen Einflusses liegt. Es muss von Ihnen kontrollierbar sein.

5. *Ökologisch und ausgewogen* – bezüglich Pro und Kontra von Erreichen und Nichterreichen. „Was sind die Vor- und Nachteile dieser Veränderung? Was sind Gewinn und Verlust beim Erreichen des Ergebnisses?“ Es gibt immer auch Nachteile bei einer Veränderung; beachten Sie diese aufmerksam und bedenken Sie ethische, soziale und eventuell politische Auswirkungen und Konsequenzen Ihres Ziels.

6. *Lohnenswert und vereinbar mit dem Selbstbild* – „Was ist wichtig daran? Weswegen will ich es haben? Wo liegen die Vorzüge bei diesem Ergebnis?“ Die Motivations-Frage lautet: „Dieses Ergebnis ist ein Mittel wozu?“ Berücksichtigen Sie auch den Aspekt, dass das Ergebnis Ihrer Persönlichkeit und den moralischen/ethischen Grundsätzen entspricht.

Tipps und Anregungen

- Die Begriffe Ziel, Mittel und Ergebnis sind relativ austauschbar, denn jedes Ziel kann wiederum als Mittel oder Ergebnis angesehen werden, um ein nächst höheres Ziel zu erreichen.
  Inwieweit ist Ihr Beruf Ziel und Mittel – Ziel als Karriere und Selbstverwirklichung und/oder Mittel zur Lebensfinanzierung? Verwenden Sie die Ziel-Mittel-Hierarchie (Abschnitt 4.3), um mit Ziel-Mittel-Abhängigkeiten zu arbeiten.
- Das LogFrame (Abschnitt 7.3) verwendet eine Ziel-Mittel/Ergebnis-Hierarchie im Projektkontext.
- Benutzen Sie dieses Zielsetzungstool vor allem bei der Arbeit mit Menschen und deren persönlichen Zielen – probieren Sie es an sich selbst aus, wenn Sie wollen.

Querverweis zu verwandten Tools in diesem Buch: SMARTe Ziele (Abschnitt 4.6), Ziel-Mittel-Hierarchie (Abschnitt 4.3), LogFrame (Abschnitt 7.3)

Bibliographie: Harris

4.9 3P-Äußerungen

„Immer, wenn wir etwas Neues beginnen, habe ich Probleme, die spezifische Funktion und den Wert der ausgeführten Maßnahmen zu kommunizieren. Gibt es eine Technik, mit der man erklären kann, was passiert und warum es passiert?“

Zweck und Absicht (Warum und wann anwendbar?)

Formelle Kick-off-Meetings, Präsentationen, der Beginn eines Meetings oder Meetings zu Projekteinführungen sind ideale Situationen für 3P-Äußerungen. Das

Tool hilft, durch die Vorbereitungsphase zu führen und die Kommunikation zu erleichtern.

Funktion und Aufgabe (Wie funktioniert es?)

Das Akronym 3P steht für die drei Anfangsbuchstaben von Purpose, Process und Payoff: Zweck, Prozess und Lohn/Ergebnis. Die 3P-Äußerungen sind eine Technik, die Antworten auf die drei wichtigen Fragen benötigt: Was werden wir tun? – Wie werden wir es tun? – Warum ist es wichtig?

Die 3P-Äußerungen werden verwendet, um Meetings zu planen, Tagesordnungen zu erstellen, eine Konversation zu eröffnen oder eine formelle Präsentation und Vorschläge zu gestalten.

Anleitung (Wie gehe ich vor?)

Wenden Sie das Tool an und stellen Sie sich die folgenden, zum 3P-Tool gehörenden Fragen:

- *Purpose* rechtfertigt das, was Sie erzielen möchten. Zuerst werden die Absicht und der Zweck formuliert, gleichzeitig die fundamentalen Fragen beantwortet und es wird für Motivation und Richtung gesorgt: Warum sind wir hier? – Was ist das Ziel? – Wie werden die Informationen eingesetzt?
- *Process* erklärt, wie das Ziel bzw. der Vorgang angegangen werden soll: Wie werden wir vorgehen? – Welche Technik setzen wir ein? – Welche Schritte unternehmen wir? – Wie lange wird es dauern? – Was wird von mir erwartet? – Was wird von der Gruppe erwartet?
- *Payoff* informiert über die Vorteile und den Nutzen, die die Personen aus der Initiative, dem Projekt, dem Meeting, dem Workshop usw. ziehen werden.

Tipps und Anregungen

- Benutzen Sie die 3P-Äußerungen als Test. Können Sie den Zweck, den Prozess und den Lohn für ein Thema nicht festlegen, sollten Sie nicht weitermachen, da ein Scheitern droht.
- Nutzen Sie das Tool, um Ihre Äußerungen zu formulieren und ändern Sie diese, wo immer es nötig ist: „Um zu ... (Zweck), werden wir ... (Prozess), so dass ... (Ergebnis/Lohn)".

Beispiel

„Um zu entscheiden, wie am besten die Bedürfnisse der Kunden erfüllt werden, werden wir eine Marktforschung durchführen, damit wir verstehen, wo wir das Produktdesign ändern müssen, um Marktanteile zu gewinnen." (Prüfen Sie aber die Verbindungen und Annahmen zwischen Produktdesign und Kundenbedürfnis sowie Auslöser einer Kaufentscheidung und Marktanteile.)

Bibliografie: Butler

4.10 SNAP

Zweck und Absicht (Warum und wann anwendbar?)

Die SNAP-Technik – entwickelt von John Townsend – ermöglicht es, neutrale Fakten und persönliche Gefühle zu kombinieren, wenn in unangenehmen oder schwierigen Situationen Schritte oder Ziele definiert werden müssen, um die Situation zu ändern. Vor allem disziplinäre oder Konfliktsituationen sind mit Emotionen behaftet, was das Setzen von Zielen erheblich erschwert. Dieser Abschnitt enthält zwei Richtlinien, wie man Konflikte angeht und regelt und trotzdem Ziele setzt.

Funktion und Aufgabe (Wie funktioniert es?)

Das Tool trennt Fakten von Emotionen und hilft, die gewünschten Ziele zu formulieren, die eine Verhaltensänderung, ein bestimmtes Ergebnis oder eine Aktivität sein können. Dabei wird eine eventuell störende Wirkung von Emotionen ausgeblendet.

Anleitung (Wie gehe ich vor?)

Benutzen Sie in einem Gespräch das Akronym SNAP als Richtlinie, um alle nachfolgend aufgeführten Aspekte abzudecken:

- *Specify:* Spezifizieren Sie das Verhalten oder die Situation, die Sie ändern wollen.

  Bleiben Sie bei Fakten und benennen Sie den Unterschied zwischen dem aktuellen und dem gewünschten Verhalten. Äußern Sie keine Urteile oder Vorschläge, nennen Sie Tatsachen und klären Sie mit der anderen Person, ob sie diese Tatsachen versteht und anerkennt.

- *Name it:* Nennen Sie es beim Namen.

  Sagen Sie, was Sie und die anderen über das Verhalten oder die Situation fühlen. Besprechen Sie die Gefühle und Emotionen der anderen Person. Zeigen Sie Empathie und Besorgnis, wenn angebracht, und seien Sie persönlich (ich, Sie, wir – nicht „die Geschäftsleitung"). Gehen Sie nicht zum nächsten Schritt, solange kein Konsens über die Gefühle besteht.

- *Ask for:* Bitten Sie um eine praktikable und bestimmte Veränderung und bestätigen Sie die Regeln.

  Seien Sie spezifisch, benutzen Sie einen freundlichen aber bestimmten Tonfall und zeigen Sie weiterhin Empathie. Machen Sie keine Pause zwischen der Bitte und dem Vorschlag, ansonsten könnte man über die gewünschte Veränderung in Streit geraten. Worum Sie bitten ist nicht Verhandlungssache, obwohl Sie über die Belohnung oder die Bestrafung bei Änderung des Verhaltens verhandeln können.

- *Propose:* Schlagen Sie einen Preis für eine Verhaltensänderung und/oder Konsequenzen oder eine Strafe bei Nichtänderung vor.

  Sprechen Sie über die Konsequenzen, falls die Person das gewünschte Verhalten zeigt, und bieten Sie eine Belohnung als Zeichen der Anerkennung an. Erklären Sie die Vorteile für sich selbst, den Betroffenen, die Beziehung, die Firma, falls sich etwas ändert. Erläutern Sie die Folgen bei Nichtänderung des Verhaltens und versichern Sie sich, dass der Betroffene die Konsequenzen versteht – nicht nur die Strafe. Seien Sie ehrlich, genau und klar.

Tipps und Anregungen

Ein alternatives Tool ist das „Assertive-I"-Statement, bei dem das Gespräch oder die Aussage in vier Aussagen unterteilt wird:

- *„I feel ..."* – „Ich fühle ...": klare, nicht-wertende, nicht anklagende und ehrliche Mitteilungen, über das, was man fühlt.
- *„When you ..."* – „Wenn Sie ...": Nennen Sie nur Fakten. Sagen Sie nicht, was Sie gehört haben oder was Ihnen mitgeteilt wurde. Beschreiben Sie die Aktivität oder die Situation, die das Problem verursacht. Es hilft, das Problem aus einer persönlichen Sichtweise zu formulieren, z. B. „Wenn ich nicht weiß, dass du Gäste zum Abendessen eingeladen hast, ..."
- *„Because ..."* – „Weil ...": Wenn wir andere für unsere Gefühle verantwortlich machen, kann der andere verteidigend reagieren oder die Botschaft ablehnen. Formulieren Sie die Aussage daher von einem geteilten oder gemeinsamen Standpunkt aus.
- *„What I'd like/what would make it better ..."* – „Was ich mag/was es verbessern würde ...": Spricht man ein Thema bei einem anderen an und nennt ein Verhalten oder Ergebnis, das man erzielen möchte, ergibt dies Anhaltspunkte für weitere Diskussionen und stellt nicht eine Forderung dar.

Beispiel

Statt zu sagen: „Sie kommen immer zu spät zur Arbeit und ich habe dies satt", könnten Sie sagen: „Ich ärgere mich, wenn Sie zu spät zur Besprechung kommen, weil wir jede Menge Arbeit haben und wir Sie zusätzlich darüber aufklären müssen, was wir besprochen haben. Wir verlieren Zeit, wenn Sie zu spät kommen. Ich hätte gerne, dass Sie in Zukunft fünf Minuten vor Beginn des Meetings kommen, so dass wir alle pünktlich beginnen können."

Bibliografie: Townsend, Conflict Resolution Network

5 Analyse

Die meisten Maßnahmen von Management oder Beratung sind Teil eines strategischen Plans zur Bewältigung der Zukunft. Lassen Sie uns kurz die gegenwärtigen und zukünftigen Herausforderungen betrachten (Abbildung 61), um besser verstehen zu können, was unterschiedlich ist, was sein wird und was nicht.

Merkmale vergangener und gegenwärtiger wirtschaftlicher Krisen und Probleme		Wirtschaftliche und strategische Herausforderungen des 21. Jahrhunderts
• Vermögensbasiert • Hauptaugenmerk lag auf dem Wettbewerb und dem wirtschaftlichen Vorsprung gegenüber den Wettbewerbern. • Marktsegmentierung • Wahl zwischen Kosteneinsparungs- oder Differenzierungsstrategie • Unternehmerische Innovationen • Unternehmen halten sich an Anweisungen. • Dinge sind bis ins kleinste Detail geplant und durchdacht. • Wirtschaftliches Streben zur Erhöhung des Shareholder Value • Unternehmen werden nur als Geschäftseinheiten gesehen.	→	• Wissens- und Netzwerk-basiert • Bestreben, einen immer besseren Mehrwert für den Kunden zu schaffen • Ausweitung der Märkte und Ausrichtung auf Massenmärkte • Kosteneinsparungen und gleichzeitige Differenzierungsstrategie. • Technologien treiben Innovationen. • Verständnis für die Schwierigkeiten einer sich permanent verändernden Unternehmung. • Unternehmen entwickeln einen Hang, ständig Neues zu lernen und sich weiter zu entwickeln. • Es gibt klare Vorgaben, die die Angestellten umsetzen. • Unternehmen geben Ziele vor, mit denen sich die Mitarbeiter identifizieren können.

Abbildung 61 Herausforderungen für Management und Beratung des 21. Jahrhunderts

Vergessen Sie nicht, dass die Errungenschaften der Vergangenheit die Grundlage und Voraussetzungen für eine erfolgreiche Weiterentwicklung eines Unternehmens in der Zukunft sind. Deswegen sind viele der klassischen und altbekannten Tools, wie z. B. die Wertschöpfungskette oder Five Forces, immer noch von Bedeutung, wobei sie natürlich ihre Exklusivität verloren haben. Die klassischen Tools und Techniken spielen auch weiterhin eine wichtige Rolle, nur haben sie Konkurrenz durch weitere neue Tools und Techniken bekommen. Insbesondere die neuen Tools sollen Ihnen helfen, Sie für die strategischen Herausforderungen des 21. Jahrhunderts vorzubereiten.

In der wettbewerbsintensiven Geschäftswelt ist es sehr wichtig, eine klare Vorstellung von einem Untersuchungsgegenstand zu haben. Es gibt eine Vielzahl von unterschiedlichen Analysebereichen, die alle jeweils spezifische Kenntnisse erfordern (siehe Abschnitt 2.2 und Abbildung 15 auf Seite 43). Ich habe mich auf drei Analysebereiche konzentriert und die zahlreichen Tools und Techniken für die folgenden drei Bereiche in den Kapiteln 5.1 bis 5.3 gebündelt:

- Analyse der Unternehmens- und Organisationsstruktur in Abschnitt 5.1.
- Technische oder Systemanalyse (beinhaltet System, Prozesse, Daten und Technologie) in Abschnitt 5.2.
- Strategische Analyse in Abschnitt 5.3.

Für einen kompletten Überblick beachten Sie, dass die folgenden Analyse-Kategorien nicht in diesem Buch behandelt werden:

- Operatives Management, einschließlich Produktion und Fertigung
- Beschaffung und Logistik
- Technologie, Forschung und Entwicklung
- Unternehmenszusammenschlüsse und Akquise, Fusion und Integration
- Start-up, Umstruktierung und Wendungen
- Information and Kommunikation
- Erfolgsplanung
- Finanzen und Controlling

Einige der Analysetools und Techniken werden in der Beratungswelt als Beratungsprodukte und -prozesse bezeichnet (vgl. H*andbuch der Unternehmensberatung*, Sommerlatte et al.). Sie finden in der Abbildung 15 auf Seite 43 eine Übersicht der Bereiche, die nicht in diesem Buch behandelt werden. Für weiterführende Informationen zu Beratungsprodukten und -prozessen nutzen Sie das *Handbuch der Unternehmensberatung* und andere Bücher aus dem Literaturverzeichnis.

7S-Modell

Das 7S-Modell wurde von Richard Pascale u. a. entwickelt und von Peters und Watermann in ihrem Buch *„In Search for Excellence“* propagiert. Das „7S“-Modell (von McKinsey) in Abbildung 62 ist ein gutes Beispiel für die Tatsache, dass die meisten Analysen voneinander abhängig sind und in einer Wechselbeziehung zueinander stehen. Daher sollten sie auch nicht alleinstehend und in Isolation voneinander durchgeführt werden. Auch wenn die nachfolgenden Kapitel die Tools für die harten Faktoren (siehe Abbildung 62) aus Gliederungs- und Vereinfachungsgründen separat behandeln, sollen die bereitgestellten Querverweise die Verbindungen untereinander trotzdem sicherstellen.

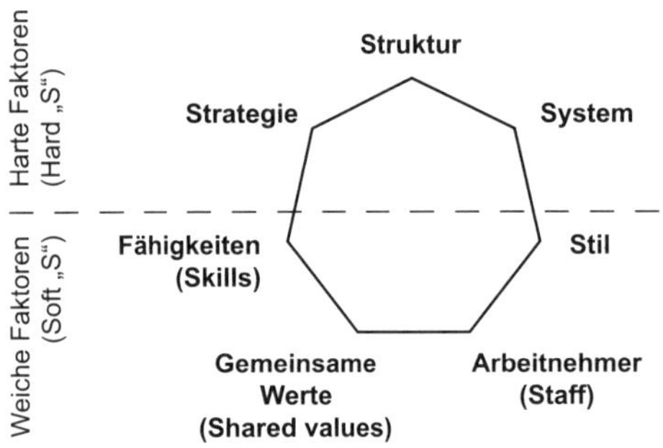

Abbildung 62
Die sieben S-Faktoren – unterteilt in harte und weiche Faktoren

Synthese und Analyse

Trotz der zwei Begriffe in der Überschrift dieses Abschnitts wird im Folgenden durchgängig der Begriff „Analyse" benutzt. Dies geschieht nur zur Vereinfachung, auch wenn es eine technisch nicht immer durchgängig korrekte Terminologie bedeutet. Die Definition der gegensätzlichen Begriffe lautet:

> **Analyse:** Eine Analyse bedeutet, vom Allgemeinen zum Speziellen zu gehen. Das Allgemeine oder das Komplexe wird in seine Bestandteile zerlegt, dann werden diese Bestandteile untersucht, um ein besseres Verständnis des Ganzen zu bekommen.
>
> **Synthese:** Die Untersuchung und Verknüpfung einzelner Bestandteile zu einer neuen Einheit. Die verschiedenen Komponenten oder Bestandteile oder auch verschiedene Ideen aus der Analyse werden kombiniert und deren Einflüsse auf ein neues Ganzes untersucht.

Die Grenzen der Analyse

Dieses Buch kann keine Gebrauchsanleitung sein, die allein dadurch den Erfolg garantiert, dass die Tools blindlings und mit genug Einsatz umgesetzt werden. Um die Analogie des Fußballspiels zu verwenden: Dieses Buch ist wie ein guter Fußballschuh – es vereinfacht das Spiel, ersetzt aber nicht den Spieler und seine Fähigkeiten.

Kompetenzen für die erfolgreiche Analyse

Eine Liste der Kompetenzen, die ein guter Analyst beherrschen sollte:

- Wissen und Kenntnisse über die Zusammenhänge, Unterschiede und Abhängigkeiten zwischen Informationsbeschaffung und Analyse.
- Fähigkeiten, kreativ zu sein.
- Fähigkeiten, induktive und deduktive Untersuchungslogiken einsetzen zu können.

- Fähigkeiten zu alternativem Denken.
- Wissen, Kenntnisse und die Fähigkeiten bzgl. der grundlegenden analytischen Tools und der in diesem Buch erwähnten Tools.
- Fähigkeiten, die Analyse spannend und interessant und nicht nur als trockene akademische Übung zu gestalten, damit das Publikum die Arbeit auch aufnimmt.
- Erkennen der unvermeidlichen Lücken und daher das Wissen und die Fähigkeit, aufhören zu können, wenn es notwendig ist, um die Analyse-Paralyse zu vermeiden.

5.1 Organisationsanalyse

Da es keine „perfekte" Organisationsstruktur gibt, sollten Sie alle Aspekte und Komponenten untersuchen und verstehen, damit Sie eine Organisationsstruktur gestalten können, die den gegenwärtigen und zukünftigen Anforderungen entspricht.

Bei der Organisationsanalyse unterscheidet man zwischen Elementen der *formellen* und *informellen* Organisation. Die formelle Organisation befasst sich mit der *Gruppierung von Individuen* und wie diese Gruppen *in Verbindung stehen*. Die *informelle* Organisation befasst sich mit dem notwendigen *Verhalten von Individuen* und wie dieses Verhalten definiert und entwickelt werden kann.

Verwenden Sie auch die beiden Begriffe „Org Design" und „Org Development" zur Differenzierung, wobei diese nicht konsequent in der Praxis verwendet werden.

Org Design befasst sich mit der formellen Organisation und dem „WAS"

- Wer macht was?
- Was wird gemacht?
- Was ist die Organisationsstruktur und die Rahmenbedingungen für die Arbeit der Angestellten?

Org Development befasst sich mit der informellen Organisation und dem „WIE"

- Wie wird gearbeitet?
- Wie sollte gearbeitet werden?
- Wie verhalten sich die Angestellten untereinander?

Dieses Kapitel der Organisationsanalyse befasst sich hauptsachlich mit der *formellen Organisation.* Nicht alle dazu notwendigen Tools sind direkt in dem Kapitel Organisationsanalyse untergebracht, sondern auch in anderen Kategorien, da diese Tools auch für andere Zwecke verwendet werden.

Folgende Aspekte und Elemente sind notwendig, um die *formelle Organisation* zu definieren:

- Für die Beantwortung der Frage: Wie sollen wir die Individuen in Gruppen gruppieren?
  - High level/ Gesamtübersicht aller Prozesse – Verwenden Sie dazu Tools wie die Wertschöpfungskette (Abschnitt 5.3.1), Architekturanalyse (Abschnitt 5.2.1) oder die funktionale Analyse (Abschnitt 5.2.3).
  - Hierarchische Verteilung der Ressourcen und Individuen – Verwenden Sie dazu die Lohngruppen-Pyramide (Abschnitt 5.1.2) und/oder das Organisationsstruktur-Tool (Abschnitt 5.1.1).
  - Zuteilung der Ressourcen zu Tätigkeiten – Verwenden Sie dazu das Struktur- und Prozess-Tool (Abschnitt 5.1.3).
  - Kernaktivitäten und wer macht was? – Verwenden Sie dazu die Tools funktionale Analyse (Abschnitt 5.2.3) und Prozessanalyse (Abschnitt 5.2.4).
- Für die Beantwortung der Frage: Wie sollen wir die Gruppen miteinander verbinden?
  - Organisationsstruktur – Verwenden Sie dazu das Organisationsstruktur-Tool (Abschnitt 5.1.1).
  - Berichtserstattungs-Strukturen – Verwenden Sie dazu das Kontrollspanne-Tool (Abschnitt 5.1.4).
- Für die informelle Organisation und zur Beantwortung der Frage: Was ist das gegenwärtige und notwendige Verhalten von Individuen?
  - Verwenden Sie u. a. die beiden Tools Organisationsbeurteilung (Abschnitt 5.1.5) und das Kräftebild (Abschnitt 5.1.6).

Des Weiteren versucht die Organisationsanalyse, auf die folgenden typischen Fragen Antworten zu finden:

- Wie gut unterstützt die Organisationsstruktur die Unternehmensstrategie, die Geschäftsprozesse, Infrastruktur und die Angestellten? – Eine Frage der Segmentierung und Differenzierung.
- Wie gut ermöglicht die Organisationsstruktur die Koordination und das Zusammenspiel der oben genannten Aspekte? – Eine Frage der Koordination und Integration.
- Wofür wird die Organisationsstruktur – außer für die Definition der Verantwortlichkeiten und Autoritäten – noch verwendet?
- Welche Struktur und organisationalen Bindungen würden die Angestellten und deren Arbeit am effektivsten unterstützen, damit sie das Netzwerk und die Verbindungen formen können, die sie für ihre Arbeit benötigen? Wie kann das Management verhindern, dass die Organisationsstruktur die Mitarbeiter bei ihrer Arbeit behindert? – Eine Frage, wie die „harten Strukturen dem weichen Faktor Mensch" folgen.

Tabelle 21 Tools und Techniken zur Organisationsanalyse

Zweck der Kategorie	Name des Tools oder der Technik	Seite	Benutzer-freund-lichkeit	Aufwand/ Nütz-lichkeit
Organisations-analyse	Organisationsstruktur	195	☺☺	☺☺☺
	Lohngruppen-Diamant	200	☺☺	☺
	Struktur und Prozess	201	☺☺	☺☺☺
	Kontrollspanne	203	☺☺	☺☺☺
	Organisationsbeurteilung	205	☺	☺☺
	Kräftebild	206	☺☺☺	☺☺

5.1.1 Organisationsstruktur

„Wie erhalten wir eine praktikable und klare Organisationsstruktur, die uns eine gute Kundennähe erlaubt und gleichzeitig multifunktionale Gruppen unterstützt?“

Zweck und Absicht (Warum und wann anwendbar?)

Organisationsdiagramme sind wichtige Tools, weil sie ermöglichen, Informationen zu kommunizieren, Berichterstattungshierarchien darzustellen, Gehaltsstrukturen zu definieren und Schlussfolgerungen bzgl. der Organisationspsychologie ziehen zu können.

Der erste Schritt in der Organisationsanalyse ist, sich mit der Organisationsstruktur zu befassen, damit Sie:

- die Unternehmensstruktur, die Positionen, Rollen und Managementhierarchien verstehen,
- wissen, wer die Verantwortung trägt und wer an wen delegiert,
- politische Ränkespiele und Spannungen verstehen.

Funktion und Aufgabe (Wie funktioniert es?)

Ein Organisationsstruktur-Diagramm – oft Organigramm genannt – stellt die offiziellen Unternehmensstrukturen, Berichterstattungshierarchien, Rollen und Funktionen der verschiedenen Bereiche innerhalb einer Organisation dar und ist der Ausgangspunkt für alle weiteren organisationalen Untersuchungen. Mit dem Verständnis von Lücken und Differenzen zwischen dem offiziellen Organigramm und dem täglichen Geschäftsbetrieb hinsichtlich der Machtstrukturen, der Stakeholder-Einflüsse, Berichtslinien und Kompetenzbereiche werden Sie ein besseres Gesamtbild und ein Gefühl für die Bereiche von Unstimmigkeiten erhalten oder dafür, wo Organisation, Prozesse und Strategie nicht gleichartig ausgerichtet werden können.

Anleitung (Wie gehe ich vor?)

- Das Organisationsstruktur-Diagramm zeigt die Positionen, Strukturen und die Hierarchien. Bereiten Sie eine Übersicht über die gesamte Organisationsstruktur vor. Fangen Sie von oben an: Zeigen Sie die Führungsetage mit allen Positionen und arbeiten Sie sich in der Hierarchie nach unten. Stellen Sie die Abteilungsleiter mit allen weiteren Gruppenleitern und Untergebenen dar.
- Führen Sie Interviews und fragen Sie die Manager nach Arbeitsbeschreibungen und danach, wer wem Bericht erstattet. Notieren Sie den offiziellen Namen der Abteilung, Typen und die Zahl aller Positionen, Gehaltsstufen und Bezeichnungen der Bereiche.
- Zeichen Sie dann ein hierarisches Organisationsstruktur-Diagramm (Organigramm) und benennen Sie alle Namen, offiziellen Arbeitsplatzbezeichnungen und (Projekt-)Rollen. Projektbasierte Organisationen nehmen eine Sonderrolle ein, da sie weniger starre Strukturen aufweisen und schwieriger abzubilden sind (siehe auch Projektorganisation-Komponenten in Abschnitt 7.9).
- Schaffen Sie für jeden Bereich und jede hierarchische Ebene ein Diagramm, in dem die Führungskräfte und die Mitarbeiter abgebildet werden, die wiederum eine eigene Struktur mit Untergebenen haben. Wiederholen Sie diesen Vorgang, bis Sie auf der „Arbeiter“-Ebene angekommen sind, in der individuelle Positionen und Namen aufgezählt werden.
- Wiederholen Sie die vorherigen Schritte so oft wie nötig, bis Sie in der untersten Ebene mit den individuellen Positionen angekommen sind.
- Für die Gesamtübersicht führen Sie alle Positionen in jeder Hierarchiestufe auf. Stellen Sie sicher, dass Arbeitsplätze ohne Leitungsfunktion in absteigender Ordnung unter ihren Abteilungsleitungen oder Vorgesetzten aufgeführt sind.
- Zählen Sie die Zahl aller Positionen in jeder Abteilung und vergleichen Sie diese mit den offiziellen Zahlen der Personalabteilung. Wenn nötig, berechnen Sie das Verhältnis von Vorgesetzten zu Angestellten.
- Verwenden Sie die Tabelle 22, um die verschiedenen Aspekte der Organisationsstruktur zu vergleichen.

Tipps und Anregungen

- Bitten Sie die Personalabteilung oder die Abteilungsleiter um deren Organigramme, aber gehen Sie nicht davon aus, dass diese Angaben korrekt und aktuell sind.
- Viele Unternehmen sind so groß und komplex, dass sie nicht in ein Diagramm passen. Daher sollte es ein Übersichtsdiagramm geben und alle folgenden Diagramme sollten die weiteren Details wie Niederlassungen, Abteilungen usw. darstellen.
- Ein Organisationsstruktur-Diagramm zeigt Positionen, nicht notwendigerweise Mitarbeiter. Positionen sollten als Vollzeit-Äquivalent gezählt werden;

z. B. könnte eine Schulungsposition nur eine 30-%ige Position sein, die von einer Teilzeitarbeitskraft ausgefüllt wird. Dies hilft bei der Personalkostenberechnung.

- Ein Organisationsstruktur-Diagramm ist ein Dokument, das einer laufenden Aktualisierung unterliegt, und das jeder organisationalen Veränderung angepasst werden sollte. Stellen Sie Ihre Anmerkungen entsprechend dar. Vielleicht steht Ihnen ja ein modernes Personalmanagementsystem zur Verfügung, das Name, Position, Jobnummer, Gehaltsstufen usw. verwaltet.
- Ein Organisationsstruktur-Diagramm kann auch in gewisser Weise das Maß an Seniorität (Autorität), Verantwortung und Berichtswesen anzeigen, aber ein Organigramm zeigt nicht, wie die Arbeit erledigt wird!
- Wenn Sie ein Organigramm betrachten, vergleichen Sie die Arten und Niveaus der Positionen mit den Arten und Niveaus der benötigten Fähigkeiten, die die jeweilige Aufgabe erfüllen oder verfügbare Technologien nutzen sollen.
- Bestimmen Sie aus dem Organigramm die Kontrollspanne-Faktoren und untersuchen Sie, ob diese mit den Managementzielen übereinstimmen.

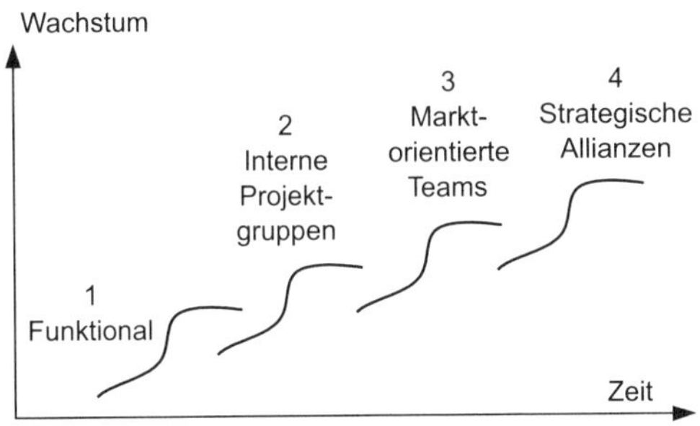

Abbildung 63
Für jede Entwicklungsphase ergibt sich eine andere Organisationsstruktur (Glass)

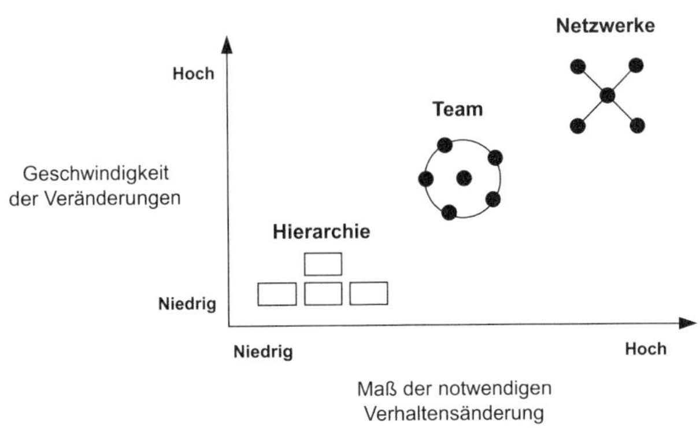

Abbildung 64
Welche Organisationsstruktur ist – basierend auf den externen und internen Faktoren – zu empfehlen? (Glass)

Tabelle 22 Vor- und Nachteile der verschiedenen Typen von Organisationsstrukturen

	Typen der Organisationsstruktur				
	Entrepreneur	**Funktional**	**Divisional (regional oder Produkt)**	**Matrix**	**Netzwerk**
Charakteristika	• Um eine zentrale Person oder Funktion herum organisiert • keine/beschränkte Aufteilung der Verantwortungen. • patriarisches Management	Zentralisiert und um die Ausführung bestimmter Funktionen und Aufgaben herum organisiert	Divisionen sind typischerweise Profit-Center und/oder strategische Geschäftseinheiten (SBU). • Fezentralisierte Struktur • Unabhängige Geschäftsführung und Entscheidungsautorität	• Doppelte Profit-Center-Logik, die zu doppelter Kontrolle der Geschäftseinheiten führt • Typischerweise dominiert eine Linie in der Matrix – entweder die horizontale oder die vertikale. • oft Konflikt durch Überschneidung der Autoritäten, Verantwortlichkeiten und Entscheidungsfindung	• Keine klare Aufteilung und Unterteilung der Funktionen und Produktgruppen durch Hierarchien und Strukturen • Einsatz von Kommunikationstechnologien zur Wahrung der notwendigen Kommunikation zwischen allen involvierten Parteien
Angemessene Verwendung	• Einfache Unternehmen • Typischerweise im frühen Lebenszyklus des Unternehmens • Nur sinnvoll bis zu einer gewissen Unternehmensgröße	• Relativ stabile Unternehmens-/Umweltsituation • Kleine Unternehmen mit wenigen Niederlassungen • Überschaubares Portfolio an Produkten/Dienstleistungen	• Zunehmend größere und komplexere Unternehmen • Es existieren logische Divisionen, auch durch unterschiedliche Produktgruppen • Unternehmen wachsen durch Akquisition	• Große multinationale Unternehmen mit vielen Produktsparten • Kleine, sehr kompetente Nischenanbieter von Dienstleistungen	• Unternehmen, die hauptsächlich projekt-basiert arbeiten • Typischerweise dienstleitungsorientierte Start-ups
Vorteile	• Erlaubt dem Eigentümer, der das Geschäft und die Geschäftsmodelle versteht, die Zügel in der Hand zu halten.	• Relativ geringe Verwaltungsgemeinkosten. • Einfache Verantwortungslinien und Kontrolle • Fördert Effizienz und Spezialwissen.	• Ordnet Umsatz/Gewinn-Verantwortung eindeutig zu • Fördert und motiviert die Entwicklung von Spezialisten und Managern gleichermaßen • Geschäftsführung kann sich auf strategische Tätigkeit konzentrieren • Geschäftseinheiten können ein unternehmerisches „Flair" entwickeln und eigenständig wirtschaften	• Gute Möglichkeit, Ressourcen und Kompetenzen gezielt einzusetzen • Unterstützt Wachstum	• Schnell, flexibel und anpassungsfähig • Bei richtiger Umsetzung hohe Transparenz • Machtspiele kommen schnell zum Vorschein
Grenzen	• Das einzige Managementmitglied wird oft zum Flaschenhals bzgl. Entscheidungen und hemmt Wachstum • Eventuell auch Kompetenzlücken der Schlüsselperson	• Nachfolgeproblem, da funktionale Spezialisten keine Managementkompetenzen entwickeln • Struktur kann Wachstum und Expansion hemmen • Funktionale Silos entwickeln sich • Schwerpunkt ist oft kurzfristig, nicht strategisch	• Machtkämpfe zwischen Divisionen um Ressourcen • Konflikt über Unabhängigkeit der „zu selbständigen Satelliten" • Duplizierung von internen Funktionen wie Finanzen, Personal, IT usw. • Ungleichgewicht bzgl. Größe, Umsatz usw. zwischen den Divisionen kann zu Problemen führen, z. B. Vergleichbarkeit	• Umsetzung/Implementierung ist oft schwierig, da duale, sich überschneidende Verantwortlichkeiten oft zu Konflikten führen • Kräftespiel aufgrund der zwei Linien	• Hoher Kommunikationsaufwand • Begrenzt einsetzbar in größeren, gewachsenen Strukturen mit hierarchischem Denken • Traditionelle Personalentwicklung mit traditionellen Maßnahmen zur Karriere-Entwicklung und Beförderung funktionieren nicht

(Quelle: Thompson, zusammengefasst durch Cameron/Green und erweitert durch den Autor)

- Vergessen Sie nicht, dass Sie dabei mit sehr sensiblen und vertraulichen Informationen umgehen. Verhalten Sie sich entsprechend und erbitten Sie Autorisierung für jedwede Kommunikation.
- Märkte, die wirtschaftliche Situation sowie Unternehmen verändern sich. Unternehmen sind oft in einem permanenten Fluss der Veränderung in ihrer Organisationsstruktur, um mit den externen und internen Veränderungen Schritt zu halten. Nutzen Sie Abbildung 63 und erörtern Sie, in welcher Entwicklungsphase sich das betreffende Unternehmen bzw. eine Abteilung befindet (bzw. sein sollte).
- Gruppen, Netzwerke sowie auch bürokratische Hierarchien haben ihre Berechtigung und Rolle in einer Organisation – es gilt, herauszufinden, welche Struktur für die Situation die jeweils angemessenste ist. Verwenden Sie die Darstellung in Abbildung 64, um den Zusammenhang zwischen der Geschwindigkeit der (externen und internen) Veränderungen und dem Maß der notwendigen Verhaltensänderung (und der Fähigkeit, zu lernen und sich anzupassen) besser zu verstehen. Zum Beispiel ist für eine stetige, sich wiederholende und kont-

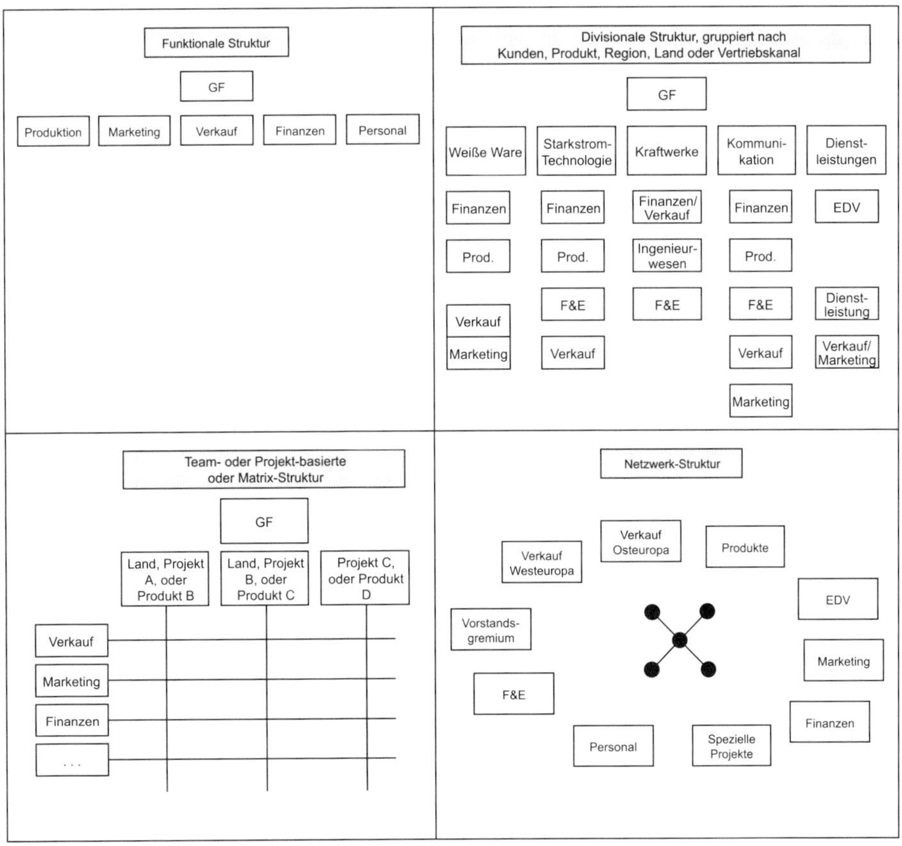

Abbildung 65 Typische Organisationsstrukturen

rollierbare Tätigkeit eine traditionelle (bürokratische) Hierarchie durchaus die effizienteste Struktur, während starke Veränderungen und Anpassungen eine interaktivere Gruppenstruktur benötigen. Abbildung 65 schlägt für jede Kombination eine Organisationsstruktur vor.

- Der Reifegrad einer Organisation beeinflusst u. a., welche Organisationsstruktur am besten geeignet ist (Abbildung 65, siehe auch Abbildungen 63 und 64).

Querverweis zu verwandten Tools in diesem Buch

Kontrollspanne (Abschnitt 5.1.4), Projektorganisation-Komponenten (Abschnitt 7.9), Lebenszyklus (Abschnitt 5.3.4).

Bibliografie: Thompson, Pugh

5.1.2 Lohngruppen-Diamant

Zweck und Absicht (Warum und wann anwendbar?)

Der Lohngruppen-Diamant wird am besten verwendet, nachdem Sie die Kernprozesse und die grobe Organisationsstruktur definiert haben. Der Lohngruppen-Diamant hilft Ihnen, die geplante Anzahl an Angestellten unter Qualifikations- und Kostengesichtspunkten über die Organisationsstruktur zu verteilen.

Funktion und Aufgabe (Wie funktioniert es?)

Das Diagramm in Pyramiden- bzw. Diamantform repräsentiert, wie die Angestellten innerhalb der Organisationsstruktur und in den Kernprozessbereichen verteilt sind. Dabei wird auch der Aspekt der Lohngruppen integriert. Das Diagramm zeigt auch, wo das Unternehmen eventuell zu viele oder zu wenige Angestellte hat.

Eine Lohngruppe besteht aus einer Gruppe von Job-Typen mit ungefähr ähnlichem Schwierigkeitsgrad oder vergleichbaren Anforderungen – an Fachwissen, Erfahrungen oder Managementverantwortung.

Anleitung (Wie gehe ich vor?)

- Erfragen Sie bei der Personalabteilung bzw. alternativen Quellen die Ober- und Untergrenze der Gehälter der jeweiligen Lohngruppen sowie für die verschiedenen Job-Typen.
- Von der Prozessanalyse (Abschnitt 5.2.4) erhalten Sie eine grobe Arbeitsplatzbeschreibung und können daraus die jeweiligen „Job-Typen" ableiten.
- Gruppieren Sie ähnliche Jobs in gleiche Lohngruppen. Ein Unternehmen hat meistens zwischen 15 und 21 Lohngruppen.
- Ordnen Sie jeder Lohngruppe ein durchschnittliches Gehalt zu.

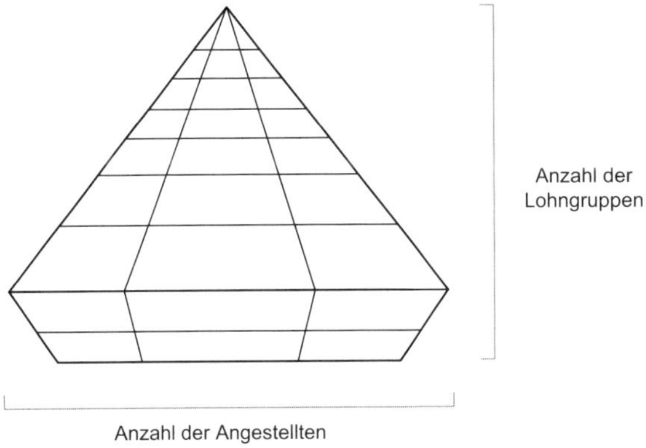

Abbildung 66
Lohngruppen-Diamant

- Verteilen Sie anschließend die geplante Anzahl an Angestellten auf die möglichen Lohngruppen. Variieren Sie, wenn nötig, das Gehalt innerhalb der festgelegten Grenzen der Lohngruppe.
- Verwenden Sie bei der Zuordnung der Angestellten zu den Lohngruppen das Konzept des Lohngruppen-Diamants. Von der Spitze nimmt die Anzahl der zugeordneten Angestellten je Lohngruppe fortschreitend zu. Ab einer gewissen Lohngruppe wird die Anzahl der zugeordneten Angestellten je Lohngruppe dann wieder weniger. Die Breite des Diamanten entspricht somit der Anzahl der Angestellten. Jede horizontale Linie grenzt eine Lohngruppe ab.
- Verwenden Sie ein Tabellenkalkulationsprogramm, um die resultieren Kosten zu berechnen und zuordnen zu können.
- Die nächst feinere Abstufung verwendet das Kontrollspanne-Tool (Abschnitt 5.1.4), um das richtige Berichterstattungs-Verhältnis zu definieren.

Querverweis zu verwandten Tools in diesem Buch

Kontrollspanne (Abschnitt 5.1.4), Prozessanalyse (Abschnitt 5.2.4)

5.1.3 Struktur und Prozess

„Gibt es einen Weg, schlecht strukturierte und unstrukturierte Prozesse über die verschiedenen Abteilungen zu identifizieren?“

Zweck und Absicht (Warum und wann anwendbar?)

Dieses Tool zeigt, wie Prozesse und der Prozessfluss innerhalb einer Organisationsstruktur ablaufen und wie sie die verschiedenen Abteilungen und Stakeholder betreffen. Ein typischer Geschäftsprozess könnte z. B. der Einkaufsprozess sein, der fast alle Abteilungen eines Unternehmens (Einkauf, Lager, Vertrieb, Finanzen, Verwaltung u. a.) betrifft. Das Tool soll bei der Beantwortung der Frage helfen: „Inwieweit sind die Geschäftsprozesse mit der Organisationsstruktur abgestimmt?“

Funktion und Aufgabe (Wie funktioniert es?)

- Das Struktur- und Prozess-Tool kombiniert den Prozessfluss mit den zuständigen Abteilungen und Bereichen innerhalb eines Unternehmens.
- Es ist nicht die Hauptaufgabe des Tools, den Prozessfluss darzustellen. Das Augenmerk liegt vielmehr auf den Knoten- oder Verknüpfungspunkten zwischen verschiedenen Bereichen, die ein Prozess durchläuft. Diese Knoten- oder Verknüpfungspunkte sind oft der Grund für Verzögerungen, Unterbrechungen, Kommunikations- und Koordinationsprobleme sowie zusätzliche Kosten. Das Struktur- und Prozess-Tool hilft Ihnen, diese potenziellen Schwachstellen zu identifizieren und Organisationsstruktur bzw. -prozess entsprechend anzupassen.

Anleitung (Wie gehe ich vor?)

- Identifizieren Sie die Geschäftsprozesse und alle angebrachten Prozessschritte.
- Stellen Sie die Prozessschritte entsprechend Abbildung 67 dar. Prozessschritte, die sich innerhalb einer Abteilung befinden, sollten Sie vermerken, aber nicht unbedingt darstellen, da der Betrachtungsschwerpunkt dieses Tools eher die Interaktion zwischen den verschiedenen Abteilungen ist als die Prozessanalyse.
- Alternativ können Sie den Prozess auch wie in der Abbildung 68 darstellen. Diese Darstellung kommt einer klassischen Prozessmodellierung oder einer Prozessanalyse wie in Abschnitt 5.2.4 sehr nahe.

Tipps und Anregungen

Verwenden Sie auch Ihre vorhergehende Arbeit, z. B. ein Silo-Diagramm (Abschnitt 3.1.19), um ein besseres Verständnis über die isoliert arbeitenden Abtei-

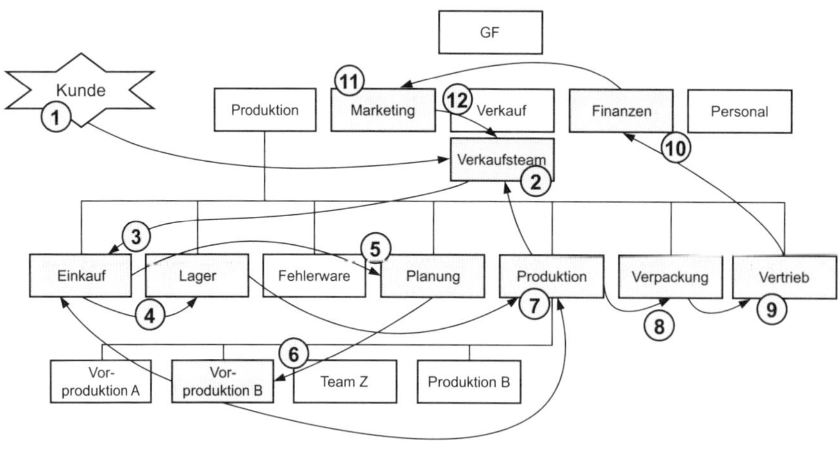

Abbildung 67
Die Nummerierung gibt den Prozessfluss an, der sich „durch das Organigramm zieht"

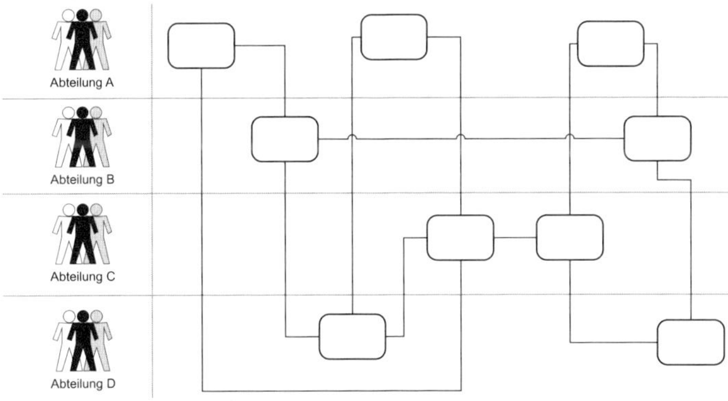

Abbildung 68
Prozessmodellierung über die Grenzen der Abteilungen hinweg – Warum gibt es separate Abteilungen, wenn sie doch alle zum gleichen Prozess gehören?

lungen zu bekommen. Darüber hinaus kann es sinnvoll sein, dass Sie Ihre Ergebnisse zur Erstellung einer Wertschöpfungskette (Abschnitt 5.3.1) oder einer Prozessanalyse (Abschnitt 5.2.4) verwenden.

Querverweis zu verwandten Tools in diesem Buch

Silo (Abschnitt 3.1.19), Prozessanalyse (Abschnitt 5.2.4), Wertschöpfungskette (Abschnitt 5.3.1).

Bibliografie: Ulfers

5.1.4 Kontrollspanne

Zweck und Absicht (Warum und wann anwendbar?)

Ob sich ein Manager um seine Mitarbeiter und Untergebenen kümmern kann, hängt neben der Organisationsstruktur auch sehr stark von der Zahl der Personen ab, die er führt und die ihm Bericht erstatten. Das Kontrollspanne-Tool eignet sich für diese Analyse und wird daher auch oft zusammen mit dem Organisationsstruktur-Tool (Abschnitt 5.1.1) eingesetzt.

Funktion und Aufgabe (Wie funktioniert es?)

Der so genannte Kontrollspanne-Faktor wird berechnet, indem Sie die Zahl der weisungsbefugten Vorgesetzten durch die Zahl der nicht weisungsbefugten Mitarbeiter teilen. Dieser Faktor wird für unterschiedliche Hierarchieebenen berechnet.

Die Kontrollspanne ist das Verhältnis von Kontrolle zur Aufsicht über die Mitarbeiter und zeigt an, wie hierarchisch oder „flach“ die Organisationsstruktur ist. Sie ist auch ein Maß für die Interaktion des Managers mit seinen Mitarbeitern. Ein Faktor von 1:10 und mehr lässt vermuten, dass ein Manager weniger Zeit hat,

Tabelle 23 Kontrollspanne-Faktoren für einzelne Hierarchieebenen

Hierarchieebene	Kontrollspanne-Faktoren		
	Minimum	Durchschnitt	Maximum
Vorstände	2	4	7
Direktoren/Hauptabteilungsleiter	3	4	8
Abteilungsleiter	4	9	11
Gruppenleiter	6	10	20

sich mit seinen Mitarbeitern auszutauschen als in einer Organisationsstruktur mit einer Kontrollspanne von 1:5. Im Allgemeinen gilt, dass Organisationen mit Kontrollspanne-Faktoren von 1:7 und mehr schwerer zu führen und zu kontrollieren sind, wobei der Führungsstil und das Umfeld eine wichtige Rolle spielen. Ein einfaches Produktionsumfeld mit direkten und vorgeschriebenen Tätigkeiten kann durchaus einen höheren Faktor „vertragen" als eine Marketingabteilung.

Anleitung (Wie gehe ich vor?)

- Verwenden Sie das Organisationsstruktur-Tool (Abschnitt 5.1.1) und identifizieren Sie die Hierarchieebenen, die Weisungsbefugnis haben.
- Zählen Sie die Anzahl der Führungskräfte und Mitarbeiter, um die Kontrollspanne berechnen zu können (siehe Tabelle 23 und Abbildung 69).

Tipps und Anregungen

- Organisationen benötigen zum Erreichen des angestrebten Ziels eine Vielzahl von unterschiedlichen Personen mit Fähigkeiten, die sich im Spezialisierungsgrad und der Gehaltsstufe unterscheiden. Es ist wichtig, dass Sie diese Fähigkeiten richtig einschätzen.

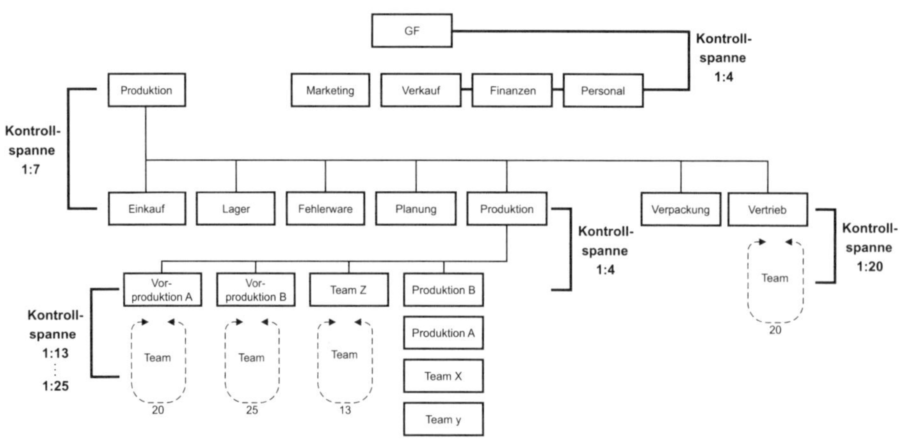

Abbildung 69 Im Allgemeinen soll12te die Kontrollspanne besser sein als 1:8

Beispiel für eine Organisationsstruktur mit den Kontrollspanne-Faktoren

Zur Illustration: Ein Manager hat fünf Mitarbeiter, die ihm Bericht erstatten. Somit ist die Kontrollspanne 1:5. Wenn eine Abteilung fünf Leiter und 65 Angestellte hat, dann ist die Kontrollspanne 5:65 oder 1:13. Verwenden Sie die Tabelle 23 als Richtlinie für die Kontrollspanne, abhängig von der Hierarchieebene.

Querverweis zu verwandten Tools in diesem Buch

Organisationsstruktur (Abschnitt 5.1.1).

5.1.5 Organisationsbeurteilung

Zweck und Absicht (Warum und wann anwendbar?)

Eine Organisationsbeurteilung ist eine Kombination von verschiedenen Tools, die unterschiedliche Ziele haben, um alle organisationalen Aspekte abzudecken. Dafür werden meistens Kombinationen von folgenden Werkzeugen verwendet:

- Klima-Umfrage
- Betriebsprüfung
- Einschätzung der Unternehmenskultur
- Unternehmensbewertung.

Funktion und Aufgabe (Wie funktioniert es?)

- Eine Klima-Umfrage ermittelt die Motivation und Einstellung der Angestellten bzgl. eines oder mehrerer Themen.
- Eine Betriebsprüfung untersucht die Einhaltung der gesetzlichen und unternehmensinternen Bestimmungen, Vorschriften, Verfahren und Richtlinien.
- Eine Einschätzung der Unternehmenskultur ermittelt die bestehenden ethischen Unternehmenswerte, die Ziele und das Umfeld, in dem die Angestellten ihre Arbeit verrichten. Sie ermittelt auch die arbeits- und organisationspsychologischen Aspekte, die für die Interaktion zwischen den Angestellten eine Rolle spielen.
- Eine Unternehmensbewertung versucht, die gegenwärtigen Probleme, Stärken und Schwächen herauszufinden, die gängige Unternehmenspraxis und inwieweit sich die verschiedenen Bereiche entsprechend angepasst haben.

Anleitung (Wie gehe ich vor?)

- Für die Klima-Umfrage verwenden Sie die Klima-Befragung (Abschnitt 3.2.12) oder ähnliche Umfragetests, um die Daten zu ermitteln für die Beantwortung der Frage: „Was denken und fühlen Sie bzgl. dieses Unternehmens?"

- Für die Betriebsprüfung untersuchen Sie die gegenwärtig verwendeten und die in der Gebrauchsanweisung und im Regelbuch vorgeschriebenen Prozesse und Verfahren. Ermitteln Sie den Grad der Abweichung und die Einhaltung von Bestimmungen.
- Für eine Einschätzung der Unternehmenskultur sammeln Sie Informationen und Indikatoren, die Ihnen Aufschluss darüber geben, wie sich die Organisation verhält und warum sie sich so verhält. Beziehen Sie sich entweder auf eine bestimmte Abteilung oder auf die gesamte Organisation.
- Eine Unternehmensbewertung ist eine sehr weitläufige Untersuchung, die sich mit mehr als nur Prozessen beschäftigt. Gegenwärtige Probleme, Stärken, Schwächen von Einzelpersonen, Gruppen, Abteilungen und letztendlich der Gesamtorganisation werden betrachtet, um alle Elemente, die von Bedeutung sind, näher zu untersuchen und zu bewerten.

Querverweis zu verwandten Tools in diesem Buch

Klima-Befragung (Abschnitt 3.2.12).

Bibliografie: Silberman

5.1.6 Kräftebild

Zweck und Absicht (Warum und wann anwendbar?)

Das Kräftebild ist eine grafische Repräsentation des Kräftespiels und der vorherrschenden Einflüsse innerhalb eines Unternehmens. Es zeigt die Struktur der organisationalen Mächte und Einflussbereiche, die jedoch von der Organisationsstruktur abweichen können. Diese Sicht kann Ihnen eine gute Einsicht in die wahren Verhältnisse einer Organisation geben.

Macht und Einfluss sind normale Teile einer Organisation und Mittel der Führungskräfte, um die gesteckten Ziele zu erreichen. Eine Organisationsstruktur stellt das formale Gerüst für die Macht- und Kräftespiele dar. Das Kräftebild-Tool macht das informelle Netzwerk für Sie transparent.

Während die Stakeholder-Tools in der Kategorie Situationsdefinition sowie die Projektumfeldanalyse (PUMA) (Abschnitt 7.8) typischerweise auf Projektsituationen angewendet werden, wird das Kräftebild eher für die statische Organisation verwendet. Natürlich sollten Sie die Grenzen als fließend betrachten und alle angemessenen Tools für Ihre Situation in Betracht ziehen.

Funktion und Aufgabe (Wie funktioniert es?)

Menschen bilden meist formelle oder informelle Gruppen, wenn sie zusammenarbeiten. Die einzelnen Personen bilden Beziehungen untereinander, die positiver oder negativer Natur sind. Es bilden sich formelle und informelle Kommuni-

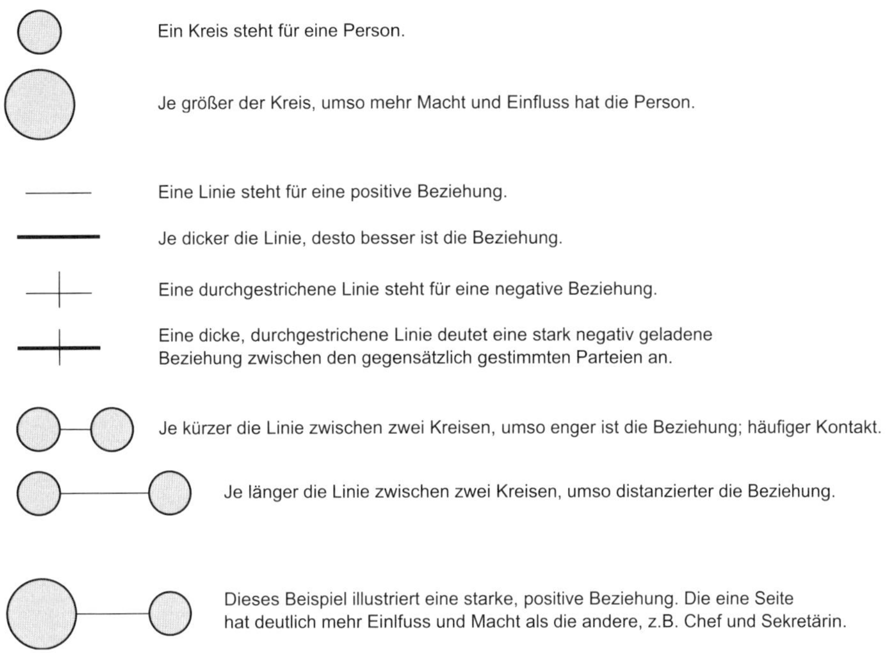

Abbildung 70 Symbole für ein Kräftebild

kations-, Einfluss- und Verhaltensmuster, die die Gruppe steuern. Kräftebilder bilden genau diese Beziehungen zwischen den Gruppenmitgliedern ab. In einem Kräftebild werden die Macht und der Einfluss durch Kreise dargestellt. Je größer der Kreis, desto mehr Einfluss und Macht hat die Person. Die Länge und Dicke der Verbindungslinie stellt die Nähe und Stärke der Beziehung dar.

Anleitung (Wie gehe ich vor?)

- Orientieren Sie sich mit Hilfe eines Organigramms (Abschnitt 5.1.1) und identifizieren Sie die formellen Berichterstattungsstrukturen und Positionen.
- Identifizieren Sie alle wichtigen Stakeholder. Die Stakeholder-Übersicht (Abschnitt 3.1.13) könnte sich als hilfreich erweisen. Sie können das existierende Organigramm zur Ausarbeitung Ihres Kräftebildes verwenden und einfach die Kräftebild-Symbole hinzufügen oder ein neues Kräftebild entwickeln, welches vielleicht etwas mehr Klarheit schafft.
- Verwenden Sie für Ihre Zeichnung die Symbole, die in der Abbildung 70 dargestellt sind.

Beispiel eines Kräftebildes

Abbildung 71 zeigt Kräfte und Beziehungen zwischen sechs Personen. Beziehung AB in Abbildung 71 ist stark, eng und positiv, A hat viel Einfluss. Beziehung AF

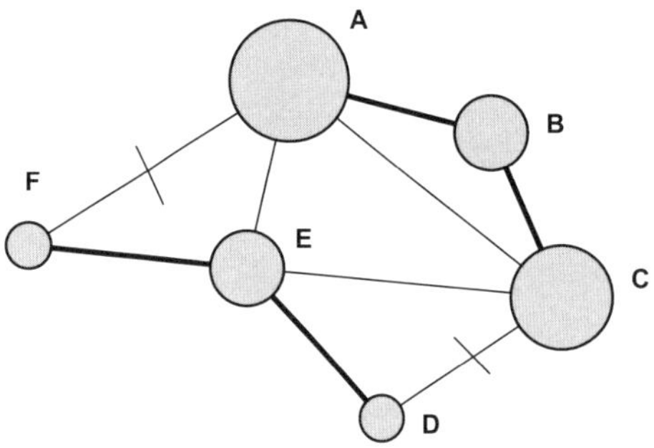

Abbildung 71 Kräftebild

und CD sind negativ und distanziert, es besteht ein großes Ungleichgewicht in Sachen Einfluss und Entscheidungsgewalt. ABC bilden scheinbar eine Allianz, ähnlich wie FED. E nimmt eine zentrale Moderationsrolle ein. E hat mehr Einfluss als F oder D, aber nicht so viel wie A bzw. C. E spielt scheinbar eine wichtige Rolle für A und C, trotz der Animositäten von A und C gegenüber F und D, mit denen E jedoch eine gute positive Beziehung hat.

Abbildung 72 zeigt eine einfachere Version eines Kräftebildes. Es stellt die Einflüsse der Personen aufeinander dar: Diese Art der Darstellung ist gut geeignet, um die Wechselbeziehungen in einem Projekt darzustellen.

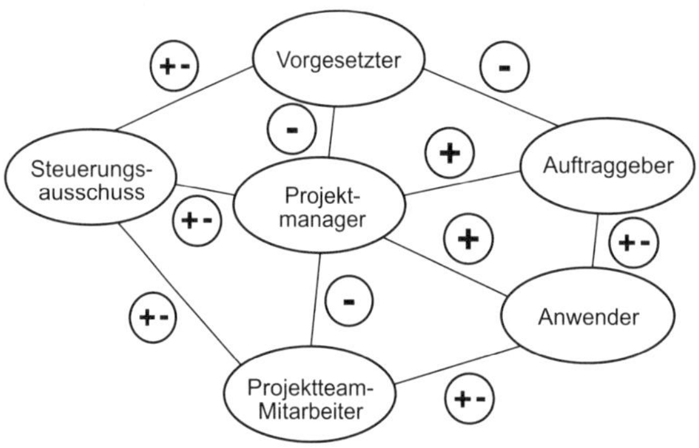

Abbildung 72 In einem Projektkontext: „Welche Einflüsse haben Sie als Projektmanager auf die verschiedenen Stakeholder?"

Tipps und Anregungen

Eine einfachere, handschriftliche Variante, um z. B. in einer Workshop-Situation den Sachverhalt einfach skizzieren zu können, verwendet folgende Logik: Verbinden Sie alle relevanten Stakeholder mit einer einfachen Verbindungslinie. Verwenden Sie einen Doppelstrich für positive Beziehungen, Wellenlinien oder einen Querstrich für negative Beziehungen. Diese Darstellung erlaubt Ihnen, schwierige politische Personalsituationen relativ unverfänglich in der „Öffentlichkeit“ darzustellen.

Querverweis zu verwandten Tools in diesem Buch

Alle Stakeholder-Tools in der Kategorie Situationsdefinition (Abschnitt 3.1.12, Abschnitt 3.1.13 bis Abschnitt 3.1.17), sowie die Projektumfeldanalyse (PUMA) (Abschnitt 7.8)

Bibliografie: Bill/Worth

5.2 Systemanalyse (Systeme, Prozesse, Daten, Technologie)

Tabelle 24 Tools und Techniken zur Organisationsanalyse

Zweck der Kategorie	Name des Tools oder der Technik	Seite	Benutzer-freundlichkeit	Aufwand/ Nützlichkeit
Systemanalyse	Architekturanalyse	209	☺	☺☺
	Logisches Datenmodell	211	☺	☺☺
	Funktionale Analyse	213	☺	☺☺
	Prozessanalyse	216	☺☺	☺☺☺
	Relationales Datenmodell	220	☺☺	☺☺☺
	Technologie-Infrastruktur	222	☺	☺☺☺
	Anforderungskatalog	224	☺☺	☺☺☺
	Logische und funktionale Systemmodellierung	227	☺☺☺	☺☺

Der Schwerpunkt einer Systemanalyse (auch technische-, oder Technologieanalyse genannt) ist die detaillierte Untersuchung von (Geschäfts-)Prozessen, Systemen, Datenstrukturen und/oder Technologien in einem bestimmten Umfeld. Im Gegensatz zu der Strategieanalyse im folgenden Abschnitt 5.3 ist die Systemanalyse sehr viel konkreter und greifbarer. Die Tools befassen sich hauptsächlich mit der Gegenwart oder nahen Zukunft und verlangen oft ein hohes Maß an technischem Vorwissen oder Erfahrung.

5.2.1 Architekturanalyse

Zweck und Absicht (Warum und wann anwendbar?)

Dieses Tool verwenden Sie am besten, wenn Sie eine Organisation und ihre vielfältigen Prozess-, Produkt-, Systemebenen und -bereiche darstellen wollen. Diese Übersicht erlaubt Ihnen, sowohl das Gesamtbild als auch den zu untersuchenden Bereich abzubilden, in den Sie dann weiter hinein-„zoomen“ und den Projektrahmen entsprechend definieren können.

Funktion und Aufgabe (Wie funktioniert es?)

Die Architekturanalyse gliedert die Organisation in ihre verschiedenen Ebenen und stellt diese entsprechend dar. Sie können die Sichtweise auf diese Ebenen frei wählen, z. B. Organisationsstruktur, Produkte, Prozesse, Technologie usw.

Anleitung (Wie gehe ich vor?)

- Beschaffen Sie zweckdienliche Informationen bzgl. der Ebenen, die Sie untersuchen wollen. Die Betrachtung sollte nur die bedeutenden Hauptelemente wie z. B. Top-5-Prozesse, Schlüsselbereiche der Organisation, Kernprodukte und Dienstleistungen usw. umfassen.
- Was ist relevant und signifikant genug, um im Diagramm repräsentiert zu werden? Entscheiden Sie, wie viele und welche Ebenen Sie darstellen wollen. Es sind nicht immer alle Ebenen notwendig oder angebracht.
- Verwenden Sie die Vorlage und richten Sie verwandte Objekte entsprechend aus, d. h. übereinander platziert. Welche Abteilung produziert welche Produkte und verwendet daher welchen Prozess? Welche Kommunikationskanäle werden verwendet, welche Vertriebskanäle? Welche sind die Hauptsysteme, die alles unterstützen?
- Konzentrieren Sie sich auf die Hauptkomponenten auf jeder Ebene, die in Ihrem Zusammenhang relevant sind (siehe Abbildung 73).

Tipps und Anregungen

- Befragen Sie die Systemarchitektur- und Strategieabteilungen, die einen guten Überblick über den jeweiligen Bereich haben. Dieses Tool ist komplex und nicht unbedingt einfach, da es darum geht, viele Informationen in Betracht zu ziehen, aber nur die wirklich wichtigen darzustellen. Die Gefahr besteht darin, den Betrachter mit zu vielen Informationen zu überladen und zu verwirren. Deshalb gilt: „In der Kürze liegt die Würze.“
- Belassen Sie es bei den Hauptpunkten, denn es gibt viele andere Diagramme und Tools, um die Details darzustellen. Erinnern Sie sich an *„KISS – Keep It Simple and Stupid“*.
- Das typische Publikum für diese Art von Diagrammen ist das Top-Management – richten Sie Ihre Informationen und Sprache entsprechend darauf aus.

Tipps und Anregungen

Eine alternative IT-orientierte Unterteilung der Unternehmensarchitektur ist die in folgende Ebenen: Geschäftsprozesse und Aktivitäten, Daten, Anwendungssoftware und Technologie. Vor allem im EDV/IT-Bereich hat sich ein eigener Funktionsbereich entwickelt, der sich mit der Architektur befasst. Er wird als EA (engl. Enterprise Architecture) bezeichnet. Bekannte Modelle dazu sind Zachmann, TOGAF, NIST usw.

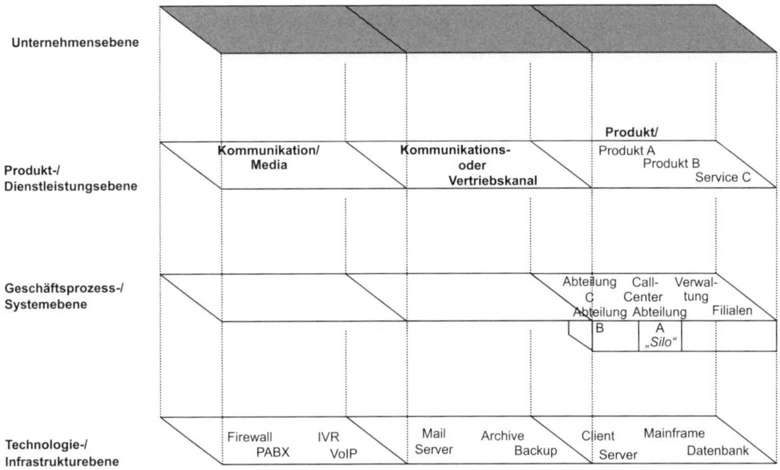

Abbildung 73 Beispiel für ein Architekturanalyse-Diagramm mit vier Ebenen

Querverweis zu verwandten Tools in diesem Buch

Kontext-Tool (Abschnitt 3.1.18).

Bibliografie: Konzept und Entwicklung: Nicolai Andler

5.2.2 Logisches Datenmodell

Zweck und Absicht (Warum und wann anwendbar?)

Das logische Datenmodell zeigt die Informationen, die in einem System gespeichert werden, und wie die Informationen und Daten logisch zusammenhängen. Es ist dann hilfreich, wenn Sie wissen müssen, wie und wo Daten abgelegt sind, um eine flexible und präzise Nutzung der Daten, z. B. für Berichte, vornehmen zu können.

Funktion und Aufgabe (Wie funktioniert es?)

Das logische Datenmodell beschreibt die unterschiedlichen Einheiten, für die oder in denen Informationen abgelegt werden, und wie diese in Beziehung zueinander stehen.

Anleitung (Wie gehe ich vor?)

- Identifizieren Sie alle Einheiten, für die Informationen gespeichert werden. Es ist wichtig anzumerken, dass die hier genannten „Einheiten" nicht unbedingt die gleichen Einheiten sind, die in einem Kontext-Diagramm oder in einem relationalen Datenmodell verwendet werden. Unter Einheiten wird hier eine Gruppierung von Daten und Informationen verstanden, die sich innerhalb des betrachteten Systems oder Bereichs befinden, z. B. Kunden, Konten, Produkte, Banken, Policen, Warengruppen usw. (bei einer Versicherung). Alle diese Einheiten haben eine Beziehung zueinander oder stehen durch andere Einheiten miteinander in Beziehung.

- Als nächsten Schritt müssen Sie für jede Einheit alle Attribute, Eigenschaften oder Merkmale identifizieren. Dazu zählen Sie einfach alle Felder auf, die ein Attribut beschreiben würden. Zum Beispiel hat die Einheit „Kunde" die folgenden Attribute (Felder): Name, Adresse, PLZ, Kreditrahmen usw. Erstellen Sie eine Tabelle, die alle Einheiten und die entsprechenden Attribute auflistet und im Detail definiert, da die Attribute nicht näher im Diagramm erwähnt werden.
- Als letzten Schritt klassifizieren Sie jede Beziehung nach einer der drei Möglichkeiten, die zwischen zwei Einheiten bestehen kann:
  - one-to-many – z. B. *eine* Bank hat *viele* Niederlassungen, aber *eine* bestimmte Niederlassung gehört zu *einer* Bank.
  - many-to-many – z. B. *eine* Anfrage kann sich auf *mehrere* Dokumente beziehen und *ein* bestimmtes Dokument kann im Bezug zu *mehreren* Anfragen stehen.
  - one-to-one – z. B. *ein* Kunde hat *ein* einzigartiges Login für eine Webseite und *ein* Login kann immer nur mit *einem* Kunden in Zusammenhang gebracht werden.
- Im Beispiel (Abbildung 74) gibt es z. B. die Einheiten „Konto/Account" und „Kunde". Es ist eine one-to-many-Beziehung (Kunde-Konten) – ein Kunde hat ein oder mehrere Konten. Des Weiteren haben mehrere Konten eine Bezie-

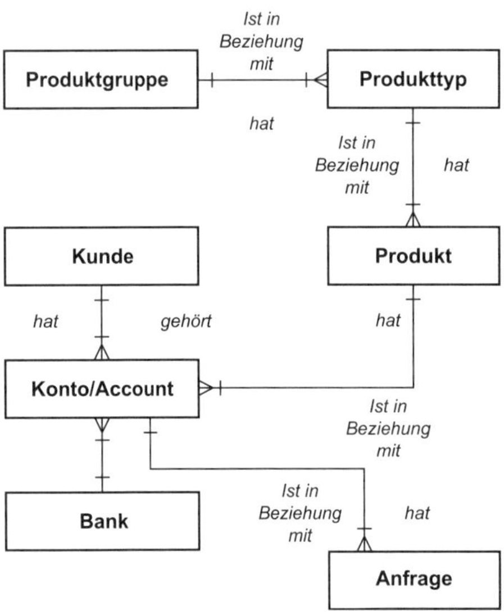

Abbildung 74
Logisches Datenmodell

hung zu einem Produkt (z. B. Sparbuch, Lebensversicherung u. a.) und ein Konto steht im Bezug zu mehr als einer Anfrage.

- In einem logischen Datenmodell-Diagramm wird die Einheit, die *mehrere* Beziehungen zu anderen Einheiten hat, durch einen Pfeilkopf auf der Verbindungslinie repräsentiert (siehe Abbildung 74).
- Weisen Sie jeder Einheit einen eindeutigen bzw. einzigartigen Identifikationsschlüssel oder eine ebensolche Kennung zu, z. B. eine Kundennummer, eine Artikelnummer, die Personalausweisnummer.

Tipps und Anregungen

- Bitten Sie einen Datenbankmodellierungsexperten für diese Dokumentation um Hilfe.
- Dieses Tool verlangt technisches und systemisches Wissen, wobei jedoch die konzeptionelle, logische Denkarbeit unabhängig von technischem Wissen ist. Definieren Sie die grundlegende Struktur und Gruppen von Daten (Einheiten).
- Erstellen Sie ein Datenlexikon, das alle Einträge mit Definitionen enthält, als Begleitschrift zum Datenmodell. Dieses Lexikon beschreibt die Einträge mit Attributen oder Informationen, die dazu vorliegen: Attributname, Beschreibung, Datenformat (numerisch, Text, Datum usw.).
- Logische Datenmodelle werden oft für Diskussionen bezüglich der Geschäftsregeln (wer darf was?) und zur Zugriffskontrollen (wer darf was sehen und machen?) eingesetzt. Zugriffskontrollen verwenden dabei die Logik „CRUD“. Dabei stehen die aus der englischen Abkürzung stammenden Buchstaben für:
  - C = Create, manchmal auch „Add“: Rechte, neue Einträge zu schaffen. Diese beinhalten R- und U-Rechte.
  - R = Read: manchmal auch „View“: Rechte, Einträge sehen, aber nicht ändern zu können.
  - U = Update: manchmal auch „Edit“: Rechte, Einträge verändern, aber nicht löschen zu können. Diese beinhalten kein C-Recht.
  - D = Delete: Rechte, Einträge löschen zu können. Diese beinhalten C-Rechte. Somit sind die Rechte wie folgt gestaffelt: D>C>U>R.

Bibliografie: Swanepoel

5.2.3 Funktionale Analyse

Zweck und Absicht (Warum und wann anwendbar?)

Dieses Tool eignet sich, um alle Hauptprozesse und -funktionen zu definieren. Sie erhalten einen Überblick über alle „Dinge, Ergebnisse und Aktivitäten“, die die

Organisation produziert, anbietet und ausführt. Diese werden manchmal auch „Funktionen“ genannt. Die Übersicht hilft Ihnen dann bei weiteren Untersuchungen und bei resultierenden Definitionen der gegenwärtigen und zukünftigen Funktionen (oder Funktionalitäten), die z. B. in einem Lasten- oder Pflichtenheft grob dokumentiert werden sollen.

Funktion und Aufgabe (Wie funktioniert es?)

- Die funktionale Analyse zerlegt alle Funktionen und Unterfunktionen in die einzelnen Komponenten bzw. Einzelfunktionen. Eine funktionale Analyse kann auch die verschiedenen Parteien, technischen Komponenten usw. identifizieren, die für die jeweilige Funktion notwendig ist.
- Eine funktionale Analyse repräsentiert auch manchmal die Perspektive des Endkunden oder Benutzers: „Welche Funktionen müssen möglich oder angeboten werden bzw. sollte das System zur Verfügung stellen, damit Sie einen potenziellen Kunden gewinnen oder eine bestimmte Tätigkeit ausführen können, z. B. die Verfügbarkeit eines bestimmen Mietwagenmodells abfragen?

Anleitung (Wie gehe ich vor?)

- Identifizieren Sie Akteure, die eine Rolle und Funktion innerhalb des betrachteten Systems ausführen. In diesem Fall können Akteure nicht nur Individuen sein, sondern auch Abteilungen, Organisationen, Systeme u. a., aber immer eine Einheit, die innerhalb des betrachteten Systems an der zu definierenden Funktion beteiligt ist.
- Als nächstes definieren Sie den „Use Case“, also die Funktion oder eine Reihe von Unterfunktionen, die innerhalb des betrachteten Systems ausgeführt werden und die unter einer Hauptfunktion zusammengefasst werden können. Das betrachtete System bzw. der Kontext wird als eine Black Box gesehen, in der nur die zu definierende Funktion sichtbar ist und beschrieben wird. Im Mietwagenfirmenbeispiel spielen z. B. das Abbuchungs- und Reservierungssystem eine untergeordnete Rolle. Diese Funktion wird auf dieser Ebene nicht erwähnt, jedoch bei der weiteren „Zerlegung“ und Unterteilung der Funktionen in Unterfunktionen kann sie dann eine Rolle spielen.
- Die Schwierigkeit liegt in der Abstraktion, Vereinfachung und Konzentration auf das Wesentliche. Eine Mietwagenfirma hat sicherlich Hunderte von Prozessen, Prozessergebnissen und somit Funktionen – es liegt an Ihnen, diese so weit zu konsolidieren und zu abstrahieren, bis Sie zu den essenziellen wichtigen Hauptfunktionen kommen. Diese können Sie dann weiter in Unterfunktionen aufgliedern, was zu weiteren Use Cases führt.
- Der Begriff „Use Case“ steht für die Beziehung zwischen zwei Einheiten: Ein Akteur oder manchmal auch ein anderer verwendet die Funktion des Use Case in Pfeilrichtung zu bzw. vom entsprechenden Use Case. Im Beispiel ver-

wendet der Mietwagenfirmenverkäufer die Instandhaltungsfunktion, um den Fuhrpark zu warten und instand zu halten. Diese Funktion kann dann später noch weiter in Unterfunktionen aufgeschlüsselt werden.

- Die Pfeile innerhalb des Diagramms deuten an, ob es sich um eine einseitige Kommunikation handelt – ein Akteur ist entweder auf der empfangenden oder verteilenden Seite –, oder ob eine Kommunikation bzw. der Gebrauch der Funktion in beide Richtungen verläuft.
- Um zu vermeiden, dass Sie das Diagramm mit Informationen überladen, verwenden Sie lieber eine separate Tabelle zur Darstellung (z. B. Name des Use Case, Prozessziel, Kurzbeschreibung, Auslöser, Akteure, Annahmen, Schnittstellen usw.; siehe auch die Tabellenvorlage in Abschnitt 5.2.4).

Tipps und Anregungen

- Spalten Sie die Hauptfunktionen nur so weit auf, wie es notwendig ist und inwiefern es Zweck der funktionale Analyse ist. Falls Sie weiter ins Detail gehen wollen, erfordert dieses Tool spezielles technisches Wissen in UML (Unified Modelling Language) und OO (Object Oriented Analysis/Design).
- Wenn die Funktionen, die die funktionale Analyse zu definieren versucht, noch nicht existieren, dann können Sie die funktionale Analyse auch zur Definition der Anforderungen (im Sinne eines Pflichtenheftes) verwenden (siehe dazu auch Abschnitt 5.2.7), wie es oft im Anfangsstadium eines Projekts zur Definition des Projektrahmens üblich ist.

  Betrachten Sie Abbildung 75, um sich ein besseres Bild von Funktionen zu machen. Als Beispiel wird eine Mietwagenfirma dargestellt, die drei grundlegende Funktionen beherrscht: Verwalten und Managen des Mietwagenvertrags, Instandhalten des Mietwagens und Einkauf/Verkauf des Mietwagens.

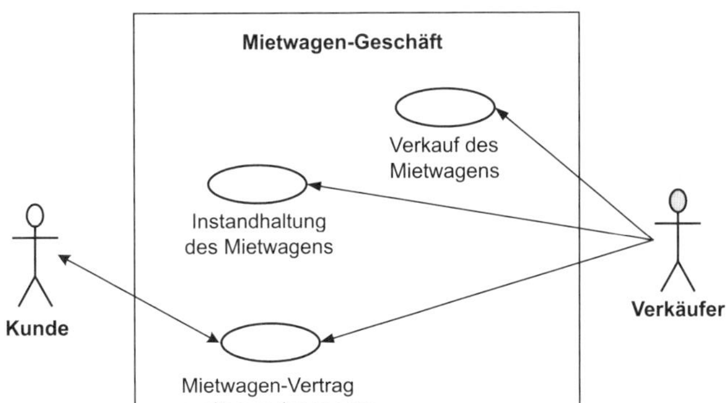

Abbildung 75 Use-Case-Diagramm

Im EDV-Umfeld wird zum Durchführen einer funktionalen Analyse oft eine Use-Case-Analyse eingesetzt, wie sie in vereinfachter Form in der Abbildung 75 dargestellt ist. Außerdem werden „Use Cases" zur Veranschaulichung einer funktionalen Analyse verwendet, da ein Use Case genau einer Funktion entspricht.

Querverweis zu verwandten Tools in diesem Buch

Prozessanalyse (Abschnitt 5.2.4).

5.2.4 Prozessanalyse

Zweck und Absicht (Warum und wann anwendbar?)

- Wenn Sie verstehen wollen, was in einer Organisation vor sich geht und in welcher Reihenfolge Aktivitäten ablaufen.
- Zur Identifizierung und Dokumentation von (Geschäfts-)Prozessen, Verbesserungen, Training und Systementwicklung.

Funktion und Aufgabe (Wie funktioniert es?)

- Eine Prozessanalyse verwendet Flussdiagramme, um die gegenwärtige *(as-is-)* oder zukünftige *(to-be-)* Abfolge von Aktivitäten (Prozessschritten) festzuhalten.
- Prozessanalysen sind Hauptbestandteil der meisten Analysen, da sie einen guten Einblick in das operationale Geschäft bieten und auch den Ausgangspunkt für Verbesserungsinitiativen darstellen.
- Der Detaillierungsgrad der Dokumentation kann variieren und hängt davon ab, ob es sich um eine Übersicht oder eine detaillierte Analyse der untersten Prozessschritte handelt.

Anleitung (Wie gehe ich vor?)

- Verwenden Sie die Informationsbeschaffungs-Tools aus Abschnitt 3.2 und führen Sie z. B. Interviews oder einen Prozess-Workshop durch, um alle notwendigen Informationen zu erhalten und den Prozessfluss zu dokumentieren.
- Prozessmodellierung wird in zwei Formen vorgenommen – per Entwicklung von Diagrammen des schematischen Prozessablaufs und als wörtliche Beschreibung, die meist in tabellarischer Form festgehalten wird und alle Details dokumentiert. Verwenden Sie dabei aktive Verben zur Beschreibung des Prozesses.
- Halten Sie den ersten Entwurf mit Bleistift auf einem großen Flipchart fest. Fangen Sie mit einem groben Abriss des Prozesses an und verfeinern Sie die-

sen immer weiter, sobald Sie die entsprechenden Informationen haben. Notieren Sie alle Fakten und Details in einer separaten Tabelle, die die unten aufgeführten Überschriften enthält. Vergessen Sie den Radiergummi nicht, denn kein Prozess wird sofort korrekt dokumentiert.

- Prozessschritte kommen in Rechtecke, die in numerischer Reihenfolge miteinander verbunden werden. Rautenförmige Symbole stellen Entscheidungen dar, die mit „ja" oder „nein" auf den Verbindungslinien entsprechend markiert werden.
- Des Weiteren empfiehlt es sich, die unterschiedlichen Bereiche, in denen die Aktivität stattfindet, entsprechend auf dem Symbol des Prozessschritts zu vermerken. Alternativ bietet sich die Prozessdokumentation in „Schwimmbahnen" an (Abbildung 77). Jede „Schwimmbahn" repräsentiert eine Abteilung, System oder Einheit, in der der Prozessschritt abläuft.

Tipps und Anregungen

- Verwenden Sie die Tabellenüberschriften während der Informationsbeschaffung als Checkliste.
- Verwenden Sie für Ihre Arbeit die allgemeingültigen Bestandteile der Prozessanalyse, wie sie in Abbildung 76 dargestellt sind.
- Es gibt viele verschiedene Arten, Prozessfluss-Diagramme zu zeichnen. Wichtig ist, dass das Diagramm später einfach nachvollziehbar ist und alle Aspekte abdeckt. Definieren Sie Vorlagen in Softwareprogrammen wie z. B. MS Visio, um Ihre Zeichensymbole zu standardisieren.

Zehn Gebote der Prozessanalyse

1. Arbeiten Sie von „oben nach unten" *und* von „unten nach oben", damit Sie die notwendige Unterstützung, Informationen und Verbesserungsvorschläge erhalten.
2. Seien Sie kundenorientiert – der Kunde, der letzendliche Nutznießer des Prozessergebnisses, kann innerhalb und außerhalb des untersuchten Bereiches sein.
3. Versuchen Sie, die Bedürfnisse und Anforderungen aller Benutzer und Nutzer während Ihrer Analyse im Hinterkopf zu behalten: „Was sind Zweck und das Ziel des Prozesses?"
4. Sichern Sie sich die Unterstützung durch das Top-Management, sonst sind die Untersuchung und die spätere Umsetzung leicht zum Scheitern verurteilt.
5. Seien Sie sich bewusst, dass eine Prozessanalyse oder ein guter Prozess kein Ersatz für eine schlechte Strategie oder Produkt ist.

6. Arbeiten Sie auch außerhalb Ihrer „Systemgrenzen". Verwenden Sie das Silo-Tool (Abschnitt 3.1.19), um die Unterbrechungen des Prozessflusses durch die Bereichsgrenzen aufzuzeigen.
7. Vergessen Sie nicht, die Prozesse der Mitarbeiterbeurteilung und eines Bonus-Systems in Ihre Prozessanalyse miteinzubeziehen. Beide Elemente sowie die Beurteilungskriterien und Leistungsindikatoren müssen im Einklang miteinander stehen, sonst sabotieren sie sich gegenseitig.
8. Teilen Sie die Ergebnisse Ihrer Untersuchung und Prozessanalyse allen betroffenen Beteiligten offen und ehrlich mit, bevor eventuelle Gerüchte größere Schäden anrichten.
9. Setzen Sie ein multidisziplinäres Team ein, um unterschiedliche Perspektiven und ein universelles Ergebnis zu erhalten.
10. Streben Sie die ideale Lösung an und besinnen Sie sich erst dann auf das tatsächlich Mögliche und Erreichbare.

Allgemeingültige Bestandteile für eine Prozessanalyse

Abbildung 76 zeigt die allgemeingültigen Bestandteile für eine Prozessanalyse. Jeder Prozessschritt hat einen Input (z. B. Daten, Informationen), einen Auslöser, ein Ziel oder einen Zweck, Geschäftsbedingungen und Regeln, die den Prozess steuern und reglementieren, Ressourcen, die während des Prozesses benötigt werden, und natürlich einen Output. Alle diese Bestandteile sollten Sie während Ihrer Analyse für jeden Prozessschritt überprüfen und in Frage stellen.

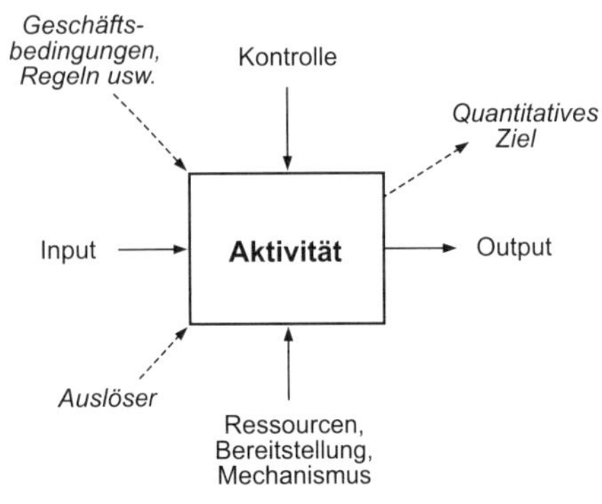

Abbildung 76
Überprüfen Sie alle diese Bestandteile während Ihrer Prozessanalyse für jeden Prozessschritt

Vorlage für die Tabellenüberschriften in der Prozessdokumentation

Es ist zu empfehlen, dass Sie jedem Prozessmodell eine Tabelle mit zusätzlichen Informationen beifügen, um das Diagramm nicht zu überladen. Die Tabelle kann die folgenden Überschriften enthalten:

Titel, Referenz zu einem übergeordneten Prozess, Prozessziel, Inputs, Outputs, Kontrollmechanismen (die den Prozessfluss stoppen), Akteure und Stakeholder, Kurzbeschreibung, Auslöser, Verfügbarkeit (up time), Anmerkungen, alternative Prozessschritte, Geschäftsbedingungen und Regeln, Service Levels, Leistungsindikatoren in jeglicher Form, Qualitätsanforderungen, Annahmen (die bestätigt werden müssen), Beschränkungen, Dokumente, Glossar, involvierte Systeme, Sicherheitsanforderungen, Schnittstellen, Verbesserungsvorschläge, ausstehende Fragen, Prozessverantwortlicher, Autor/Analyst, Datum der letzten Aktualisierung.

Beispiel für ein einfaches Prozessflussdiagramm

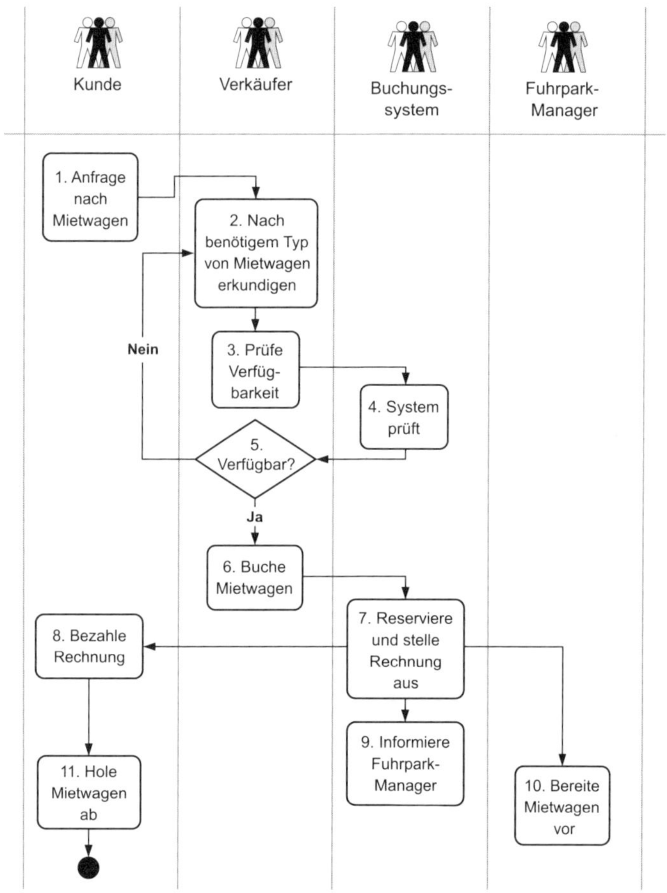

Abbildung 77 Beispiel für ein Prozessflussdiagramm auf hoher Ebene

Querverweis zu verwandten Tools in diesem Buch

Relationales Datenmodell (Abschnitt 5.2.5), Silo (Abschnitt 3.1.19).

5.2.5 Relationales Datenmodell

Zweck und Absicht (Warum und wann anwendbar?)

- Ein relationales Datenmodell ist eines der grundlegenden Tools für jede detaillierte, technische oder Systemanalyse. Es kann helfen, eine Situation besser einzuschätzen. Deshalb kann es auch zur Festlegung des Kontextes oder des Projektrahmens verwendet werden.
- Im Vergleich zum Kontext-Tool (Abschnitt 3.1.18) bietet ein relationales Datenmodell viel mehr Einzelheiten.

Funktion und Aufgabe (Wie funktioniert es?)

- Ein relationales Datenmodell stellt den Kontext zusammen mit allen relevanten Einheiten innerhalb der Systemgrenzen dar, d. h. es zeigt alle Systeme, alle Bereiche und Abteilungen, alle Geschäftseinheiten, jeden Transfer von Informationen und Daten zwischen Einheiten jeglicher Art und Form. Im englischen Sprachgebrauch wird das Diagramm als Datenflussdiagramm (Dataflow Diagram) oder Entity-Relationship-Diagramm (ERD) bezeichnet.
- Die transparente Darstellung des Datenflusses gibt Hinweise auf die zu Grunde liegenden Prozesse und ist daher eng mit der Prozessanalyse verknüpft.

Anleitung (Wie gehe ich vor?)

- Identifizieren und benennen Sie alle Einheiten, die in den zu untersuchenden Rahmen oder Problembereich fallen. Als Einheiten können Abteilungen, Systeme, wichtige Stakeholdergruppen, Prozessbereiche usw., alles, was eine klare Grenze hat und etwas „Eigenständiges" ist, beschrieben werden.
- Untersuchen Sie den Daten- und Informationsfluss zwischen allen Einheiten. Stellen Sie Fragen: „Mit wem oder was tauscht sich Einheit X aus?" oder „Welche Art von Information wird zwischen Einheit X und Y ausgetauscht?"
- Identifizieren Sie die Quelle und die Daten für eingehende und ausgehende Datenflüsse.
- Verbinden Sie alle Einheiten mit den entsprechenden Datenflüssen.
- Überprüfen Sie Ihre Ergebnisse zusammen mit den Experten des jeweiligen Bereichs.

Tipps und Anregungen

- Falls Sie eine Stakeholder-Übersicht (Abschnitt 3.1.13) haben, verwenden Sie diese, um zu überprüfen, ob Sie einzelne Stakeholder übersehen haben. Verwenden Sie eine Black Box (Abschnitt 3.1.10), um sicherzustellen, dass Sie alle Bereiche abgedeckt haben und sich auch wirklich auf den richtigen Bereich konzentrieren. Eigentlich sollten diese Dokumente bereits als Teil der Projektdefinition und Projektdokumentation existieren.

- Sie können die Lese- und Benutzerfreundlichkeit erhöhen, wenn Sie die Einheiten in der Reihenfolge nummerieren, in der sich der logische Prozess abspielt.

Abbildung 78 zeigt ein relationales Datenmodell für den Verwaltungsbereich eines Hypotheken-Unternehmens.

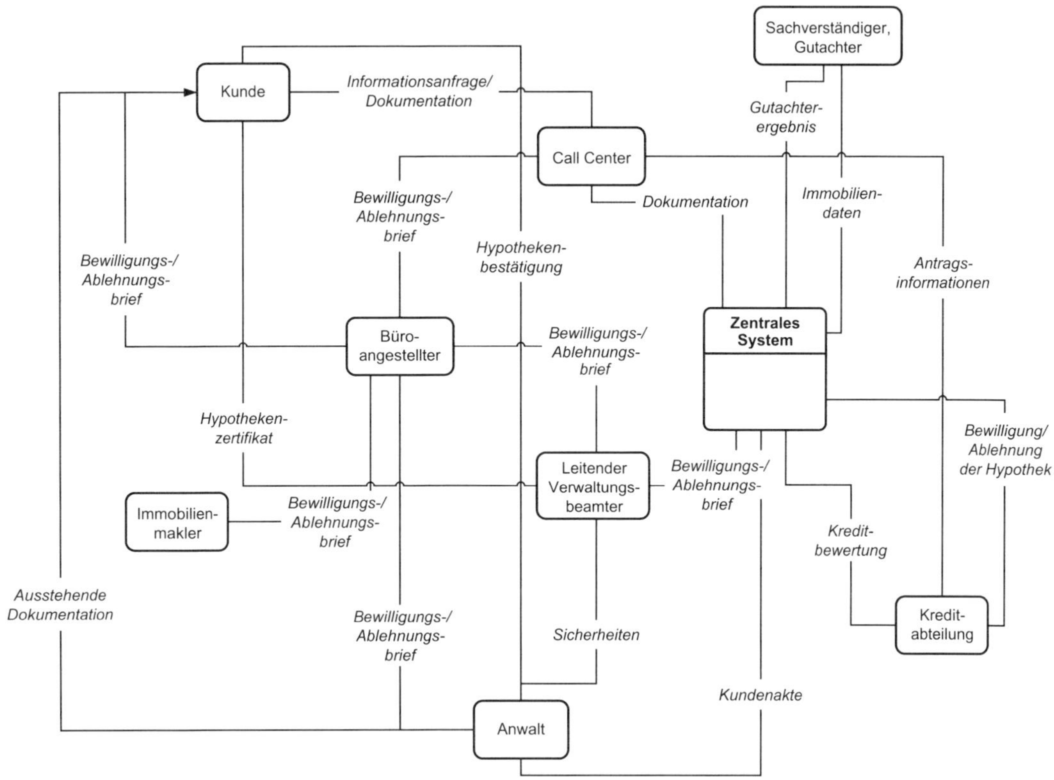

Abbildung 78 Relationales Datenmodell

Querverweis zu verwandten Tools in diesem Buch

Black Box (Abschnitt 3.1.10), Kontext (Abschnitt 3.1.18), Fischgräten-Ursachenanalyse (Abschnitt 3.1.9), Ist-Ist nicht (Abschnitt 3.1.11), Stakeholder-Übersicht (Abschnitt 3.1.13).

Bibliografie: Bassard und Ritter, Swanepoel, Chen

5.2.6 Technologie-Infrastruktur

Zweck und Absicht (Warum und wann anwendbar?)

- Kombinierte Darstellung von Technologien, Systemen, Programmen (Software) und Infrastruktur, die gegenwärtig (oder zukünftig) existieren.
- Das Tool kann auch zum Aufzeigen von Maschinenparks, Fabrikplänen, Netzwerken, Kommunikations-, Sicherheits- oder Infrastruktur verwendet werden.
- Das Identifizieren der Wechselwirkungen ist wichtig für die Fähigkeit, dafür zu sorgen, dass das System funktioniert und flexibel bleibt.
- Diese Art Diagramm liefert Datenstrukturen, die wichtig sind, um die System-Informationen an das Management weiterzugeben, z. B. in Form von Reports.

Funktion und Aufgabe (Wie funktioniert es?)

Das Technologie-Infrastruktur-Tool modelliert die Technologie und Systeme innerhalb des zu untersuchenden Projektrahmens oder Problembereichs (siehe Abbildung 79). Das resultierende Diagramm sollte idealerweise in seinem Abstraktions- und Detaillierungsgrad und seiner technischen Sprache auf die Zielgruppe abgestimmt sein.

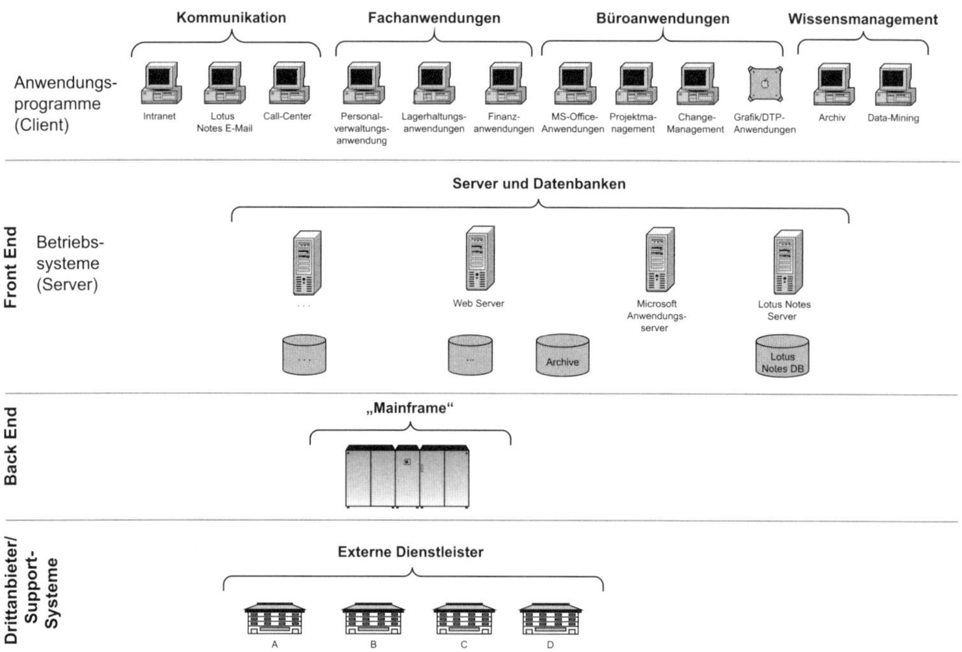

Abbildung 79
Technologie-Infrastruktur-Diagramm für die EDV-Struktur eines Unternehmens

Anleitung (Wie gehe ich vor?)

- Verwenden Sie vorhandene Diagramme wie z. B. Kontext-Tool (Abschnitt 3.1.18), relationales Datenmodell (Abschnitt 5.2.5), Architekturanalyse (Abschnitt 5.2.1), um Ihr Verständnis und Wissen aufzubessern. Lassen Sie sich von den technischen Experten beraten. Der Begriff „System“ bedeutet nicht exklusiv Computersystem, sondern steht für jede Art und jeden Typ von Struktur und „Maschinerie“.
- Dokumentieren Sie alle Systeme in einer separaten Tabelle, die jede Komponente kurz beschreibt.
- Falls Sie jedoch wie in Abbildung 79 eine EDV-orientierte Technologie-Infrastrukturdarstellung beabsichtigen, dann verwenden Sie als Gerüst und zur Gruppierung die folgenden Kategorien:
  - Interaktionskanäle
  - Front- und Backoffice-Softwareprogramme,
  - Support-Systeme/Programme und
  - sonstige Programme und Technologien (Business Intelligence, Data Mining, Intranet, VPN usw.).

Tipps und Anregungen

- Verwenden Sie die Vorlagen und standardisierten Symbole der gängigen Grafikprogramme (z. B. MS Visio).
- Ein Technologie-Infrastruktur-Diagramm kann ausreichen, um Schnittstellen darzustellen. Falls nicht, dann sollten Sie eine Schnittstellenanalyse durchführen, in der Sie alle Schnittstellen identifizieren und die Anforderungen ermitteln: z. B. „welche Daten werden über eine bestimmte Schnittstelle zwischen den Systemen ausgetauscht?“

Schnittstellenanalyse (zusätzlich zum Technologie-Infrastruktur-Diagramm)

Die Schnittstellenanalyse wird im Zusammenhang mit dem Technologie-Infrastruktur-Tool verwendet, um das Zusammenspiel und den Datenaustausch der unterschiedlichen Systeme und Komponenten genauer zu beschreiben. Die Schnittstellenanalyse besteht aus sechs Arbeitsschritten pro Schnittstelle:

- Was sind die Daten und Informationen, die vom einen zum anderen System übertragen werden?
- Wie detailliert müssen die Informationen sein, die transferiert werden?
- In welchem Dateiformat liegen die Informationen vor?

- Was ist die Art der Verbindung und welche Leistungsparameter (z. B. Echtzeit-Interaktion) müssen erfüllt werden?
- Wie häufig findet der Datentransfer statt?
- Was sind die Schnittstellen-Anforderungen und -Funktionen der Systeme, die mit diesem System interagieren?

Querverweis zu verwandten Tools in diesem Buch

Kontext-Tool (Abschnitt 3.1.18), relationales Datenmodell (Abschnitt 5.2.5), Architekturanalyse (Abschnitt 5.2.1).

5.2.7 Anforderungskatalog

Zweck und Absicht (Warum und wann anwendbar?)

- Ein Anforderungskatalog ist eine Auflistung aller funktionalen Anforderungen und eine Zusammenstellung der Spezifikationen und Anforderungen, die nötig sind, um damit ein Produkt, System, eine Maschine usw. entwerfen, entwickeln und herstellen zu können.
- Ein Anforderungskatalog wird auch als Referenz für Qualitätskontrollen und Abnahmen durch den Auftraggeber und/oder Endbenutzer verwendet. Es ist daher der Haupt-Output einer Analyse und der Haupt-Input für die Phase der Tests und Qualitätskontrollen. Andere Begriffe für einen Anforderungskatalog sind Fachkonzept, Anforderungsanalyse. Oft werden auch die Bezeichnungen Pflichtenheft oder Lastenheft genannt, die jedoch EDV-lastige Begriffe sind.

Funktion und Aufgabe (Wie funktioniert es?)

- Ein Anforderungskatalog ist eine komplette Beschreibung aller gewünschten und benötigten Funktionen und Fähigkeiten. Es wird dargestellt, was die noch zu entwickelnde Maschine, das System oder Produkte können müssen und wie gut, genau und effizient etwas erfolgen muss, damit es den vorher dokumentierten Erwartungen und (Geschäfts-)Anforderungen entspricht.
- Jede spezifizierte Anforderung sollte einen Querverweis zu einem Diagramm oder einer Beschreibung haben, die die Anforderung näher erklärt und anderen hilft, den Zusammenhang und die Hintergründe für die Anforderung zu verstehen.

Anleitung (Wie gehe ich vor?)

- Die meisten der zuvor dargestellten Tools (z. B. Kontext-Tool, funktionale Analyse, Prozessanalyse, relationales Datenmodell) dienen als Quellen, Referenz und Input für einen Anforderungskatalog, wobei auch andere Quellen hilfreich sein können.

Tabelle 25 Vorlage für einen Anforderungskatalog

Anforderungskatalog				
Kategorien				
Nr.	**Kurzbeschreibung**	**Wichtigkeit N/M/H**	**Referenz**	**Nutzungshäufigkeit**
Kerngeschäft oder Hauptprodukt				
1	Die Fähigkeit ...			
2	Die Fähigkeit ...			
Sicherheit und Zugang				
	Die Fähigkeit ...			
Finanzkontrolle				
	Die Fähigkeit ...			
Systemkontrolle				
	Die Fähigkeit ...			
Systembackup und -sicherung				
	Die Fähigkeit ...			
Berichtswesen				
	Die Fähigkeit ...			
Leistungsindikatoren und SLA (bzgl. Zuverlässigkeit, Verfügbarkeit, Richtigkeit, Vollständigkeit)				
	Die Fähigkeit ...			
Datenschutz und -sicherung				
	Die Fähigkeit ...			
Geschäftsarchitektur (und Einklang mit der Systemarchitektur)				
	Die Fähigkeit ...			
Archivierung				
	Die Fähigkeit ...			

- Zählen Sie alle Anforderungen und Funktionalitäten des Systems auf, die auf Datenmodellen basieren. Wenn ein Datensatz in einem Datenmodell existiert, dann resultiert dieser in einer Funktion, die etwas mit diesem Datensatz macht, z. B. eine Abfrage speichern.
- Zählen Sie alle Anforderungen und Funktionalitäten des Systems auf, die auf Prozessen und Schnittstellen basieren. Die Prozessflüsse stellen den logischen Ablauf dar, der wiederum eine Funktion benötigt; z. B. kann ein Prozess die

Prüfschritte für eine Autorisierung darstellen. Die Funktion, die dahinter steckt, wäre die Identifizierung und Autorisierung einer Person mit bestimmten Parametern. Des Weiteren können Schulungsunterlagen und Verfahrensanleitungen Quellen für Anforderungen und Funktionalitäten sein.

- Im Anforderungskatalog wird jede Anforderung und Funktion eines Produkts, einer Maschine oder eines Systems beginnend mit der Formulierung „Die Fähigkeit ..." beschrieben. Damit ist die Fähigkeit gemeint, etwas auszuführen, zu bewegen, darzustellen usw.
- Gruppieren Sie Anforderungen und Funktionen, die unter bestimme Kategorien fallen, in den entsprechenden Kategorien, die Sie kreieren können (siehe Tabelle 25). Sprechen Sie sich mit den späteren Nutzern, Entwicklern, und Ingenieuren ab, welche Logik der Kategorisierung sich für alle Beteiligten am besten eignet. Typischerweise wird zwischen den eigentlichen Kernfunktionen sowie nicht-funktionalen und technischen Anforderungen wie z. B. Datenschutz, Sicherheit, Berichte usw. unterschieden. Manchmal werden dafür sogar getrennte Dokumente verwendet.
- Jede Anforderung und Funktion sollte darüber hinaus auch eine Angabe über die Priorität und Wichtigkeit haben. Die folgenden drei Einstufungen werden empfohlen:
  - Hoch = unverzichtbar wichtig
  - Mittel = sollte vorhanden sein
  - Niedrig = wäre schön, ist aber nicht unbedingt erforderlich.

Tipps und Anregungen

Bestimmen Sie Kategorien zum Gruppieren ähnlicher Anforderungen zu Einheiten. Prüfen Sie mit einem Systemexperten, ob diese Kategorien sinnvoll sind und die Anwendung des Anforderungskatalogs mit diesen verstanden wird.

Die EDV-typischen Begriffe des Lasten- und Pflichtenhefts sind verwirrend und nur im deutschsprachigen Raum anwendbar. Ein Lastenheft ist die Grundlage für den Projektstart und dient u. a. dazu, geeignete Lieferanten zu finden, Rahmenbedingungen für Ausschreibungen festzulegen, Angebotsanfragen und Kostenvoranschläge zu formulieren usw. Im Pflichtenheft sind nach DIN 69901-5 die „vom Auftragnehmer erarbeiteten Realisierungsvorgaben" niedergelegt.

Sie sollten formal zwischen einem Lastenheft und einem sich daraus ergebenden Pflichtenheft unterscheiden. Letzteres beschreibt die resultierenden Vertragsgrundlagen und das Vorgehen der Umsetzung. Mit Hilfe der in diesem Buch beschriebenen Tools können Sie alle folgenden Inhalte, die für ein Lastenheft empfohlen sind, erarbeiten:

- Vorstellen des Leistungsempfängers
- Ausgangssituation und Zielsetzung

- Fachlicher Teil
  - organisatorische Abläufe und Prozesse
  - technische Abläufe
  - funktionale Anforderungen
- Technischer Teil
  - Daten
  - Funktionen (nicht-funktionale Anforderungen und technische Anforderungen)
  - Hardware
- Rechtlicher Teil
  - Aufgabenstellung
  - Vertragspartner
  - Rahmenbedingungen
  - Liefer- und Leistungsumfang
  - Abnahmekriterien und Gewichtung der Anforderungen

Querverweis zu verwandten Tools in diesem Buch

Kontext-Tool (Abschnitt 3.1.18), funktionale Analyse (Abschnitt 5.2.3), Prozessanalyse, relationales Datenmodell (Abschnitt 5.2.5), logisches Datenmodell (Abschnitt 5.2.2), logische und funktionale Systemmodellierung (Abschnitt 5.2.8) – wobei die logischen Anforderungen und Funktionen im Anforderungskatalog festgehalten werden.

5.2.8 Logische und funktionale Systemmodellierung

Zweck und Absicht (Warum und wann anwendbar?)

Die logische und funktionale Systemmodellierung eignet sich dazu, die zukünftigen, geplanten Funktionen und Fähigkeiten eines Systems zu modellieren und zu konzipieren. Der Begriff „System“ ist dabei wieder Platzhalter für jegliche Art von Anwendung, Infrastruktur, Maschine, Produkt usw. Das Tool kann auch als Kreativitäts-Tool zur systematischen Ideen- und Lösungsfindung eingesetzt werden.

Funktion und Aufgabe (Wie funktioniert es?)

Die logische und funktionale Systemmodellierung basiert auf einem einfachen vierstufigen Prozess, der Sie dabei unterstützt, „alles“ gegenwärtig Existierende zu verbessern. Es kann auch als mentale/konzeptionelle Denkanleitung für die Anwendung von anderen Systemanalyse-Tools dienen. Das Tool abstrahiert vom konkreten Physischen zum logisch Abstrakten – hier findet dann die Verbesserung statt – und übersetzt später das Abstrakte wieder in das Konkrete, physisch Greifbare zurück.

Anleitung (Wie gehe ich vor?)

Es geht darum, die Realität zu abstrahieren und dann – ohne weitere Beschränkungen durch die gegenwärtige Realität – die zukünftige Lösung und die neuen Funktionen auf einer abstrakten logischen Ebene zu entwerfen. Abbildung 80 stellt das Vorgehen dar:

- Beginnen Sie mit der gegenwärtigen konkreten und physikalischen Umwelt.
- Abstrahieren Sie dann, um die gegenwärtig existierenden logischen Funktionen zu erhalten.
- Entwerfen Sie anschließend die neuen Funktionen auf der abstrakten logischen Ebene.
- Definieren Sie das künftige System physikalisch.
- Stellen Sie folgende Fragen während der vier Prozessschritte:
  1. Wie (physikalisch) funktioniert das System gegenwärtig? – Die Frage ist: „Wie“. Verwenden Sie die Tools von Informationsbeschaffung (Abschnitt 3.2), Prozessanalyse (Abschnitt 5.2.4) oder das relationale Datenmodell (Abschnitt 5.2.5) um zu lernen, wie das jetzige System konkret funktioniert.
  2. Was sind die logisch-abstrakten Funktionen, die das System gegenwärtig hat? Die Frage ist: „Was“. Tools wie z. B. die funktionale Analyse (Abschnitt 5.2.3) oder der Anforderungskatalog (Abschnitt 5.2.7) können sich hier als hilfreich erweisen. Verlieren Sie sich nicht in Details, sondern bleiben Sie auf einer abstrakten „hohen“ Ebene.
  3. Was sind die logisch-abstrakten Funktionen, die das zukünftige System zu erfüllen hat? Die Frage ist: „Was“

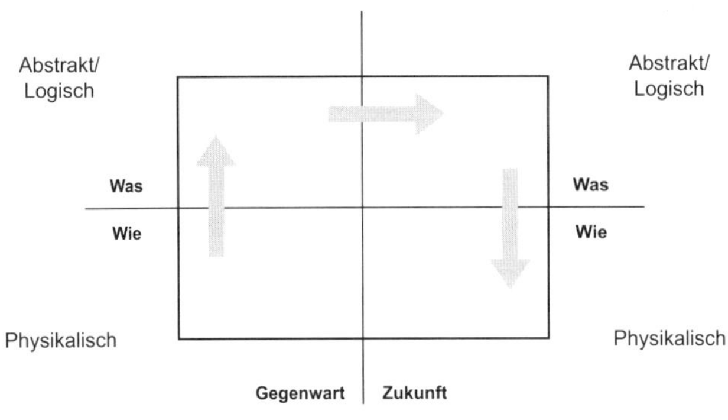

Abbildung 80
Logische und funktionale Systemmodellierung – Vom „Wie“ zum „Was“ und dann wieder zum „Wie“

4. Wie wird das zukünftige System konkret und physikalisch funktionieren? Die Frage ist: „Wie“. Hier werden dann die abstrakten, logischen Spezifikationen und Anforderungen in die potenzielle zukünftige Realität übersetzt.

Bibliografie: Swanepoel

5.3 Strategieanalyse

Zweck der Kategorie	Name des Tools oder der Technik	Seite	Benutzer-freund-lichkeit	Aufwand/ Nütz-lichkeit
Strategie-analyse	Wertschöpfungskette	231	☺☺	☺☺☺
	Kritische Erfolgsfaktoren	235	☺	☺☺
	SWOT und TOWS	238	☺☺	☺☺
	Lebenszyklus	246	☺☺☺	☺
	Five Forces	250	☺	☺☺
	Wettbewerberanalyse	255	☺	☺☺
	Umfeldanalyse (PEST)	259	☺	☺☺
	Strategische Marktsegmente	262	☺☺	☺☺
	Kundensegmentierung	266	☺	☺☺☺
Strategie-entwicklung	Geschäftsfeldermatrix	270	☺☺	☺☺
	Produkt-Markt-Mix	275	☺☺	☺
	Strategieentwicklungsoptionen	279	☺☺	☺☺☺
	Strategiematrix	285	☺☺	☺☺☺

Dieses Kapitel beinhaltet zwei Aspekte der Strategie: die *analytische Untersuchung* und die sich daraus ergebende Entwicklung von *strategischen Optionen.*

Die Strategieanalyse kann wiederum in zwei Bereiche unterteilt werden: die Untersuchung der internen und der externen Perspektiven. Die Untersuchungsergebnisse werden dann, wie Abbildung 81 darstellt, in der strategischen Entwicklung weiter verwendet.

Der Zweck der *strategischen Entwicklung* ist es, aus den Untersuchungsergebnissen zu lernen, neue Einblicke zu erhalten und dann einen strategischen Plan für das weitere Vorgehen zu entwickeln.

Dieses Kapitel beginnt mit den Analyse-Tools für die interne und externe Analyse – eine klare Trennung zwischen intern und extern existiert leider nicht – und fährt dann mit Tools für die strategische Entwicklung fort (siehe Abbildung 81).

Die Tabelle 26 verdeutlicht, wie jedes der strategischen Analyse-Tools sich mit mindestens einem der Schwerpunkte einer strategischen Analyse von Abbildung 81 befasst. Die vier Schwerpunkte einer strategischen Analyse sind:

- Kunden mit ihren Bedürfnissen und Anforderungen
- Wettbewerber und die Industrie
- Finanzielle Aspekte und Faktoren, die sich auf den Gewinn auswirken
- Gegenwärtige Kompetenzen und Fähigkeiten (des Unternehmens)

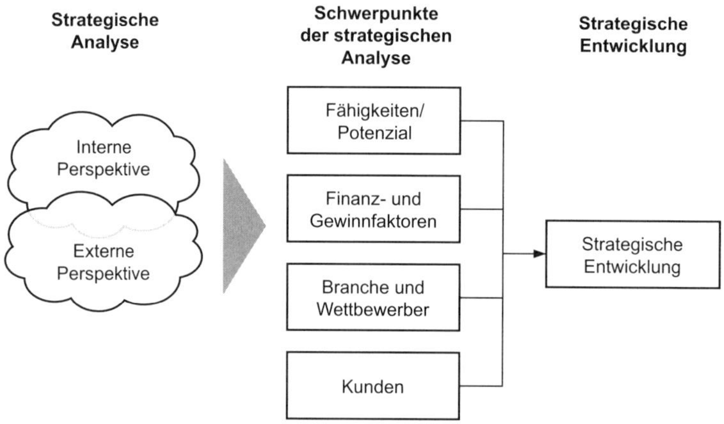

Abbildung 81
Strategische Arbeit beinhaltet die strategische Analyse und die strategische Entwicklung

Tabelle 26 Schwerpunkte der strategischen Analyse-Tools

		Schwerpunkte der strategischen Analyse-Tools				
	Name des strategischen Analyse-Tools	Kunde	Wett-bewerb/ Industrie	Finanzen/ Gewinn	Fähig-keiten	Strategi-sche Ent-wicklung
Interne Perspektive	Wertschöpfungskette (Abschnitt 5.3.1)		×	×	×	
	Kritische Erfolgsfaktoren (Abschnitt 5.3.2)			×	×	
	SWOT und TOWS (Abschnitt 5.3.3)		×		×	×
	Lebenszyklus (Abschnitt 5.3.4)	×			×	
	Five Forces (Abschnitt 5.3.5)	×	×			
Externe Perspektive	Wettbewerberanalyse (Abschnitt 5.3.6)		×		×	
	Umfeldanalyse (PEST) (Abschnitt 5.3.7)		×			
	Strategische Marktsegmente (Abschnitt 5.3.8)	×	×			
	Kundensegmentierung (Abschnitt 5.3.9)	×				
	Geschäftsfeldermatrix (Abschnitt 5.3.11)		×		×	×
	Produkt-Markt-Mix (Abschnitt 5.3.12)				×	×
	Strategieentwicklungsoptionen (Abschnitt 5.3.13)					×
	Strategiematrix (Abschnitt 5.3.14)					×

Die strategische Entwicklung ist – als das resultierende Ergebnis des strategischen Analyse-Tools – darauf ausgelegt, die Einblicke in Pläne und Lösungen für die Zukunft umzusetzen.

Selbstverständlich ist das in Abbildung 81 dargestellte Konstrukt nicht die einzige Darstellungsform von strategischen Modellen, Tools und deren Zusammenhängen. Die erwähnten strategischen Tools und Techniken sind jedoch unabhängig von jedweder Darstellungsmethodik.

5.3.1 Wertschöpfungskette

Zweck und Absicht (Warum und wann anwendbar?)

Die Analyse der Wertschöpfungskette eignet sich am besten, wenn Sie verstehen wollen, wie die unterschiedlichen Bereiche oder Aktivitäten innerhalb eines Unternehmens oder einer Branche zusammenhängen und/oder wie die unterschiedlichen Bereiche oder Aktivitäten einen Mehrwert schaffen. Sie basiert auf der Annahme, dass jedes vorherige „Glied" in der Wertschöpfungskette einen Mehrwert oder eine Wertschöpfung für das nachfolgende Glied (Bereich/Aktivität) bietet. Das Tool bietet sich an, um ein Unternehmen und/oder eine Branche zu untersuchen und herauszufinden, welches die Aktivitäten des Kerngeschäfts sind, die den Erfolg sichern.

Darüber hinaus ist die Wertschöpfungskette bei der systematischen Untersuchung aller kosten- und gewinntreibenden Aktivitäten hilfreich: Wo entstehen welche Kosten und welcher Mehrwert wird dabei geschaffen?

Weitere sekundäre Anwendungsmöglichkeiten für die Analyse der Wertschöpfungskette sind:

- *Wettbewerberanalyse:* Analyse der Kostenstruktur der Mitwettbewerber und Differenzierung und Schaffung neuer Einblicke für die Strategie-Entwicklung.
- *Analyse des Kundennutzens:* Bestimmung der Faktoren, die den Kundennutzen und den Mehrwert sicherstellen.
- *Schwerpunkt-Analyse des Unternehmens:* Die Wertschöpfungskette hilft bei der Beantwortung der strategischen Frage: „Was ist unser Kerngeschäft und welche Aktivitäten kreieren wirklichen Mehrwert?"
- *Analyse des Lieferketten-Managements:* Ein besseres Verständnis der Verhandlungsposition und ähnlicher Situationen/Positionen anderer Käufer und Verkäufer in der Branche erlaubt, neue Verhandlungsperspektiven und -Allianzen zu erschließen.
- *Integration:* Die Analyse der Wertschöpfungskette erlaubt ein besseres Verständnis für Investitionen in horizontale oder vertikale Integrationsstrategien, z. B. zur Beantwortung der Frage „Sollte ein Druckereiunternehmen eher ein

Papierproduktionsunternehmen zur Absicherung der Produktionsrohstoffe oder ein Zeitungsunternehmen kaufen?".

- *Strategisches Kostenmanagement:* Das Schlüsselwort ist „Outsourcing". Welche Aktivitäten könnten kostengünstiger durch einen externen Dienstleister erledigt werden?

Funktion und Aufgabe (Wie funktioniert es?)

Eine Analyse der Wertschöpfungskette befasst sich mit allen Stufen. Im Falle eines Produktes reichen diese von der Konzeption über die Produktion bis hin zum Verkauf und dem Kundendienst.

- Die Analyse der Wertschöpfungskette gruppiert die Unternehmensaktivitäten in ihre Hauptfunktionen (Glieder der Wertschöpfungskette) und stellt die gegenseitigen Abhängigkeiten und Schnittstellen zwischen den Gliedern heraus.
- Das Tool identifiziert die Kernaktivitäten sowie die Supportaktivitäten (z. B. Marketing in einem Produktionsunternehmen).

Anleitung (Wie gehe ich vor?)

- Identifizieren Sie wichtige Aktivitäten – der Detaillierungsgrad hängt von dem geschaffenen Mehrwert der Aktivität sowie dem Zweck der Analyse ab.
- Gruppieren Sie die Aktivitäten in Kategorien (oder Funktionen), die am besten den Mehrwert und Beitrag für das Unternehmen repräsentieren.
- Unterscheiden Sie primäre von sekundären (Support-)Aktivitäten und gruppieren Sie diese entsprechend der Kategorie und des Prozessflusses:
  - Inbound-Logistik (Einkauf, Warenlager usw.)
  - Produktion/Herstellung (Vorproduktion, Produktion, Fertigung, Montage, Kontrolle)
  - Outbound-Logistik (Zwischenlagerung und Vertrieb des Produktes)
  - Marketing und Verkauf (Werbung, Werbekampagnen, Produkt- und Preisgestaltung usw.)
  - Dienstleistung (Kundenservice, Fehlerware, Ausschussware, Reparaturen usw.)
- Bestimmen Sie, wie die Aktivitäten untereinander zusammenhängen und wie der Prozessverlauf ist.
- Sobald Sie die Prozessschritte und Sequenzen für die Wertschöpfungskette bestimmt haben, fügen Sie jedem Wertschöpfungskettenglied Kosten und andere angebrachte Leistungsindikatoren hinzu (siehe Abbildung 83).
- Zeichnen Sie ein Diagramm wie in Abbildung 82, um Ihr Ergebnis zu präsentieren.

Tipps und Anregungen

- Die Grenze zwischen den Kernaktivitäten (primär) und Supportaktivitäten (sekundär) ist fließend und hängt hauptsächlich von der Branche und den jeweiligen Unternehmen ab. Eine Aktivität, die dazu dient, dass sich ein Unternehmen vom Feld der Wettbewerber absetzen und differenzieren kann oder die einfach nur überlebenswichtig ist, wird im Allgemeinen als Kernaktivität bezeichnet. Zum Beispiel ist in der Pharmaindustrie Forschung und Entwicklung (F&E) der Schlüssel zum Überleben, während die EDV eine Supportaktivität ist. Wenn man die großen Mode- und Sportmodenhersteller betrachtet, könnte man annehmen, dass die Produktion und Fertigung die Kernaktivitäten darstellen, welche jedoch in der Realität meist nach Asien outgesourct sind. Die meisten Unternehmen dieser Art sind „virtuelle Verpackungen", die hauptsächlich aus Marketing, F&E und Produktdesign bestehen.
- Die besten (Prozess-)Optimierungen erreichen Sie nicht durch die Verbesserung einzelner Abteilungen oder Funktionen, sondern eher durch die ideale Verknüpfung der zahlreichen Aktivitäten in den verschiedenen Abteilungen und zwischen den Gliedern der Wertschöpfungskette. Konzentrieren Sie sich auf die Aktivitäten, die den größten Mehrwert und Nutzen für Ihre Kunden bringen, um wahre Veränderungen zu erwirken. Zu viel Aufmerksamkeit und Verbesserungsversuche für die einzelnen, in Isolation agierenden Bereiche kann den Gesamtprozess negativ beeinflussen. So kann z. B. eine Reduktion der Vorratsmengen die Kapitalkosten reduzieren, sie kann jedoch auch die Produktion ins Stocken bringen.
- Stellen Sie die Kosten und den Mehrwert (oder Kundennutzen) jeder Aktivität fest und prüfen Sie, ob sich die Kosten rechtfertigen lassen. Das gleiche Vorgehen ist auch für Support-Aktivitäten möglich, jedoch mit Einschränkungen. Vergessen Sie jedoch nicht, dass es trotz der „Mode zu Kosteneinsparungsmaßnahmen" ein Niveau gibt, unter dem weitere Kostenreduktionsmaßnahmen nur noch Nachteile und negative Auswirkungen auf den Kundennutzen haben.
- Verbesserungen – als Teil der Analyse der Wertschöpfungskette – können nicht nur von innen, sondern auch von außerhalb der Organisation kommen. Sie können einen gewaltigen Mehrwert erreichen, wenn Sie „Ihre" Wertschöpfungskette mit denen von anderen Käufern, Verkäufern, Kunden und Mitwettbewerbern verbinden, und somit die Wertschöpfungskette nicht in Ihrem Unternehmen aufhört. Eine Variante ist eine Branchen-Wertschöpfungskette, die über eine oder mehrere Branchen hinweg verläuft; z. B. Forstwirtschaft – Papierzellstoffindustrie – Druckereiindustrie – Verlagswesen usw.
- Verwenden Sie die Analyse der Wertschöpfungskette auch, um Möglichkeiten zur Differenzierung zu schaffen und begrenzen Sie sich dabei nicht auf die Differenzierung des Endproduktes, sondern ziehen Sie auch andere Bereiche

mit in Betracht; z. B. einen Autohersteller, der die Leasing- und Finanzierungsdienstleistungen als Teil seiner Angebotspalette anbietet.

- Fragen Sie sich Folgendes: „Was sind die wichtigsten Veränderungen und Bewegungen der Branche entlang der Wertschöpfungskette (vor und zurück)? Was sind die Gründe, warum bestimmte Wettbewerber auf bestimmte Bereiche der Wertschöpfungskette abzielen? Ist die Wertschöpfungskette im Begriff, sich zu ändern?"

Eine konzeptionelle Wertschöpfungskette

Abbildung 82
Eine klassische Wertschöpfungskette, die die typischen Kern- und Supportaktivitäten darstellt

Beispiel für eine Wertschöpfungskette in der verarbeitenden Industrie

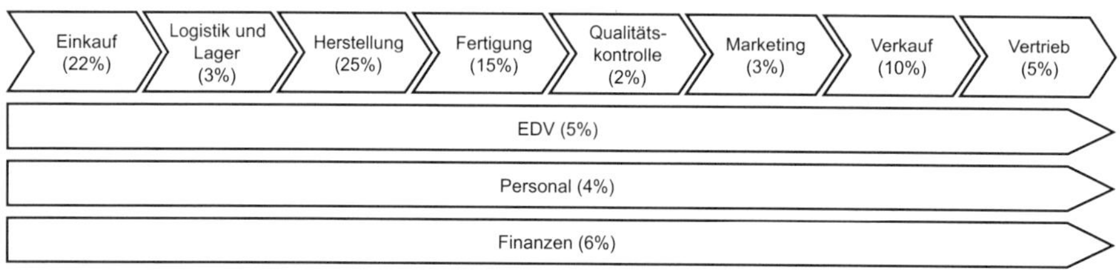

Abbildung 83
Prozentangaben in jedem Glied der Kette (=Prozessstufe) als Kosten oder Mehrwert, im Verhältnis zum Endprodukt

Querverweis zu verwandten Tools in diesem Buch

Kritische Erfolgsfaktoren (Abschnitt 5.3.2), Struktur und Prozess (Abschnitt 5.1.3), Wettbewerberanalyse (Abschnitt 5.3.6), Prozessanalyse (Abschnitt 5.2.4).

Bibliografie: Michael E. Porter ist der Urheber der Wertschöpfungskette. Vgl. *„Competitive advantage" (1985)*, oder Fleischer, Hax, Wheelen.

5.3.2 Kritische Erfolgsfaktoren

Zweck und Absicht (Warum und wann anwendbar?)

Dieses Tool basiert auf Entwicklungen von M. Porter und ist die konzeptionelle Grundlage für viele andere Tools der strategischen Analyse. Das Tool unterstützt dabei, ein Unternehmen, seine Erfolgsgrundlagen, Stärken und Schwächen besser zu verstehen. Es bietet auch eine standardisierte Vorlage, um verschiedene Bereiche, Unternehmen und selbst Branchen vergleichen zu können. Die Kenntnis der Erfolgsfaktoren ist für viele strategische Untersuchungen ausschlaggebend – die wesentliche Fähigkeit liegt in der korrekten Identifizierung der Erfolgsfaktoren.

Lernen Sie *zwischen internen (kontrollierbaren)* und *externen (hauptsächlich unkontrollierbaren)* Erfolgsfaktoren zu unterscheiden. Das Kritische-Erfolgsfaktoren-Tool befasst sich hauptsächlich mit den internen, daher kontrollierbaren Faktoren. Andere Tools wie z. B. Five Forces und die Umfeldanalyse (PEST) untersuchen unter anderem die externen Erfolgsfaktoren. Das Strategieentwicklungs-Tool (Abschnitt 5.3.10) vergleicht die internen Erfolgsfaktoren (des Unternehmens) mit den externen Erfolgsfaktoren (in der Branche).

Funktion und Aufgabe (Wie funktioniert es?)

Dieses Tool analysiert die wesentlichen und erforderlichen Kompetenzen (Erfolgsfaktoren), die ein Unternehmen besitzen, ausführen und erfüllen können muss, damit es in der Industrie überleben kann. Beispiel: Eine Versicherung muss die Kompetenz haben, ihr Risiko erfolgreich abzusichern und versicherungsmathematische Berechnungen anstellen, obgleich dies noch keine Überlebensgarantie ist.

Damit sich ein Unternehmen von den anderen abgrenzt und hervorhebt, muss es bestimmte Erfolgsfaktoren besser beherrschen als andere: billiger, schneller, zuverlässiger usw. sein. Dies sichert den deutlichen Vorsprung, der dem Unternehmen erlaubt, die anderen Wettbewerber aus dem Feld zu schlagen. Das Kritische-Erfolgsfaktoren-Tool verwendet eine Matrix, um die jeweilige Leistungsfähigkeit aller untersuchten Unternehmen für jeden Erfolgsfaktor darzustellen.

Die Erfolgsfaktoren werden manchmal auch als Wettbewerbsvariablen, Unternehmenskompetenzen, Kategorien des Unternehmensprofils, Kernkompetenzen, zentrale Wettbewerbsfaktoren oder Schlüsselfähigkeiten bezeichnet.

Anleitung (Wie gehe ich vor?)

- Es bedarf eines guten und gründlichen Verständnisses der Geschäftsfelder des Unternehmens, das Sie untersuchen. Nutzen Sie daher alle zur Verfügung stehenden Analysen und Quellen für Input.
- Identifizieren Sie alle kritischen Erfolgsfaktoren und fragen Sie sich dazu: „Was müssen wir gut beherrschen, damit wir erfolgreich sind?“ Verwenden

Sie auch die Informationsbeschaffungs-Tools in Abschnitt 3.2. Relevante Fragen sind auch: „Wie kaufen die Kunden und was spielt eine wichtige Rolle bei der Kaufentscheidung? Wer ist in dem betreffenden Bereich erfolgreich und warum? Was sind die Trends in dem Geschäftsfeld und warum?"

- Stellen Sie sicher, dass Sie die betreffenden Markt- und Kundensegmente genau verstehen. Je nach Segment können die Erfolgsfaktoren variieren und Ihre Analyse wird zu farblos und aussagelos, wenn das Blickfeld zu weit gefasst ist und das Segment daher nicht richtig erfasst und verstanden wird. Untersuchen Sie die kritischen Erfolgsfaktoren auch von der Kundenperspektive aus und berücksichtigen Sie daher beides – Fakten und subjektive Wahrnehmung der Erfolgsfaktoren durch den Kunden. Typische Kategorien von kritischen Erfolgsfaktoren, die jede für sich weiter detailliert werden müssen, sind:
  - Marketing (Markenbildung, Corporate Identity, Marktforschungsfähigkeiten usw.)
  - Management (Geschäftsführungstalent, Führungsstil, Motivation, Kompetenz usw.)
  - Technologie (Zugriff zu Technologien, Anpassungsgeschwindigkeit an technologische Veränderungen, F&E usw.)
  - Personal (Personalentwicklung, Mitarbeiterbindung, Employer of Choice usw.)
  - Produkte/Dienstleistungen (Bandbreite der Produktpalette, Kundendienst, Produktqualität, Marktanteil, Absatzorganisation usw.)
  - Herstellung (Qualität nach ISO 9000, Zuverlässigkeit, Produkteinführungszeit, Lieferzeiten, Kostenrentabilität, Vertriebskanäle usw.)
  - Finanzen
- Legen Sie fest, welche Faktoren im Branchen-Durchschnitt liegen und welche „sehr stark" sind und somit einen potenziellen Wettbewerbsvorteil ausmachen. Letztere sind die Erfolgssäulen für den Erfolg der Firma.

Tipps und Anregungen

- Das Wesentliche bei der Analyse der kritischen Erfolgsfaktoren ist die Unterscheidung zwischen Erfolgsfaktoren, die ähnlich gut wie bei anderen Mitwettbewerbern (Industriedurchschnitt) erbracht werden, und Erfolgsfaktoren, in denen das Unternehmen außerordentlich gut abschneidet. Diese repräsentieren dann die Wettbewerbsvorteile (Competitive Advantages) und sind die Grundpfeiler des Erfolgs. Diese außergewöhnlichen Erfolgsfaktoren erlauben einem Unternehmen, sich von der Masse der Wettbewerber zu differenzieren und abzusetzen. Das Beispiel in Abbildung 84 verdeutlicht, dass der Erfolg der

Hotelkette „XXX" von den speziellen Wettbewerbsvorteilen Hygiene, Ruhe und Preis bestimmt wird.

- Der richtige Einblick und der „Aha-Moment" resultieren aus der Erkenntnis, was der „Schlüssel des Erfolgs" des Unternehmens, der Branche oder des Segments ist: „Was macht das Unternehmen so außergewöhnlich?" Tabelle 27 zeigt eine Form der Darstellung zum Vergleich kritischer Erfolgsfaktoren.
- Eine entsprechend rigorose Analyse der Wettbewerber und deren kritischer Erfolgsfaktoren resultiert in einer Wettbewerbsanalyse.

  Dazu müssen Sie die entsprechenden kritischen Erfolgsfaktoren für jedes Unternehmen miteinander vergleichen und eine Punktzahl vergeben. Die Gesamtpunktzahl ergibt die relative Leistungsfähigkeit der Unternehmen. Verwenden Sie das Nutzwertanalyse-Tool (Abschnitt 6.9) für einen detaillierteren Vergleich.
- Versuchen Sie, wo möglich, Ihr Urteil auf Basis quantitativer Daten zu bilden. Wenn Sie nur einen einfachen Vergleich vornehmen wollen, dann konzentrieren Sie sich auf die hauptsächlichen Erfolgsfaktoren und verwenden Sie einfache Bewertungsmaßstäbe wie z. B. „sehr gut", „gut", „Industriedurchschnitt", „schlecht", „sehr schlecht".

Tabelle 27 Beispiel eines Vergleichs der kritischen Erfolgsfaktoren in Tabellenform

	Unternehmen											
	A			B			C			D		
Kritische Erfolgsfaktoren	–	+	++	–	+	++	–	+	++	–	+	++
Image			■		■		■				■	
Zugang zum Kapitalmarkt			■		■		■			■		
Regionale Netzwerke			■	■			■					■
Kostenrentabilität	■				■			■			■	
Technologieniveau	■					■			■	■		
Service und Instandhaltung	■				■			■		■		
Wissenstransfer		■			■			■				■
Systemintegration	■					■		■		■		
Länderspezifische Produkte			■			■		■			■	

Beispiel für den Vergleich von Erfolgsfaktoren und ausgeprägten Wettbewerbsvorteilen

Abbildung 84 zeigt einen Vergleich von Erfolgsfaktoren und wesentlichen Wettbewerbsfaktoren einer Hotelkette. Die Hotelkette „XXX" übertrifft ihre Konkurrenten in bestimmten Erfolgsfaktoren, die so zu Wettbewerbsvorteilen werden.

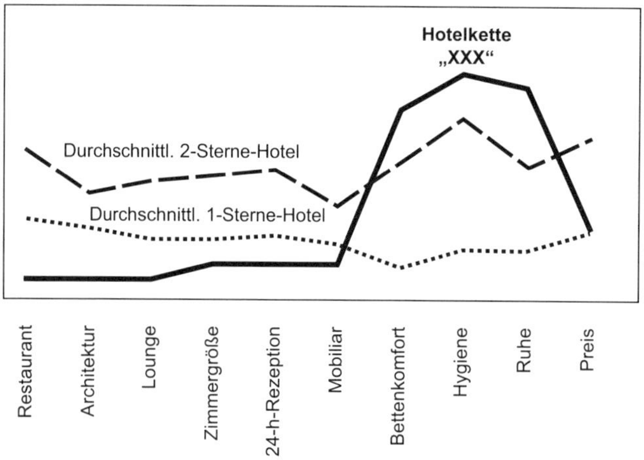

Abbildung 84 Der Vergleich der kritischen Erfolgsfaktoren kann sehr nützliche Informationen hervorbringen

Querverweis zu verwandten Tools in diesem Buch

Die kritischen Erfolgsfaktoren sollten eigentlich das logische Ergebnis der Analyse und der Verwendung der folgenden Tools sein: Umfeldanalyse (PEST) (Abschnitt 5.3.7), Five Forces (Abschnitt 5.3.5). Verwenden Sie das Polaritäten-Tool (Abschnitt 6.8), um die Ergebnisse grafisch darzustellen. Das Kritische-Erfolgsfaktoren-Tool liefert Input für das SWOT- und TOWS-Tool (Abschnitt 5.3.3) sowie die Wettbewerberanalyse (Abschnitt 5.3.6).

Bibliografie: Hax, Fleischer, Wheeler, Elkin

5.3.3 SWOT und TOWS

Zweck und Absicht (Warum und wann anwendbar?)

Die Abkürzungen SWOT und TOWS stehen für die englischen Begriffe **S**trengths (Stärken), **W**eaknesses (Schwächen), **O**pportunities (Möglichkeiten), und **T**hreats (Bedrohungen). Eine SWOT-Analyse wird dazu verwendet, um zu untersuchen und zu vergleichen, ob und inwieweit die Unternehmensstrategie mit den gegenwärtigen internen Fähigkeiten (Stärken und Schwächen) und zukünftigen externen Entwicklungsfähigkeiten (Möglichkeiten und Bedrohungen) zusammenpasst und übereinstimmt. Dies ist die klassische Verwendung. Die Erweiterung kommt durch den Einsatz von TOWS. Es hilft, die SWOT-Ergebnisse zu testen und unterstützt Sie bei einer strukturierten Vorgehensweise zur Strategieentwicklung.

Sie können also nur SWOT verwenden oder Sie können TOWS zusätzlich einsetzen, um für die vier verschiedenen Szenarios des SWOT-Diagramms Strategien zu entwickeln.

Funktion und Aufgabe (Wie funktioniert es?)

- Das SWOT-Tool bietet eine gute Übersicht und konsolidierte Zusammenfassung der Ergebnisse dieser und anderer Analysen. Es versorgt Sie jedoch nicht mit konkreten Antworten, sondern stellt Ihnen lediglich Information zusammen, damit Sie Strategien entwickeln können.
- Das Tool unterstützt Sie dabei, alle Dimensionen und Variationen in Betracht zu ziehen: Gegenwart und Zukunft, intern versus extern, Positives versus Negatives. Es ist sozusagen ein Tool zur Erweiterung Ihres Horizontes.
  - *Stärken* sind die Faktoren, die ein Unternehmen wettbewerbsfähiger machen. Stärken sind die Ressourcen, Fähigkeiten und das Potenzial, die verwendet werden können, um die strategischen Ziele zu erreichen.
  - *Schwächen* sind Fehler, Beschränkungen und Defekte, die die Organisation vom Erreichen der strategischen Ziele abhält. Es sind die Dinge, die die Organisation schlecht macht, oder wo sie minderwertige Ressourcen oder Fähigkeiten hat.
  - *Möglichkeiten* sind alle vorteilhaften gegenwärtigen und zukünftigen Situationen, Trends und Chancen, die die Nachfrage nach einem Produkt oder einer Dienstleistung unterstützen.
  - *Bedrohungen* sind alle ungünstigen und unvorteilhaften Situationen und Trends im Umfeld des Unternehmens, welche sich gegenwärtig oder zukünftig schädlich auf das Unternehmen auswirken.
- Eine SWOT-Analyse bietet eine gute Zusammenfassung und Darstellung der Ergebnisse von anderen Analysen (siehe die Querverweise am Ende der Toolbeschreibung).
- Sie verschafft Einblicke und Erkenntnisse über die wettbewerbliche Position eines Unternehmens; dies muss jedoch im Zusammenhang mit den typischen Erfolgsfaktoren der Branche des Unternehmens betrachtet werden.
- Die SWOT-Analyse gibt Ihnen keine Antworten und Lösungen, sie organisiert und stellt Informationen dar, um daraus strategische Optionen zu entwickeln.
- Eine SWOT-Analyse kann auch zu weitreichenden Analysen verwendet werden: Außer den simplen und offensichtlichen Verwendungen, z. B. Bedrohungen für das Unternehmen zu vermeiden, nutzen Sie Ihre Stärken und Möglichkeiten, um sich gegenüber den Schwächen zu verbessern. Hier kommt das TOWS-Tool zum Einsatz.

Anleitung (Wie gehe ich vor?)

- Der gesamte Prozess besteht aus vier Schritten. Sie können entweder nur den ersten, klassischen SWOT-Prozessschritt absolvieren oder im zweiten Schritt die Erweiterung mit TOWS (siehe auch Abbildung 85).

  1. Klassische SWOT-Analyse
  2. TOWS-Analyse – Sie prüfen, ob die Kriterien und Ergebnisse der SWOT-Analyse die Voraussetzung für eine weitere strategische Entwicklung erfüllen.
  3. Sie verwenden die TOWS-Matrix und kombinieren die vier möglichen, strategischen Richtungen – Stärken mit Möglichkeiten, Stärken mit Schwächen usw.
  4. Sie begutachten die Ergebnisse der konzeptionellen Kombinationen und entwickeln daraus dann sinnvolle und wahre strategische Optionen.

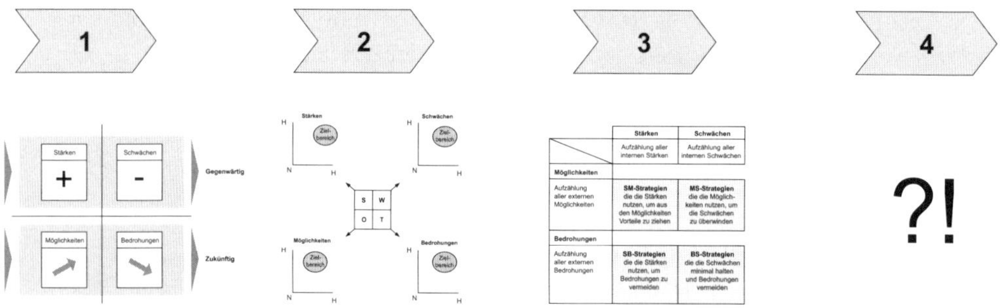

Abbildung 85 SWOT und TOWS – vier Prozesschritte

- Beginnen Sie mit dem ersten Schritt und identifizieren Sie, welche Informationen Sie benötigen und wo kompetente Stakeholder sind. Die meisten Informationen bekommen Sie wahrscheinlich über persönliche Kontakte und Befragungen; aber verwenden Sie auch andere Tools zur Analyse- und Informationsbeschaffung (Abschnitt 3.2).
- Das SWOT-Tool besteht aus einer Matrix mit den vier Bereichen interne Stärken und Schwächen, sowie externe Möglichkeiten und Bedrohungen (Abbildung 86). Wenn Sie die Möglichkeiten und Bedrohungen in einer Branche untersuchen, betrachten Sie besonders strategische und taktische Schachzüge und Neupositionierungen der Mitwettbewerber.
- Nachdem Sie jeden Aspekt mit Experten überprüft haben, priorisieren Sie die Antworten und gruppieren Sie die größten Stärken, Schwächen, wichtigsten Möglichkeiten und Bedrohungen. Abbildung 87 zeigt Ihnen ein Beispiel.

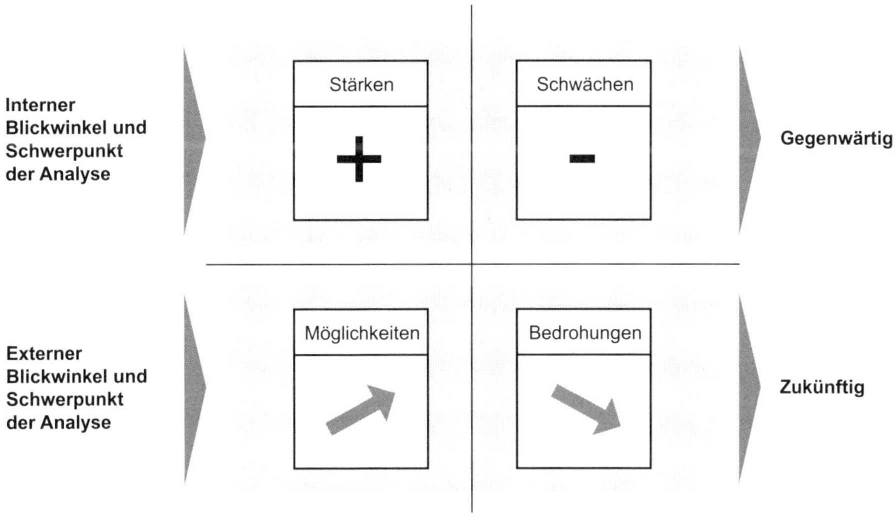

Abbildung 86
SWOT-Analyse – beachten Sie, dass jeder Bereich einen anderen Schwerpunkt hat

Stärken	**Schwächen**
• Starker Markenname • Globale F&E-Kompetenzen • Langjährige Geschichte und Tradition	• Hohe Produktionskosten • Schwache Marktposition • Schwache Organisationsstruktur
Möglichkeiten	**Bedrohungen**
• Wachsender Markt in Asien • Diversifikation in Dienstleistungen • Einige bevorstehende Patentgenehmigungen	• Wettbewerb in Asien • Einheimische wirtschaftliche Stagnation

Abbildung 87 Ergebnis einer SWOT-Analyse

- Die Fragen in den vier Kästen der Abbildung 88 sollen Ihnen bei der Analyse helfen. Weitere Fragen finden Sie in der Checkliste auf Seite 244.
- Hier startet jetzt der oben erwähnte zweite Schritt. Verwenden Sie Abbildung 89 und testen Sie jedes Ergebnis Ihrer SWOT-Analyse gegen die im Diagramm aufgeführten Kriterien. Testen Sie z. B. die gefundenen Stärken gegenüber den zwei Kriterien der Stärke-Matrix „Fähigkeit, etwas zu nutzen“ und „Mehrwert schaffen“. Falls ein hoher Wert erreicht wird, handelt es sich um eine nennenswerte Stärke. Diese sollte in den nächsten Schritt übernommen werden.

Stärken

- Worin sind Sie gut?
- Welche neuen Fähigkeiten hat das Unternehmen?
- Was können Sie, was andere nicht können?
- Wie könnten Sie einen Ihrer Erfolge wiederholen?
- Was macht Sie einzigartig?
- Warum kommen Kunden zu Ihnen?

Schwächen

- Worin sind Sie nicht gut?
- Welche Fähigkeiten fehlen Ihnen?
- Was können andere besser als Sie?
- Was für Misserfolge hatten Sie? Was sind die Gründe?
- Welche Kunden waren nicht zufrieden? Was sind die Gründe?

Möglichkeiten

- Gab/gibt es Veränderungen im Markt zu Ihrem Vorteil?
- Welche neuen Produkte könnten Sie anbieten?
- Welche neuen Zielgruppen könnten Sie anvisieren?
- Wie könnten Sie sich einzigartig machen?
- Wie könnte das Unternehmen in 4-6 Jahren aussehen?

Bedrohungen

- Gab/gibt es Veränderungen im Markt zu Ihrem Nachteil?
- Was machen Ihre Wettbewerber?
- Verändern sich die Kundenbedürfnisse zu Ihrem Nachteil?
- Verändert sich das politische/wirtschaftliche Umfeld zu Ihrem Nachteil?
- Gibt es Umstände, die Sie oder das Unternehmen bedrohen?

Abbildung 88 Typische Fragen für eine SWOT-Analyse

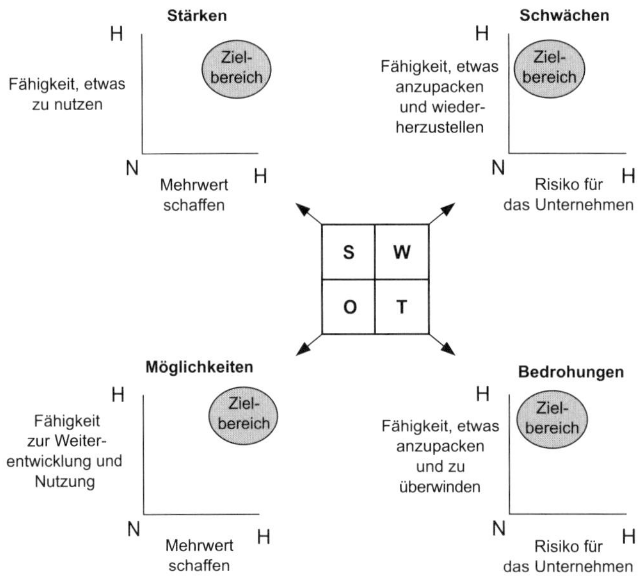

Abbildung 89 Die TOWS-Struktur für das Testen der SWOT-Ergebnisse

- Im nächsten Schritt verwenden Sie dann die qualifizierten Ergebnisse und entwickeln strategische Optionen. Abbildung 90 illustriert das Konzept für den nächsten TOWS-Prozessschritt. Sie demonstriert, wie Sie die externen Bedrohungen und Möglichkeiten mit den unternehmensinternen Stärken und Schwächen kombinieren können, um daraus die vier verschiedenen, strategischen Richtungen zu entwickeln. Es ist zu Beginn eine rein mechanische Kombination der vier Möglichkeiten. Beurteilen Sie jedoch während des Prozesses die sich ergebenden Kombination noch nicht. Dies kommt erst im nächsten Schritt.

	Stärken	**Schwächen**
Interne Faktoren / Externe Faktoren	Aufzählung aller internen Stärken	Aufzählung aller internen Schwächen
Möglichkeiten		
Aufzählung aller externen Möglichkeiten	**SM-Strategien** die Stärken nutzen, um aus den Möglichkeiten Vorteile zu ziehen	**MS-Strategien** die Möglichkeiten nutzen, um die Schwächen zu überwinden
Bedrohungen		
Aufzählung aller externen Bedrohungen	**SB-Strategien** die Stärken nutzen, um Bedrohungen zu vermeiden	**BS-Strategien** die Schwächen minimal halten und Bedrohungen vermeiden

Abbildung 90
TOWS-Diagramm: die vier Kombinationen und strategischen Richtungen

- *SM* – Anpassung der internen *Stärken* auf die externen *Möglichkeiten*. Dies ist eine ideale Kombination zwischen den vorhandenen Ressourcen, Chancen und Möglichkeiten. Eine Strategie wäre, eine gute Kombination von Ressourcen und Wettbewerbsvorteilen zu finden, die Ihnen helfen kann, die internen Stärken zu verteidigen. Darüber hinaus würde es sich empfehlen, die vorhandenen internen Stärken wirksam einzusetzen, um einen maximalen Nutzen aus den externen Möglichkeiten zu ziehen.
- *MS* – Anpassung der internen *Schwächen* auf die externen *Möglichkeiten*. Eine generelle Strategie wäre es, die Möglichkeiten entsprechend zu nutzen, um die Schwächen zu überwinden. Dazu sollten Sie zwischen den Optionen abwägen: Investitionen, um eine Schwäche in eine Stärke zu verwandeln und so die vorhandenen Möglichkeiten auszuschöpfen, oder das Geschäftsfeld aufgeben.
- *SB* – Anpassung der internen *Stärken* auf die externen *Bedrohungen*. Eine strategische Option könnte sein, durch die gezielte Entwicklung von Wett-

bewerbsvorteilen die Bedrohung in eine Chance/Möglichkeit umzuwandeln. Alternativ könnte das Unternehmen der Bedrohung ausweichen und sich auf andere, attraktivere Bereiche konzentrieren.

- *BS* – Anpassung der internen *Schwächen* auf die externen *Bedrohungen*. Dies ist die schlimmste Position, die es zu vermeiden gilt. Die BS-Strategien sind hauptsächlich defensiv und darauf ausgelegt, die Schwächen zu minimieren und Bedrohungen auszuweichen. Eine Desinvestition könnte eine Option sein, um sich auf andere, attraktivere Bereiche konzentrieren zu können.

- Im vierten und letzten Schritt betrachten Sie dann die Kombinationen, die sich ergeben haben. Welche der Kombinationen machen Sinn? Wie könnten Sie diese weiterentwickeln, damit diese realistische und erfolgreiche Optionen für eine strategische Entwicklung werden?

Checkliste für weitere Fragen, die Sie stellen können

Finanzen (Stärken und Schwächen)
Wie sind die Gewinn- und Cash-Flow-Situation?
Wie empfindlich ist das Unternehmen in Bezug auf Nachfrageänderungen?
Wie ist die fixe und variable Kostenstruktur?
Wann setzt der Break-even-Punkt ein?
Wie akkurat und sachdienlich sind die finanziellen Informationen?
Wie akkurat und sachdienlich sind die Geschäftspläne, das Budget und die Prognosen?
Management und Personal (Stärken und Schwächen)
Wie ist das allgemeine Management-Niveau, sind die Kompetenzen, die Motivation?
Was ist die Führungsphilosophie des Unternehmens/Eigentümers?
Wie sehen die Geschäftsstrategie und der Plan aus?
Wie sehr sind die Angestellten motiviert und wie werden sie entlohnt?
Wie gut sind die Beziehungen zwischen dem Team und den Abteilungen?
Wettbewerbsfähigkeit (Möglichkeiten und Bedrohungen)
Wie intensiv ist der Wettbewerb?
Ist es wahrscheinlich, dass neue Wettbewerber in den Markt eindringen werden?
Wie sicher ist die gegenwärtige Marktposition des Unternehmens?
Technologien (Möglichkeiten und Bedrohungen)
Welche Auswirkungen haben neue Technologien auf das Unternehmen, auf Produkte, Prozesse usw.?
Infrastruktur, Ausrüstung, Einrichtungen (Stärken und Schwächen)
Wie ist der Zustand der Produktionsstätten, der Ausrüstung u. a.?
Wie gut ist die Auslastung der Einrichtungen?
Was ist das Qualitätsniveau der Fertigprodukte?
Wie geeignet sind die Anlage und die Ausrüstung für die gegenwärtigen und zukünftigen Bedürfnisse?

Lager und Warenhaltung (Stärken und Schwächen)
Wie hoch sind die Lagerbestände? Wie lauten die Lagerhaltungs- und Beschaffungsregeln? Wie gut ist der Lagerumschlag?
Wie hoch ist der Bestand an Halbfertigprodukten?
Wie hoch sind die Kapitalbindungen für das Rohstofflager und die Halbfertigprodukte?
Gibt es unverkäufliche Ware und alte Restbestände? Was ist deren Kapitalwert?
Welchen Einfluss hat das Unternehmen auf Lieferantenpreise?
Marketing und Verkauf (Stärken und Schwächen)
Wie ist der Trend der Kundenzufriedenheit?
Wie sicher und loyal ist die Stammkundschaft (xy % aller Kunden)?
Wie hoch ist die Marktdurchdringung?
Wie sieht das Kundenprofil aus?
Wie ist gegenwärtig das Marktverhalten?
Welchen Einfluss haben Kunden auf den Angebotspreis?
Soziale, politische, steuerliche, ökonomische, rechtliche Veränderungen (Möglichkeiten/Bedrohungen)
Inwiefern wird der Life Style auf das Unternehmen und die Produktpalette einwirken?
Welche Auswirkungen wird dies auf Mitarbeiter, Manager, Kunden haben?
Welche Auswirkungen hat die Regierungspolitik oder die europäische Politik?
Ist das Unternehmen durch Veränderungen von Steuern, Inflation, Rezession oder Leitzinsen verletzlich?

Tipps und Anregungen

- Die SWOT-Analyse sollte idealerweise mit mehreren Gruppenmitgliedern und nicht durch Einzelpersonen durchgeführt werden. Dies fördert gegenseitiges Lernen und Kontrolle.
- Erstellen Sie auch eine SWOT-Analyse (SWOT-Diagramme) für Ihre Konkurrenten und Kunden – dies könnte Ihnen neue Einblicke und Möglichkeiten bieten.

Querverweis zu verwandten Tools in diesem Buch

Kritische Erfolgsfaktoren (Abschnitt 5.3.2), Umfeldanalyse (PEST) (Abschnitt 5.3.7), Strategieentwicklung (Abschnitt 5.3.10).

Bibliografie: K. Andrews, Recklies

5.3.4 Lebenszyklus

Zweck und Absicht (Warum und wann anwendbar?)

Das Lebenszyklus-Tool ist ein universell einsetzbares Tool, das seine Anwendung im Marketing, in F&E, für Finanzen oder auch in der Produkt- und Strategieentwicklung findet. Denn es gehen nicht nur Produkte, sondern auch Unternehmen oder gar Branchen durch mindestens einen Lebenszyklus. Das Tool sagt den Verlauf von Umsätzen und das damit verbundene Kunden- und Konkurrenzverhalten voraus, legt angemessene F&E- und Marketingstrategien für die Produkte in den verschiedenen Lebenszyklusphasen fest und untersucht die Stärken und Schwächen einer Produktpalette.

Aus der internen Perspektive bietet das Tool eine Messgröße für den Reifegrad eines Unternehmens und seine Produkte. Aus der externen Perspektive bietet es einen Einblick in den Reifegrad einer Branche. Aus der Unternehmensperspektive bietet sich das Tool zur Darstellung der sich permanent ändernden Anforderungen an das Unternehmen sowie des Reifeprozesses des Unternehmens an. Somit kann das Tool auch als Teil der Organisationsanalyse eingesetzt werden.

Funktion und Aufgabe (Wie funktioniert es?)

Das Lebenszyklus-Tool stellt die Entwicklung und den Reifeprozess von Umsatz, Verkaufszahlen, Produkten usw. ähnlich denen von Lebewesen dar. Jedes Lebewesen durchläuft genauso wie ein Produkt oder ein Unternehmen vier Phasen während eines kompletten Lebenszyklus. Das Lebenszyklus-Tool prognostiziert – basierend auf dem Alter – die Umsatzentwicklung, Reifegrade, sich ändernde Anforderungen an das Produkt oder das Unternehmen usw. Die vier Phasen sind (Abbildung 91):

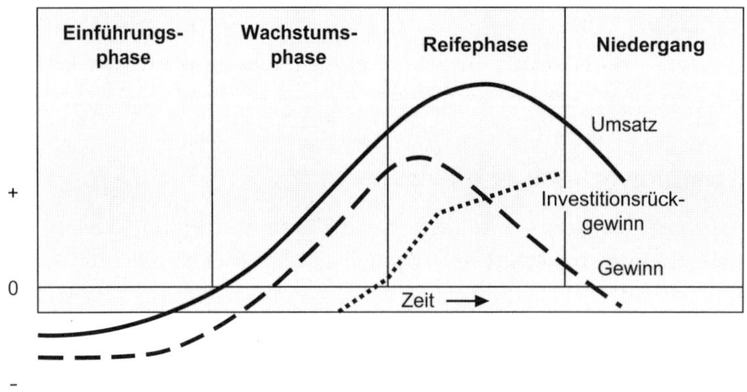

Abbildung 91 Klassisches Lebenszyklus-Diagramm

- *Einführung* – Die Gründungs- und Einführungshase mit der Inbetriebnahme und Etablierung.
- *Wachstum* – Die Phase der Expansion, verbunden mit starkem Wachstum und Weiterentwicklung.
- *Reife* – Die Phase, in der die Wachstumskurve immer degressiver wird. D. h. die Zunahme/der Anstieg nimmt ab und mündet sogar in einen fallenden Verlauf. Typisch ist, dass die Allgemeinkosten, der Aufwand, der Input-Output-Quotient immer unvorteilhafter werden und die Grenzkosten die Grenzumsätze übersteigen – es ist der Anfang vom langsamen Ende.
- *Niedergang* – Konstant fallende Gewinne, Umsätze und Input-Output-Quotienten. Es besteht weiterhin Nachfrage, jedoch ist diese abnehmend.

Anleitung (Wie gehe ich vor?)

- Die Kurve ist eine Umsatzkurve. Schätzen Sie die potenziellen oder realen Zahlen (Nachfrage, Umsatz usw.) ab. Verwenden Sie historische und gegenwärtige Zahlen oder Prognosen. Legen Sie dann die Preisspanne fest und berechnen Sie die Umsatzzahlen (Preis × Menge). Berechnen Sie den Kurvenverlauf für unterschiedliche Preise und Zeiträume.
- Verwenden Sie auch statistische oder grafische Analysen und halten Sie historische Umsatzzahlen in einer Tabelle fest, damit Sie ein Verlaufsmuster erfassen können.
- Verwenden Sie Ihr Urteilsvermögen und die theoretischen Kurvenverläufe, um zu bestimmen, wo auf der Lebenszyklus-Kurve (und in welcher Phase) Sie sich befinden.
- Es wäre ideal, wenn Sie Wendepunkte vorhersagen könnten, da Sie somit Ihre Strategie den zeitlichen Verläufen und Phasen, je nach Art des Wendepunkts, anpassen können.
- Tabelle 28 erklärt die typischen Charakteristika für jede Reifephase und die verschiedenen Kategorien.

Tipps und Anregungen

- Die zeitliche Länge jeder Phase kann extrem variieren – von Monaten bis zu Jahrzehnten oder sogar Jahrhunderten. Ein klassisches Beispiel für erfolgreiche und sich überschneidende Lebenszyklen sind: LP, digitales Audio-Tonband (DAT), Mini-Disc, CD, DVD, iPod, Blue-ray Disc usw. Manche Produkte und/oder Unternehmen haben die Niedergangsphase erreicht und bekommen – meist durch technologische Innovationen – einen Revitalisierungsschub und beginnen einen neuen Lebenszyklus. Andere Beispiele sind die Kohleindustrie während der Ölkrise, oder die Fahrradindustrie (MTBs) oder Armbanduhren (Swatch).

Tabelle 28 Typische Erkenntnisse aus der Lebenszyklusanalyse für jede Phase des Zyklus

Kategorie	Lebenszyklusphasen (→)			
	Einführung	**Wachstum**	**Reife**	**Niedergang**
Käufer und Käuferverhalten	Höhere Einkommensschicht. Käufer müssen überzeugt sein, um das Produkt auszuprobieren.	Vergrößerung der Käufergruppe, aggressives Kaufen.	Massenmarkt, Sättigung, Wiederholungskäufer, Markentreue zählt, Kaufmuster existieren.	Kunden sind erfahrene Käufer.
Produkte und Produktänderungen	Schlechte Qualität, Produktdesign entscheidend, viele Varianten, keine Standards, häufige Designänderungen, simples Produktdesign.	Produkte haben technische und Leistungsunterschiede, Zuverlässigkeit ist wichtig, wettbewerbsfähige Produktverbesserungen.	Überdurchschnittliche Qualität, wenige Differenzierungen, Standardisierung, seltenere Modellwechsel, Inzahlungnahmen werden relevant.	Kaum Produktdifferenzierung, schlechte Qualität.
Marketing	Hohe Marketing-/ Absatzkosten.	Hohe Werbungskosten, aber niedrigerer Prozentsatz als in der Einfühungsphase.	Marktsegmentierung, Versuche der Zyklus-Verlängerung, Service und spezielle Angebote verbreiteter, Verpackung ist wichtig, Werbungswettbewerb.	Kaum Ausgaben.
Herstellung und Vertrieb	Überkapazität, kleine Produktionsserien, hoher IQ-Anteil an der Produktion, hohe Produktionskosten, ausgewählte Vertriebswege.	Unterkapazität, Verschiebung hin zur Massenproduktion, alle Vertriebswege werden genutzt.	Optimale Kapazitätsauslastung, stabiler Produktionsprozess, niedrigere Qualifikationen, längere Produktionsserien, Wettbewerb innerhalb der Vertriebskanäle, hohe Vertriebskosten aufgrund von Massenvertrieb und Nutzen vieler Kanäle.	Beträchtliche Überkapazität, Massenproduktion, spezielle Kanäle.
F&E	Veränderte Produktion.	Investition in weitere F&E für die nächste Generation.		
Marktwachstumsrate	Beschleunigung, bedeutsame Zunahme, aber kleine Basis.	Schnellere Zunahme als Branche oder Marktsegment, aber konstant.	Gleich oder langsamer als BSP, zyklisch.	Abnehmend im Zeitablauf.
Branchenpotenzial	Üblicherweise schwer zu bestimmen.	Im Wesentlichen übersteigt es das Branchenvolumen.	Wohl bekannt, Markt erreicht Sättigungsgrad.	Sättigung erreicht.
Breite der Produktlinie oder -palette	Hauptproduktlinie ist eingeführt.	Schnelle Zunahme, während die Produktpalette erweitert wird.	Kaum Änderung der Produktpalette.	Abnehmend.
Zahl der Konkurrenten	Schneller Anstieg.	Zunahme bis zur Marktbereinigung.	Weitere Konsolidierung und Stabilisierung.	Abnahme.

Tabelle 28 Typische Erkenntnisse aus der Lebenszyklusanalyse für jede Phase des Zyklus

Kategorie	**Lebenszyklusphasen (→)**			
	Einführung	**Wachstum**	**Reife**	**Niedergang**
Stabilität des Marktanteils	Unberechenbar.	Wenige haben große Anteile, einige kleine.	Große Unternehmen sind etabliert und verwurzelt.	Anteile konzentrieren sich oder verteilen sich auf kleine Anbieter.
Preis	Abschöpfen oder Durchdringung.	Abstimmung auf Konkurrenz.	Preissenkung.	Preissenkung.
Markteintritt	Gewöhnlich einfach, Möglichkeit mag nicht offensichtlich sein.	Gewöhnlich einfach, Gegenwart von Konkurrenz durch starkes Wachstum überdeckt.	Schwer, Unternehmen sind verwurzelt und Wachstum ist langsam.	Schwer, wenig Anreiz.
Technologie	Konzept und Produktentwicklung.	Produktlinie wird verfeinert und erweitert.	Prozess und Materialanpassungen: Kosten, Qualität.	Rolle der Technologie ist minimal.
Gesamtstrategie	Beste Zeit, um Marktanteil zu steigern, F&E ist Schlüssel zum Erfolg.	Preisanpassung oder Qualitätsimage, Marketing spielt Hauptrolle.	Ungünstige Zeit zur Erhöhung der Marktanteile, Kosteneffizienz ist Schlüssel zum Überleben, Preis oder Qualitätsimage beibehalten, Marketing ist sehr wichtig.	Kostenkontrolle ist sehr wichtig. Wiederbelebung oder Divestition.
Konkurrenz	Wenige Unternehmen.	Eintritt von Konkurrenz, viele Merger und Fehlschläge.	Preiswettbewerb, Marktbereinigung, Zunahme von kleinen Marken.	Ausstieg und weniger Konkurrenz.
Risiko	Hohes Risiko.	Risiko ist kalkulierbar, da hohes Wachstum.	Konjunkturempfindlichkeit beginnt.	
Managementstil	Unternehmerisch, generalistisch, richtige Prioritäten.	Instandhaltung und Kontrolle des Geschäftes, Delegierung und Einführung von speziellen Funktionen.	Einführung von Prozessen und Regeln, Kontrolle der Gemeinkosten, Effizienz und Effektivität!.	Kompromissloses Krisenmanagement.
Gewinnmargen, Kosten und Gewinn	Hohe Preise und Margen, niedrige Gewinne, Preiselastizität nicht gut, Kostenkontrolle, strenge Liquiditätskontrolle.	Hohe Gewinne, ziemlich hohe Preise, aber niedriger als zuvor.	Fallende Preise, niedrigere Margen/Gewinne, erhöhte Stabilität und Preisstruktur, Investitionsrückgewinn beginnt trotz langsam abnehmender Gewinne.	Niedrige Preise und Margen, Preise fallen.
Prioritäten	Liquidität sicherstellen, die Startphase überleben	Wachstum managen, Wahl zwischen Gewinn und Rentabilität	Konsolidierung und Kontrolle der Finanzen, der Kosten, Zuwächse, Größe und des Volumens	Reinvestition oder Divestition.

- Bedenken Sie, dass Wachstum und ein „Neustart“ selbst in einer Reifephase möglich sind, jedoch dafür viel mehr Investitionen oder Kreativität benötigt werden als bei Produkten, die sich in einer früheren Phase befinden. Prophezeiungen sind problematisch. Unternehmen können jedoch die Gestalt und Form der Kurve durch Produktinnovationen, Produkterweiterungen, Neupositionierungen usw. beeinflussen.
- Wenn Sie die Kurve zeichnen, berücksichtigen Sie saisonale Schwankungen, Konjunkturschwankungen und sonstige Einflüsse. Vergewissern Sie sich, dass die Kurve nicht durch Produktinnovationen, Produkterweiterungen oder Neupositionierungen verändert wurde, da dies die Form der Kurve, die Wendepunkte und daher die resultierende Strategie beeinflusst.
- Beachten Sie, ob der Lebenszyklus eines Produkts durch eine Produktlinie, eine Ausweitung oder Modifikation verlängert wird. Dies wird die Form der Kurve verändern und Auswirkungen auf die implizierte Strategie haben.
- Das Unternehmensberatungsunternehmen A. D. Little hat eine Lebenszyklus-Portfolio-Matrix entwickelt. Basierend auf der Reifephase und der relativen Position der Konkurrenz lassen sich unterschiedliche Strategien ableiten.
- Ein anderes Konzept fällt auch unter die Lebenszyklus-Perspektive: das Marketing- und absatzorientierte Konzept des Lebenszeitwertes eines Kunden. Nicht nur ein Unternehmen oder ein Produkt hat einen Lebenszyklus, sondern auch ein Kunde. Durch die Beziehung, die er mit einem Produkt zum Unternehmen hat, durchläuft auch er einen Lebenszyklus. Diese Kundenbeziehung bezieht sich auf den Wert der Beziehung für das Unternehmen und sollte ebenso etabliert, genährt, entwickelt, genutzt und beendet werden wie eine klassische Lebenszyklus-Beziehung eines Produktes.

Querverweis zu verwandten Tools in diesem Buch

Organisationsstruktur (Abschnitt 5.1.1) für die Darstellung des Reifegrads einer Organisation.

Bibliografie: Porter, Rowe, Fleischer, Hax, Glass, Hofmann

5.3.5 Five Forces

Zweck und Absicht (Warum und wann anwendbar?)

Porter's Five Forces ist ein Tool, das sich für die Analyse des Umfeldes eines Unternehmens oder der Branche eignet. Es wurde 1980 durch das Buch von Michael E. Porter „Competitive Strategy“ in der Wirtschaftswelt eingeführt. Es ist eines der klassischen Strategietools, das trotz seines Alters nichts an seiner „Schärfe“ verloren hat, sofern es richtig eingesetzt wird. Das Five-Forces-Tool wird am besten für folgende Aufgabenstellungen verwendet:

- Einschätzung der Attraktivität und des Wettbewerbes in einer Branche
- Identifizierung der Bereiche und Trends, die neue Möglichkeiten und Bedrohungen darstellen
- Analyse, wie ein Unternehmen im Vergleich zu der Konkurrenz und den Kräften des Marktes positioniert ist
- Einschätzen der Rentabilität und Gewinnchancen
- Um zu Beginn eines Projekts ein besseres Verständnis und einen Einblick in beeinflussende Trends und treibende Kräfte zu erhalten.

Das Tool kann auf Unternehmen, Marktsegmente, Branchen, wie auch Regionen angewendet werden. Es eignet sich besonders für die Bereiche der Massenproduktion oder in Bereichen, in denen der Schwerpunkt auf der Produktion und nicht auf Dienstleistungen liegt.

Der Wert des Tools von Porter liegt darin, dass es einer Person hilft, über die gegenwärtige Situation (und die Branche) einfach und strukturiert nachzudenken oder als Ausgangspunkt für weitere detailliertere Analysen.

Funktion und Aufgabe (Wie funktioniert es?)

Das Tool nimmt an, dass die Strategie eines Unternehmens auf die externen Chancen und Bedrohungen im Umfeld des Unternehmens angepasst sein sollte. Es basiert auf der Erkenntnis, dass der Wettbewerb in einer Branche und für ein bestimmtes Unternehmen von fünf Kräften abhängt:

- *Potenzielle Neueinsteiger:* Markteintritts-Schranken bestimmen, wie einfach es ist, in den Markt einzudringen.
- *Verhandlungsmacht der Käufer und Kunden:* Die Verhandlungsmacht der Käufer und Kunden wird durch Angebot und Nachfrage, Kundenverhalten und Preiselastizität beeinflusst.
- *Verhandlungsmacht der Lieferanten:* Die Verhandlungsmacht der Lieferanten wird durch Angebot und Nachfrage, Kosten und Produktionstheorie sowie Preiselastizität beeinflusst.
- *Bedrohung durch Substitute:* Der Substitutionseffekt treibt die Ablösung und Erneuerung von Produkten und Dienstleistungen an.
- *Wettbewerb zwischen bestehenden Unternehmen:* Die Rivalität zwischen den existierenden Unternehmen beeinflusst die Marktstrukturen, Anzahl der Teilnehmer, Marktgröße und Steigerungsrate.

Die vereinte Stärke und die Auswirkungen all dieser Five Forces bestimmen das letztendliche Gewinnpotenzial und die Position in der Industrie.

Anleitung (Wie gehe ich vor?)

Unterschiedliche ökonomische, betriebswirtschaftliche und technische Merkmale einer Industrie sind entscheidend für die Stärke jeder der Five Forces.

- Legen Sie den Rahmen für den zu untersuchenden Markt fest.
- Identifizieren und analysieren Sie alle wichtigen Faktoren und Aspekte für jede der Marktkraft für diesen Markt. Dabei ist es nicht notwendig, alle Faktoren und Aspekte mit dem gleichen Aufwand zu untersuchen.
- Beurteilen Sie den Einfluss der Faktoren und Aspekte auf die Branche oder das Unternehmen und legen Sie eine Bewertung (positiv (+), neutral (0) oder negativ (-)) fest. Welche der Five Forces ist im Wandel und was bedeutet dies für die Branche bzw. das Unternehmen?
- Schätzen Sie die Auswirkungen der stärksten und bedeutendsten Marktkräfte ein. Verwenden Sie einen Gradmesser (H/M/N: Hoch/Mittel/Niedrig), um anzuzeigen, wie kritisch und entscheidend diese für den zukünftigen Erfolg sind (siehe Tabelle 29).

Tabelle 29 Tabelle für die Analyse der Five Forces

Marktkräfte	Einfluss +/0/-	Auswirkung H/M/N	Risiken und Konsequenzen
Neueinsteiger			
Verhandlungsmacht der Käufer			
Verhandlungsmacht der Lieferanten			
Bedrohung durch Substitute			
Wettbewerb zwischen Unternehmen			

- Dokumentieren Sie die Risiken und Konsequenzen für die Industrie oder das Unternehmen sowie die strategischen Optionen, um den Kräften zu begegnen.
- Mit Ihrem neu erlangten Wissen bzgl. der Five Forces können Sie nun Optionen entwickeln, um diese Five Forces so zu beeinflussen, dass Ihre Marktposition gestärkt wird. Das Ergebnis könnte eine neue strategische Richtung sein; z. B. eine Neupositionierung, der Aufbau strategischer Allianzen, die Neuausrichtung Ihrer Produkte usw.
- Im nächsten Schritt geht es darum, den Einfluss der Five Forces zu kontrollieren und zu reduzieren. Dazu könnten Sie die nachfolgend erläuterten Beispiele verwenden. Vergessen Sie jedoch nicht, dass ein Unternehmen nicht nur Entwicklungsmöglichkeiten hat, die auf den externen Gegebenheiten basieren, sondern auch eigene interne Fähigkeiten und Ressourcen:

- Maßnahmen zur *Minderung der Gefahr durch potenzielle Neueinsteiger:* Patente und Schutz des geistigen Eigentums, Erhöhung der effizienten Produktionskostenschwelle (Grenzkosten) für kleine Produktionsserien, Allianzen mit Lieferanten und Vertriebspartnern, Entwicklung von Vergeltungsmaßnahmen, Schaffung einer starken Marke oder eines Images, Allianz mit Anbietern von ähnlichen Produkten/Dienstleistungen.
- Möglichkeiten zur *Einschränkung der Verhandlungsmacht von Käufern (= Kunden):* Etablierung von Partnerschaften mit Käufern, Verwendung von Supply Chain Management zur Stärkung der eigenen Position, Entkoppelung der Kaufentscheidung oder Verhandlung vom Preis, direkter Kontakt/Verkauf an den Kunden unter Umgehung von (zu) einflussreichen Zwischenhändlern, Entwicklung von Anreiz-/Bonussystemen und Schaffung von Mehrwerten zur Stärkung Ihrer Position.
- Möglichkeiten zur *Einschränkung der Verhandlungsmacht der Lieferanten:* Allianzen, Verwendung von Supply Chain Management und Training, Abhängigkeitsverhältnis herstellen, Datenbank über Kosten und Methoden des Lieferanten aufbauen, vertikale Integration mit vorgelagerten Lieferanten (Aufkauf eines Lieferanten).
- Optionen zur *Verminderung der Gefahr durch Substitute:* Rechtliche Schritte zur Wahrung der Produktrechte (Warenzeichen o. Ä.), Allianzen oder direkte Kooperation mit dem Substitut-Markt („mit dem Teufel im Bunde sein"), Erhöhung der (Produkt)-Wechselkosten, Umfragen, um die Kundenbedürfnisse besser zu verstehen und anpassen zu können.
- Maßnahmen, den *bestehenden Wettbewerb zwischen Unternehmen einzudämmen:* Vermeiden von Preiskämpfen, Ankaufen der Konkurrenz (Anteilseigner werden), Differenzierung Ihres Produktes, Reduktion von Industrie-Überkapazitäten durch Bildung von Kartellen und Allianzen sowie Aufbau (legaler!) Kommunikation mit den Mitwettbewerbern, Neuorientierung auf andere Marktsegmente.

Tipps, Anregungen und Grenzen

- Porters Theorie basiert auf der ökonomischen Situation in den 1980er-Jahren, die durch starken Wettbewerb, Zyklen und relativ stabile Marktstrukturen geprägt waren. Sein Modell konzentriert sich auf die Analyse der aktuellen Situation (Kunden, Lieferanten, Konkurrenz) sowie der absehbaren Entwicklungen (Neueinsteiger, Substitute usw.). Der Wettbewerbsvorteil entsteht durch die Stärkung der eigenen Position innerhalb der Five Forces. Das Tool hilft jedoch leider nicht, die heute vorherrschende, sehr dynamische und ständig wechselnde Wirtschaft einzuschätzen. Technologische Neuerungen und dynamische Neueinsteiger mit neuen Geschäftsmodellen lassen sich nicht von Markteintritts-Schranken und etablierten Allianzen aufhalten.

- Porter ist ein Volkswirt und sein Modell basiert auf der mikroökonomischen Theorie. In der Volkswirtschaft bestimmt die Konstellation der Marktkräfte die wirtschaftliche Zukunft (Quelle: Recklies). Seien Sie sich auch bewusst, dass das Tool auf einem klassischen, perfekten Markt und dessen Marktverhalten basiert. Je regulierter ein Markt oder eine Branche ist, desto bedeutungsloser sind die Ergebnisse, die das Tool liefert.
- Wie erwähnt, ist das Tool am geeignetsten für Analysen von einfachen Marktstrukturen. Eine detaillierte Analyse aller Five Forces könnte in komplexen Branchen sehr schwierig werden. Jedoch kann ein zu enger Fokus auf ein bestimmtes Marktsegment dazu führen, dass Sie wichtige Aspekte übersehen.
- Das Tool basiert auf der Voraussetzung von Wettbewerb und Konkurrenz: Unternehmen gewinnen, indem Sie sich einen Wettbewerbsvorteil gegenüber der Konkurrenz erarbeiten. Daher sind Strategien, die auf Kollaboration, Kooperation und anderen Formen der Zusammenarbeit beruhen (z. B. Verknüpfung aller Informationssysteme entlang der Lieferkette und teilnehmenden

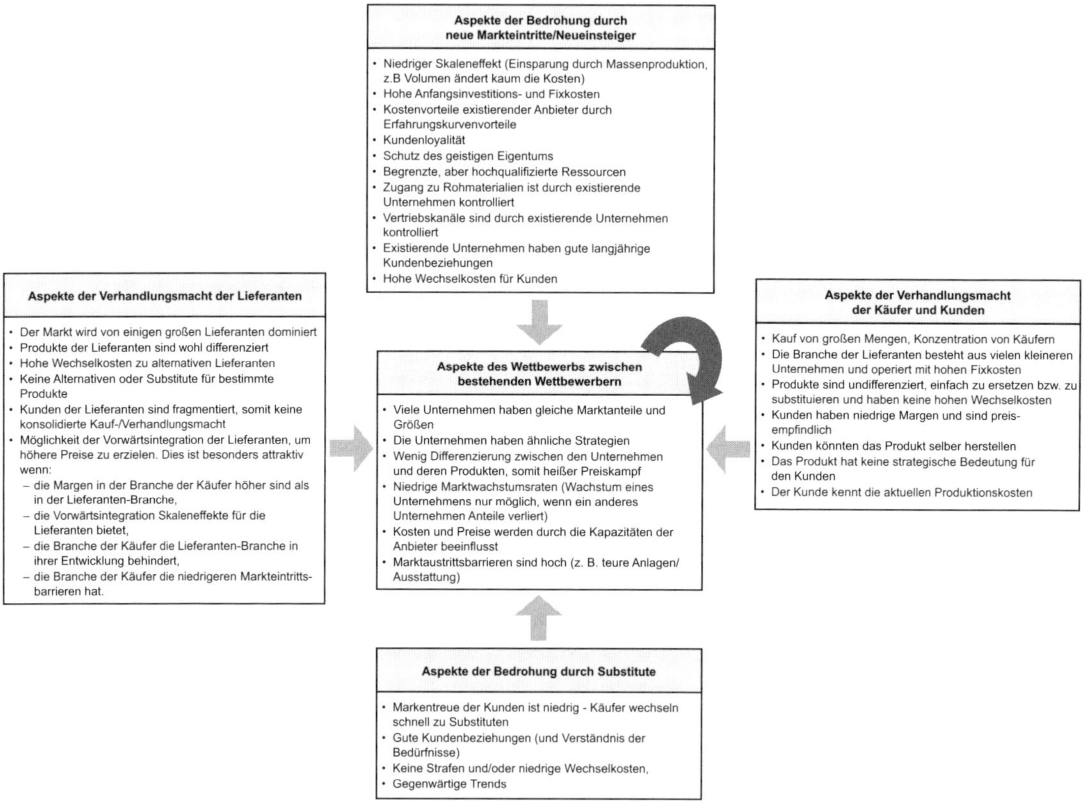

Abbildung 92
Übersicht über die Faktoren und Aspekte, die die Marktkräfte beeinflussen (Quelle: www.themanager.org, erweitert durch Autor)

Unternehmen, virtuelle Netzwerke innerhalb der Industrie usw.) oft von vorneherein ausgeschlossen.

Übersicht über die Five Forces (aus makroökonomischer Sicht)

Abbildung 92 zeigt eine Anzahl von Faktoren, die Teil der Five Forces sind. Beachten Sie, dass die aufgeführten Faktoren in der Abbildung die jeweilige Kraft stärken oder behindern können, da sie in sehr unterschiedliche Richtungen wirken.

Querverweis zu verwandten Tools in diesem Buch

Umfeldanalyse (PEST) (Abschnitt 5.3.7), SWOT und TOWS (Abschnitt 5.3.3), kritische Erfolgsfaktoren (Abschnitt 5.3.2).

Bibliografie: Recklies, Elkin, Wheeler, Glass

5.3.6 Wettbewerberanalyse

Zweck und Absicht (Warum und wann anwendbar?)

Nach einer Reihe von strategischen Tools in den vorherigen Kapiteln, die sich mehr mit der internen Sichtweise befassen, konzentriert sich die Wettbewerberanalyse wieder mehr auf externe Aspekte und vergleicht die Mitwettbewerber. Eine gründliche Wettbewerberanalyse ist ein unerlässlicher Teil einer strategischen Analyse und sollte nicht auf informellen oder persönlichen Eindrücken oder Intuitionen basieren.

Die Wettbewerberanalyse eignet sich am besten für folgende Aufgaben:

- Ermittlung der zukünftigen Strategien und Pläne der Konkurrenz,
- Prognose der wahrscheinlichsten Reaktionen der Konkurrenz auf die eigenen Initiativen,
- Feststellung, ob die Kapazitäten und Fähigkeiten der Konkurrenz mit den strategischen Plänen abgestimmt sind,
- Ermittlung der Schwachstellen der Konkurrenz.

Eine Wettbewerberanalyse hilft Ihnen, die folgenden Fragen zu beantworten:

- Was sind die (volks-)wirtschaftlichen Grenzen des Umfeldes des Unternehmens und inwieweit ändern sich diese?
- Wie ist das Unternehmen – im Vergleich zur Konkurrenz – ausgestattet, um Mehrwerte zu schaffen?
- Wo und wie sind Grenzen gesteckt? Gibt es erfolgreiche Unternehmen, die z. B. in Nischen ihr Geld verdienen?

- Wie groß ist der Markt und wie schnell wächst er? Welche Bereiche wachsen schneller?
- Was sind die durschnittlichen Renditen in der Industrie? Haben sich diese im Laufe der Zeit verändert und wie? Inwieweit weichen die Renditen zwischen den Konkurrenten voneinander ab?
- Gibt es Neueinsteiger und warum? Sind diese rentabel?
- Gibt es Unternehmen, die das Marktsegment verlassen haben? Was sind die Gründe dafür?
- Wie ist die Gesamtleistungsentwicklung des Unternehmens im Vergleich zur Konkurrenz (z. B. Marktanteile, Rentabilität usw.)?

Funktion und Aufgabe (Wie funktioniert es?)

Die Wettbewerberanalyse ...

- ist ein Prozess, der Ihnen ein gutes Grundverständnis über die Leistungen der Konkurrenz und Ihr Unternehmen aufzeigt.
- ermittelt Namen, Nummern, Schlüsselbereiche und andere wichtige Informationen bzgl. Konkurrenten und deren Verhalten.
- hilft Ihnen, die strategischen Positionen (bzgl. der Produkte, Segmente, Kanäle usw.) der Konkurrenz zu verstehen und
- bereitet weitere Analysen vor, die die Stärken, Schwächen, Fähigkeiten usw. der Unternehmen verdeutlichen.

Anleitung (Wie gehe ich vor?)

- Eignen Sie sich ein allgemeines Grundwissen über die Unternehmen, Konkurrenten und deren Branchen an:
  - Bestimmen Sie, wer die aktuellen und potenziellen Mitwettbewerber sind.
  - Verwenden Sie Internetsuchen, Berichte von Asset-Managern, Finanzreports usw., um sich ein besseres Bild über die Unternehmen zu machen und analysieren Sie die Rohdaten.
  - Ermitteln Sie, wer an welcher Stelle in die Wertschöpfungskette (Abschnitt 5.3.1) passt.
- Erfassen und Analysieren der Daten:
  - Verwenden Sie die Tabelle 30 als eine Übersicht, die Ihnen verschiedene Kategorien und Arten von Informationen für die Analyse vorschlägt. Erarbeiten Sie sich nun die entsprechenden Informationen für die Kategorien der Tabelle.

- Verwenden Sie aber auch die anderen Tools, die in den Querverweisen vorgeschlagen sind. Analysieren Sie jedoch nur Daten, die notwendig, angemessen und dienlich sind.
- Bestimmen Sie Zukunftsziele, die aktuelle Strategie, die augenblicklichen Möglichkeiten und vergessen Sie nicht, genau die Voraussetzungen darzulegen, unter denen diese Erhebung gemacht wurde.

Tabelle 30 Typische Kategorien von Informationen für eine Wettbewerberanalyse

Hintergrundinformationen	**Produkte und Dienstleistungen**	**Managementprofil**
• Name, Ort • Kurze Beschreibung und Geschichte • Management-Team • Unternehmensvision	• Produkte und Dienstleistungen • Vielfalt und Bandbreite der Produktpalette • Qualität, Kundennutzen • Marktanteil pro Produkt	• Geschichte, Stil und Management-Nachwuchs • Motivation und Bestreben • Hintergrund zum Management-Team
Organisationsstruktur	**Finanzen**	**Marketing**
• Mitarbeiterzahlen • Art von Organisation und Hierarchie • Querfunktionen • Eigentumsverteilung • Kulturelle Anpassung • Führungsstil (siehe auch Organisationsanalyse-Tools in Abschnitt 5.1)	• Gegenwärtige, historische und projizierte Finanzzahlen • Finanzielle Kennzahlen und Quotienten • Kostenstruktur • Cash-Flow-Analyse • Liquidität • Bonitätseinstufung	• 4-P: Produkt, Preis, Promotion, Platzierung • Hauptkunden und Kundensegmente • Produkt- und Marktsegmente • Markenbildung, Image und Corporate Identity • Werbung
Personalwesen	**Prozesse**	**Technologie**
• Mitarbeiterfluktuation • Mitarbeiterkosten • Gewerkschaftsbeziehungen • Mitarbeiterfähigkeiten	• Fertigungskapazität • TQM und ISO 9000 • Lean Produktion, CAM und Fabrikationsfähigkeit • Kosten- und Margenstruktur, Gemeinkostenanteile, ABC-Kosten	• F&E und Innovationsfähigkeiten • Patente, Warenrechte und geistiges Eigentum • Informations- und Kommunikationsstruktur • Wissensmanagement, Allianzen, Joint Ventures • Prozesstechnologie
Sozial-politisch	**Strategie**	**Kundenwert**
• Staatliche Verträge und öffentliche Angelegenheiten • Stakeholder-Ansehen • Investitionsklima • Besteuerung, Devisenkontrolle • Siehe auch Umfeldanalyse (PEST) (Abschnitt 5.3.7)	• Vision, Mission, strategischer Horizont, Ziele, Scorecard • Beteiligungsportfolio, Diversifikation • Allianzen, Synergien • Kernkompetenzen, Stärken, Schwächen usw.	• Qualitätsmerkmale • Kundendienst und Garantien • Kundenerwartungen und -ziele

- Schätzen Sie die Konkurrenten nach ihrer möglichen strategischen Reaktion ein:
  - Versichern Sie sich, dass Ihre Analyse Antworten auf Fragen liefert, die Sie sich stellen – und nicht einfach nur Antworten. Das SWOT- und TOWS-Tool (Abschnitt 5.3.3) kann Ihnen beim Klären von Fragestellungen weiterhelfen.
  - Bestimmen Sie die Ziele, gegenwärtige Strategien, Ressourcen, Kernkompetenzen (aller Unternehmen) und vergessen Sie nicht, Ihre Annahmen und Vermutungen, die Sie während der Untersuchung machen, klar und transparent anzugeben.
  - Präsentieren Sie Ihre Ergebnisse in einem anschaulichen Format. Verwenden Sie z. B. Vergleiche wie das Polaritäten-Tool (Abschnitt 6.8), das Radar-Diagramm oder Übersichten wie in Tabelle 29. Sie können auch für jeden Aspekt aus Tabelle 30 einfach eine Punktzahl vergeben (von 1 bis 10) und das Profil ähnlich wie beim Polaritäten-Tool darstellen. Ein Bild sagt mehr als tausend Worte.
  - Verwenden Sie Abbildung 93, um die wahrscheinlichsten strategischen Antworten Ihrer Konkurrenten abzuschätzen.
  - Vergleichen Sie Ihr Unternehmen und die der Mitwettbewerber nach gleichen Kriterien. Wo und was sind die Unterschiede? Dieser Vergleich der Unternehmensprofile sollte Ihnen helfen, zu bestimmen, was Sie tun sollten, um erfolgreich im Wettbewerb zu sein. Verwenden Sie den Programmplan (Abschnitt 7.4), um einen strategischen Plan zu entwickeln, der das weitere notwendige Vorgehen festlegt.

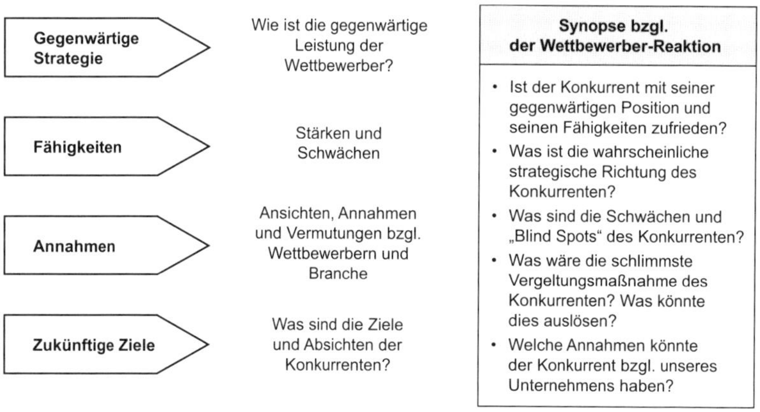

Abbildung 93 Vier Faktoren, die die Reaktion der Wettbewerber beeinflussen

Tipps und Anregungen

- Lassen Sie sich nicht von der Masse an Informationen überwältigen. Fassen Sie die Kernaussagen zusammen, konzentrieren Sie sich auf die Zukunft und nicht nur auf die Gegenwart. Vergessen Sie nicht den Zweck Ihres Tuns und strukturieren Sie Ihre Arbeit und Informationsbeschaffung dementsprechend. Vergewissern Sie sich, welche Informationen Sie wirklich benötigen. Behalten Sie die Pareto-80:20-Regel (Abschnitt 3.4.2) im Hinterkopf.
- Falls der Markt sehr fragmentiert sein sollte, konzentrieren Sie sich auf die Hauptkonkurrenten, aber vergessen Sie nicht, dass die Konkurrenz Segmente anders definiert haben könnte und Sie folglich nicht „Gleiches mit Gleichem" vergleichen.
- Es ist zugegebenermaßen nicht einfach, die strategischen Bewegungen und Absichten der Wettbewerber vorherzusehen. Der wahre Wert liegt in der fortlaufenden Überwachung und Berichterstattung aller strategischen Bewegungen über einen längeren Zeitraum.

Faktoren, die die Reaktion der Wettbewerber beeinflussen

Abbildung 93 zeigt vier Faktoren, die die Reaktion der Wettbewerber beeinflussen.

Querverweis zu verwandten Tools in diesem Buch

Wertschöpfungskette (Abschnitt 5.3.1), kritische Erfolgsfaktoren (Abschnitt 5.3.2), SWOT und TOWS (Abschnitt 5.3.3), Five Forces (Abschnitt 5.3.5), strategische Marktsegmente (Abschnitt 5.3.8), Umfeldanalyse (PEST) (Abschnitt 5.3.7), Polaritäten-Tool (Abschnitt 6.8).

Bibliografie: Fleischer, Hax, Wheeler

5.3.7 Umfeldanalyse (PEST)

Zweck und Absicht (Warum und wann anwendbar?)

Ein Unternehmen sollte im Gleichgewicht mit seinem Umfeld und seiner Umgebung sein. „Es sollte eine strategische Übereinstimmung bestehen zwischen dem, was das Umfeld benötigt, und dem, was das Unternehmen anbietet, und umgekehrt." (nach Wheelen). Der Ausgangspunkt für die meisten strategischen Analysen ist eine irgendwie geartete Untersuchung der externen Bedingungen, um z. B. Möglichkeiten und Bedrohungen zu identifizieren.

Das Tool hilft bei der Vermeidung von (strategischen) Überraschungen durch das Umfeld und gewährleistet, dass die strategischen Pläne nicht von externen Ungewissheiten und Bedrohungen durch die Umwelt durchkreuzt werden.

Funktion und Aufgabe (Wie funktioniert es?)

Strategische Aktivitäten werden oft durch Umstände beeinflusst, die außerhalb des Einflussbereiches des Unternehmens liegen. Die Umfeldanalyse (PEST) liefert den Lenkern und Unternehmensentscheidern möglichst akkurate und objektive Prognosen über Trends im Umfeld des Unternehmens, damit sie den Erkenntnissen entsprechend zum Vorteil des Unternehmens reagieren können.

Die Abkürzung PEST steht für die vier Aspekte des Umfeldes: *politisch, ökonomisch, soziokulturell* und *technologisch*. STEEP ist eine Alternative zu PEST, die zusätzlich den Aspekt „ökologisch" mit einbezieht (siehe Abbildung 94 und Tabelle 31).

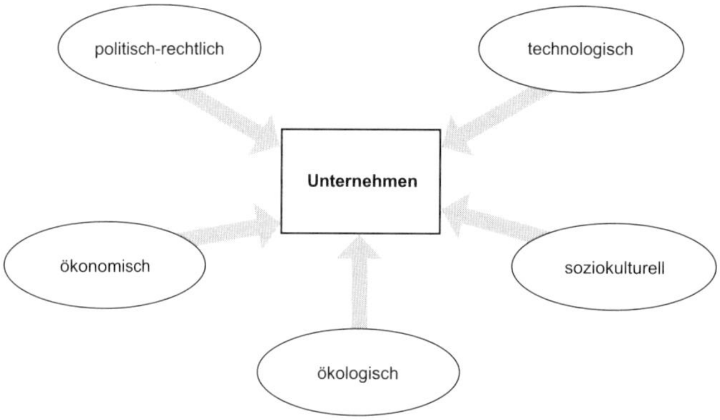

Abbildung 94 Die Umfeldfaktoren der erweiterten PEST/STEEP-Analyse

Tabelle 31 Aspekte der Umfeldanalyse

Politisch-rechtlich	Ökonomisch	Soziokulturell	Technologisch	Ökologisch
• Parteipolitische Programme • Kartellgesetz • Steuergesetze • Außenhandelsgesetze • Außenpolitische Einstellung • Arbeitsgesetzgebung • Stabilität der Regierung • Politische Stimmung und Trends • Eigentumsschutzgesetze • Möglichkeiten der Einflussnahme auf Politik und Wirtschaft	• BSP-Trends • Leitzins und Inflation • Volkswirtschaftl. Geldvolumen (M3) • Arbeitslosenrate • Lohn-Preis-Verhältnisse • Einkommensverteilung • Energieversorgung und -kosten • Verfügbares Einkommen • Investitionsklima	• Bevölkerungswachstumsrate • Geburtenrate und Lebenserwartung • Wertesystem der sozialen Klassen • Einkommensschere • Lifestyle-Veränderungen • Karriere- und Konsumverhalten • Regionale Bevölkerungsbewegungen (Landflucht)	• Schutz geistigen Eigentums • F&E-Subventionen und -ausgaben • Geschwindigkeit der technologischen Veränderungen • Technologische Erfahrungskurve • Neue Produkte • Fokus auf technologische Neuerungen • Universitäts- und Technologie-Ansiedlungen (Wissenschafts-Parks)	• Umweltschutzbestimmungen • Verschmutzungswerte • Negative externe Effekte • Abfallwirtschaft und Recycling • Luft-, Boden- und Wasserqualität • Energieversorgung und -quellen • Erneuerungsfähigkeit von Ressourcen

Anleitung (Wie gehe ich vor?)

- Machen Sie sich vertraut mit den externen Kräften und Umweltfaktoren, die Sie näher untersuchen wollen.
  - Was waren/sind die Ereignisse und das Tagesgeschehen innerhalb der verschiedenen Kategorien und welche Trends ergeben sich daraus?
  - Gibt es Anhaltspunkte und Beweise, die diese Trends belegen können?
  - Wie haben sich diese Trends historisch entwickelt?
  - Was sind die potenziellen Auswirkungen dieser Trends auf das Unternehmen und sein Umfeld?
- Versuchen Sie, eventuelle Wechselwirkungen zu identifizieren und zu verstehen.
  - Gibt es Konflikte zwischen Trends – sind diese widersprüchlich?
  - Was gibt es für gegenseitige Wechselwirkungen und Abhängigkeiten der Trends untereinander?
- Verknüpfen Sie gegenwärtige problematische Bereiche (im Unternehmen) mit den passenden Trends. Was sind die Zusammenhänge? Identifizieren Sie die Trends, die am wahrscheinlichsten eine Auswirkung auf das Unternehmen in der Zukunft haben. Entwickeln Sie entsprechende Maßnahmen.
- Prognostizieren Sie die Zukunft. Unterscheiden Sie zwischen Ursachen (Trends) und den resultierenden Symptomen (Problemen). Schätzen Sie dann ein, wie sich die resultierenden Symptome (Probleme) zeitlich entwickeln und schon haben Sie eine fundierte Prognose. Entwickeln Sie aber auch alternative Prognosen. Binden Sie die Fischgräten-Ursachenanalyse (Abschnitt 3.1.9) mit in Ihre Arbeit ein.
- Formulieren Sie Ihre aufschlussreichen Einblicke und Ergebnisse. Stellen Sie die Auswirkungen auf das Unternehmen und die strategischen Pläne heraus. Wie ist die Konkurrenz davon betroffen? Dieser Einblick sollte Ihnen Input für die Festlegung der zukünftigen strategischen Richtung geben.

Tipps und Anregungen

- Andere Umfeldfaktoren, die eine Rolle spielen könnten, sind: neue Wettbewerber, Deregulierung, Globalisierung, Änderung des Konsumenten- oder Endkundenverhaltens, geopolitische Spannungen, Naturkatastrophen, Terroranschläge (9/11) usw. Was ist davon relevant?
- Es ist zugegebenermaßen schwer, Trends zu prognostizieren. Es ist ein Spagat zwischen zukunftsnahen Aktivitäten und den langfristig resultierenden Schlussfolgerungen. Manche Trends benötigen Jahre, bis sie sich realisieren.
- Sie können nicht die Zukunft vorhersehen, indem Sie auf die Gegenwart und Vergangenheit schauen und daraus ableiten; aber Sie können davon lernen.

Querverweis zu verwandten Tools in diesem Buch

Five Forces (Abschnitt 5.3.5), strategische Marktsegmente (Abschnitt 5.3.8), Lebenszyklus (Abschnitt 5.3.4).

Bibliografie: Wheelen, Fleischer

5.3.8 Strategische Marktsegmente

Zweck und Absicht (Warum und wann anwendbar?)

Innerhalb strategischer Marktsegmente arbeiten Gruppen von Unternehmen mit einer gemeinsamen strategischen Ausrichtung. Sie verfügen über ähnliche Strukturen, kulturelle Aspekte, Prozesse und Erfolgsfaktoren, die mit dieser Strategie einhergehen. In anderen Worten: Die Unternehmen sind relativ homogen in ihrer Art, zu handeln.

Die Untersuchung von Unternehmen (und deren Marktsegmenten) sollte Teil einer jeden Analyse sein (sei es Branchen-, Wettbewerbs- oder PEST-Analyse). Somit erhalten Sie einen neuen Einblick in die Branche und den spezifischen Markt. Benutzen Sie dieses Tool, wenn Sie eine der folgenden Fragen untersuchen wollen:

- Wie schaffen Unternehmen in jedem ihrer Geschäftsbereiche Mehrwerte und wie verändert sich dies?
- Wie ist Ihr Unternehmen im Umfeld des Wettbewerbs bezüglich der Schaffung von Mehrwert positioniert und wie verändert sich dies?
- Wo liegen die wirtschaftlichen Grenzen, Ähnlichkeiten und Unterschiede in diesem Markt und wie verändert sich dies?

Funktion und Aufgabe (Wie funktioniert es?)

Das Strategische-Marktsegmente-Tool hilft, einen bestimmten relevanten Teilbereich eines Markts zu untersuchen und zu verstehen, indem es die unterschiedlichen Kriterien des Unterbereichs eines Marktes innerhalb einer Branche betrachtet (siehe Abbildung 95).

Anleitung (Wie gehe ich vor?)

Unternehmen können auf Basis zahlreicher Merkmale sowie aufgrund von Branchen- und Marktbetrachtungen analysiert werden.

- Benutzen Sie Abbildung 95 und „schälen Sie die Zwiebel" von außen, um ein entsprechendes strategisches Marktsegment zu erhalten. Versuchen Sie, innerhalb der selben Gruppe alle Unternehmen mit vergleichbaren Merkmalen und einer ähnlichen Wettbewerbsstrategie zu identifizieren. Zum Beispiel sind McDonalds und Mövenpick beide in der Gastronomie tätig, sie verfolgen

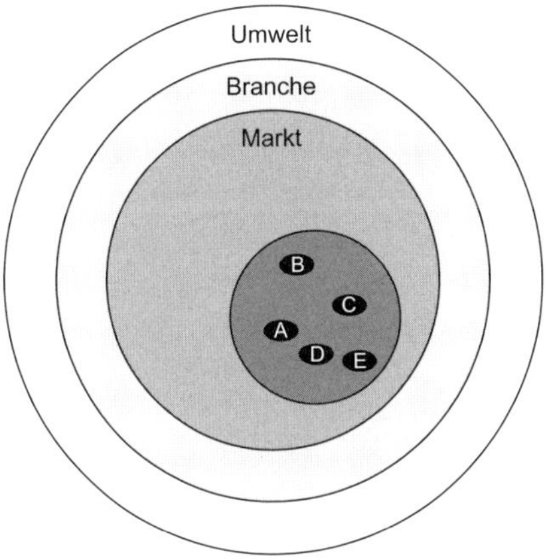

Abbildung 95
Strategisches Marktsegment als Teil der „Zwiebelschichten“

jedoch unterschiedliche Strategien und Ziele und konzentrieren sich jeweils auf andere Zielgruppen und Produkt- bzw. Dienstleistungsangebote. Somit gehören sie unterschiedlichen Marktsegmenten an. Beginnen Sie mit der höchsten Ebene einer Branche und arbeiten Sie sich dann durch die unterschiedlichen Märkte bis hin zum strategischen Marktsegment „nach unten“ durch.

- Benutzen Sie die folgenden Kategorien und Dimensionen, um eine Branche und einen Markt zu definieren:
  - Wachstumsmärkte (z. B. Biotechnologie),
  - auf Rohstoff basierende Industrien (z. B. Papierzellstoff und Papier),
  - fragmentierte Industrien (z. B. Möbel),
  - Schlüsselindustrien (z. B. Automotive-Branche),
  - vertriebsorientierte Branchen (z. B. Einzelhandel),
  - markengesteuerte Branchen (z. B. Banken),
  - Halbfertigprodukte-Industrien (z. B. Baumaterial),
  - Vernetzungsindustrien (z. B. Kreditkartenunternehmen, Telekommunikation).
- Benutzen Sie die im Folgenden angeführten Kategorien und Dimensionen, um jede Schicht aufzuschneiden und die zahlreichen Marktsegmente zu definieren:
  - Spezialisierung,
  - technologische Führerschaft,
  - Führerschaft bei Produkten,
  - Vertriebs- und Interaktionskanäle,
  - Marken-Identifikation,

- Beziehungen mit der Muttergesellschaft,
- Produktqualität,
- vertikale Integration,
- Reifegrad,
- Breite der Produktpalette,
- Marktanteil,
- geografische Abdeckung.

- Wählen Sie die passenden zwei Dimensionen aus und stellen Sie die entsprechenden Unternehmen in einer 2×2-Matrix dar (Abbildung 96).
- Überprüfen Sie die aktuelle strategische Ausrichtung und bilden Sie Szenarien künftiger Entwicklungen für das strategische Marktsegment.

Beispiel für strategische Marktsegmente für die Unterhaltungselektronik

Abbildung 96 zeigt die strategischen Marktsegmente in der Unterhaltungselektronik in den 1980er-Jahren.

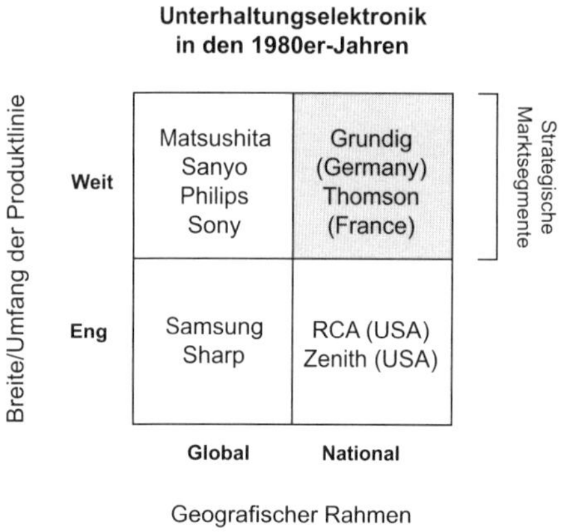

Abbildung 96
2 × 2-Matrix der strategischen Marktsegmente

Tipps und Anregungen

- Achten Sie bei der Auswahl der zwei Dimensionen (Achsen der Matrix) darauf, dass sie in keinem Zusammenhang zueinander stehen, da sonst die Marktsegmente überlappen und somit wenig Einblick und Schlussfolgerungen erlauben.
- Verwenden Sie unterschiedliche Standards für Industrieklassifizierungen wie z. B. SIC (Standard Industrial Classification, ein US-amerikanischer Industriestandard), um ein Gefühl für gängige Klassifizierungslogiken zu bekommen.

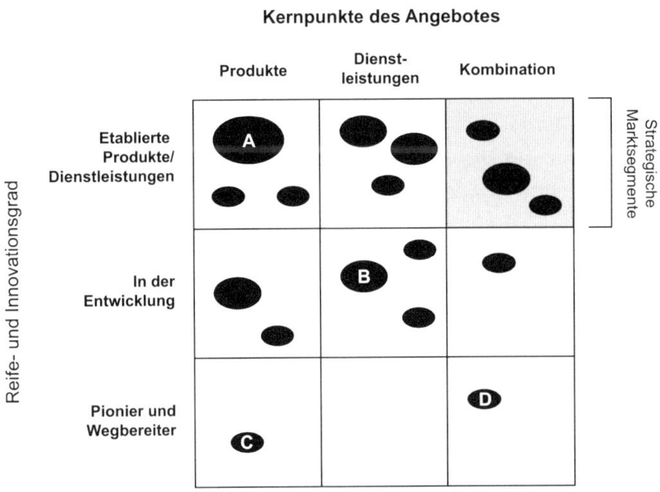

Abbildung 97
In diesem Beispiel bietet ein Unternehmen seine Produkte und Dienstleistungen A, B, C und D in unterschiedlichen Marktsegmenten an.

Die Matrix in Abbildung 97 veranschaulicht einen ungewöhnlichen Blick auf ein strategisches Marktsegment, indem es unterschiedliche Reifegrade darstellt (eingestuft nach den Kategorien „Etablierte Produkte/Dienstleistungen", „In der Entwicklung", „Pionier und Wegbereiter") für Produkte, Dienstleistungen und Kombinationen eines Unternehmens (oder einer Branche). Je größer die Kreise, desto größer sind die Vormachtstellung oder der Umsatz.

Dies ähnelt in gewisser Weise der Logik einer klassischen BCG-Matrix (siehe Geschäftsfeldermatrix in Abschnitt 5.3.11). Die BCG-Matrix, welche die Attraktivität und internen Stärken (relativer Marktanteil) eines Produkts veranschaulicht, definiert demnach Kategorien und die strategische Richtung wie z. B. „Cash Cow" = Marktabschöpfung, „Poor Dog" = Aufgabe des Segments usw.

Die Matrix in Abbildung 97 stellt den Reifegrad durch die Kategorien „Etablierte Produkte/Dienstleistungen (Reife, Cash Cow), „In der Entwicklung" (Übergang, Wachstum, Risiko) und Pioniere (potenzielle Stars oder „?") dar. Stellen Sie sich hier zum Beispiel ein Unternehmen vor, das Folgendes anbietet: A = Autos, C = Wasserstoff-Autos, B = Finanzierung/Leasing, D = Car-Sharing-Service.

Querverweis zu verwandten Tools in diesem Buch

Lebenszyklus (Abschnitt 5.3.4), Kundensegmentierung (Abschnitt 5.3.9), Five Forces (Abschnitt 5.3.5), Wettbewerberanalyse (Abschnitt 5.3.6).

Bibliografie: Wheelen, Fleischer, Elkin, Hax

5.3.9 Kundensegmentierung

Zweck und Absicht (Warum und wann anwendbar?)

Die Analyse der Kundensegmente ist eine moderne Antwort auf die traditionellen wirtschaftsorientierten Strategie-Tools, die hauptsächlich auf dem Gebiet der Massenproduktion und bei Kosteneinsparungen verwendet wurden.

Kundensegmentierung wird oft als erster Schritt bei der Umweltanalyse verwendet und ermöglicht ein Verständnis darüber, wie unterschiedlich verschiedene Teile (Kundensegmente) des Marktes operieren. Sie ist besonders dort geeignet, wo Kundennutzen mehr auf Geschmack und Vorlieben basiert als auf Preis, Kosten und Trends des Massenmarktes, und wo es verschiedene Kundengruppen im Markt gibt.

Funktion und Aufgabe (Wie funktioniert es?)

Kundensegmentierung hilft, den Rahmen einer Unternehmensstrategie in Bezug auf Produkt- und Serviceorientierung festzulegen. Warum aber „festlegen"? Es ist schier unmöglich, alle Kunden zu bedienen und absolut zufriedenzustellen – und selbst wenn es möglich ist: Ist es auch profitabel?

Ein Segment setzt sich aus Kunden zusammen, die ähnliche Merkmale (z. B. Bedürfnisse, Kaufkriterien usw.) aufweisen. Kundensegmentierung erlaubt Ihnen, jeden Markt als die Summe unterschiedlicher Segmente zu interpretieren, wobei jedes Segment ein bestimmtes Profil darstellt. Daher kann Kundensegmentierung dazu verwendet werden, ein Unternehmen herauszufordern, Verschiedenheiten in den Kundenbedürfnissen, Geschmäckern und Vorlieben anzuerkennen und sich besser am Markt zu orientieren. Die zu Grunde liegende Annahme ist, dass diese Kunden ein gleiches Konsumverhalten haben.

Kundensegmentierung will die folgenden Fragen beantworten:

- Was sind die Merkmale meiner Kunden?
- Wie können sie unterschieden/segmentiert werden?
- Wie gut bedienen die Wettbewerber jedes Segment?
- Auf welches Segment sollte ich mich konzentrieren und wie (indem geeignete Produkte, Dienstleistungen und Marketing für die verschiedenen Segmente bereitgestellt werden)?

Anleitung (Wie gehe ich vor?)

- *Segmentierung:* Das Ziel der Kundensegmentierung ist, Kundengruppen zu identifizieren, die sowohl innerhalb eines Segments ähnlich sind, aber unterschiedlich zwischen den Segmenten. Es gibt zahlreiche Wege, Kunden mit ähnlichen Eigenschaften zu segmentieren.

Die Schlüsselfragen der Klassifikation sind jeweils *wer, was, wie* oder *warum.*

- *Kundenmerkmale:* Ein nutzerorientierter Ansatz, der fragt: „Wer erwirbt was?" Hier kann in die folgende Kategorien eingeteilt werden:
  - Demografische Merkmale – Alter, Familiengröße, Geschlecht, Ehestand
  - Geografische Merkmale: global, national, Staat, Klima, ländlich vs. urban
  - Unternehmensmerkmale: Größe, verwendete Technologien, Branche, Positionierung innerhalb einer Branche
  - Sozioökonomische Merkmale: Einkommen, Klasse, Bildung, Religion, ethnische Zugehörigkeit, Kultur
- *Produktmerkmale:* Ein Ansatz, der fragt „Was erwerben sie?", und der in folgende Kategorien eingeteilt werden kann:
  - Nutzertypen: regelmäßig, Stammkunde, Erstkäufer, potenzieller Käufer, Nicht-Nutzer u. a.
  - Markentreue, Preis-Sensibilität, Kosten/Qualität
  - Einkaufsvolumen, Einkaufspolitik
- *Merkmale der Interaktions-/Vertriebskanäle:* Ein systemischer Ansatz, der fragt „Wie erwerben sie", und der wie folgt kategorisiert werden kann:
  - Zahlungsart: Nachnahme, Barzahlung, Kreditkarte, Überweisung usw.
  - Erwerbskanal: Versandbestellung, Kaufhaus, Call-Center, Home-Shopping, Internet u. a.
  - Vertriebskanal: Großhandel, Einzelhandel, Multi-Level-Marketing, Internetshop, traditioneller Handel usw.
  - Marktkräfte und Konzentration innerhalb der Vertriebskanäle entweder auf Käufer- oder Verkäuferseite, z. B. OPEC (Rohöl-Kartell), Rohstoffhandel/-Einkaufsportale usw.
- *Entscheidungstheorie:* Dieser bedürfnisorientierte Ansatz fragt: „Warum erwerben sie etwas?" und ist insbesondere für das Verständnis von Kundenbedürfnissen von Bedeutung. Folgende Kategorien sind hier relevant:
  - Wahrgenommener Nutzen, Bedürfnisse: Erfordernisse beim Kundenservice, Verlässlichkeit der Lieferung, Verfügbarkeit von Produkten, Vorlaufzeit für die Lieferung, inhaltliche Korrektheit usw.
  - Konsumverhalten, z. B. Impulskauf vs. Routinekauf, Gewohnheiten, Sucht (z. B. Alkohol oder Zigaretten)
  - Lebensstil: Einstellungen, Interessen, Moden, Vorlieben, Wahrnehmungen
  - Medieneinfluss

- *Zielgruppenfestlegung:* Nachdem Sie einige vielversprechende Segmente identifiziert haben, sollten Sie die Segmente mit den nachfolgenden Fragen überprüfen:
  - Erreichbarkeit: Können Sie Ihre Kunden durch eine einfach durchführbare Kommunikationsstrategie erreichen? Seien Sie ganz spezifisch darin, wie Sie jedes Segment erreichen und bedienen.
  - Messbarkeit: Können Sie das Segment bezüglich Größe und Produktnutzung quantifizieren? Können Sie die für Ihre Kunden bedeutsamen Kauffaktoren gemäß einer Reihenfolge darstellen?
  - Zugänglichkeit: Wie effizient sind die verschiedenen Kanäle zur Bedienung jedes Segments?
  - Nachhaltigkeit: Wie viele Segmente machen Sinn? Sind die Segmente groß genug, um die Ressourcen und den notwendigen Aufwand für ein gezieltes Marketing zu rechtfertigen? Ist die Zugehörigkeit zu dem Segment stabil?
  - Reaktionsfähigkeit: Reagiert das Segment auf das Marketing, die Kommunikationsstrategie, das Produkt- oder das Dienstleistungsangebot?
  - Profitabilität: Ist das Segment voraussichtlich profitabel genug für den erforderlichen Aufwand?
  - Kompatibilität mit dem Wettbewerb: Wie interessiert sind Ihre Hauptwettbewerber an dem Segment? Verfolgen sie ihre Interessen hier aktiv oder zeigen sie eher schwaches Interesse?
  - Effektivität: Haben Ihre Verkaufs- und Vertriebsmannschaft die Fähigkeiten und Ressourcen, um das Segment langfristig bedienen zu können? Kann man auf das Segment handelnd Einfluss nehmen?
  - Verteidigungsstärke: Kann Ihr Unternehmen dieses Segment gegen Angriffe von starken Wettbewerbern verteidigen?
- *Strategische Positionierung:* Die strategische Positionierung des Produkts/Service resultiert in Bezug auf wettbewerbsfähige Angebote (für Ihr betrachtetes Kundensegment) in der Anwendung der klassischen „4 P“ des Marketing-Mix: Produkt, Preis, Promotion, Platzierung. Hinzu kommen aber auch die Faktoren Personen, Prozesse und Beweisführung. Der entscheidende Schritt davor ist eine Analyse des Kundennutzens – was sind die geschätzten Kosten für die Akquisition eines Kunden im Falle eines Verkaufs?

Tipps und Anregungen

- Wenn Sie den bedürfnisorientierten Ansatz verwenden, dann sollten Sie die Bedürfnisse während der ganzen Wertschöpfungskette betrachten (siehe Abschnitt 5.3.1). Ziehen Sie in Betracht, im Vorfeld eine Umfrage durchzuführen

– dies könnte hilfreich sein, um eine Reihe von Kundenbedürfnissen zu identifizieren. Verwenden Sie ausreichend Zeit dafür, Hypothesen über Bedürfnisse aufzustellen (Abschnitt 3.1.4), andere erforderliche Informationen zusammenzutragen und Informationsbeschaffungs-Tools zu testen.

- Wenn Sie nicht genug Zeit oder Ressourcen für einen komplexen Informationsgewinnungsprozess haben, sollten Sie in Erwägung ziehen, ein Marktforschungsunternehmen mit der Umfrage, der Darstellung der Ergebnisse und der Segment-Analyse zu beauftragen.
- Stellen Sie sicher, dass Ihre Kriterien für die Segmentierung valide sind und testen Sie diese mit Leuten, die von einem Produkt/einer Dienstleistung Gebrauch machen werden. Verwenden Sie hierzu Tools wie Verwandtschaftsdiagramm (Abschnitt 3.4.6), Venn-Diagramm (Abschnitt 3.4.7) oder ABC-Tool (Abschnitt 3.4.3), um Ihre Segmente darzustellen.

Querverweis zu verwandten Tools in diesem Buch

Wertschöpfungskette (Abschnitt 5.3.1), Hypothesen (Abschnitt 3.1.4), strategische Marktsegmente (Abschnitt 5.3.8) Verwandtschaftsdiagramm (Abschnitt 3.4.6), Venn-Diagramm (Abschnitt 3.4.7), ABC-Tool (Abschnitt 3.4.3).

Bibliografie: Fleischer

5.3.10 Strategieentwicklung

Behalten Sie bei der Entwicklung strategischer Optionen im Hinterkopf, dass die Lösung nicht allein aus der Analyse kommt. Nehmen Sie sich Zeit für die Reflektion dessen, was Sie herausgefunden haben: Lösungen kommen aus den gewonnenen Einsichten und Erkenntnissen.

Viele Strategien scheinen auf der Basis aufgebaut zu sein, die richtige Ausrichtung der Fähigkeiten der Firma auf die Marktgegebenheiten zu erzielen und nicht nach neuen Möglichkeiten Ausschau zu halten. In der Vergangenheit lag die Herausforderung für viele Unternehmen darin, einzuschätzen, „in welchem Markt" man sich befindet, was die eigene Marktposition ist und wie man sich dort am erfolgreichsten behaupten kann. Die in den nächsten Kapiteln folgenden Tools können Ihnen helfen, solche Fragen zu beantworten, zu analysieren, zu verstehen, zu kommunizieren und schließlich auf komplexe Situationen reagieren zu können.

Gleichzeitig ist es wichtig, sich dessen bewusst zu sein, dass es einem Unternehmen weniger darum gehen muss, zu wissen „wie wir den Wettbewerbern heute begegnen", sondern vielmehr darum, Erkenntnis darüber zu erlangen, wie man den Veränderungen in der Umwelt durch Wandel im Unternehmen rechtzeitig begegnet. Viele standardisierte Analysetechniken können hierbei nur begrenzt

Tabelle 32 Gegensätzliche Sichtweisen von Strategieentwicklung und Implementierung (Quelle: Glass)

Traditionelle Sichtweise	Moderner Ansatz
Mit den Wettbewerbern Schritt halten, es ihnen gleichtun, wenn sie Kosten kürzen, Qualität verbessern, mehr Werbung schalten usw.	Neue Wege finden, um wettbewerbsfähig zu sein – neue Allianzen, Technologien, Produktangebote.
Strategie basiert auf den aktuellen Fähigkeiten des Unternehmens.	Annahme, dass ein Unternehmen lernen und sich verbessern will.
Vorwiegendes Streben nach Wachstum des Shareholder-Vermögens.	Ziele, die auch für die Angestellten von Bedeutung sind.
Sorgsame Planung bis ins kleinste Detail.	Die Richtung ist klar, die einzelnen Leute werden sich dann ums Detail kümmern.
Annahme, dass das Unternehmen den Leitlinien folgt und wie angewiesen agiert.	Verständnis für die Schwierigkeiten beim Verhaltenswandel eines Unternehmens.
Unternehmen wird als eine Reihe von Geschäftseinheiten betrachtet.	Ein Unternehmen wird als Ganzes gesehen, wobei ein Teil den anderen unterstützen kann.
Annahme, dass nur das Top-Management ein Verständnis des gesamten Geschäftsfeldes hat und daher dazu berufen ist, strategische Entscheidungen zu treffen.	Wissen darüber, dass das Top-Management die Ziele definieren muss, jedoch gleichzeitig ein Bewusstsein, dass die Angestellten wesentlichen Input für die Zielerreichung liefern können, weil sie dem Kunden, der Entwicklung, Produktion usw. nahestehen.

unterstützen. Hingegen entstehen nun neue Tools, die Organisationen helfen, Strategien für den steten und raschen Wandel zu entwickeln.

Tabelle 32 soll darstellen, wo das strategische Denken vor 20 bis 30 Jahren war und wie es sich seitdem entwickelt hat. Es geht nicht darum, dass die traditionelle Sichtweise und manche Tools vielleicht falsch oder veraltet sind. Vielmehr soll die Gegenüberstellung als eine Veranschaulichung dessen interpretiert werden, wie sich Strategien mit der Entwicklung der Umwelt ebenfalls entwickeln sollten.

5.3.11 Geschäftsfeldermatrix

Zweck und Absicht (Warum und wann anwendbar?)

Zwei der klassischen Strategieentwicklungstools sind Geschäftsfeldermatrices: die *Marktwachstum/Marktanteil-* und die *Industrieattraktivität/Stärke-Matrix*, auch bekannt als die BCG- und die GE-Matrix. Sie entstanden, als das mikroökonomische Denken auf dem Vormarsch war. Beide haben die gleichen Schwächen: mechanisch zu sein, zu wenige strategische Optionen hervorzubringen und potenziell als Ersatz anstatt als Hilfe für kreatives, fantasievolles Denken verwendet zu werden. Trotz dieser Nachteile sind diese Matrices eine hervorragende Unterstützung, um schnell viele Variablen zu klassifizieren und rasch und einfach ein aufschlussreiches Bild zu zeichnen – besser, als viele Worte es beschreiben könnten.

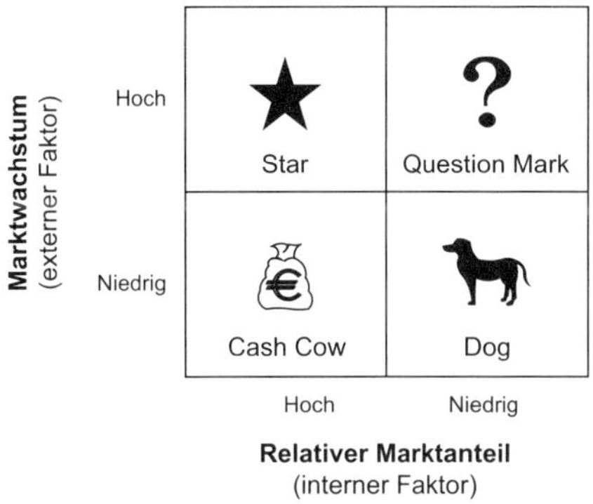

Abbildung 98
Die klassische 2×2-Marktanteil/ Marktwachstum-BCG-Matrix

Funktion und Aufgabe (Wie funktioniert es?)

Die Geschäftsfeldermatrix, manchmal auch Portfolioanalyse-Matrix genannt, stellt grafisch die wettbewerbliche Gesamtsituation eines Portfolios der Geschäftsfelder eines Unternehmens dar. Jede Matrix positioniert das Unternehmen und seine Geschäftsbereiche gemäß zweier Dimensionen (Achsen). Eine davon ist eine externe Dimension und nicht kontrollierbar. Fakten werden nach subjektiver Einschätzung aufgetragen, basierend auf externen Faktoren. Dadurch sollen die Branche und die Wettbewerbsstruktur, in der das Unternehmen agiert, widergespiegelt werden. Die andere Dimension ist weitgehend unter Kontrolle der Firma und bezieht sich auf die internen kritischen Erfolgsfaktoren, die ihre Stärken repräsentieren. Sehen Sie hierzu Tabelle 33 für weitere Details zu den internen und externen Faktoren.

Tabelle 33 Interne und externe Faktoren für die Geschäftsfeldermatrix

Interne Faktoren	Externe Faktoren
• Marktanteil • Größe einer Geschäftseinheit • Positionierung • Wettbewerbsvorteil • Image, Ruf, Stärke der Marke • F&E • Breite der Produktpalette • Qualitätsniveau • Vertikale Integration • Kompetenz des Managements • Technologische Stärke • Marketing • Kundenservice • Kapazität von Produktion und Distribution • Kapitalmittel	• Marktwachstum • Marktpotenzial und Angebotsvielfalt • Wettbewerbsstruktur • Kapitalmarktsituation • Eintritts- und Austrittsbarrieren • Soziopolitische Faktoren • Umwelt • Inflation • Gesetzliche Situation und Situation der Regierung • Absolute Marktgröße • Gesamtmarktrentabilität • Technologien • Industrieattraktivität

Das der *Marktwachstum/Marktanteil-Matrix* zu Grunde liegende Konzept ist eng mit der Erfahrungskurve und dem Produktlebenszyklus verbunden (siehe Abschnitt 5.3.4).

Die *Industrieattraktivität/Stärke-Matrix* basiert auf der Theorie des Wettbewerbsvorteils (siehe Abschnitt 5.3.2). Benutzen Sie die entsprechenden Tools für den jeweiligen Matrix-Typ.

Beide Darstellungen basieren auf der Idee, ein Portfolio von Geschäftseinheiten durch Zuteilung von Überschussgeldern aus erfolgreichen Einheiten an vielversprechende, zukünftig hoffentlich erfolgreiche Einheiten zu managen. Abhängig von der Position der Geschäftseinheit in der Matrix lassen sich unterschiedliche allgemeingültige strategische Empfehlungen ableiten.

Anleitung (Wie gehe ich vor?)

- Legen Sie für die 3×3-Industrieattraktivität/Stärke-Matrix die aktuelle strategische Position fest. Positionieren Sie in der Matrix die Geschäftseinheiten, basierend auf dem Einblick und Verständnis der internen und externen Faktoren, die Sie durch Ihre vorhergehende Analysearbeit (z. B. Lebenszyklus, Abschnitt 5.3.4, kritische Erfolgsfaktoren, Abschnitt 5.3.2 usw.) ermitteln konnten.
- Für die 2×2-Marktwachstum/Marktanteil-Matrix müssen Sie die folgenden beiden Kennzahlen berechnen, um die Geschäftseinheiten in der Matrix positionieren zu können:
  - Externer Faktor:

    $$\text{Marktwachstumrate [\%]} = \frac{\text{Gesamtjahresumsatz (Jahr x)}}{\text{Gesamtjahresumsatz (Jahr x}-1)}$$

    Verwenden Sie die durchschnittliche Marktwachstumsrate als die horizontale Grenzlinie in der Mitte, alternativ verwenden Sie einfach 10%. Zeichen Sie dann das Ergebnis Ihrer Berechnung auf der Vertikalen in die Matrix ein.
  - Internen Faktor:

    $$\text{Relativer Marktanteil} = \frac{\text{Umsatz der Geschäftseinheit}}{\text{Umsatz des führenden Konkurrenten}}$$

    Verwenden Sie eine logarithmische Achsenskalierung für die horizontale Achse. Die vertikale Grenzlinie ist auf „1“ festgesetzt. Jeder Marktanteil, der sich zahlenmäßig links der vertikalen Grenzlinie befindet, repräsentiert einen starken Marktanteil.
- Zeichnen Sie Kreise um die Koordinatenpunkte, die die relative Marktgröße jeder Geschäftseinheit darstellen (= Geschäftseinheitenumsatz/Gesamtumsatz des Unternehmens). Je größer der Kreis, desto größer der Umsatz.

Industrieattraktivität (externer Faktor) / **Stärken** (interner Faktor)	Hoch	Mittel	Niedrig
Hoch	Wachsen und Position konsolidieren, Marktdominanz, Maximieren der Investition	Identifizieren von Wachstums-segmenten, nachhaltige Investition, Position halten!	Gesamtposition halten, Cash Flow anstreben, Investitionen zur Instandhaltung
Mittel	Segmentierung! Identifizieren von Schwächen, Stärken ausbauen	Identifizieren von Wachstums-segmenten, Spezialisieren, ausgewählte Investitionen	Produkt-/Service-angebote reduzie-ren, Investitionen minimieren, Position zum Abstoßen
Niedrig	Spezialisieren, und Nischen, suchen, Akquisition?!	Erhalten und „Abernten", spezialisieren, Nischen suchen, Gelegenheits-verkauf?!	Zeit zum Verkaufen – den besten Zeitpunkt und bestes Angebot abwarten!

Abbildung 99 Vorstellbare strategische Optionen für die 3×3-Matrix

- Der nächste Schritt ist die Bestimmung einer angemessenen Strategie, abhängig von Ihrer gegenwärtigen strategischen Position. Es bieten sich zwei unterschiedliche Denkweisen an:
  - *Reaktive Strategien:* Bestimmen Sie eine angemessene Strategie, die Ihre internen Fähigkeiten und Ressourcen den externen Herausforderungen des Marktes anpasst und Ihnen somit einen Wettbewerbsvorteil verschafft.
  - *Proaktive Strategien:* Verwenden Sie die internen Fähigkeiten und Ressourcen, um die Marktstrukturen und die Branche aktiv zu beeinflussen. Somit führen Sie den Markt und gewinnen einen Wettbewerbsvorteil.
- Für das Aufstellen der 3×3-Industrieattraktivität/Stärke-Matrix nutzen Sie Abbildung 99 und Tabelle 34.
- Für das Aufstellen der 2×2-Marktwachstum/Marktanteil-Matrix nutzen Sie Tabelle 35.

Tipps und Anregungen

- Drei der vier möglichen Strategien (Veräußern, Halten, Ausschlachten) der 2×2-Matrix sind passiver Natur – und auf den Rückzug, auf Zeitgewinn und Aufgeben ausgerichtet. Nur eine Option ist aggressiv auf Wachstum ausgerichtet. Die vorgeschlagenen Strategien ziehen nicht unbedingt die Möglichkeit in Betracht, durch Innovationen, Technologien usw. den Bereich neu zu

Tabelle 34 Eine erfrischend andere Sichtweise der klassischen 2×2-BCG-Matrix-Anwendung mit alternativen Interpretationen (Quelle: Glass)

Quadranten der 2×2-Matrix	Traditionelle strategische Ausrichtung	Alternative Perspektiven
Cash Cow	Da der Markt stagnierend ist und kaum wächst, lohnen Investitionen nicht. Verwenden Sie lieber Ihr überschüssiges Geld, um es in Stars zu investieren.	Sie haben eine starke Position in einem stagnierenden Markt. Sie haben ein gutes Marktwissen, Vertriebswegkontrolle, Produktionsanlagen usw. – eine gute Ausgangslage für Wachstum. Versuchen Sie, Ihr Geschäft, das Sie so gut kennen, zu revitalisieren, anstatt Ihr Geld mit den hungrigen Stars zu riskieren.
Stars	Sie haben eine starke Position in einem schnell wachsenden Markt. Investieren Sie hier, es wird die Zukunft des Unternehmens werden, selbst wenn es kurzfristig keine Gewinne gibt.	Die Tatsache, dass der Markt schnell wächst, zieht viele Konkurrenten an, führt zu niedrigeren Marktanteilen und Überkapazitäten. Fallen Sie (als Unternehmen) nicht auf und lernen Sie von den Fehlern der anderen. Kaufen Sie die, die den Markt verlassen, günstig auf.
Question Marks	Eine schwache Position in einem Wachstumsmarkt erbringt wenige Gewinne, kann aber mit genug Investitionen zum Star werden.	Eine schwache Position in einem Wachstumsmarkt, der bald viele Neueinsteiger haben wird. Verlassen Sie den Markt und verkaufen Sie an einen „gläubigen" Käufer. Der Markt wird bald übersättigt sein.
Poor Dogs	Eine schwache Position in einem stagnierenden Markt. Marktanteile können nur von Konkurrenten kommen, da der Markt nicht wächst. Abstoßen!	Stagnierend bedeutet nicht, dass es kein Potenzial gibt. Vielleicht fehlen Investitionen, vielleicht wollen Wettbewerber den Markt verlassen. Wählen Sie gezielt gute Schnäppchen aus und attackieren Sie weise.

Tabelle 35 Vorstellbare strategische Optionen für die 2×2-Matrix

Quadrant in der 2×2-Matrix (BCG)	Marktanteil	Rentabilität	Investitionsanforderungen	Bereinigter Cash Flow
Cash Cow	Halten/erhöhen	Hoch	Hoch	Positiv
Stars	Halten	Hoch	Niedrig	Sehr positiv
Question Marks	Erhöhen oder veräußern	Niedrig oder negativ	Sehr hoch oder veräußern	Sehr negativ oder positiv
Poor Dogs	Ausschlachten/ veräußern	Niedrig oder negativ	Veräußern	Null oder leicht negativ

stärken und zu beleben. Verwenden Sie die Tabelle 34, um dem strategisch-kreativen Denken einen neuen Ansporn zu geben.

- Nehmen Sie zur Kenntnis, dass die Portfolio-Matrices als strategische Tools durch eine Reihe von neuen strategischen Innovationen wie z. B. Business Process Reengineering (BPR), Total Quality Management (TQM), Rückbesinnung auf das Kerngeschäft, Allianzen usw. abgelöst wurden. Dies soll nicht heißen, dass die Matrices ihre Bedeutung komplett verloren haben, aber sicherlich ihren Anspruch auf Einzigartigkeit. Eine naive und ahnungslose Verwendung dieser Tools kann zu unangemessenen und irreführenden strategischen Empfehlungen führen. Verwenden Sie das Tool, um einen besseren Einblick zu bekommen und denken Sie kreativ.
- Versuchen Sie nicht, die Geschäftsbereiche isoliert zu betrachten und zu verbessern. Der Erfolg resultiert oft aus der Kombination und einer gemeinsamen Verwendung von Ressourcen, Wissen und Netzwerken, die sich über das gesamte Unternehmen hinweg spannen. Die Auflösung einer nicht tragfähigen Geschäftseinheit könnte negative Auswirkungen auf das gesamte Unternehmen haben.
- Das Augenmerk des Managements sollte sich weniger mit dem Streben nach einer Strategie befassen, die festlegt, „wie sich das Unternehmen entwickeln muss". Vielmehr sollte auf die Herausforderung geachtet werden, „Fähigkeiten zu entwickeln, die sich das Unternehmen zunächst nicht zugetraut hätte". (Quelle: Glass)

Querverweis zu verwandten Tools in diesem Buch

Kritische Erfolgsfaktoren (Abschnitt 5.3.2), SWOT und TOWS (Abschnitt 5.3.3), Lebenszyklus (Abschnitt 5.3.4), Wettbewerberanalyse (Abschnitt 5.3.6).

Bibliografie: Hax, Fleischer, Glass

5.3.12 Produkt-Markt-Mix

Zweck und Absicht (Warum und wann anwendbar?)

Der Produkt-Markt-Mix wurde vor einigen Jahrzehnten von Igor Ansoff eingeführt und wird auch als Ansoff-Matrix oder Wachstums-Vektor-Analyse bezeichnet. Sie dient dazu, mögliche Entwicklungsrichtungen für Wachstum zu beschreiben.

Das Produkt-Markt-Mix-Tool eignet sich am besten zur Betrachtung der möglichen strategischen Richtungen eines Unternehmens. Das Tool ist einfach anzuwenden und ermöglicht eine umfassende Betrachtung aller in Frage kommenden Variationen von Markt- und Produktkombinationen.

Funktion und Aufgabe (Wie funktioniert es?)

Das Produkt-Markt-Mix-Tool stellt die verschiedenen Konstellationen von Produkt- und Marktpositionen für ein Unternehmen dar. Das Tool hilft, die Markt- und Wettbewerbsbedingungen systematisch einzuschätzen, um angemessene Wachstumsmöglichkeiten für Produkte und Märkte zu finden. Abbildung 100 zeigt die vier klassischen Herangehensweisen:

1. *Marktdurchdringung* – Verbleiben Sie im angestammten Markt und verkaufen Sie mehr der vorhandenen Produkte; erhöhen Sie also Ihren Marktanteil und die Marktdurchdringung.
2. *Marktentwicklung* – Verwenden Sie die vorhandenen Produkte, um in einen neuen Markt einzusteigen.
3. *Produktentwicklung* – Verbleiben Sie im angestammten Markt und bieten Sie neue Produkte an.
4. *Diversifikation* – Steigen Sie mit einem neuen Produkt in einen neuen Markt ein. Hierbei handelt es sich um die risikoreichste Wachstumsstrategie, da Sie – wie die Matrix deutlich zeigt – den „Heimathafen" mit Ihren angestammten Produkten und Kunden verlassen und zu neuen Ufern mit zwei unbekannten Variablen aufbrechen.

Diversifikation kann als Integrationsstrategie in zwei Formen auftreten: als vertikale oder horizontale Integration. Die vertikale Integration beschreibt die Bewegung entlang der Wertschöpfungskette. Im Falle der Bewegung in Richtung der Rohstoffquelle und des Inputs wird dies als Rückwärts- oder Upstream-Integration (Flussaufwärts) bezeichnet. Die Bewegung in Richtung des Endproduktes und des Zielmarktes wird als Vorwärts- oder Downstream-(Flussabwärts)-Integration bezeichnet. Betrachtet man als Beispiel ein Unternehmen, das sich von seinem Kerngeschäft – der Papierzellstoffproduktion – in Richtung Papierherstellung und/oder Druckereiwesen bewegt und anfängt, Druckdienstleistungen anzubieten, dann wäre dies eine Vorwärts-Integration. Wenn das Unternehmen sich

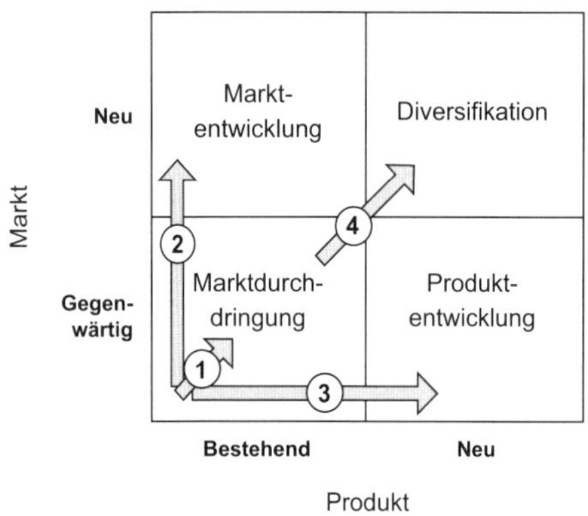

Abbildung 100
Die vier Pfeile repräsentieren die vier möglichen strategischen Wachstumsrichtungen

dagegen in Richtung Forstwirtschaft engagieren würde, dann wäre es eine Rückwärts-Integration.

Der Begriff *horizontale Integration* bezeichnet die Integration in die Breite (Expansion). Dies kann durch eine Expansion und Ausbreitung des Geschäftsfeldes in andere geografische Regionen geschehen oder durch den Zusammenschluss mit (oder Aufkauf von) anderen Firmen. In dem zuvor erwähnten Beispiel könnte das Unternehmen z. B. seine Papierzellstoffproduktion auf andere Länder ausweiten.

Eine modernere Version der Produkt-Markt-Matrix – die weiterentwickelte 3×3-Produkt-Markt-Matrix – ist in Abbildung 101 dargestellt. Sie enthält eine Zwischenstufe zwischen „gegenwärtig" und „neu". Diese Zwischenstufe erlaubt einen feineren, stufenweisen Übergang zwischen den Positionen. Befassen Sie sich mit den neun verschiedenen strategischen Optionen in dieser 3×3-Matrix in Abbildung 101.

Markt \ Produkt	**Bestehendes Produkt**	**Verbessertes Produkt**	**Neues Produkt**
Neuer Markt	Markt-entwicklung	Produkt-/ Dienstleistungs-erweiterung und Marktentwicklung	Diversifikation
Angrenzender Markt	Markt-erweiterung	Markt-segmentierung/ Produkt-differenzierung	Produkt-entwicklung/ Markt-erweiterung
Gegenwärtiger Markt	Markt-durchdringung	Produkt-erweiterung (z. B. Variation, Imitation)	Produkt-entwicklung (z. B. Erweiterung der Produktlinie)

Abbildung 101 Die weiterentwickelte Produkt-Markt-Matrix

Anleitung (Wie gehe ich vor?)

- Ermitteln Sie die bestehenden Produkte und gegenwärtigen Märkte, in denen das Unternehmen tätig ist.
- Zeichnen Sie die identifizierten Produkte und Märkte in eine 2×2- (Abbildung 100) oder 3×3-Matrix (Abbildung 101) ein. Finden Sie heraus, wo und wie Sie die bestehenden Produkte und gegenwärtigen Märkte anpassen und „verschieben" können. Jeder Quadrant in der Matrix repräsentiert eine bestimmte strategische Option, die genau durchdacht werden sollte. Zum Beispiel schlägt der Quadrant „verbessertes Produkt/gegenwärtiger Markt" die strategische Option der Produkterweiterung z. B. durch Variation oder Imitation vor.

Abbildung 102
Der betrachtete Sportausrüstungshersteller begann mit Skischuhen und hat sich entlang beider Achsen weiterentwickelt

Dies könnte die Einführung von neuen Produktmerkmalen, Eigenschaften oder Fähigkeiten wie z. B. Produktvariationen, Differenzierung durch unterschiedliche Qualitätsniveaus, neue Technologien oder Lizenzen bedeuten, die Ihnen erlauben, das Produkt von Konkurrenzprodukten abzugrenzen.

- Stellen Sie sich die Frage: „Habe ich die notwendigen Kompetenzen und Erfolgsfaktoren, um in das nächste Segment der Matrix vorzudringen?“ Verwenden Sie das Tool der kritischen Erfolgsfaktoren (Abschnitt 5.3.2).
- Die Schwierigkeit besteht darin, die besten Pläne für das weitere Vorgehen, für die jeweilige strategische Richtung zu finden. Verwenden Sie auch Kreativitäts-Tools von Abschnitt 3.3 und schauen Sie sich die Beispiele in den Abbildungen 102 und 103 zur Verdeutlichung an.

Tipps und Anregungen

- Obwohl die Matrices in den Beispielen dieses Buches nur Produkte betrachten, funktionieren sie selbstverständlich auch für Dienstleistungen, die manchmal auch eine Form der Erweiterung oder einen Zusatz zu einem Produkt darstellen können.
- Das Beispiel in Abbildung 102 beschreibt das Szenario eines Skischuh-Herstellers, der sich von seinem angestammten Markt in beide Richtungen der Matrix bewegt hat (vom Alpinen-Skiausrüster zum angrenzenden Markt der Bergausrüstung).

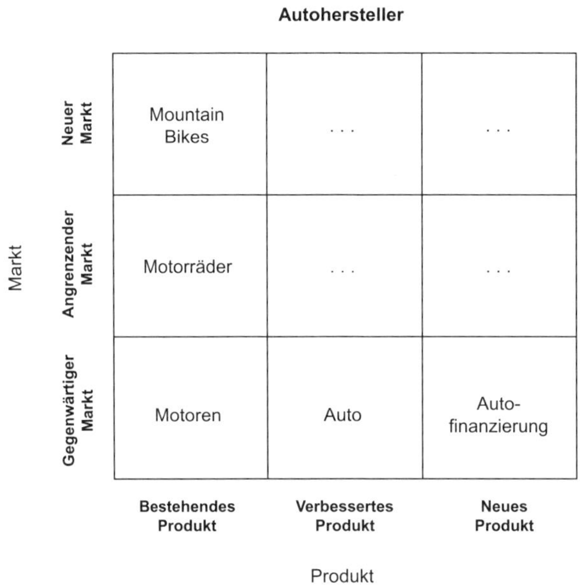

Abbildung 103 Zu vervollständigende Produkt-Markt-Matrix eines Autoherstellers

- Können Sie Strategien für das Beispiel in Abbildung 103 eines Autoherstellers entwickeln?

Querverweis zu verwandten Tools in diesem Buch

Strategische Marktsegmente (Abschnitt 5.3.8), Wertschöpfungskette (Abschnitt 5.3.1), Kritische Erfolgsfaktoren (Abschnitt 5.3.2).

Bibliografie: Ansoff, Fleischer

5.3.13 Strategieentwicklungsoptionen

Zweck und Absicht (Warum und wann anwendbar?)

Dieses Tool verwenden Sie am besten, wenn Sie Ihre strategischen Analyseaktivitäten erledigt haben und strategische Optionen und das weitere Vorgehen planen wollen.

Der Zweck des Strategieentwicklungsoptionen-Tools ist es, Ihnen eine Übersicht an brauchbaren, realisierbaren, umfassenden, übergreifenden und praktikablen Optionen für die Strategieentwicklung anzubieten.

Funktion und Aufgabe (Wie funktioniert es?)

- Das Tool zeigt Ihnen eine Übersicht verschiedener strategischer Optionen und die zugrunde liegenden strategischen „Konzepte". Man könnte das Diagramm auch in eine Matrix umwandeln, denn es geht im Prinzip um die Kombination von Spalten und Reihen, um zu Kombinationen zu gelangen, die sinnvolle strategische Optionen zur Weiterentwicklung darstellen. Bei allen Entwicklungsoptionen geht es um Wachstum und Steigerung als strategische Ziele (siehe Abbildung 104).

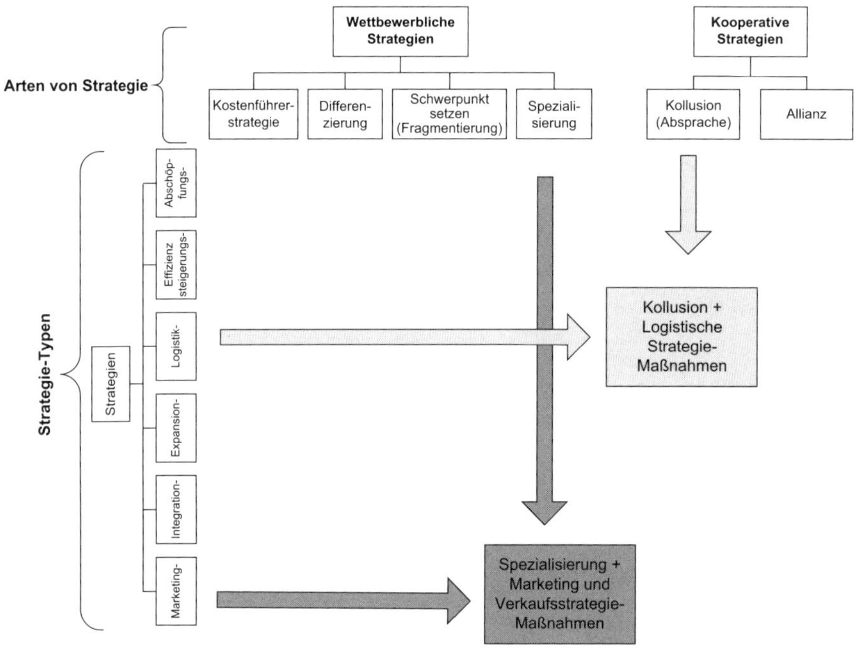

Abbildung 104 Matrix der strategischen Kombinationsmöglichkeiten

- Auf der Horizontalen in Abbildung 104 sehen Sie die Unterteilung in zwei gegensätzliche *Arten* von Strategien:
  - *Wettbewerbliche Strategien* – die auf das Gewinnen und Siegen ausgerichtet sind. Es herrscht das Prinzip, dass es einen Verlierer geben muss, damit es einen Sieger geben kann.
  - *Kooperative Strategien* – die auf Kollaboration und Zusammenarbeit bauen. Es herrscht das Prinzip der Koexistenz und der gegenseitigen Unterstützung zum Erreichen gemeinsamer Ziele. Details folgen im weiteren Text (siehe Abbildung 105).
- Auf der linken Seite zeigt die vertikale Ansicht in Abbildung 104 sechs verschiedene *Typen* von strategischen Maßnahmen wie z. B. Markting- oder Lo-

gistikstrategien. Dabei geht es hauptsächlich um die verschiedenen Formen der strategischen Maßnahmen.

- Es wird insgesamt zwischen sechs verschiedenen *Typen* von *Strategien* unterschieden:
  - Absatz- und Marketing-Strategien
  - Integrationsstrategien (Stichworte sind hier horizontale oder vertikale Integration)
  - außenwirtschaftliche Expansionsstrategien (Stichworte sind hier JV, M&A u. a.)
  - Logistik-Strategien (Stichworte sind hier auch Supply Chain Management und Operationsmanagement)
  - Effizienzsteigerungsstrategien (Schwerpunkt ist das Input-Output-Verhältnis)
  - Abschöpfungsstrategien (Stichwort ist hier Investitionsstrategien)

  Details folgen im weiteren Text (siehe Abbildung 106).
- Somit ergibt sich für Sie eine Matrix aus der Kombination von Optionen aus der Horizontalen und aus der Vertikalen. In Abbildung 104 wurden zwei exemplarische Kombinationen dargestellt.
  - Eine Kombination aus einer kooperativen Strategie (eine Kollusion) mit dem Strategietyp Logistik. Als Beispiel könnte eine Transport-/Logistikabsprache beim Erdölkartell OPEC dienen.
  - Die zweite exemplarische Kombination ist eine wettbewerbliche Strategie (hier in Form einer Spezialisierung) mit Maßnahmen im Bereich der Absatz- und Marketing-Strategie.

Anleitung (Wie gehe ich vor?)

- Befassen Sie sich mit dem Konzept und den Unterschieden.
- Überdenken und überprüfen Sie die Ergebnisse und Schlussfolgerungen aus Ihren vorhergehenden Analysen.
- Wählen Sie zwischen einer wettbewerblichen oder einer kooperativen Strategie. Wie schon erwähnt, setzen *kooperative Strategien* auf die Kollaboration und Formen der Zusammenarbeit, um einen wirtschaftlichen Vorteil zu erlangen. Die Formen der kooperativen Strategien variieren hauptsächlich durch den Grad der Abhängigkeit und die Nähe zu den anderen Parteien. Die verschiedenen möglichen kooperativen Strategien, die in Abbildung 105 dargestellt wurden, werden nun näher erklärt:
  - *Kollusion* (geheime Absprache) ist die aktive Kooperation von Unternehmen innerhalb einer Branche/Industrie, um die Ausbringungsmenge bzw. den Ausstoß zu reduzieren, den Preis zu erhöhen und das Gleichgewicht

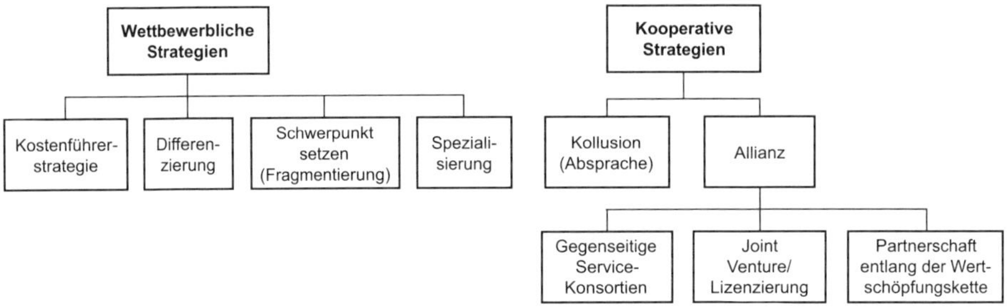

Abbildung 105 Wettbewerbliche und kooperative Strategien

von Angebot und Nachfrage zur deren Vorteil zu beeinflussen. Die Absprache muss nicht automatisch illegal sein. Die Details solch eines Abkommens sind jedoch geheim und sind daher ein Wettbewerbsvorteil. Kartelle sind eine transparentere und offenere Version dieser Form der Kooperation. Sie sind ein Konsortium (Vereinigung) von unabhängigen Partnern, die miteinander kooperieren, um den Wettbewerb durch Produktions- und Vertriebsvolumenbegrenzungen zu ihren Vorteilen zu beeinflussen.

- *Gegenseitige Service-Konsortien* sind Partnerschaften ähnlicher Unternehmen in ähnlichen Branchen, um Ressourcen zu bündeln und damit Projekte zu realisieren oder Produkte zu entwickeln, die sie nicht allein finanzieren und entwickeln könnten, z. B. moderne Computertechnologie. Zum Beispiel hatten sich ein Bereich der Siemens AG, IBM und Toshiba vor einigen Jahren zusammengetan, um einen Chip zu entwickeln. Ein gegenseitiges Service-Konsortium ist eine relativ schwache und distanzierte Allianz mit sehr wenig Interaktion und Kommunikation zwischen den Allianzpartnern.
- *Joint Ventures (JV) und Lizenzierungen* sind unternehmerische Vorhaben durch eine Partnerschaft oder ein Konglomerat (Gemisch von Unternehmen), um Risiken und Wissen zu teilen. Joint Ventures werden oft als Markteintrittsstrategien verwendet, um Zugang zu einem beschränkten Markt oder Land zu erhalten. Ein typisches Beispiel ist ein Lizenzabkommen zwischen einem internationalen Unternehmen (der Lizenzgeber), das sein Wissen und seine Erfahrung für die Produktion und/oder den Verkauf eines Produktes als Lizenz vergibt. Als Gegenleistung erhält das internationale Unternehmen exklusive Marktzutritts- oder Produktionsrechte für den Markt oder das Land. Oft wird ein JV-Unternehmen mit beinahe ausgeglichenen Anteilen zwischen einem lokalen Partner (oder einer Regierung eines Landes) und dem globalen Unternehmen gegründet. Diese Form der Kooperation hat selten eine lange Lebensdauer, da die beiden Seiten gegensätzliche Interessen haben. Das andere Risiko ist, dass der lokale Lizenznehmer Fähigkeiten und Kompetenzen entwickelt und erlernt, die ihm zur Unabhängigkeit verhelfen, so dass er zum Wettbewerber des Lizenzgebers wer-

den kann. Einem Lizenzgeber ist deshalb angeraten, niemals seine Kernkompetenzen als Lizenz zu vergeben.

- *Partnerschaft entlang der Wertschöpfungskette* ist die stärkste und engste Form einer Allianz und besteht aus einer Vereinbarung oder Kollaboration zwischen Unternehmen, die entlang der Wertschöpfungskette zusammenarbeiten. Die Vereinbarung besteht typischerweise zwischen zwei Unternehmen, die eine gegenseitige Käufer-Verkäufer-Abhängigkeit oder -Beziehung haben wie z. B. ein Reifenhersteller und ein Autoproduzent. Diese Form ist auch eine Integrationsstrategie, zu der Sie weitere Details im Produkt-Markt-Mix-Tool in Abschnitt 5.3.12 finden.

Wählen Sie dann eine angemessene und sinnvolle strategische Maßnahme innerhalb der sechs verschiedenen Strategie-Typen aus:

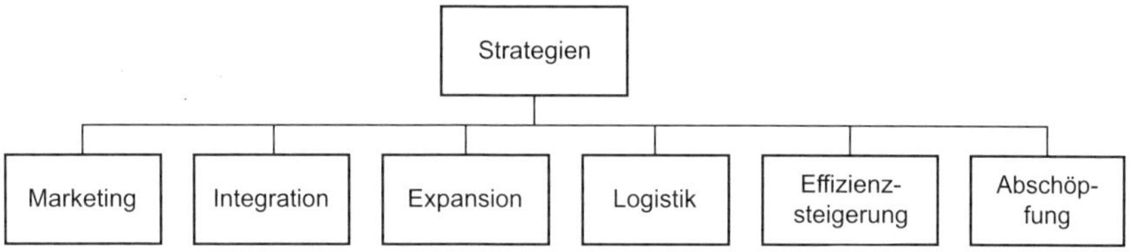

Abbildung 106 Sechs verschiedene Arten von Strategien

- Absatz- und Marketing-Strategien
  - Marktentwicklung
  - Export von existierenden Produkten/Dienstleistungen
  - Marktdurchdringung – intensive „Bearbeitung" des gegenwärtigen Marktes
  - Neue Produkte/Dienstleistungen in einem neuen Markt
  - Neue Produkte/Dienstleistungen im gegenwärtigen Markt
  - Existierende Produkte/Dienstleistungen in einem neuen Markt (siehe Abschnitt 5.3.12)
- Integrationsstrategien
  - Vertikale Integration (auch Vorwärts/Downstream- und Rückwärts/Upstream-Integration entlang der Wertschöpfungskette genannt)
  - Horizontale Integration (siehe Abschnitt 5.3.12 für mehr Details)
- Außenwirtschaftliche Expansionsstrategien
  - Gründung einer Niederlassung im Ausland
  - Produktionsstätte im Ausland
  - Lizenzvergabe an ein ausländisches Unternehmen/Land

- Logistik-Strategien
  - Kapazitätserweiterung
  - Rationalisierung des Marktes
  - Rationalisierung der Produktion
  - Rationalisierung der Produktlinie oder -palette
  - Rationalisierung der Vertriebswege
- Effizienzsteigerungsstrategien (Schwerpunkt ist das Input-Output-Verhältnis)
  - Effizienz und Wirksamkeit von Verfahren und Funktionen
  - Konventionelle Kosteneinsparungsmaßnahmen, als „Effizienz" deklariert
  - Technologische Effizienzen (Auslastungen, Wirkungsgrade usw.)
- Abschöpfungsstrategien
  - Auflösung und Schließung von Geschäftseinheiten (Kostenfallen)
  - Instandhalten (Erhalten und Abschöpfen)
  - Hegen, pflegen und investieren
  - Abschöpfen und ausschlachten

Abbildung 107 stellt die vier wettbewerblichen Strategien gegenüber, die näher erklärt werden.

- *Kostenkontrolle und Fragmentierung:* Diese Strategie zielt auf ein enges Wettbewerbsfeld und die Konzentration auf eine bestimmte Nische ab. Es herrscht kein signifikanter Wettbewerbsvorteil, aber ein Fokus auf ein bestimmtes Produkt (oder eine Dienstleistung) für einen „guten" Preis in einem fragmentierten, oft auch geografisch aufgeteilten oder abgetrennten Markt. Ein Beispiel ist die klassische Bäckerei von nebenan. Sie hat normalerweise keinen richtigen Wettbewerbsvorteil gegenüber den anderen Bäckereien der Stadt. Aber sie versucht, ein gutes Produkt zu einem vernünftigen Preis in dem fragmentierten Markt (lokales, nachbarschaftliches Einzugsgebiet) anzubieten.

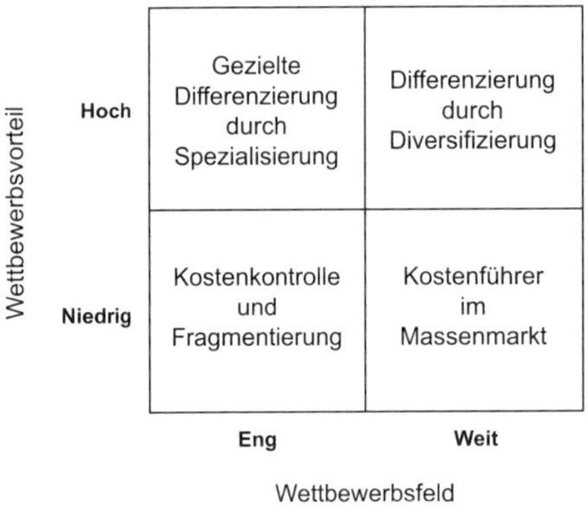

Abbildung 107
Die vier wettbewerblichen Strategien

- Um bei dem Beispiel zu bleiben: Falls die Bäckerei wachsen, zu einem Brotproduzenten und einer Großbäckerei aufsteigen und Kunden außerhalb des lokalen Umfeldes beliefern würde, dann würde das Unternehmen einer *Kostenführer-Strategie* in einem Massenmarkt nachgehen. Der Wettbewerbsvorteil ist nicht signifikant und lediglich auf Kosten und durch die Massenproduktion auf den Preis beschränkt. Das Wettbewerbsfeld hat sich stark erweitert und umfasst jetzt die regionale oder nationale Ebene, da die Bäckerei nun überall Kunden beliefert und im regionalen oder nationalen Wettbewerb steht.
- Falls die Bäckerei wachsen würde und ein Spezialist für ein spezielles Produkt werden würde (z. B. ein Brezel-Bäcker in einer ausländischen Hauptstadt), dann würde die Bäckerei eine gezielte Differenzierung durch eine *Spezialisierungsstrategie* verfolgen. Das Wettbewerbsfeld ist ein Nischenmarkt, und die Spezialisierung ist der Wettbewerbsvorteil, der den Erfolg sichert.
- Die letzte der vier wettbewerblichen Strategien ist die *Differenzierung durch Diversifizierung*. Es ist die Kombination mit einem Produkt (oder einer Dienstleistung), das von einem breiten Wettbewerbsfeld (einer breiten Masse) als einzigartig eingeschätzt wird. Der einzigartige Wettbewerbsvorteil schützt das Produkt und erlaubt die Ansiedlung oberhalb des Preiskampfniveaus. Typische Produkte dafür sind z. B. Luxusgüter.

Querverweis zu verwandten Tools in diesem Buch

Strategische Marktsegmente (Abschnitt 5.3.8), Geschäftsfeldermatrix (Abschnitt 5.3.11), Produkt-Markt-Mix (Abschnitt 5.3.12), Strategiematrix (Abschnitt 5.3.14).

Bibliografie: Elgin, Wheeler, Hax, Fleischer

5.3.14 Strategiematrix

Zweck und Absicht (Warum und wann anwendbar?)

Das Tool eignet sich zur Konsolidierung Ihrer strategischen Analysetätigkeiten mittels einer einfachen Tabelle, um den Auswahl- und Entscheidungsprozess für die beste strategische Option zu unterstützen (siehe Abbildung 108). Das Tool kann für strategische Geschäftseinheiten, Segmente oder andere konsistente Einheiten angewandt werden.

Funktion und Aufgabe (Wie funktioniert es?)

Das Tool kombiniert die Ergebnisse der Unternehmens- und Marktanalyse mittels unterschiedlicher strategischer Tools und bewertet diese. Daraus resultieren acht verschiedene strategische Optionen, die Ihnen die strategische Entscheidung erleichtern.

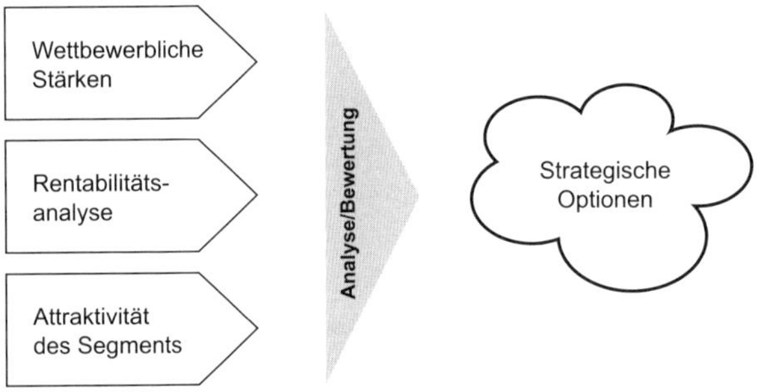

Abbildung 108 Die drei Analysebereiche des Strategiematrix-Tools

Anleitung (Wie gehe ich vor?)

Beurteilen Sie alle drei Bereiche – wettbewerbliche Stärke, Rentabilität und Attraktivität des Segments – unabhängig voneinander und verwenden Sie die empfohlenen Tools:

- Verwenden Sie z. B. Tools wie kritische Erfolgsfaktoren (Abschnitt 5.3.2), SWOT und TOWS (Abschnitt 5.3.3), um die *wettbewerblichen Stärken* und Kernkompetenzen des Unternehmens und der Konkurrenten festzustellen. Bewerten Sie Ihre Ergebnisse und vergeben Sie eine Gewichtung für den Marktanteil und die Markttrends. Andere Faktoren, die Sie ebenfalls gewichten und bewerten sollten, sind Stärke der Marke, Markteintrittsbarrieren, Intensität des Wettbewerbs, Anzahl der Konkurrenten, Bedrohung durch Substitute und die gegenwärtige Position innerhalb des Lebenszyklus (siehe auch Abschnitt 5.3.4).
- Verwenden Sie einfache *finanzielle Analysen*, um die finanziellen Kennzahlen, Trends und Kostenstrukturen zu ermitteln. Wie haben sich Umsatz, Gewinn, Kosten, Vermögen, Kapital und liquide Mittel entwickelt? Bestimmen Sie Quotienten und finanzielle Indikatoren wie ROI, Cash Flow, operationales Betriebsergebnis usw., um die finanzielle Situation des Unternehmens zu ermitteln.
- Verwenden Sie Tools wie Geschäftsfeldermatrix (Abschnitt 5.3.11), Five Forces (Abschnitt 5.3.5), strategische Marktsegmente (Abschnitt 5.3.8) und die Kundensegmentierung (Abschnitt 5.3.9), um die *Attraktivität des Segments* zu ermitteln. Berücksichtigen Sie Faktoren wie die Wachstumsrate des Segments, Markteintritts/-austrittsbarrieren, Trends usw. Bewerten Sie Ihre Ergebnisse wieder und vergeben Sie eine Gewichtung; die Wachstumsrate des Segments bekommt das höchste Gewicht.
- Verwenden Sie Tools wie das Polaritäten-Tool (Abschnitt 6.8) oder die Nutzwertanalyse (Abschnitt 6.9) für die *Gesamtbewertung*. Wie Sie aus der Tabelle 36 sehen können, müssen Ihre Ergebnisse nicht quantifiziert werden. Sie müssen einfach nur entscheiden können, ob Ihr Ergebnis ein ☺ oder ein ☹ erhält. Also übertreiben Sie es nicht.

Tabelle 36 Die acht resultierenden strategischen Optionen

	Ergebnisse der strategischen Analyse			Strategische Optionen
	Wettbewerbliche Stärken	Rentabilität	Attraktivität des Segments	
1	☺	☺	☺	Investition in das Segment und Steigerung des Marktanteils.
2	☺	☹	☺	Die Rentabilität verbessern (Kostenreduktion, Preiserhöhung, Mengenerhöhung), falls möglich.
3	☺	☺	☹	Die Position halten und erweitern, falls möglich.
4	☹	☺	☺	Investition in das Segment und Steigerung des Marktanteils. Kooperative Strategien erwägen (z. B. Allianzen, JV (siehe Abschnitt 5.3.13).
5	☺	☹	☹	Die Rentabilität steigern und den Markt abschöpfen.
6	☹	☹	☺	Investition in neue Technologien und/oder Kernkompetenzen/ Ressourcen, um Marktanteile zu gewinnen.
7	☹	☺	☹	Position so lange wie möglich (er-)halten.
8	☹	☹	☹	Falls möglich, den Markt abschöpfen oder aussteigen oder das Segment vermeiden.

- Verwenden Sie die Tabelle 36, um die „Siegerstrategie“ zu bestimmen. Die Strategieentwicklungsoptionen in Abschnitt 5.3.13 helfen Ihnen bei der detaillierteren Ausarbeitung der strategischen Optionen.

Querverweis zu verwandten Tools in diesem Buch

Kritische Erfolgsfaktoren (Abschnitt 5.3.2), SWOT und TOWS (Abschnitt 5.3.3), Geschäftsfeldermatrix (Abschnitt 5.3.11), Five Forces (Abschnitt 5.3.5), strategische Marktsegmente (Abschnitt 5.3.8), Kundensegmentierung (Abschnitt 5.3.9), Strategieentwicklungsoptionen (Abschnitt 5.3.13).

6 Entscheidungsfindung

Wenn Sie den kreativen Teil Ihrer Arbeit beendet haben, Optionen und mögliche Lösungen identifiziert haben, dann kann es gut sein, dass Sie von der Fülle an Optionen und Alternativen überwältigt sind. Das ist ein Zeichen, dass Sie den letzten Schritt der vier Problemlösungsschritte, den Schritt der Entscheidungsfindung, erreicht haben. Folgende Fragen treten in dieser Phase auf:

- Welche Optionen sollen gewählt werden und warum?
- Was sind deren Vorteile und Nachteile?
- Kann ich die verschiedenen Alternativen vergleichen und wie?
- In welcher Reihenfolge sollte dies geschehen und warum?
- Was ist die beste Wahl?

Es gibt viele Entscheidungsfindungstools, die aber nicht in jeder Situation angemessen sind. Zugleich gibt es nicht für jede Situation ein angemessenes Tool. Eine Frage, die Sie sich stellen sollten: ob die momentane Komplexität der Entscheidung den Aufwand für die Analyse rechtfertigt (siehe Abbildung 109).

Dieses Kapitel befasst sich mit Aspekten bezüglich Evaluierung, Rangfolgen, Einschätzungen, Priorisierungen, Vergleichen und Entscheidungsfindung. Die meisten Tools kombinieren Aspekte der Evaluierung von Vergleichen, Ratings, Bewertungen, grafischen Darstellungen der Ergebnisse usw. Es wurde an dieser Stelle

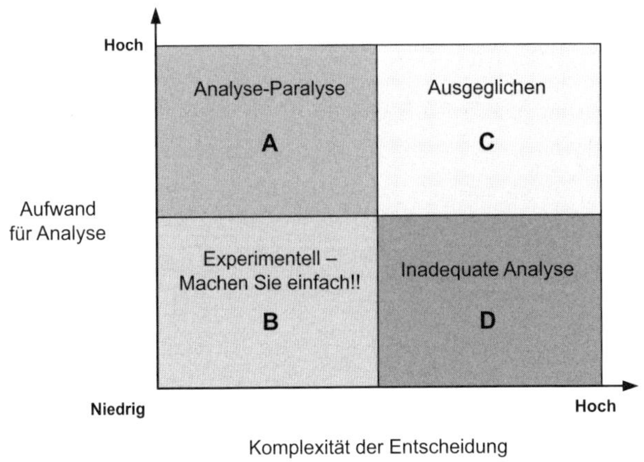

Abbildung 109 Analyse vs. Komplexität der Entscheidung

keine weitere Gruppierung in Untergruppen vorgenommen, um die Anwendung der Tools nicht unnötig kompliziert zu machen.

Verwenden Sie Tabelle 37 auf Seite 292, um das Ihrer Situation angemessene Tool zur Entscheidungsfindung zu finden.

Zweck der Kategorie	Name des Tools oder der Technik	Seite	Benutzerfreundlichkeit	Aufwand/ Nützlichkeit
Entscheidungsfindung	Entscheidungsbaum	293	☺☺	☺☺
	Perspektiven[3]	296	☺☺	☺☺
	Argumentewaage	298	☺☺☺	☺☺☺
	Leiterklettern	299	☺☺☺	☺☺☺
	Paarvergleich	300	☺☺☺	☺☺☺
	Kreuz der Annahmen	301	☺☺	☺☺
	Polaritäten-Tool	303	☺☺	☺☺
	Nutzwertanalyse	305	☺	☺☺☺
	Nominales Gruppen-Tool	308	☺☺☺	☺☺☺
	100 Punkte	309	☺☺☺	☺☺☺
	Kartesische Koordinaten	311	☺☺	☺☺
	Vroom Yetton	312	☺☺	☺☺
	Risikoanalyse	315	☺	☺☺
	Schwerpunktmatrix	320	☺☺☺	☺☺

6.1 Einführung in die Entscheidungsfindungstheorie

Der lateinische Ursprung des englischen Wortes für „Entscheidung", „Decision", bedeutet „wegschneiden", was der tatsächlichen Bedeutung des Wortes bereits nahe kommt: Eliminieren des Unnötigen, Fokussieren auf den Kern, die Essenz, das Wesentliche als Ziel der Aufgabenstellung. Die Entscheidungsfindung ist hierbei der Weg und das weitere Vorgehen, welches zum Ziel führt. Ziel der Entscheidungsfindung ist es, die Wahrscheinlichkeit einer falschen Entscheidung zu reduzieren.

Entscheidungsfindung bedeutet:

- Die bewusste Entscheidung für eine Option und damit gegen die anderen möglichen Alternativen,
- Entscheiden unter unsicheren Bedingungen,
- Risiko eingehen,
- eine Handlung herbeiführen, trotz der Unsicherheiten und unter Inkaufnahme eines Risikos,
- ein konkretes Ziel oder Ergebnis erreichen.

Es ist wichtig, dass es zu einer *Auswahl* kommt, die proaktiv, selektiv und bewusst vorgenommen wird, ansonsten ist die Entscheidung einfach nur Zufall bzw. ein Vorkommnis (Russell-Jones).

Die Entscheidungsfindung ist immer auch ein emotionaler Prozess! Aktuelle Studien zeigen, dass die Mehrzahl der Entscheidungsfindungsvorgänge in unserer rechten Gehirnhälfte – dem Zentrum von Sprache, Kreativität, Instinkt, Vorstellung und emotionaler Intelligenz – und nicht in der „rationalen" Hälfte stattfinden, wo wir es erwarten würden (Kremer 2001). Die These des Autors lautet: „Menschen treffen Entscheidungen unbewusst und vielleicht sogar instinktiv. Anschließend versuchen sie rationale Gründe zu finden und ihre Einschätzung und Argumente bewusst so anzupassen, damit sie zu den Schlussfolgerungen und endgültigen Entscheidungen gelangen, die sie bereits unbewusst getroffen haben."

Ziehen Sie diese Möglichkeit in Betracht und überprüfen Sie, ob dies für Sie zutreffen könnte.

Vielen ist das Treffen einer Entscheidung unangenehm und es wird daher oft mit allen Mitteln vermieden. Wenn Sie jedoch erkennen und realisieren, dass der Sinn aller „Vorbereitungs"-Aktivitäten der ist, Ihnen mehr Informationen zur Entscheidungsfindung zu liefern, sollten Sie sich sicherer fühlen. Ihre Bedenken werden sich in Luft auflösen oder zumindest relativieren.

Weitere positive Ergebnisse eines effektiven Entscheidungsfindungsprozesses sind:

- *Einbeziehend* – Einbezug und Berücksichtigung aller relevanten und betroffenen Parteien.
- *Vertretbar* – Evaluierung und Scoring aller relevanten Daten und Informationen.
- *Optimal* – Das bestmögliche Ergebnis für die Problemstellung unter den gegebenen Umständen.
- *Sensibel* – Das Ergebnis ist für alle Beteiligten verständlich.
- *Nachvollziehbar* – Das Ergebnis ist realistisch und rational nachvollziehbar.
- *Wertschöpfend* – Die Organisation oder einzelne Personen „haben es besser" als zuvor.

(Quelle: Russell-Jones 2000)

Ein *Risiko* ist ein grundlegender Bestandteil der Entscheidungsfindung. Der Begriff „Risiko" wird verwendet, um die Wahrscheinlichkeit des Eintritts eines Ereignisses mit seinen zu erwartenden Konsequenzen und Auswirkungen zu beschreiben. Sprechen wir von Entscheidungsfindung, so sprechen wir eigentlich vom Managen der Risiken und Konsequenzen dafür, dass unsere Entscheidung nicht wie erwartet zu Stande kommen sollte.

Evaluierung ist die Einschätzung und Bewertung der kognitiven und rationalen Kriterien und Faktoren und das Abwägen zwischen allen möglichen Optionen.

Priorisierung bzw. Rating bezüglich der im Vorfeld festgelegten Gründe, wie z. B. Dringlichkeit, Zeit, Konsequenzen oder finanzielle Werte, setzt die verschiedenen Optionen in eine Rangfolge.

Das Ergebnis einer Evaluierung und Priorisierung kann sowohl qualitativ, d. h. nicht zähl-, mess- oder quantifizierbar, als auch quantitativ sein, d. h. es gibt ein klares messbares Ergebnis wie z. B. „Option C erreicht den höchsten Stand mit 66 von 100 Punkten“.

Quantitativ	=	klare Zahlenangaben, Einstufungen (Ranks), messbares Ergebnis
Qualitativ	=	weiche Indikatoren, immateriell, nicht messbar, beschreibend, nach Güte

6.1.1 Schritte im Entscheidungsfindungsprozess

Die wichtigsten Schritte im Entscheidungsfindungsprozess sind in erster Linie die, die in diesem Buch als Grundlage verwendet werden: Diagnose, Zielsetzung, Analyse und das endgültige Treffen der Entscheidung. Der Entscheidungsfindungsschritt kann weiter in folgende Unterschritte unterteilt werden:

- Untersuchen Sie alle Alternativen und definieren Sie alle möglichen Optionen.
- Legen Sie Kriterien fest, mit deren Hilfe Sie die Bewertung und Entscheidungsfindung vornehmen können. In diesem Kapitel werden Kriterien als Auswahlfaktoren gesehen.
- Identifizieren Sie mögliche Optionen basierend auf Ihrem Wissen und auf Erfahrungen von früheren Situationen – gibt es Fehler, aus denen Sie lernen könnten?
- Wägen Sie die potenziellen Konsequenzen ab.
- Bedenken Sie die Auswirkungen und Einflüsse auf das Projekt und dessen Durchführung. Was könnten die weiteren Auswirkungen für das Projekt bzgl. Ruf, Marke, Firma, Umgebung, Personen usw. sein.
- Ermitteln Sie die Akzeptanz der Entscheidung durch die wichtigsten Stakeholder. Wie wird die Entscheidung angenommen werden?
- Entscheiden Sie, ob die Entscheidung von Ihnen allein oder gemeinsam mit anderen getroffen werden sollte.
- Prüfen Sie die Machbarkeit und Durchsetzbarkeit.

- Halten Sie Balance zwischen Entscheidungsrisiko und der Menge an Informationen, über die Sie verfügen (oder annehmen, verfügen zu müssen).
- Verpflichten Sie sich zu einem Vorgehen mit Integrität. Was wird für die Durchführung der Entscheidung benötigt?

Nach all diesen Schritten: „Walk the talk!" Stehen Sie zu Ihrem Wort und setzen Sie um, was Sie entschieden haben. Das ist Integrität.

6.1.2 Auswahl der Entscheidungsfindungstools

Zweck der Tabelle 37 ist es, Ihnen ein Hilfsmittel zur Verfügung zu stellen, welches Ihnen bei der Suche nach einem Entscheidungsfindungstool hilft. Untersuchen Sie Ihre Situation und identifizieren Sie das Szenario, das Ihre Situation am besten beschreibt.

- Haben Sie *viele oder wenige Optionen*, aus denen Sie wählen können? Kaufen Sie z. B. eine Wohnung und können unter sechs verschiedenen Wohnungen wählen, dann erscheint die Situation vielleicht zu komplex. Sie haben viele Optionen zur Auswahl. Die linke Spalte in der Tabelle führt Tools auf, die geeignet sind, falls Sie viele Optionen haben. Falls Sie jedoch mehr als acht bis zehn Optionen haben, dann war Ihre Analyse wahrscheinlich zu ungenau bzw. Ihre Zielsetzung zu vage.
- Haben Sie *viele oder wenige qualifizierende Kriterien für jede Option*, die für die Auswahl in Betracht gezogen werden? Vergleichen Sie z. B. Ferienziele (Karibik, Toskana, Tunesien), so haben Sie wahrscheinlich viele Kriterien, die Sie zur Betrachtung und Bewertung heranziehen werden (Preis, Klima, Reisezeit usw.).

Tabelle 37
Wählen Sie das angemessene Entscheidungsfindungstool abhängig von der Anzahl an Optionen und Kriterien

	Viele Optionen (ca. 4-10)	**Wenige Optionen (ca. 2-5)**
Viele Kriterien	Nutzwertanalyse – quantitativ (Abschnitt 6.9)	Polaritäten-Tool – qualitativ (Abschnitt 6.8)
Wenige Kriterien	Nominales Gruppen-Tool – quantitativ (Abschnitt 6.10) 100 Punkte – quantitativ (Abschnitt 6.11)	Argumentewaage – qualitativ (Abschnitt 6.4) Entscheidungsbaum – qualitativ (Abschnitt 6.2) Kreuz der Annahmen – qualitativ (Abschnitt 6.7) Kartesische Koordinaten – qualitativ (Abschnitt 6.12) Schwerpunktmatrix – qualitativ (Abschnitt 6.15) Leiterklettern – qualitativ (Abschnitt 6.5) Paarvergleich – qualitativ (Abschnitt 6.6)

Tabelle 38
Beispielsituationen, die Ihnen die Wahl des richtigen Tools erleichtern sollen (Entscheidungsfindungsmatrix)

	Viele Optionen (ca. 4-10)	**Wenige Optionen (ca. 2-5)**
Viele Kriterien	• Hauskauf • Urlaubsplanung	• Firmenkauf • Autokauf
Wenige Kriterien	• Kauf eines Anzuges/Kleides • Auswahl eines Buches zum Lesen	• Restaurant-/Entertainment-Planung • Jobangebot

Tabelle 37 unterstützt bei der Auswahl eines angemessenen Entscheidungstools in Abhängigkeit der Optionen. Beispielsituationen und Kombinationen zur Erläuterung sind in Tabelle 38 aufgeführt.

Der Kauf eines Anzugs kann als *Beispiel einer Kombination von vielen Optionen* mit wenigen Kriterien dienen. Die wenigen Kriterien sind hier die korrekte Größe, die Farbe und die Preisspanne von 500-700 Euro. Die vielen Optionen ergeben sich aus der Anzahl der Geschäfte und der erhältlichen Marken und Schnitte. Tabelle 37 schlägt für diesen Fall das nominale Gruppen-Tool vor (Abschnitt 6.10).

Ein Beispiel für eine *Kombination von vielen Optionen und vielen Kriterien* könnte der Kauf eines Hauses sein. Tabelle 37 schlägt dafür die Nutzwertanalyse vor.

6.2 Entscheidungsbaum

Zweck und Absicht (Warum und wann anwendbar?)

Der Entscheidungsbaum ist ein überzeugendes Tool, um mögliche Optionen und deren Entscheidungshierarchie transparenter zu machen. Darüber hinaus kann der Entscheidungsbaum als kreatives Hilfsmittel verwendet werden, um weitere Optionen zu finden, die jedoch von Entscheidungen auf einem vorherigen Niveau abhängig sind. Es stellt sich also die Frage: „Welche Optionen sind tatsächlich möglich, relevant und unter welchen Umständen?"

Funktion und Aufgabe (Wie funktioniert es?)

Das Tool identifiziert alle Entscheidungspunkte und zeigt diese und alle nachfolgenden Optionen als Verästelungen in einem Diagramm, ähnlich wie die Äste eines Baumes. Der Stamm dieses Entscheidungsbaumes symbolisiert die Grundoptionen, jede Gabelung einen Entscheidungspunkt mit weiteren Optionen. Jeder Ast stellt eine eigene Option dar. In anderen Worten: Ein Entscheidungsbaum repräsentiert eine einfache Hierarchie von Entscheidungen.

Anleitung (Wie gehe ich vor?)

- Klären Sie die Problemstellung und legen Sie das Ziel dar.
- Identifizieren Sie alle relevanten, aber sich gegenseitig ausschließenden Optionen aus der ersten Ebene heraus. Jede Option repräsentiert einen „Ast" in die zweite Ebene.

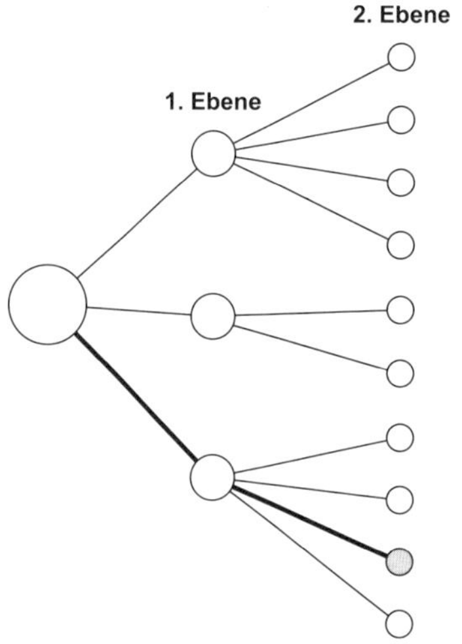

Abbildung 110
Konzeptioneller Entscheidungsbaum

- Identifizieren Sie die Entscheidungspunkte und zutreffende Kriterien (falls möglich, mit einer Angabe über die Eintrittswahrscheinlichkeiten).
- Verwenden Sie eine Tabelle, um Bedingungen und die resultierenden Handlungen zusammenzustellen.

Tipps und Anregungen

- Alle Optionen schließen sich gegenseitig aus – es gibt keine Überschneidungen der Optionen untereinander. Ein gutes Tool, um herauszufinden welche Optionen sich ausschließen, ist das „Venn-Tool" in Abschnitt 3.4.7.
- Jede Option muss linear sein, d. h. die Äste müssen sich gegenseitig ausschließen. Alle Optionen sollten dargestellt werden. Es gilt das MECE-Prinzip (siehe Problembaum (Abschnitt 3.1.2)).
- Um den Wert dieser Einteilung zu steigern, versuchen Sie die verschiedenen Optionen im Hinblick auf Zeit, Kosten, Aufwand und Wahrscheinlichkeit zu beurteilen.
- Die Logik des Entscheidungsbaums ist ähnlich der „If, then, else"-Logik, die in der Entwicklung von Softwareanwendungen genutzt wird. „Falls A, dann B, andernfalls C."

- Der Entscheidungsbaum kann auch als Szenario-Tool verwendet werden, um neue Szenarien zu entwickeln oder um Risikoauswirkungen aufzuzeigen. Kombinieren Sie dazu die verschiedenen Optionen mit der Eintrittswahrscheinlichkeit des Risikos. Wenn Sie so den Aspekt „Risiko“ einbringen, quantifizieren und kalkulieren, dann wird aus dem Entscheidungsbaum ein Risikobaum.
- Der Entscheidungsbaum kann auch zur Fehler-Ursachen-Analyse (oder Fehlerbaum-Analyse, engl.: Fault Tree-Analysis FTA) genutzt werden. Diese Analyse verfolgt Ursachen und Auswirkungen von Fehlern. Eine andere Variante ist die Fehlermöglichkeits- und Einflussanalyse (FMEA). Dieses Sicherheits- und Zuverlässigkeitsmodell quantifiziert Risiken, Wahrscheinlichkeiten und Auswirkungen, indem für jeden Entscheidungspunkt eine Eintrittswahrscheinlichkeit kalkuliert wird.

Abbildung 111 zeigt einen Entscheidungsbaum für das Beispiel: „Wir brauchen ein neues EDV-System.“

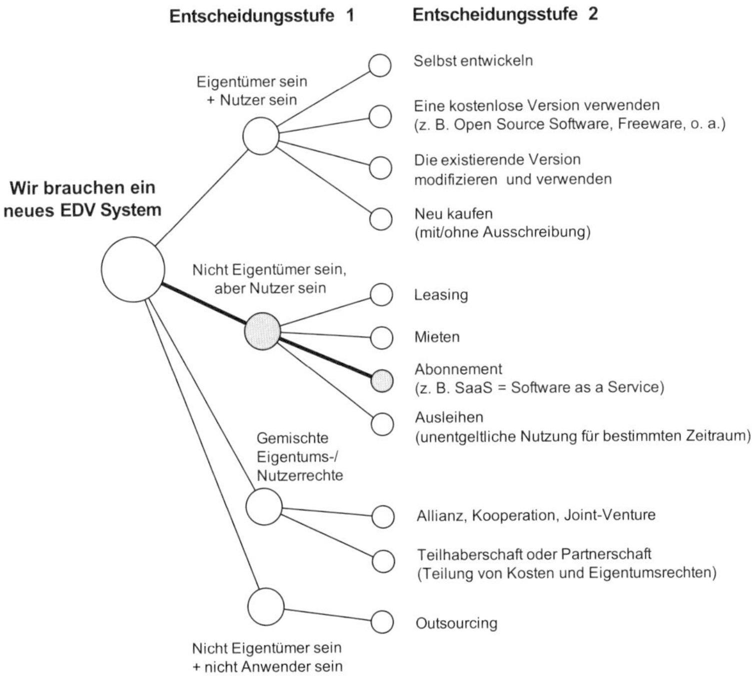

Abbildung 111 Entscheidungsbaum: „Was ist zu tun und was sind die Optionen?“ Die grau schraffierten Kreise zeigen den Entscheidungsprozess auf.

Bibliografie: Russell-Jones, Haberfellner, Bassard und Ritter

6.3 Perspektiven³

Zweck und Absicht (Warum und wann anwendbar?)

Selten trifft eine einzelne Person eine Entscheidung. Normalerweise sind mehrere Personen involviert. Diese Mitglieder einer Gruppe haben sowohl Gruppenziele, als auch eigene persönliche Ansichten. Es ist wichtig, die Psychologie der Entscheidungsfindung und die zahlreichen Auffassungen aller Beteiligten zu verstehen. Dieses Tool hilft, verschiedene Positionen und Ansichten zu verstehen.

Um eine Entscheidung von einer Gruppe zu erhalten, müssen Sie jedes Mitglied und dessen rationale, emotionale und politische Ansichten verstehen, um alle zu überzeugen.

Funktion und Aufgabe (Wie funktioniert es?)

- Das Tool erläutert die (drei) verschiedenen Perspektiven des Denkens und Fühlens, die beim Entscheidungsfindungsprozess eine Rolle spielen.
- Das Perspektiven³-Tool hilft, die persönlichen Ziele einer Person besser zu verstehen.
- Es zeigt, wie komplex eine Entscheidungsfindung sein kann.

Anleitung (Wie gehe ich vor?)

- Verwenden Sie Abbildung 112 und setzen Sie sich mit den drei Dimensionen des Bewusstseins im Umgang mit Menschen auseinander:
  - *Emotional*
    Was wird die Veränderung für mich persönlich bedeuten? Wie wird es mein Leben verändern? Wird sich meine Position in den Augen anderer ändern? Werde ich fähig sein, die Veränderungen in meiner Rolle und Position zu bewältigen?
  - *Politisch*
    Werde ich die Kontrolle über Ressourcen, Personen oder Entscheidungen verlieren? Werde ich weiterhin Teilnehmer von einflussreichen Gremien sein? Werde ich in der Lage sein, auf Entscheidungen Einfluss zu nehmen, die meinen Bereich und mich betreffen?
  - *Rational*
    Ist die Veränderung für die Organisation richtig? Wurde die beste Lösung zur richtigen Zeit und mit der passenden Strategie gefunden?
- Überprüfen Sie, welche „Perspektive" momentan die Ansichten der „gegnerischen Parteien" am meisten beeinflusst. Passen Sie Ihr Vorgehen dementsprechend an und argumentieren Sie in der gleichen Dimension.

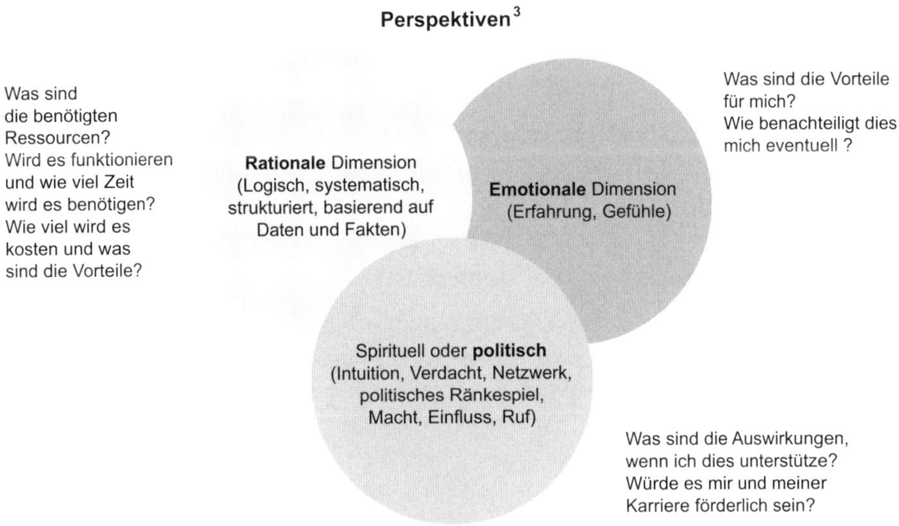

Abbildung 112 Perspektive³ – drei Dimensionen und Perspektiven einer Person

Tipps und Anregungen

- In jeder Interaktion mit Menschen gibt es immer einen zu bedenkenden Rahmen. Meist gibt es auch eine Unternehmensperspektive und einen speziellen Kontext, den Sie verstehen müssen.
- Verstehen Sie die andere Person und deren Beweggründe, so sind Sie in einer besseren Position, um eine angemessene Antwort zu finden. Reagieren Sie auf emotionale Reaktionen nicht mit rationalen Rechtfertigungen. Verstehen Sie eher die Gefühle und Ängste, die ein Individuum zu einer bestimmten Reaktion veranlasst. Dies ist auch Voraussetzung dafür, eine Win-Win-Lösung zu finden.
- Oft versuchen Manager, die Zustimmung und Akzeptanz für eine Veränderung von ihren Mitarbeitern durch rationale Argumente zu gewinnen. Die Mitarbeiter hören jedoch alles durch deren eigene Filter, die voller emotionaler und politischer Ängste sind. Der Manager sagt: „Wir stehen vor der großen Möglichkeit, dieses System zu implementieren und der führende Serviceprovider dieses Landes zu werden." Was die Mitarbeiter durch ihren Filter hören ist: „Ich muss meinen Arbeitsplatz verlagern, was wird meine Familie sagen? Nach allen Anstrengungen, um diese Position zu erreichen, wird die Abteilung rationalisiert und aufgelöst. Ich bin sicher, sie werden uns mit der anderen Abteilung fusionieren usw." Seien Sie sich dieses Sachverhaltes der gefilterten Wahrnehmung bewusst, wenn Sie mit anderen interagieren.

6.4 Argumentewaage

Zweck und Absicht (Warum und wann anwendbar?)

Die Argumentewaage ist eines der einfachsten Entscheidungsfindungstools und ideal zum Vergleich einfacher Optionen mit geringer Komplexität oder begrenzter Kriterienanzahl.

Funktion und Aufgabe (Wie funktioniert es?)

Dieses Tool hilft, eine limitierte Anzahl von Optionen zu vergleichen und dokumentiert alle Argumente für oder gegen jede der verschiedenen Optionen in Tabellenform.

Anleitung (Wie gehe ich vor?)

- Identifizieren Sie alle zur Diskussion stehenden Optionen.
- Legen Sie eine Bezeichnung – eine Überschrift – für jede Option fest.
- Identifizieren Sie für jede Option alle positiven Argumente, aber auch Bedenken und Nachteile.

Tipps und Anregungen

- Vergleichen Sie immer die gleiche Art von Argumenten oder Aspekten, damit Sie die verschiedenen Optionen auch untereinander vergleichen können. Wenn Sie z. B. ein Kostenargument vorbringen, dann vergleichen Sie alle Optionen bezüglich dieses Argumentes (siehe Tabelle 39).
- Betrachten Sie die Liste der Nachteile kritisch. Haben Sie einige Punkte in verschiedenen Formen und Aussagen mehrfach dokumentiert? Fassen Sie diese selbstkritisch zusammen.

Tabelle 39 Beispiel einer Argumentewaage für Firmenexpansionssituation

Argumentewaage		
Optionen	**Vorteile**	**Nachteile**
A (Verkaufen)	• Liquidität • Offen für Neues	• Spürbarer Rückgang der Produktivität • Emotionaler Verlust
B (Reinvestieren und upgraden)	• Gesteigerte Produktivität • Geringe Liquidität	• In Frage zu stellender Wert des Geldes – alter Artikel funktioniert noch
C (Behalten und unverändert belassen)	• Keine Überraschungen • Keine Investition, kein Bargeldproblem	• Ersetzen durch Technologie mit mehr Personen und Zeit

- Haben Sie Nachteile und Bedenken notiert, bei denen Ihnen sofort eine mögliche Lösung eingefallen ist oder mit kurzem Nachdenken einfallen könnte? Denken Sie nach: Wie können Sie einen Nachteil in einen Vorteil umwandeln oder zumindest den Nachteil einfach neutralisieren? Welche Lösungen davon sind praktikabel? Schreiben Sie dann Ihre Liste der Vor- und Nachteile nochmals neu.

Bibliografie: Haberfellner, Russell-Jones

6.5 Leiterklettern

Zweck und Absicht (Warum und wann anwendbar?)

Wenn Sie eine Liste von Optionen oder Informationen in eine Rangfolge ordnen wollen, eignet sich das Leiterklettern-Tool. Verwenden Sie dieses nur für Listen mit nicht mehr als acht Elementen.

Funktion und Aufgabe (Wie funktioniert es?)

Sie vergleichen zwei übereinander angeordnete Elemente und bestimmen, welches in der falschen Rangfolge steht. Durch den paarweisen Vergleich und einen Platztausch erreichen Sie eine geordnete Rangfolge. Tauschen Sie anschließend so lange die Plätze, bis Sie eine geordnete Liste erhalten.

Anleitung (Wie gehe ich vor?)

- Legen Sie die Vergleichskriterien fest.
- Vergleichen Sie paarweise die Positionen in der Rangliste. Tauschen Sie so lange die Plätze, bis jedes Element den richtigen Platz hat, also kein Element oberhalb eines anderen Elements angeordnet ist, welches eigentlich in der Rangfolge unterhalb stehen sollte.
- Beachten Sie, dass die Zahl der möglichen maximalen Tauschhandlungen mit der Anzahl an Elementen in der Rangliste sehr schnell ansteigt und nicht mehr einfach zu handhaben ist. Bei zehn Elementen kann es schon bis zu 45 Tauschhandlungen geben.

Querverweis zu verwandten Tools in diesem Buch:

Paarvergleich (Abschnitt 6.6)

Bibliografie: Straker

6.6 Paarvergleich

„Ich habe jetzt noch einige mögliche Optionen übrig, aber welche ist die beste Lösung? Was denkt das Team?“

Zweck und Absicht (Warum und wann anwendbar?)

Der Paarvergleich eignet sich, wenn Sie wenige qualifizierende Kriterien für jede Option haben, die dazu auch noch schwer vergleichbar sind. Wenn Sie des Weiteren eine überschaubare Anzahl an Optionen haben und Sie eine klare Platzierung erreichen möchten, dann ist der Paarvergleich richtig. Das Tool wird Ihnen eine klare Rangfolge geben.

Funktion und Aufgabe (Wie funktioniert es?)

Der Paarvergleich ist ein Ranglisten-Tool. Es hilft, einen Gruppenkonsenz bezüglich der besten Option zu finden bzw. die Rangliste der Optionen zu etablieren. Das Tool vergleicht immer nur zwei Optionen miteinander und fordert Sie dann auf, nur zwischen diesen beiden Optionen zu entscheiden. Dies macht den Entscheidungsprozess einfach und übersichtlich. Am Ende zählen Sie dann die Option, die die meisten Paarvergleiche gewonnen hat.

Anleitung (Wie gehe ich vor?)

- Verwenden Sie eine Tabelle und listen Sie alle Optionen in der jeweils ersten Reihe und Spalte.
- Alle Zellen oberhalb einer gedachten Diagonalen wären Kombinationen aus Optionen mit sich selbst und sind somit nicht gültig.
- Legen Sie die Vergleichskriterien fest.
- Betrachten Sie jetzt jede mögliche Kombination aus Spalte und Zeile, z. B. Kombination A und B. Welche dieser beiden möglichen Optionen gewinnt: A oder B? Im Beispiel (Tabelle 40) gewinnt A. Vergleichen Sie dann A mit jeder anderen Option (Zeile), anschließend Spalte B usw. bis die Tabelle gefüllt ist.
- Bestimmen Sie dann die Anzahl der jeweiligen Buchstaben. Wie oft kommt jeder Buchstabe vor? Die meisten Nennungen ergeben den Gewinner. Wenn die Bewertung sehr konsistent ist, sollte jede Option eine unterschiedliche Anzahl haben. Jedoch sind subjektive Einschätzungen möglich und daher ist auch eine gleiche Anzahl von Nennungen möglich. In diesem Fall obliegt es Ihnen, eine Entscheidung zwischen den beiden Optionen mit der gleichen Anzahl an Nennungen zu treffen oder Sie verwenden das Ergebnis des vorherigen direkten Vergleichs.

Beispiel für einen Paarvergleich von sechs möglichen Optionen

Tabelle 40 Paarvergleich

	A	B	C	D	E	F
A	-	-	-	-	-	-
B	A	-	-	-	-	-
C	A	C	-	-	-	-
D	D	D	C	-	-	-
E	A	B	C	E	-	-
F	F	F	C	F	F	-

Ergebnis: A = 3, B = 1, C = 4, D = 2, E = 1, F = 4 – im direkten Vergleich gewinnt F über C. Somit ist die Rangliste:

1. C
2. F
3. A
4. D
5. B
6. E

Querverweis zu verwandten Tools in diesem Buch

Das nominale Gruppen-Tool könnte noch ein alternatives Tool sein (Abschnitt 6.10).

Bibliografie: Woodrow

6.7 Kreuz der Annahmen

Zweck und Absicht (Warum und wann anwendbar?)

Dieses Tool ist ideal für Entscheidungsfindungssituationen, für die keine Fakten oder nur limitierte Informationen vorliegen. Das Kreuz-der-Annahmen-Tool hilft, die persönlichen Annahmen und Vorurteile bei einer Entscheidung zu identifizieren und an die Oberfläche zu bringen. Die Beziehung zwischen dem anfänglichen Ziel und der beabsichtigten, lösungsorientierten Entscheidung kann somit überprüft werden, bevor eine endgültige Entscheidung getroffen wird. Diese Wechselbeziehung sollte verstanden werden, um Fehler zu vermeiden. Das Tool kombiniert „Zielsetzung" mit „Entscheidungsfindung".

Funktion und Aufgabe (Wie funktioniert es?)

Das Tool macht die persönliche Einstellung und Annahmen über die Umwelt sichtbar. Dies ist besonders dann relevant, wenn die Fakten limitiert und persönliche Ansichten wichtig sind. Es soll die unbewussten, unbekannten und unausgesprochenen Vermutungen einer Person in Bezug auf die Entscheidungsfindung deutlich machen.

Anleitung (Wie gehe ich vor?)

- Schreiben Sie Ihr ursprüngliches Ziel auf und platzieren Sie die Kernaussage Ihres Ziels in der Mitte eines Kreises (z. B. „Autokauf").
- Identifizieren Sie die von den Zielen betroffenen oder beeinflussten Bereiche (z. B. beeinflusst der Kauf eines Autos die Finanzen, den Lifestyle, die Mobilität, das eigene Selbstwertgefühl usw.)
- Zeichnen Sie kreuzartig Linien um und durch den Kreis. Die Linien ergeben beliebig viele einzelne Sektionen für die identifizierten Bereiche (siehe Abbildung 113).
- Schreiben Sie Ihre Vermutungen, Prognosen und Vorstellungen darüber auf, wie sich die Ziele auf die identifizierten Bereiche auswirken könnten. Zum Beispiel könnten Sie gewisse Annahmen und Vermutungen darüber haben, wie der Kauf eines Autos Ihre Finanzen beeinflusst (weniger Geldmittel), ver-

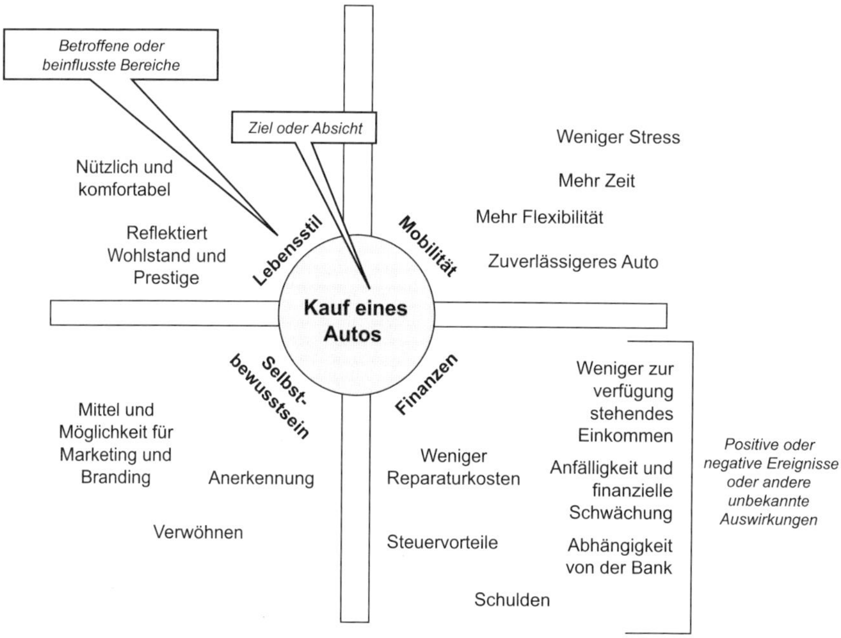

Abbildung 113 Kreuz der Annahmen: Was wären Ihre Annahmen in diesem Beispiel?

besserte Marketing-Möglichkeiten (abhängig von der Marke des Autos), verbesserte steuerliche Absetzbarkeit usw. Notieren Sie Ihre persönlichen positiven, negativen und anderen unbekannten Annahmen und Vermutungen über Auswirkungen in den entsprechenden Bereichen des Kreuzes.

- Testen Sie Ihre Erkenntnisse auf Durchführbarkeit und Vollständigkeit. Machen Sie den „Peace of Mind"-Test CISAN („Can I Sleep At Night": „Kann ich nachts schlafen?") für Ihre getroffene Entscheidung.

Querverweis zu verwandten Tools in diesem Buch

Prüfen Sie mit den Tools zur Zielformulierung (Kapitel 4).

Bibliografie: Catherine Ciolli (Spiral-in Coaching), Townsend

6.8 Polaritäten-Tool

Zweck und Absicht (Warum und wann anwendbar?)

Das Polaritäten-Tool ist das ideale Tool, um Vergleiche zwischen einer kleineren Anzahl von Alternativen für ein größeres Set an Kriterien zu ziehen, z. B. der Vergleich von zwei Firmen unter Verwendung aller finanziellen und operationalen sowie Marketing- und Produktionskriterien.

Verwenden Sie dieses Tool nicht, wenn Sie konkrete quantitative Ergebnisse benötigen. Verwenden Sie dann eher das Nutzwertanalyse-Tool aus Abschnitt 6.9.

Funktion und Aufgabe (Wie funktioniert es?)

Dieses Tool vergleicht eine Auswahl von Kriterien einiger weniger Optionen durch Beurteilung der Kriterien, das Vergeben eines Ratings und die Präsentation der Ergebnisse in grafischer Form. Eine einfache Skala wird verwendet, um Vergleiche zu ermöglichen.

Anleitung (Wie gehe ich vor?)

- Identifizieren Sie alle Faktoren (z. B. Erfolgsfaktoren), die für alle Optionen relevant und anwendbar sind. Stellen Sie sicher, dass Sie über ausreichend Informationen verfügen, um jede Option anhand der Kriterien bewerten und vergleichen zu können.
- Definieren Sie eine einfache Skala, z. B. von „sehr gut = ++" über „0 = durchschnittlich" bis zu „-- = sehr schlecht"
- Evaluieren Sie für jedes Kriterium (z. B. Preis, Qualität usw.) den Wert für jede Option (z. B. Produkt oder Firma A).

- Ordnen Sie jedem Kriterium und jeder Option einen Wert auf Ihrer Skala zu. Sie werden sich möglicherweise fragen, wie Sie am besten ein Kriterium evaluieren. Da dies kein quantitatives (zahlenorientiertes) Tool ist, sollten Sie auch nicht zu viel Zeit mit der Durchführung Ihrer Evaluierung verbringen. Vergleichen Sie einfach die zur Verfügung stehenden Optionen und drücken Sie Ihre Meinung mit einem Wert von „++" bis „––" aus.

Tipps und Anregungen

- Ein Kriterium kann jeder Aspekt, jedes Attribut, jeder Faktor oder jeder Wert sein, den Sie bewerten und vergleichen können.
- Führen Sie Ihre Evaluierung „Reihe-für-Reihe" durch, d. h., bestimmen Sie Ihren Wert („+/-") durch das Vergleichen von Option A mit B für jeweils das gleiche Kriterium, z. B. „Preis – welche Option ergibt einen besseren Preis?" (siehe Tabelle 41).
- Dieses Tool ist „nicht-mathematisch", machen Sie auch keine Mathematik daraus. Es ist eine einfachere Version der Nutzwertanalyse (Kapitel 6.9).
- Wird dieses Tool zum Vergleich von Firmen als Teil einer Wettbewerbsanalyse verwendet, dann nennt man die Kriterien Erfolgsfaktoren, da sie die kritischen Faktoren und Kriterien repräsentieren, die den Erfolg der Firma bestimmen.

Tabelle 41 Beispiel für einen Vergleich von zwei Optionen, z. B. Produkte oder Firmen

Polaritäten zum Produktvergleich					
Kriterien oder Erfolgsfaktoren	++	+	**0**	–	––
Preis					
Kundendienst					
Kompatibilität					
Lebenszyklus des Produkts und Service					
Garantie und Haftung					
Zahlungsbedingungen					
Kernfunktionen des Produkts (spez. Anforderungen)					
usw.					

—— Option/Firma/Produkt A - - - - Option/Firma/Produkt B

Querverweis zu verwandten Tools in diesem Buch

Wettbewerberanalyse (Abschnitt 5.3.6)

Bibliografie: Haberfellner

6.9 Nutzwertanalyse

Zweck und Absicht (Warum und wann anwendbar?)

Benötigen Sie klare, messbare und vergleichbare quantitative Ergebnisse, dann ist die Nutzwertanalyse das Standardtool, sobald Sie mehrere Optionen und viele Kriterien haben, die die Entscheidung komplex und das Problem schwer handhabbar machen.

Die Nutzwertanalyse verwendet das Prinzip des Polaritäten-Tools und fügt ihm eine quantitative und kalkulierbare Seite hinzu. Die Ergebnisse sind konkrete Zahlen, welche miteinander verglichen werden können.

Funktion und Aufgabe (Wie funktioniert es?)

Die Nutzwertanalyse gewichtet und bewertet verschiedene Kriterien. Die gewichtete Kalkulation führt zu einem eindeutigen „Gewinner nach Punkten".

Anleitung (Wie gehe ich vor?)

- Identifizieren Sie alle relevanten Kriterien, um eine Entscheidung treffen zu können: „Was ist wichtig für Sie?"
- Wenn gewünscht, gruppieren Sie die Evaluierungskriterien in Haupt- und Unterkategorien. Legen Sie dann eine Gewichtung der Kriterien per Gruppe fest. Die Kriterien in der Untergruppe können für das Beispiel in Tabelle 42, Kauf eines Hauses, sein: „Architekturstil", „Zustand" bzw. „Qualität des Baus", „Alter", „Ausstattung und Möblierung". Jedes Kriterium hat wahrscheinlich eine unterschiedliche Relevanz. Im Beispiel wurde keine Gruppierung vorgenommen.
- Vergeben Sie jedem Kriterium eine Gewichtung. Sie können dafür Prozentangaben oder numerische Werte verwenden. Prozente sind voraussichtlich einfacher zu vergeben (max. 100 %-Punkte können für alle Kriterien oder Kategorien vergeben werden), auch wenn die Vergabe von Zahlen das Scoring (Punktevergabe) einfacher macht. Falls Sie Zahlen verwenden, dann setzen Sie sich eine Höchstgrenze, z. B.: Fünf ist die höchste Zahl zur Angabe des Gewichtes. Gewichten Sie dann, indem Sie sich selbst fragen: „Wie wichtig ist mir dieses Kriterium auf der Skala von 1 bis 5?"
- Prüfen Sie, ob Sie die Gewichtung entsprechend Ihrer Anforderung von Wichtigkeit und Relevanz vergeben haben. Die Kriterien mit der für Sie höchsten Priorität sollten auch die höchste Gewichtung erhalten (Prozentpunkte oder Zahl). Beim Beispiel eines Hauskaufes könnte die Hauptkategorie „Architektur und Raum" 30 % Gewichtung ausmachen, die „finanziellen Aspekte" vielleicht 50 %.

Tabelle 42 Beispiel einer Nutzwertanalyse für den Erwerb eines Hauses

Nutzwertanalyse							
Kriterien oder Erfolgsfaktoren	**Gewichtung**	**Option A**		**Option B**		**Option C**	
		Punkte	Bewertung	Punkte	Bewertung	Punkte	Bewertung
Endgültiger Preis	5	9	45	5	25	9	45
Preis pro m^2	3	8	24	5	15	8	24
Erweiterungsmöglichkeit	4	9	36	5	20	1	4
Potenzial für Wertentwicklung	1	5	5	5	5	1	1
Neu/Alt	3	4	12	6	18	3	9
Raumanzahl	4	5	20	8	32	2	8
Garage	1	3	3	1	1	4	4
Architektonischer Stil	3	1	3	5	15	3	9
Zustand/Qualität des Gebäudes	5	7	35	4	20	4	20
Alter	4	6	24	3	12	7	28
Möblierung und Ausstattung	1	7	7	4	4	1	1
Sicherheit	2	2	4	2	4	1	2
Stadtnähe	2	4	8	6	24	1	2
Freizeitwert	4	5	20	10	40	2	8
Summe	**42**	**75**		**69**		**47**	
Endgültiger Punktestand			**246**		**235**		**165**

- Vergeben Sie jedem Kriterium für jede Option entsprechend Ihrer Evaluierung eine Punktzahl. Entscheiden Sie im Voraus die höchstmöglich zu vergebende Punktzahl. Ist z. B. 1 bis 10 möglich, dann vergeben Sie jedem Kriterium, das die Anforderungen voll erfüllt, zehn Punkte.
- Multiplizieren Sie die Gewichtungen mit den von Ihnen zugewiesenen Punkten und berechnen Sie die endgültige Punktezahl für jedes Kriterium für jede Option.
- Die Summe aller Punkte ergibt den endgültigen Punktestand. Basierend auf den zugewiesenen Gewichtungen und der Punktevergabe für jedes Kriterium stellt der höchste Punktestand die beste Option dar (siehe auch das Beispiel Autokauf in Tabelle 43).

Tipps und Anregungen

- Variieren Sie Ihre Gewichtungen, um zu sehen, wie sich das Ergebnis verändert.
- Verwenden Sie Tabellenkalkulationsoftware mit automatischer Berechnung für Punkte, Summen und endgültige Punktestände, um den Prozess zu automatisieren, damit Sie sich auf die Kriterienauswahl und Punktevergabe konzentrieren können.

Ergebnis der Nutzwertanalyse

In Tabelle 42 ist das höchste Gewicht 5, ein Maximum von zehn Punkten kann für 14 Kriterien verteilt werden. Ergebnis ist, dass Option A die Optionen B und C übertrifft, sowohl beim gesamten Punktestand als auch beim Betrachten der Punktezahl der zwei Top-Kriterien „Preis" und „Zustand des Gebäudes" (höchste Gewichtung 5).

In Tabelle 43 erbringt die Option A mit 136 Punkten den höchsten Nutzwert für den Autokauf. Wenn man jedoch die drei Bewertungskriterien mit den höchsten Gewichtungen (Preis, Verbrauch und Wiederverkaufswert) allein betrachtet, dann schneidet die Alternative B mit 69 besser ab als die Alternative A mit 34 und C mit 66. Somit kompensiert die Alternative A mit höheren Punktzahlen bei anderen Kriterien den Verlust bei den wichtigeren Kriterien.

Tabelle 43 Beispiel einer Nutzwertanalyse für den Kauf eines Autos

Nutzwertanalyse							
Kriterien oder Erfolgsfaktoren	**Gewichtung**	**Option A**		**Option B**		**Option C**	
		Punkte	Bewertung	Punkte	Bewertung	Punkte	Bewertung
Preis	5	2	10	5	25	10	50
Verbrauch	4	3	12	5	20	1	4
Prestige	3	9	27	5	15	10	30
Umweltfreundlichkeit	1	8	8	5	5	4	4
Ausstattungsvarianten	3	8	24	6	18	4	12
Familienfreundlichkeit	2	8	16	6	12	2	4
Folgekosten (Versicher., Steuer)	3	9	27	5	15	4	12
Wiederverkaufswert	4	3	12	6	24	3	12
Gesamtnutzwert		**50**	**136**	**43**	**134**	**38**	**128**

Querverweis zu verwandten Tools in diesem Buch

Verwenden Sie das Polaritäten-Tool (Abschnitt 6.8) für eine einfachere grafische Darstellung.

Bibliografie: Haberfellner, Nagel

6.10 Nominales Gruppen-Tool

„Ich muss alle möglichen Ideen und Gedanken in kürzester Zeit ohne Einfluss von dominierenden Personen sammeln und Schwerpunkte setzen."

Zweck und Absicht (Warum und wann anwendbar?)

Dieses Tool wird verwendet, um sicherzustellen, dass auch zurückhaltende Mitglieder einer Gruppe eine gleichberechtigte Chance haben, ihre Meinung auszudrücken und ihre Stimme abzugeben. Somit soll ein transparenter und gemeinschaftlicher Rankingprozess und Konsens erreicht werden.

Funktion und Aufgabe (Wie funktioniert es?)

Das nominale Gruppen-Tool ermöglicht einen Konsens durch die Verbindung von individuellen, quantitativen Rankingergebnissen in einem gemeinsamen Pool von Rankings, die in einer Tabelle (siehe Tabelle 44) dargestellt werden. Statement A erhielt das höchste Wahlergebnis, gefolgt von D.

Tabelle 44 Beispiel einer nominalen Rankingtabelle

Vorschlag (Option)	Tom	Harald	Gerd	Caroline	Bernd	Total
A	1	5	5	5	5	**21**
B	2	1	1	1	3	**8**
C	5	2	3	2	1	**13**
D	4	3	4	4	4	**19**
E	3	4	2	3	2	**14**

Anleitung (Wie gehe ich vor?)

- Bitten Sie alle Beteiligten, ihre Vorschläge (Optionen) aufzuschreiben.
- Fassen Sie alle Vorschläge (Optionen) aller Beteiligten auf einer Liste zusammen und stellen Sie sie auf einem Flipchart dar.
- Eliminieren Sie Dubletten und erläutern Sie die Vorschläge (Optionen) näher. Falls nötig, fragen Sie, wer den Vorschlag (Option) gemacht hat, und bitten Sie die Person, diesen in eigenen Worten nochmals darzustellen.
- Schreiben Sie die endgültige Liste aller Vorschläge (Optionen) für alle Beteiligten gut lesbar auf einem neuen Flipchart nieder.
- Schreiben Sie vor jeden Vorschlag einen Buchstaben auf das Flipchart.

- Jeder Teilnehmer notiert die Buchstaben auf einem Papier und vergibt jedem Vorschlag entsprechend der eigenen Priorität eine Zahl. Je höher die Zahl, desto höher die Priorität. Im Beispiel der Tabelle 44 ordnet Tom dem Vorschlag C die höchste Zahl (5) zu. Die maximale Anzahl an Zahlen hängt von der zugeordneten Anzahl von Buchstaben ab, z. B. A-E => 5.
- Sammeln Sie die Abstimmungszettel ein und berechnen Sie das Gesamtergebnis, um das höchste Ranking zu ermitteln. Sie können den Vorgang anonymisieren, wenn Sie die Namen der Teilnehmer aus der Tabelle entfernen.

Tipps und Anregungen

- Sie können dieses Tool gut in Verbindung mit dem Brainstorming-Tool (Abschnitt 3.3.1) verwenden.
- Gibt es (zu) viele Optionen oder Statements, dann erlauben Sie den Teilnehmern, nur die Hälfte aller Optionen zu bewerten. Gibt es z. B. 20 Statements, so fordern Sie lediglich für die zehn Top-Statements ein Ranking. Dieser Vorgang kann mit den verbleibenden Optionen wiederholt werden.

Querverweis zu verwandten Tools in diesem Buch

Eine Variation zu diesem Evaluierungstool ist das 100-Punkte-Tool (Abschnitt 6.11).

Bibliografie: Bassard und Ritter, Butler

6.11 100 Punkte

„Worauf sollten wir uns konzentrieren? Was denkt die Gruppe?“

Zweck und Absicht (Warum und wann anwendbar?)

Um Optionen und Lösungswege am Ende des Problemlösungsprozesses zu bewerten, zu messen und zu gewichten, verwenden Sie das 100-Punkte-Tool. Diese Gruppenübung ist einfach und macht Spaß.

Funktion und Aufgabe (Wie funktioniert es?)

Das 100-Punkte-Tool ermöglicht einen transparenten, gemeinschaftlichen, spielerischen und unterhaltsamen Evaluierungs- und Priorisierungsprozess mit einem klaren messbaren Ergebnis.

Anleitung (Wie gehe ich vor?)

- Bitten Sie alle Beteiligten, ihre Vorschläge (Optionen) aufzuschreiben.
- Fassen Sie alle Vorschläge (Optionen) aller Beteiligten in einer Liste zusammen und stellen Sie sie auf einem Flipchart dar.
- Eliminieren Sie Dubletten und erläutern Sie die Vorschläge (Optionen) näher.
- Schreiben Sie die endgültige Liste aller Vorschläge (Optionen) für alle Beteiligten klar lesbar auf einem Flipchart nieder.
- Geben Sie jedem Teilnehmer z. B. 100 Klebepunkte, die er den Vorschlägen entsprechend seiner Präferenzen zuteilen kann. Bitten Sie alle Teilnehmer aufzustehen und ihre Punkte neben die Vorschläge (Optionen) ihrer Wahl zu setzen. Es obliegt jedem Einzelnen, wie er die vorhandene Anzahl an Punkten verteilt.
- Ermitteln Sie die endgültige Gesamtpunktzahl per Buchstabe und schreiben Sie die Summe neben den Buchstaben. Der „Gewinner" ist der Vorschlag mit der höchsten Punktzahl.
- Nachdem Sie die Ergebnisse überprüft haben, fragen Sie die Teilnehmer nach Ihren Kommentaren und Gedanken.
- Falls erforderlich, entwickeln Sie einen Plan für das weitere Vorgehen unter Verwendung des Tools Next Steps in Abschnitt 7.6.

Tipps und Anregungen

Die Klebepunkte-Variante ist für jeden amüsanter, aktiver und transparenter: Händigen Sie dazu selbstklebende farbige Punkte (Durchmesser ca. 2 cm) aus. Die Anzahl der Punkte hängt von der Anzahl der Personen, dem Raum, der Anzahl der möglichen Optionen und Ihrer Einschätzung ab. Normalerweise müssen Sie nicht jedem Teilnehmer 100 Punkte in die Hand geben – 5 bis 15 Punkte pro Person in einer Gruppe von 5 bis 10 Personen sind meist ausreichend. Bitten Sie alle Teilnehmer, ihre Punkte auf ein Flipchart zu den bevorzugten Optionen zu kleben. Bauen Sie es als amüsante und gemeinschaftliche Aktivität auf und stellen Sie sicher, dass jeder seine Punkte anbringt, ohne dass er wartet oder die anderen Teilnehmer beobachtet. Gibt es Manager im Team, so sollten darauf geachtet werden, dass diese weder beginnen noch die anderen beobachten.

Querverweis zu verwandten Tools in diesem Buch

Nominales Gruppen-Tool (Abschnitt 6.10).

Bibliografie: Bassard und Ritter, Butler

6.12 Kartesische Koordinaten

Zweck und Absicht (Warum und wann anwendbar?)

Dieses Tool basiert auf der Idee von René Descartes (1596–1650), Begründer der Kartesischen Koordinaten und der Kartesischen Kurven. Der französische Philosoph, Mathematiker und Naturwissenschaftler Descartes forschte ebenso weitreichend in den Bereichen Meditation, logisches Denken und Wahrheitsfindung. Das Konzept der Kartesischen Koordinaten wird heute auch im Verkauf, der Therapie und generell bei Problemlösungen verwendet.

Die Kartesischen Koordinaten sind ein fantastisches Tool, um positive und negative Optionen und Konsequenzen zu ermitteln. Es basiert auf einer einfachen konditionalen Kombination von zwei voneinander abhängigen Aussagen bzw. Einheiten, z. B. „wenn A, dann B“ oder „wenn nicht A, dann B“, usw.

Funktion und Aufgabe (Wie funktioniert es?)

Das Tool hilft, positive und negative Ergebnisse und Konsequenzen zu identifizieren. Dies ist besonders in Entscheidungsfindungssituationen wichtig. Zwei Aussagen/Einheiten, die in einer Ursache-Wirkung-Beziehung zueinander stehen, ergeben verschiedene Ergebnisse, abhängig von den Bedingungen und Kombinationen.

Anleitung (Wie gehe ich vor?)

- Finden Sie zwei Aspekte, die voneinander abhängen. Ein Aspekt stellt die Ursache (A), der andere die (Aus-)Wirkung (B) dar, z. B. die Einführung einer neuen Multimedia-Technologie (A) und das Konsumentenverhalten (B).
- Untersuchen Sie für jede der vier möglichen Kombinationen die positiven und negativen Ergebnisse:
  - *I* – Wenn A eintritt, was würde mit B passieren?
    Mögliches Ergebnis: „Würde eine neue Multimedia-Technologie eingeführt, würden Kunden mehr investieren (positives Ergebnis) oder die Kunden würden irritiert werden (negatives Ergebnis).“
  - *II* – Wenn A nicht eintritt, was würde mit B passieren?
    Mögliches Ergebnis: „Würde die neue Multimedia-Technologie nicht eingeführt, könnte dies ein gesteigertes Kundeninteresse in die aktuelle Technologie hervorrufen (positives Ergebnis).“
  - *III* – Wenn A eintritt, was würde nicht mit B passieren?
    Mögliches Ergebnis: „Würde eine neue Multimedia-Technologie eingeführt, würden sich die Kunden eventuell von der aktuellen Technologie abwenden und unter Umständen nicht weiter investieren (negatives Ergebnis). Es kann aber auch Unzufriedenheit mit der bestehenden Technologie abgebaut werden (positives Ergebnis).“

  - *IV* – Wenn A nicht eintritt, was würde nicht mit B passieren?
    Mögliches Ergebnis: „Würde eine neue Multimedia-Technologie nicht eingeführt, so könnte dies dazu führen, dass die Kunden nicht mit neuer, ungetesteter und unzuverlässiger Technologie konfrontiert würden (positives Ergebnis)."

- Stellen Sie sich diese Fragen auf unterschiedliche Art und Weise, um möglichst viele Aspekte und Sichtweisen für jede Kombination zu entdecken.
- Wenn es nicht zu viele Ergebnisse sind, können sie in einem kartesischen Koordinatensystem dargestellt werden (Abbildung 114).

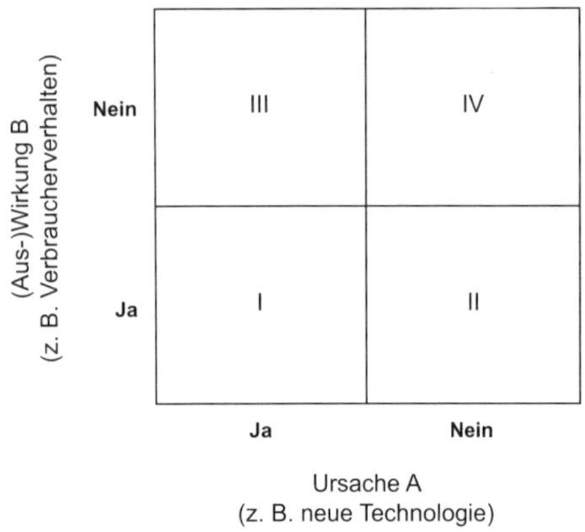

Abbildung 114
Die vier Kombinationen des Kartesische-Koordinaten-Diagramms

Querverweis zu verwandten Tools in diesem Buch

Argumentewaage (Abschnitt 6.4), 6 Denkhüte (Abschnitt 7.17).

Bibliografie: Harris

6.13 Vroom Yetton

Zweck und Absicht (Warum und wann anwendbar?)

Nicht jede Entscheidung benötigt die Beteiligung von weiteren Personen. Die Bandbreite jedes Managementstils, Entscheidungen zu fällen, kann von Autorität über Beratung bis hin zu Gruppenbeteiligung variieren. Das Vroom-Yetton-Entscheidungsfindungstool sollte verwendet werden, wenn Sie herausfinden wollen, inwieweit andere Personen in den Entscheidungsfindungsprozess einbezogen werden sollten.

Funktion und Aufgabe (Wie funktioniert es?)

Das Vroom-Yetton-Entscheidungsfindungstool hilft, den für die Entscheidungsfindung angemessenen Managementstil zu finden. In anderen Worten: „Wie viel Beteiligung ist notwendig oder wird gewünscht, um eine konkrete Entscheidung zu treffen?" Das Ergebnis ist eine Angabe des erwünschten Managementstils zur Entscheidungsfindung.

Anleitung (Wie gehe ich vor?)

- Besprechen Sie die zu treffende Entscheidung in der Gruppe.
- Erläutern Sie der Gruppe das Vroom-Yetton-Tool und die verschiedenen Managementstile, die bei der Entscheidungsfindung zur Anwendung kommen: A = autoritär, C = beratend, G = Gruppenbeteiligung.
- Diskutieren Sie mit der Gruppe, welches Maß an Beteiligung (welcher Managementstil) für die ausstehende Entscheidung am angemessensten ist:
  - *A1* – Ein Manager trifft die Entscheidung allein, unter Verwendung der ihm momentan zur Verfügung stehenden Informationen.
  - *A2* – Ein Manager erhält Informationen von Mitarbeitern und trifft dann die Entscheidung allein. Die Mitarbeiter können über den Verwendungszweck der Informationen informiert werden, sie haben jedoch keinen Einfluss bei der Definition des Problems oder der Bewertung der Optionen.
  - *C1* – Ein Manager bespricht das Problem in Einzelgesprächen mit seinen Mitarbeitern und erhält dadurch Ideen und Vorschläge. Der Manager trifft die Entscheidung allein.
  - *C2* – Ein Manager bespricht das Problem mit seinen Mitarbeitern in einem Teammeeting und erhält Ideen oder Vorschläge. Der Manager trifft die Entscheidung dann allein.
  - *G2* – Ein Manager führt ein Teammeeting mit seinen Mitarbeitern durch, um das Problem zu diskutieren. Der Manager ist hier Vorsitzender und Vermittler, wirft Fragestellungen auf, hat aber keine „versteckten Absichten". Das Team trifft die Entscheidung und sie wird vom Manager akzeptiert.
- Bitten Sie die Teilnehmer abzustimmen, was der beste Managementstil für die zu treffende Entscheidung ist. Hierbei können Sie das nominale Gruppen-Tool (Abschnitt 6.10) oder das 100-Punkte-Tool (Abschnitt 6.11) verwenden. Sie können die Abstimmung vereinfachen, indem Sie jeder Person eine Stimme mit einem vorgefertigten Stimmzettel anbieten.
- Informieren Sie die Gruppe über das Ergebnis der Abstimmung. Setzen Sie den Entscheidungsfindungsprozess dementsprechend um. Dies ist ein guter Weg,

um Zustimmung zu erhalten und den weiteren Fortschritt zügig vorantreiben zu können.

Eine Alternative – obwohl ähnlich – in einem Matrix-Format

Die Matrix in Abbildung 115 stellt den Grad an Einfluss und Macht, Entscheidungen treffen zu können, der Intensität der gemeinsamen Ziele und Interessen gegenüber.

- *A – Verhandlung:* Wenn es eine Instanz gibt, die die Macht und den Einfluss hat, Entscheidungen zu treffen, und wenn deren Ziele mit Ihren Zielen übereinstimmen, dann verhandeln Sie, um eine Entscheidung zu erreichen, z. B. Gehaltsverhandlungen.
- *B – Urteilsverfahren:* Besteht nur eine geringe Möglichkeit, Einfluss zu nehmen, und gibt es wenig gemeinsame Interessen und Übereinstimmung in Bezug auf die Ziele, so kann von einer schwierigen Situation gesprochen werden. Welches Ergebnis auch erzielt wird, beide Parteien müssen im Vorfeld vereinbaren, dass die vorab getroffenen Regeln verbindlich sind und die Entscheidung meist durch eine dritte Partei vertreten wird. Beispiele dafür sind z. B. die Entscheidung eines Linienrichters beim Tennis, die frühere „Golden-Goal"-Regel im Fußball oder eine Entscheidung durch das Amtsgericht.
- *C – Autorität:* Wenn Macht und Einflussposition bei der Entscheidungsfindung eine Rolle spielen, dann ist ein autoritärer Stil akzeptabel und angemessen, z. B. die Verkehrspolizei gibt Anweisungen.
- *D – Zusammenarbeit:* Ein hohes Maß an geteilten Interessen und ein niedriges Niveau an Macht erfordern gemeinsame Anstrengungen und die Zusammenarbeit beider Parteien, z. B. freundliche Firmenübernahme, Ferienplanung.

(Quelle: Russell-Jones)

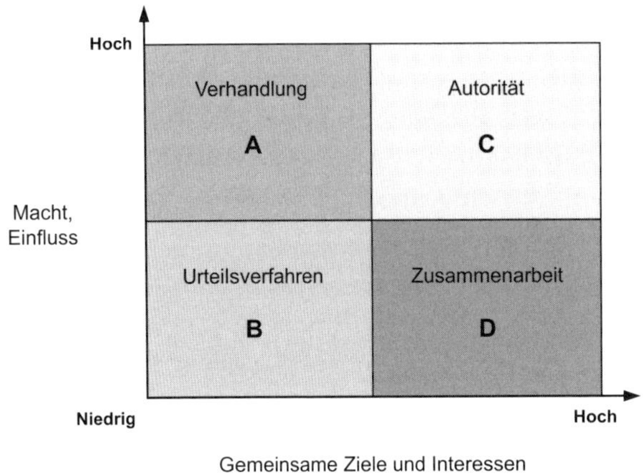

Abbildung 115 Macht/Einflussposition versus gemeinsame Ziele und Interessen

Querverweis zu verwandten Tools in diesem Buch

Nominales Gruppen-Tool (Abschnitt 6.10), 100 Punkte (Abschnitt 6.11).

Bibliografie: Vroom und Yetton, Butler

6.14 Risikoanalyse

Zweck und Absicht (Warum und wann anwendbar?)

Ein wichtiger Aspekt bei der Einschätzung von Konsequenzen einer Entscheidung ist das Risiko, das in Kauf genommen werden muss. Es sollte deshalb von vornherein mit in Betracht gezogen werden. Wovor wir normalerweise Angst haben, ist nicht die Entscheidung, sondern oft sind es die Konsequenzen und Auswirkungen unserer Entscheidungen. Eine Risikoanalyse wird idealerweise verwendet, wenn die Auswirkungen und deren Eintrittswahrscheinlichkeiten für eine zu treffende Entscheidung eingeschätzt werden sollen.

Eine Risikoanalyse besteht typischerweise aus den folgenden vier Schritten:

- Identifizieren des Risikos
- Analyse der Risikofaktoren
- Reaktion auf Risiko – Risikovermeidungsstrategien und Maßnahmen
- Überwachung und Kontrolle des Risikos.

Haben Sie einmal die verschiedenen Risiken identifiziert, bewertet, verstanden und verglichen, so können Sie auf diese reagieren, sie weiter eindämmen und kontrollieren. Dieses Verständnis ermöglicht Ihnen ein gutes Risikomanagement.

Funktion und Aufgabe (Wie funktioniert es?)

Das Risikoanalyse-Tool hilft, Risiken zu identifizieren, zu evaluieren und zu managen. Risiken werden entsprechend der Stärke ihrer Auswirkungen (hoch, mittel, niedrig) und deren Eintrittswahrscheinlichkeit (hoch, mittel, niedrig) eingestuft. Abhängig von den geschätzten Ausmaßen der Auswirkungen und den Eintrittswahrscheinlichkeiten werden verschiedene Risikovermeidungsstrategien und Handlungsschritte vorgeschlagen.

Anleitung (Wie gehe ich vor?)

- Identifizieren Sie Risiken und gruppieren Sie diese in Risikokategorien (Umwelt, Prozess, Technologie, Menschen). Verwenden Sie Tabelle 45 als Vorlage (Risikoanalyse-Tabelle).

- Vergleichen Sie die Risiken auch mit den Kommentaren einer Stakeholderanalyse (Erwartungen, Fallen, Vorbehalte). Sind Ihre Auffassung und Interpretation realistisch? Haben Sie Risikoaspekte übersehen?
- Ermitteln Sie Auswirkungen und Konsequenzen, falls das Risiko auftreten würde.
- Definieren Sie, was „hoch", „mittel" und „niedrig" in Ihrer Umgebung bedeuten. Typischerweise führt eine „hohe" Auswirkung für eine längere Zeit zu einem Stillstand des Betriebs oder verursacht unwiederbringlichen Schaden und fatale Konsequenzen. Eine Definition könnte wie folgt aussehen:
  - *Hoch:* Der Verlust der Systeme oder von Daten wird einen weitreichenden Schaden für das Unternehmen verursachen und dessen Existenz gefährden. Das Ausmaß ist nicht zu kontrollieren und das Unternehmen benötigt mehrere Monate zur Erholung.
  - *Mittel:* Der Verlust der Systeme oder von Daten wird einen oder mehrere Bereiche des Geschäftsbetriebes behindern. Der Schaden ist handhabbar, könnte jedoch irreparabel sein. Die Zeit, die benötigt wird, um den alten Zustand wieder herzustellen, beträgt ca. 72 Stunden bis eine Woche.

Tabelle 45 Vorlage für eine Risikoanalyse

(Projekt-)Risikoanalyse				
Risikokategorie	**Risiken**	**Auswirkung (N/M/H)**	**Wahrscheinlichkeit (N/M/H)**	**Schritte zur Risikokontrolle**
Menschen Kunden, Endverbraucher, Sponsoren, Stakeholder, Angestellte, Politik, Wertesystem, Personelle Risiken (qualitativer und/oder quantitativer Art))	•			•
Prozess Ziele, Entscheidungen, Projekt, Budget, Kosten, Ablauf, Anforderungen, Zeit, Entwicklung, Test	•			•
Technologie Sicherheit, Personalaufwand, operative Bedingungen, Verfügbarkeit	•			•
Juristische/politische Risiken Gesetze, Verträge, Verordnungen, SLAs	•			•
Soziale Risiken soziokulturelle Risiken, Streiks, inhomogene Projektteams usw.	•			•
Naturrisiken Klimakatastrophen, Erdbeben usw.	•			•
Wirtschaftliche/wettbewerbliche Risiken	•			•

- *Niedrig:* Der Verlust der Systeme oder von Daten wird einen oder mehrere Bereiche des Unternehmens negativ beeinflussen. Der Schaden ist generell auf eine Unannehmlichkeit oder schlechteres Arbeitsklima begrenzt und bringt Zeitverzögerungen mit sich. Die Zeit, die benötigt wird, um in den alten Zustand zu gelangen, beträgt ca. 24 Stunden.

- Schätzen Sie die Eintrittswahrscheinlichkeit ein: „Mit welcher Wahrscheinlichkeit kann dies passieren?" – hohe Wahrscheinlichkeit, mittlere oder niedrige?
- Zeichnen Sie die Risiken in das Risikoanalysediagramm (Abbildung 116) und folgen Sie der empfohlenen Risikovermeidungsstrategie.
- Nachdem Sie eine der empfohlenen Risikovermeidungsstrategien ausgewählt haben, definieren Sie Ihre Gegenmaßnahmen und Schritte zur Risikokontrolle und verfolgen Sie Ihre Schritte, die ein Risiko abwenden. Verwenden Sie die Fischgräten-Ursachenanalyse (Abschnitt 3.1.9), um die Ursprünge des Risikos zu identifizieren. Wenn Sie an den Ursprüngen ansetzen und nicht nur die Symptome betrachten, werden die präventiven Gegenmaßnahmen effektiv und das Auftreten dieses Risikos kann vermieden werden.
- Stimmen Sie sich mit Ihren Stakeholdern ab und stellen Sie sicher, dass die Schritte zur Risikovermeidung umgesetzt werden. Verwenden Sie das Next-Steps-Tool (Abschnitt 7.18).

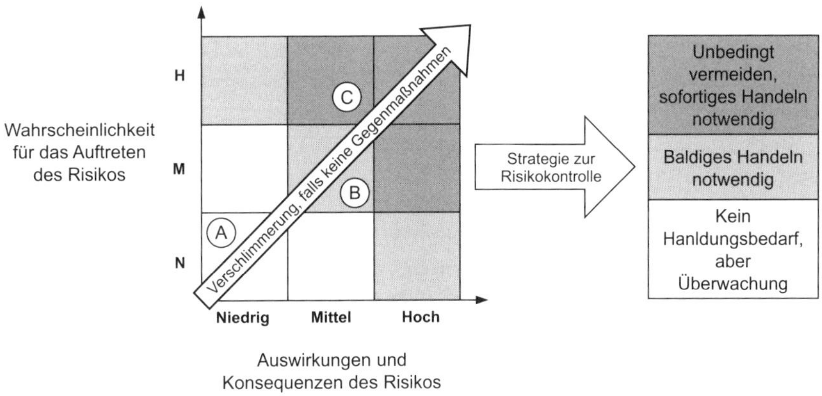

Abbildung 116
Das Risikoanalysediagramm zeigt Vorschläge zur Risikovermeidung und Handlungsschritte

Tipps und Anregungen

- Präventiv- und Schadensbegrenzungs-Maßnahmenplan („Disaster Recovery and Contingency Planning") sind Teil einer umfassenderen Risikobetrachtung. Sie befassen sich mit den Maßnahmen, wenn ein Unglück passiert ist, und mit Präventivmaßnahmen.

- Eine andere Sichtweise für Risiken ist die Balance zwischen Vorsicht und Mut. Abbildung 117 stellt den Balanceakt dieser zwei gegensätzlichen Kräfte dar. *Mut veranlasst dazu, eine Entscheidung zu treffen. Die Vorsicht ist die Motivation, die Sie von der Entscheidungsfindung abhält.* Es ist wichtig, dass Sie sich über Ihre eigenen Veranlagungen beim Treffen von Entscheidungen bewusst sind. Die richtige Balance hilft Ihnen, falsche Entscheidungen zu vermeiden. (Anmerkung: Balance ist einer der wesentlichen Aspekte guten Managements.)

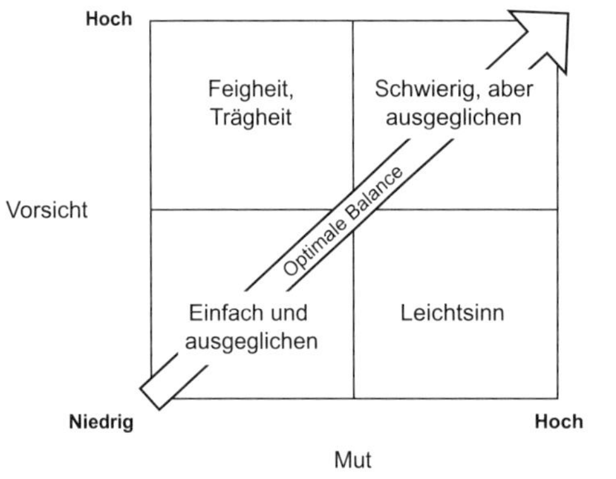

Abbildung 117
Mut und Vorsicht:
Balance wird benötigt

Exkurs zu Projektrisiken: Risikobereitschaft – Wie vergleichen Sie sich mit anderen?

Haben Sie sich jemals gefragt, wie risikobereit Sie sind? Zusätzlich zu den Risikokategorien in Tabelle 45 zeigt Ihnen die nachfolgende Aufzählung weitere Risikokategorien auf, die mehr auf eine natürliche Person ausgerichtet sind. Machen Sie den Test und vergeben Sie für Ihr Risikoprofil Punkte von 1 bis 10 (1 ist sehr risikovermeidend).

- *Physikalische Risiken* – Aktivitäten, die ein Verletzungsrisiko beinhalten. Fahren eines Motorrads, Wildwasser-Rafting, Bergsteigen oder Fallschirmspringen sind einige Beispiele.
- *Karriere-Risiken* – z. B. Jobwechsel, die Aufnahme neuer Verantwortung oder ein Streben nach Beförderung.
- *Finanzielle Risiken* – Sie riskieren Ihren finanziellen Spielraum für Investitionen, Kreditaufnahmen oder Kreditgewährung.
- *Soziale Risiken* – z. B. sich einer fremden Person in einer unbekannten sozialen Situation selbst vorzustellen, auch mit dem Risiko, sich zu blamieren.
- *Intellektuelle Risiken* – der Wille, eine schwierige Thematik zu erlernen oder zu studieren, Informationen nachzugehen, die Ihre Urteile in Frage stellen, oder das Lesen eines intellektuell herausfordernden Buches.

- *Kreative Risiken* – z. B. Malen, Zeichnen, Teilnehmen an einem Schreibwettbewerb oder das Verfolgen eines unkonventionellen Designs.
- *Beziehungsrisiken* – der Wille, eine neue Beziehung einzugehen, Zeit mit jemandem zu verbringen trotz unsicheren Ausgangs oder sich fest zu einer Beziehung zu bekennen.
- *Emotionale Risiken* – der Wille, emotional verwundbar zu sein.
- *Spirituelle Risiken* – der Wille, Konzepten zu vertrauen, welche nicht überprüfbar sind oder die nicht vollständig verstanden werden.

Auch wenn es interessant ist zu wissen, wie Ihre Risikobereitschaft mit der von anderen vergleichbar ist: Lassen Sie sich nicht zu sehr beeinflussen. Wie Sie mit anderen vergleichbar sind, ist nicht entscheidend, da Ihre Auffassung zählt und Sie die Konsequenzen tragen werden.

Wir können durch Beobachten von anderen lernen, aber der Vergleich mit anderen ist in diesem Fall nicht hilfreich. Ihre natürliche Risikobereitschaft ist das Ergebnis einer Vielzahl an Faktoren und Einflüssen, die Sie während Ihres Lebens erfahren haben; sie ist daher einzigartig und nicht vergleichbar.

Zehn typische Projektrisiken

Denken Sie zurück an Projekte, die gut oder nicht so gut verliefen. Von allen können Sie nützliche Anhaltspunkte über potenzielle Risiken erhalten. Ziehen Sie die folgenden zehn typischen Projektrisiken für Ihr nächstes Projekt in Betracht.

1. *Unbekannte Stakeholder* sind Personen, welche Einfluss auf die Richtung, das Ergebnis, die Ressourcen oder die zeitliche Abfolge des Projekts nehmen können, ohne dass das Projektteam davon Kenntnis hat.
2. *Unerwarteter Widerstand* geht meist über das normale Maß an Widerstand hinaus. Wie Sie sich vorstellen können, sind unbekannte Stakeholder oft die Quelle unerwarteten Widerstands.
3. *Externe Ereignisse* können jedes Projekt tiefgreifend beeinflussen. Eine Fusion oder ein Aufkauf zum Beispiel können ein Projekt schnell beenden.
4. Von der „Chemie" wird gesprochen, wenn es darum geht, wie gut ein Team miteinander arbeitet. *Schlechte Chemie im Team* kann zu höchst negativem Verhalten führen und den Erfolg jedes Projekts aufs Spiel setzen.
5. *Verspätungen* verursachen generell Chaos im Projektplan und führen zu Zeitdruck in den Projektaktivitäten.
6. *Unklare Projekt- und Zieldefinitionen* führen zu einem unklaren Verständnis, was das Projekt erreichen soll. Ohne dieses Verständnis und die klare Marschrichtung werden Sie Ihr Ziel auch nicht erreichen.
7. *Ein Fehlen von* vorzeigbaren *Fortschritten* kann den Anschein erwecken, dass das Projekt nicht ernsthaft geführt wird, selbst wenn dies nicht der Fall ist.

Projektteams sollten ihre Leistungen nicht zurückhalten. Planen Sie insbesondere bei großen Projekten wenigstens nach je 90 Tagen einen Meilenstein ein und stellen Sie sicher, dass alle wichtigen Personen vom Erreichen der Ziele wissen.

8. Die *Änderung der Geschäftsführung* kann eine Richtungsänderung des Projekts oder sogar dessen Abbruch bedeuten.
9. *Engpässe* treten oft bei großen und langen Projekten auf. Der Verlust eines Teammitglieds für einen bestimmten Zeitraum kann die Dynamik und Produktivität des Teams verschlechtern.
10. *Ineffektive Kommunikation* führt immer zu Problemen und macht möglicherweise die Ergebnisse des Projekts unvorhersehbar. Stellen Sie sicher, dass die Kommunikation in alle Richtungen verläuft. Damit können noch unbekannte Stakeholder gefunden und unerwarteter Widerstand identifiziert werden, das Projektteam kann sich auf das Unerwartete vorbereiten.

Bibliografie: McCormick, Russell-Jones

6.15 Schwerpunktmatrix

Zweck und Absicht (Warum und wann anwendbar?)

Die Schwerpunktmatrix soll den Prozess des Findens der „besten Option“ oder von „besten Prioritäten“ vereinfachen. Das Tool wird idealerweise zum Vergleich oder zur Priorisierung einer unüberschaubaren Anzahl von Zahlen eingesetzt. Zur Entscheidungsfindung in Projekten oder innerhalb des Strategiekontexts wird typischerweise eine 2×2-Matrix verwendet.

Funktion und Aufgabe (Wie funktioniert es?)

Die Schwerpunktmatrix bietet eine visuelle Leitlinie zur Priorisierung oder Entscheidungsfindung. Es ist wichtig zu verstehen, dass eine Matrix eine vereinfachte Sicht der Realität darstellt und daher nicht vollständig und nicht perfekt ist. Zwei unterschiedliche Kriterien werden auf der X- und Y-Achse gegenübergestellt und die verschiedenen Optionen dann innerhalb der 2×2-Matrix positioniert und dargestellt.

Anleitung (Wie gehe ich vor?)

- Entscheiden Sie sich für eine angemessene Bezeichnung der Achsen. Es ist schwierig, die „beste Kombination“ im Voraus zu definieren. Verwenden Sie hierfür verschiedene Kombinationen von Bezeichnungen und prüfen Sie, wie sich die Position der Option und die abzuleitende Aussage verändern. Typische Kategorien sind:

- Wichtigkeit (Auswirkungen, Konsequenzen)
- Dringlichkeit (Zeit)
- Risiko
- Gewinn, Umsatz, ROI
- Durchführbarkeit/Machbarkeit
- Priorität
- Attraktivität (Kosten vs. Nutzen)
- Umsetzbarkeit, Schwierigkeitsgrad der Implementierung (Zeit, Risiko, Komplexität usw.)
- Nachhaltigkeit
- Effektivität/Wirksamkeit
- Sicherheit, Gewissheit
- Auswirkung (€, % usw.)
- Komplexität der Entscheidung

- Entscheiden Sie, wo sich „hoch" und „niedrig" auf der Achse befinden. Bleiben Sie konsistent in der Bezeichnung. Es hat sich als hilfreich erwiesen, jeden Quadranten mit z. B. „A bis D" oder „1 bis 4" zu kennzeichnen.
- Klären Sie die Bedeutung jedes Quadranten in der 2×2-Matrix in ein bis zwei einfachen Sätzen.
- Listen Sie alle Optionen auf und entscheiden Sie für sich, welche Option in welchen der vier Quadranten gehört. Dies ist die wirkliche Herausforderung und Schwierigkeit des Tools. Lassen Sie die Gruppe entscheiden, wo die Optionen platziert werden sollen (falls die Mitglieder der Gruppe in der Lage und Position sind, Entscheidungen zu treffen). Die Diskussionen und Argumentationen für das Positionieren der Option innerhalb der Matrix machen dieses Tool so wertvoll.

Tipps und Anregungen

- Optionen, die zur Entscheidung oder Auswahl stehen, können sein: Projekte, Software-Pakete, Personalentscheidungen, Investitionen, Maschinen, Service-Provider usw., eigentlich alles, was eine Entscheidung benötigt.
- Verwenden Sie dieses Tool in Kombination mit Tools wie Risikoanalyse, Entscheidungsbaum oder Argumentewaage, um eine solide Basis für Entscheidungen zu erhalten.
- Nutzen Sie im Anschluss das Next-Steps-Tool (Abschnitt 7.6).

Beispiele und Vorlagen für Schwerpunktmatrices

Die *Gewissheit-Wichtigkeit-Matrix* (Abbildung 118), abgeleitet von Mitroff und Linstone, kann verwendet werden, um Gewissheit und Wichtigkeit gegenüberzustellen. Was ist wichtig und unwichtig, was wissen Sie mit Gewissheit (oder einer gewissen Sicherheit)? Stellen Sie sicher, dass Sie unsichere, aber sehr wichtige Vermutungen nicht übersehen.

Abbildung 119 zeigt die Kombination von *Effizienz und Nachhaltigkeit*. Effizient = ist es das beste Input-Output-Verhältnis? Nachhaltigkeit = wird es andauern und wie lange können Sie es erhalten? Eine Option könnte zwar effizient sein, aber nicht nachhaltig. Eine andere Option könnte dagegen ein effizientes Input-Output-Verhältnis haben, aber nicht lange „überleben".

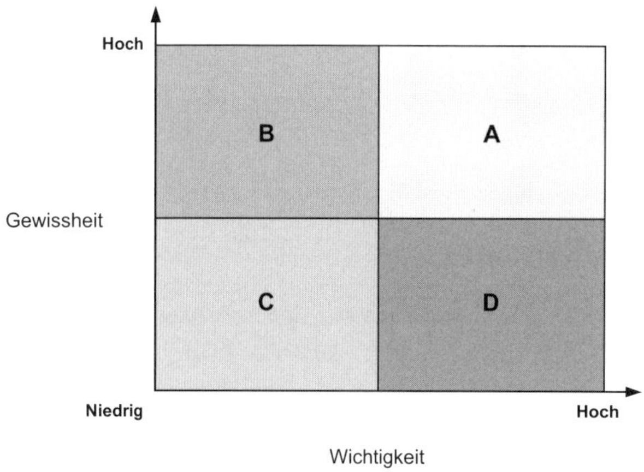

Abbildung 118 Gewissheit – Wichtigkeit

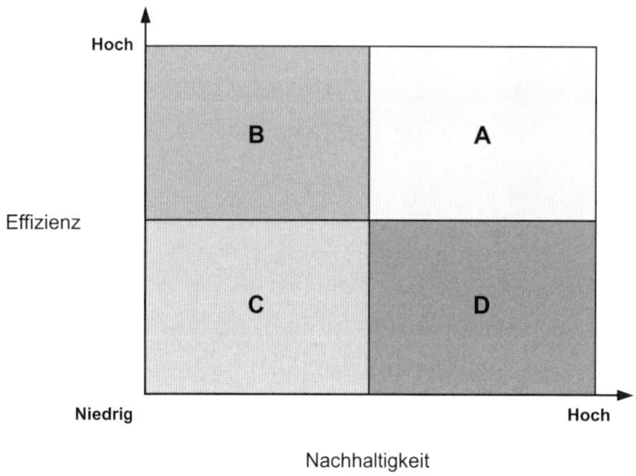

Abbildung 119 Effizienz – Nachhaltigkeit

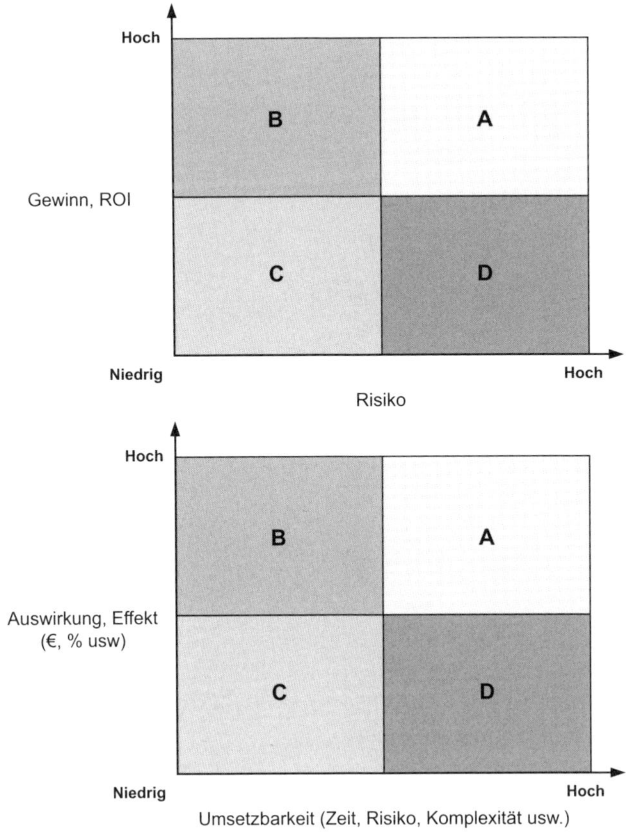

Abbildung 120
Gewinn – Risiko, Auswirkung – Umsetzbarkeit sind typische Matrices für Projekt- oder Investitionsentscheidungen

Die *Gewinn-Risiko-Matrix* (Abbildung 120) und die *Attraktivität-Umsetzbarkeit-Matrix* (Abbildung 121) werden typischerweise in Projekt- bzw. Investionsentscheidungs-Situationen eingesetzt. Sie helfen bei der Entscheidungsfindung, jedoch nicht bei der Verminderung der persönlichen Verantwortung, die Sie mit Ihren Entscheidungen übernehmen.

Die *Attraktivität-Umsetzbarkeit-Matrix* kann für viele verschiedene Situationen eingesetzt werden; je nachdem, welche Achsenbezeichnungen Sie für z. B Umsetzbarkeit wählen und wie Sie diese messen wollen. Messen Sie Umsetzbarkeit als Risiko, Zeit, Komplexität o. Ä.

Besonders wenn es Kapazitätsbeschränkungen (z. B. Budget, Zeit, Produktionskapazität o. Ä.) gibt – und die gibt es eigentlich meistens – „schafft nicht jede Option die nächste Runde“. Die *Priorität-Kosten-Matrix* hilft bei der Entscheidung. Im Beispiel bekommen Option A und D die Genehmigung, B wird abgelehnt, C muss nochmals überdacht werden (Abbildung 122).

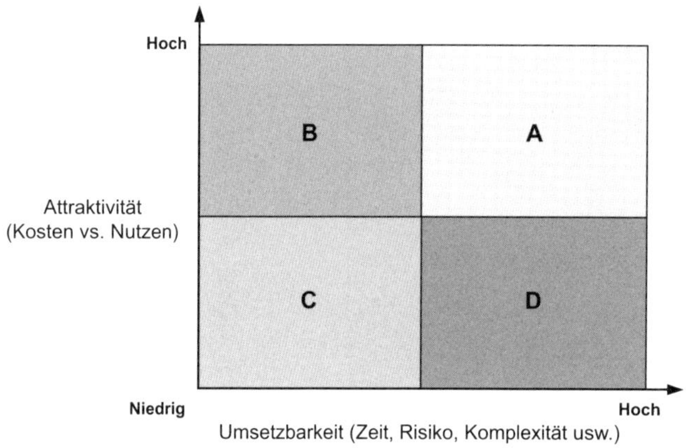

Abbildung 121
Attraktivität – Umsetzbarkeit. Jede Bezeichnung auf der Achse kann nach verschiedenen Kriterien bewertet werden.

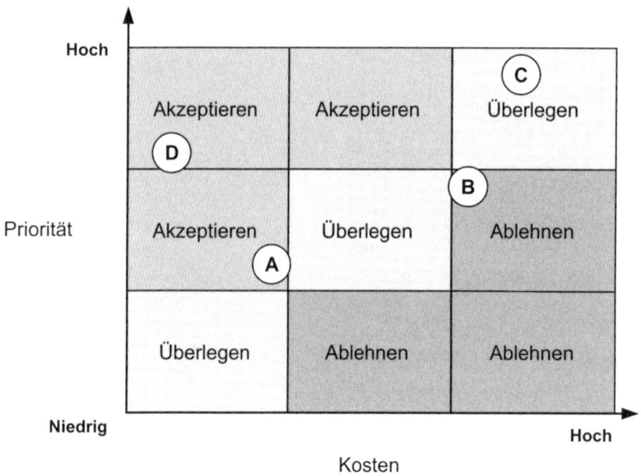

Abbildung 122
Optionen A und D erhalten die Zustimmung, B wird abgelehnt, C muss nochmals überdacht werden

Abbildung 123 zeigt ein Tool, das oft im Zeitmanagement-Zusammenhang genutzt wird und manchmal als Eisenhower-Prinzip bezeichnet wird.

Nachdem Sie alle Aufgaben (und Optionen) in den vier Quadranten in Abbildung 123 kategorisiert haben, folgen Sie den Empfehlungen:

- *A-Frage:* „Was muss umgehend erledigt werden?" Handeln Sie umgehend selbst, denn dies sind Aktivitäten, die Ihren persönlichen Einsatz erfordern.
- *B-Frage:* „Was sollte ich nicht tun, oder was muss eher durch jemand anderen getan werden?" Geben Sie dieser Frage Ihre Aufmerksamkeit, jedoch lediglich für einen kurzen Zeitraum, da sie dringend, aber nicht wichtig sind. Überprü-

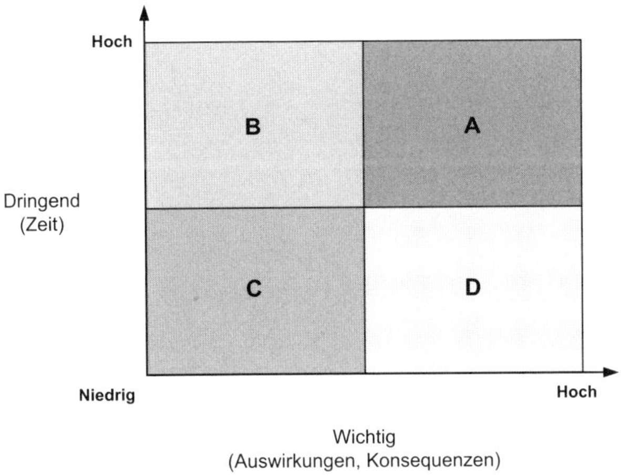

Abbildung 123
Das Eisenhower-Prinzip (wichtig – dringend) ist ein bedeutendes Tool für das Zeitmanagement

fen Sie nach gewisser Zeit und weisen Sie eventuell neu zu. Dies sind „Delegieren-, Standardisieren-, Rationalisieren-, Reduzieren- oder Stopp"-Aktivitäten.

- *C-Frage:* „Wo verschwenden Sie Zeit? Was ist trivial, unwichtig, unnötig und nicht dringend?" Es handelt sich um „Dies sollte ich ignorieren"-Aktivitäten. Haben Sie Mut zum Risiko – verwenden Sie den Papierkorb!
- *D-Frage:* „Worauf sollte ich besonderen Wert legen und wie gehe ich es am besten an?" Planen Sie in mittleren bis langen Zeitabständen und stellen Sie sicher, dass Sie Ihren Plan in die Realität umsetzen.

Querverweis zu Tools in diesem Buch

Next Steps (Abschnitt 7.18), Risikoanalyse (Abschnitt 6.14), Entscheidungsbaum (Abschnitt 6.2), Argumentewaage (Abschnitt 6.4).

Bibliografie: Russell-Jones, Nagel, Glass, Elkin, Grundy, Mitroff/Linstone

7 Projektmanagement-Tools

Zweck der Kategorie	Name des Tools oder der Technik	Seite	Benutzerfreundlichkeit	Aufwand/ Nützlichkeit
Projektmanagement	Projektauftrag	333	☺☺	☺☺
	LogFrame	337	☺	☺☺
	Programmplan	342	☺☺	☺☺☺
	Projektstrukturplan (PSP)	345	☺☺	☺☺☺
	Gantt-Chart-Terminplan	349	☺☺☺	☺☺☺
	Projektarbeitsauftragsplan	350	☺☺	☺☺
	Projektumfeldanalyse (PUMA)	351	☺☺	☺☺
	Projektorganisation	354	☺	☺☺
	Projektmanagementrollen und -verantwortlichkeiten	356	☺☺	☺☺
	Projekt-Kommunikationsplan	359	☺	☺☺
	Verantwortlichkeiten-Matrix (CIDA)	363	☺☺	☺☺
	Stakeholder-Kommunikation	366	☺	☺☺
	Workshop	367	☺☺	☺☺
	Revision der Erwartungen	369	☺☺☺	☺☺☺
	Booz-Ball-Bewertung	371	☺☺☺	☺☺☺
	6 Denkhüte	372	☺☺	☺☺
	Next Steps	374	☺☺☺	☺☺☺
	Fähigkeiten-Radar	375	☺☺	☺☺

Das Kapitel „Projektmanagement-Tools" ist eine Zusammenstellung von Tools zum Steuern, Kontrollieren und Managen von Projekten.

Dieses „Problemlösungsbuch" bietet Ihnen auch ein Kapitel zu Projektmanagement (PM), weil die Mehrzahl von Problemen in einer projektbasierten Umgebung stattfindet.

Machen Sie sich bewusst, welche Ihrer Aktivitäten Teil des Problemlösungszyklus und welche Teil des Projektlebenszyklus sind. Es kann manchmal verwirrend sein, ist jedoch wichtig, dies unterscheiden zu können (siehe dazu Makro-Logik-Projektzyklus – Mikro-Logik-Problemlösungszyklus, Abschnitt 2.1.5.)

Nicht jedes Tool und jede Technik, die im Projektmanagement-Kontext verwendet werden kann, ist in diesem Kapitel zu finden. Viele der auf Projektmanagement bezogenen Tools finden Sie in anderen Kapiteln dieses Buches, z. B. Situationsdefinition, da sie nicht ausschließlich im Projektmanagement angewandt werden.

Projektmanagement hat sich darüber hinaus zu einer eigenständigen Disziplin entwickelt. Das Beherrschen des Projektmanagements ist immer mehr ein Erfolgsfaktor für die Problemlösung.

Die Tools und Techniken in diesem Kapitel repräsentieren einige der Basis-PM-Tools – mit dem Schwerpunkt auf der Planung eines Projektes. Verwenden Sie diese als Ausgangspunkt für Ihre Projektmanagement-Aktivitäten.

7.1 Projektmanagement – Prozess, Ablauf und Tools

7.1.1 Kernaktivitäten und Tools des Projektmanagements

Es gibt viele verschiedene Projektmanagementabläufe, -definitionen, -methoden und -verbände, die alle Variationen einer eigentlich einfachen Sache „predigen". Die Tabelle 46 stellt die Kernaktivitäten des Projektmanagements dar und schlägt Tools vor, die typischerweise zum Einsatz kommen.

Die Tabelle unterteilt dabei die Kernaktivitäten in die vier Mikro-Projektzyklus-Schritte (siehe Abschnitt 2.1.5):

- Initiierung
- Planung
- Ausführung und Kontrolle
- Abschluss

Um eine „komplettere" Übersicht über alle relevanten Aktivitäten und Tools in der Anfangsphase eines Projektes zu erhalten, empfehle ich das Szenario Projekt-/ Problemdefinition (Abschnitt 9.2) und Abbildung 13 auf Seite 39.

7.1.2 Schlüsselbegriffe des Projektmanagements

Damit Sie klar und eindeutig kommunizieren können, folgt hier eine Kurzübersicht von wichtigen PM-Begriffen (viele dieser Kurzdefinitionen sind dem Projektmanagement-Glossar des Projekt-Magazins entnommen):

- *Projektidee,* manchmal auch -Konzept oder -Vorschlag, skizziert die vorgeschlagene Idee und beinhaltet Projekttitel, Beschreibung der Idee, Anstoß für die Projektidee, empfohlenes Vorgehen sowie betroffene Unternehmensbereiche.
- *Projektauftrag* beinhaltet die Beschreibung des Projektziels und der Ergebnisse des Prozesses der Projektauftragsentwicklung und wird auch als Projektverein-

Tabelle 46 PM – Aktivitäten, Ablauf und Tools
(Quelle: Burghardt, Kostka, WEKA; Projektmagazin, Haberfellner, PMI, erweitert durch den Autor)

	Kernaktivität des Projektmanagements	Empfohlene Tools und/oder Dokumente
Initiierung		
1.	Problem erkennen, Projektmotivation, Projektauftragsklärung, und Projektfreigabe	Projektidee/-konzept/-vorschlag Business Case Programm-Management Problemdefinition (Abschnitt 3.1.1) Projektauftrag (Abschnitt 7.2) LogFrame (Abschnitt 7.3) Projekt-Charta (Abschnitt 4.4)
2.	Projekt- und Aufgabendefinition (siehe auch Anhang A und B für Kontrollfragen und Szenarien)	Verschiedene Tools der Kategorie Situationsdefinition Projekt-Charta (Abschnitt 4.4)
3.	Festlegen der Projektorganisation und des groben Projektes	Projektgrobplan
4.	Aufwands- und Kostenschätzung, Business Case	Business Case
Planung		
5.	Projektbildung und -definition; Zerlegen des Projektes	
	• Problemdefinition	Verschiedene Tools der Kategorie Situationsdefinition
	• Scope-Definition	Verschiedene Tools der Kategorie Situationsdefinition
	• Identifikation von Stakeholdern	Verschiedene Tools der Kategorie Situationsdefinition
6.	Definition der Arbeitspakete – Aufgabenplanung	Projektstrukturplan (Abschnitt 7.5) Projektarbeitsauftragsplan (Abschnitt 7.7)
7.	Festlegen der sachlogischen Reihenfolge der Arbeitspakete	Projektablaufplan
8.	Terminplanung aufstellen	Gantt-Chart (Abschnitt 7.6)
9.	Projektumfeld analysieren	Projektumfeldanalyse (PUMA) (Abschnitt 7.8)
10.	Personaleinsatzplan/Ressourcenplan aufstellen	Ressourcenplan
11.	Kostenplan abschätzen	Kostenplan Kostenkalkulation Budgetkalkulation Business Case
12.	Projektrollen und Verantwortungen festlegen	PM-Rollen und PM-Verantwortlichkeiten (Abschnitt 7.10) Verantwortlichkeiten-Matrix (CIDA) (Abschnitt 7.12)

Tabelle 46 PM – Aktivitäten, Ablauf und Tools
(Quelle: Burghardt, Kostka, WEKA; Projektmagazin, Haberfellner, PMI, erweitert durch den Autor) *(Fortsetzung)*

	Kernaktivität des Projektmanagements	**Empfohlene Tools und/oder Dokumente**
13.	Projektorganisation aufstellen	Projektorganisation (Abschnitt 7.9)
14.	Risiken abschätzen	Risikoanalyse (Abschnitt 6.14) Risiko-Managementplan
15.	Betriebsmittelplan aufstellen	Betriebsmittelplan
16.	Dokumentations- und Informationsplanung	Dokumentationsplan
17.	Qualitätsplanung	Qualitätssicherungsplan
18.	Vertragsmanagement	Anforderungskatalog – Pflichtenheft (Abschnitt 5.2.7)
19.	Kommunikation planen	Projekt-Kommunikationsplan (Abschnitt 7.11)
20.	Projektdokumentation und Zusammenfassung	Projektauftrag (Abschnitt 7.2) LogFrame (Abschnitt 7.3) Projekthandbuch (Project Definition Report (PDR))
21.	Kick-off-Meeting durchführen	Kick-off-Agenda
Realisierung, Aus-/Durchführung und Kontrolle		
22.	Management der täglichen Projektarbeit	Projektarbeitsauftragsplan (Abschnitt 7.7) Next Steps (Abschnitt 7.18)
23.	Berichterstattung von Soll-Ist-Abweichungen	Projektstatusbericht
24.	Management potenzieller Risiken und Notfallpläne, damit Risiken nicht zu Problemen werden	Risikoanalyse (Abschnitt 6.14)
25.	Eskalationsmanagement (von Risiken und Problemen)	Projektstatusbericht
26.	Management der Anpassungen der Aufgabenstellung während der Laufzeit des Projektes (Scope und Change Control)	Change Request/Änderungsanträge
27.	Management der internen und externen Kommunikation	Projekt-Kommunikationsplan (Abschnitt 7.11) Stakeholder-Kommunikation (Abschnitt 7.13)
28.	Management der Dokumentation	Dokumentations-Standards
29.	Qualitätsmanagement	Qualitätsplan
30.	Zeit- und Kostenerfassung (Time and Finance Tracking)	
31.	Erfassen von kurz- und langfristigen Gewinnen, Kosteneinsparungen und andere Leistungsindikatoren (Benefits T racking)	Business Case Benefits Tracking

Tabelle 46 PM – Aktivitäten, Ablauf und Tools
(Quelle: Burghardt, Kostka, WEKA; Projektmagazin, Haberfellner, PMI, erweitert durch den Autor) *(Fortsetzung)*

	Kernaktivität des Projektmanagements	**Empfohlene Tools und/oder Dokumente**
32.	Kostenmanagement von Controllingzahlen, Budgets, Kosten und Leistungsindikatoren	Budget-Revision
Abschluss		
33.	Vorbereitungen zur Projektübergabe	Checklisten
34.	Projektabnahme und -übergabe	
35.	Evaluierung des Projektes bzw. Projektphase	Projektabschlussbericht Revision der Erwartungen (Abschnitt 7.15) Booz-Ball-Bewertung (Abschnitt 7.16) 6 Denkhüte (Abschnitt 7.17)
36.	Erfahrungssicherung	6 Denkhüte (Abschnitt 7.17)
37.	Projekt und Projektorganisation auflösen	

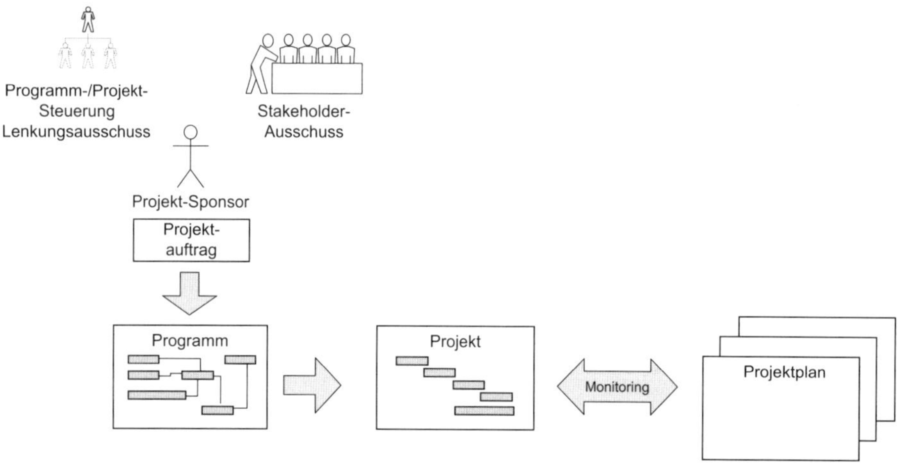

Abbildung 124 „Wie passt alles zusammen?“

barung bezeichnet. Im Englischen kommt der Begriff dem der Project Charta sehr nahe. Ich verwende ebenfalls den Begriff Charta (Abschnitt 4.4), wobei der Schwerpunkt auf der Vereinbarung zur Problemlösung liegt und nicht auf dem Projekt.

- *Projektplan* ist gemäß DIN 69905 die „Gesamtheit aller im Projekt vorhandenen Pläne“ und besteht mindestens aus:

- Projektstrukturplan (PSP, engl. WBS), der den Projektgegenstand und das Ergebnis definiert. Es ist die vollständige hierarchische Darstellung aller Elemente (Teilprojekte, Arbeitspakete) der Projektstruktur als Diagramm oder Liste (DIN 69901-5), (Abschnitt 7.5).
- Terminplan (als Tabelle, Netzplan oder Balkenplan), der die zeitliche Dimension festlegt, also den Aufwand und die Dauer der Arbeitspakete.
- Kostenplan, der die aus dem Aufwand und dem Ressourcenplan resultierenden Kosten abschätzt.
- Projekt, Projektstrukturplan, der unabhängig von seiner Darstellung folgende Aufgaben hat:
  - schafft ein Gerüst für Projektmanagementaufgaben
  - vollständige Darstellung des Projektgegenstands
  - Definition des Projektziels bzw. Überprüfung der Zieldefinition (siehe auch Projektauftrag)
  - Bestimmen aller zum Projekt gehörenden Arbeitspakete (Kostenträger)
  - Ordnen und Strukturieren der Arbeitspakete in einer geeigneten Systematik (Kostenträgerstruktur)
  - Aufstellen der Gliederung für alle Projektdokumente (Pflichtenheft, Berichte usw.)

- *Projektstrukturierung* kann neben der aktivitätsorientierten Struktur (siehe Projektstrukturplan) auch Organisations-, Kosten-, Informations- und Dokumentationsstrukturen beinhalten. Es wird zwischen Stabs-/Matrix- und einer reinen Projektorganisation unterschieden.
- *Projektablaufplan* beschreibt den geplanten logischen Verlauf und zeitlichen Ablauf sowie die Sequenzen von einzelnen Arbeitspaketen aus der Baumstruktur des Projektstrukturplans. Ein Netzplan ist das grafische Modell des Projektablaufs.
- *Projekt-Netzplan* ist eine grafische oder tabellarische Darstellung von Abläufen und deren Abhängigkeiten. Es gibt verschiedene Varianten. Der Netzplan visualisiert lediglich die Anordnungsbeziehungen zwischen den Vorgängen. Anders sind Balkendiagramme, die alle Elemente in ihrer zeitlichen Abfolge über eine Zeitachse anordnen. Typische Meilenstein- oder Knoten-Netzpläne werden in PERT-Diagrammen oder mit der Critical Path Method (CPM) dargestellt.
- *Projekt-Ressourcenplan* verwendet die im Projektstrukturplan definierten Arbeitspakte und ordnet diese dann den Ressourcen zu. Es wird typischerweise ein Säulendiagramm zur Darstellung der personellen, maschinellen oder finanziellen Engpässe während des Projektes verwendet.

- *Projektkapazitätsplan* verwendet den Ressourcenplan und Terminplan und versucht, die Auslastung der Ressourcen entsprechend auszubalancieren.
- *Projektorganisation* ist laut DIN 69901 die „Gesamtheit der Organisationseinheiten und der aufbau- und ablauforganisatorischen Regelungen zur Abwicklung eines bestimmten Projektes, inkl. Gremien und Führungs- und Entscheidungsstrukturen"(Abschnitt 7.9).
- *Projektumweltanalyse* untersucht die Gesamtheit aller externen Faktoren und somit mehr als die Stakeholderanalyse (Abschnitt 3.1.12)
- *Projektkommunikationsplan* (Abschnitt 7.11) plant und steuert die interne und externe Kommunikation
- *Stakeholder-Kommunikation* (Abschnitt 7.13)
- *Projekthandbuch* beinhaltet mindestens und typischerweise: die Projektbegründung, den Auftrag (intern oder exten), das Lastenheft, Pflichtenheft, den Projektstrukturplan, die Netzpläne, Ablaufpläne, Anforderungskataloge (z. B. für Bewertungskriterien zu Ausschreibungen), Kostenpläne, vereinbarte Meilensteine des Projekts, die Beschreibung des Projektinformationssystems, Abnahmevereinbarungen und Gewährleistungsbedingungen.

(Quelle: Dr. Georg Angermeier – www.projektmagazin.de/glossar)

7.1.3 Warnsignale für Projektmanagement-Risiken

Hier sind typische kritische Projektereignisse aufgelistet, die erhebliche Auswirkungen auf den Projektverlauf oder das Projektergebnis haben können. Halten Sie also nach folgenden Warnsignalen Ausschau und verwenden Sie die entsprechenden Tools aus den Kategorien Projektmanagement und Situationsdefinition:

- Unvollständige Teilnehmerliste zu Projektbeginn/zum Kick-off oder sogar unbekannte Stakeholder, die im Hintergrund agieren – die Stakeholderanalyse ist nicht komplett.
- Change-Management fehlt oder wurde zu spät aufgesetzt – Mitarbeiter und Projektteilnehmer sind ungenügend vorbereitet und verweigern die Unterstützung. Es können auch unbekannte Stakeholder dahinterstecken.
- Externe Einflüsse oder Ereignisse, z. B. eine Fremdakquisition oder andere Projekte, können ein Projekt redundant machen. Wissen Sie über alle relevanten Projekte Bescheid?
- Projektteilnehmer sind nicht integriert – ungenügende Teambildungs-Maßnahmen vor und während des Projekts.
- Projektteilnehmer sind überarbeitet – Projektbesetzung ist unzureichend und/oder Projektorganisation ist nicht angemessen.

- Projektumfang muss geändert werden – entweder wurde er unzureichend definiert oder das Projektumfeld hat sich geändert, z. B. durch neue strategische Ausrichtung, Budgetkürzung usw.
- Verzögerungen und Widerstände innerhalb der PM-Prozesse durch unterschiedliche PM-Methoden (PMI, PMBOK, Prince2) oder deren unterschiedliche Akzeptanz.
- (Linien-)Management wurde nicht rechtzeitig und umfangreich eingebunden, daher kein Buy-in und keine Unterstützung – Stakeholder-Erwartungsmanagement, Change-Management, Projekt-Kommunikation, Programmplan (Programm-/Portfolio-Management), oder Einbindung des Top-Managements in den Business Case sind unzureichend.
- Es tauchen „plötzlich" Projekte im Umfeld auf, die ähnliche oder konfliktgeladene Ziele verfolgen – das Projektportfolio wurde nicht richtig prioritisiert. Welche Stakeholder dominieren hier Ihre Interessen?
- Mitarbeiter/Betriebsrat boykottieren das Projekt und/oder das Projektergebnis – Stakeholder-Erwartungsmanagement und Change-Management sind unzureichend.
- Vorhersehbare Risiken sind eingetreten – unzureichende und rechtzeitige Risikoanalyse und Risiko-Management (Mitigation Management). Mitigation-Management befasst sich mit den Schritten zur Risikokontrolle und Risikovermeidung (siehe Tabelle 45 und Abbildung 116 im Tool Risikoanalyse (Abschnitt 6.14).
- Qualifikation/Motivation von Mitarbeitern ist dürftig – keine ausreichende Evaluierung der benötigten und vorhandenen Projektkompetenzen.
- Mitarbeiter weisen Aufgaben ab – unzureichende Klärung zu Verantwortlichkeiten oder Überschneidungen von Rollen und Zuständigkeiten.
- Es gibt eine lange Historie an gescheiterten Projekten und die „Geier warten schon". Haben Sie das Projektumfeld richtig eingeschätzt und verstanden?

(Quelle: WEKA, www.themanager.org, erweitert durch den Autor)

Schauen Sie sich auch die Liste der Projektrisiken im Tool Risikoanalyse (Abschnitt 6.14).

7.2 Projektauftrag

Zweck und Absicht (Warum und wann anwendbar?)

Dieses Tool hilft Ihnen, vor Beginn der Projektarbeit in den Teilprojekten, den Projektauftrag sorgfältig zu klären und zu definieren. Der Projektauftrag ist eine erste, frühe Zusammenfassung des Projekts. Manchmal wird auch der Begriff Projektsteckbrief verwendet.

Der Projektauftrag legt seinen Schwerpunkt auf die Definition des Projekts. Das konzeptionell entsprechende Tool wäre die Problemdefinition (Abschnitt 3.1.1) mit dem Schwerpunkt auf der Definition des Problems. Seien Sie sich also der potenziellen Überschneidung bewusst.

Funktion und Aufgabe (Wie funktioniert es?)

Ein Projektauftrag dokumentiert die essenziellen Elemente und Aspekte eines Projekts in seiner frühen Phase. Er gibt eine Anleitung und definiert, was zu tun ist. Im Englischen wird er deswegen u. a. als Project Definition Report (PDR) bezeichnet.

Anleitung (Wie gehe ich vor?)

Idealerweise existiert bereits eine Projektidee, ein Projektkonzept oder eine Art Vorschlag, die Sie als Input und Referenzen verwenden können. Definieren Sie dann die folgenden Aspekte bezüglich des Projekts:

- Zielbeschreibung/Zielsetzung
  - Was soll mit dem Projekt erreicht werden? Welcher konkrete Nutzen entsteht?
  - Wie kann das Projektziel exakt definiert werden?
  - Was sind die Teilziele?
  - Was sind die Kommunikationsziele bezüglich des Projekts?
  - Wie lässt sich das Projekt möglichst exakt beschreiben?
- Verantwortung
  - Wer trägt die Verantwortung für das Projekt?
  - Wer überwacht das Budget?
  - Wer sind die Mitglieder des Lenkungs-/Steuerungsausschusses? (Sie können Sie das Projektorganisation-Tool (Abschnitt 7.9) verwenden.)
- Auftraggeber
  - Wer ist der verantwortliche Auftraggeber?
  - Wer ist weisungsbefugt?
  - Welche konkreten Erwartungen hat der Auftraggeber? (Sie können das Stakeholder-Erwartungsmanagement (Abschnitt 3.1.14) verwenden.)

  - Wie ist er in die Arbeit der Projektgruppe eingebunden?
    (Sie können die folgenden Tools verwenden: Stakeholder-Übersicht (Abschnitt 3.1.13), Projektorganisation (Abschnitt 7.9), Projektmanagementrollen und -verantwortlichkeiten (Abschnitt 7.10))
- Durchführbarkeit
  - Gibt es bereits bekannte Ideen oder Lösungsansätze?
  - Welche Mittel und Teammitglieder werden benötigt, um das Projekt erfolgreich durchführen zu können?
  - Welches Budget und wie viele Teammitglieder stehen zur Verfügung?
  - Welche Fristen sind zu beachten?
  - Welche Gesetze, Vorschriften usw. sind zu beachten?
  - Welche Abhängigkeiten bestehen?
- Interessenklärung
  - Aus welchen Motiven und Interessen heraus soll das Projekt durchgeführt werden?
  - Welcher Nutzen soll aus dem Projekt entstehen?
  - Welche Vorteile und welche Nachteile sind bereits ersichtlich?
  - Wer ist die Zielgruppe des Projektes?
  - Wie hoch ist die Priorität des Projekts?
- Rahmenbedingungen
  - Was soll und darf verändert werden und was nicht?
  - Welche relevanten Rahmenbedingungen gibt es?
  - Gibt es schon feste Meilensteintermine?
- Erfolgsfaktoren
  - Wann gilt das Projekt als erfolgreich abgeschlossen?
  - Was sind die qualitativen und quantitativen Leistungsindikatoren? Woran erkennt man, dass das Projektziel erreicht wurde?
- Projektverwaltung
  - Projekttitel, Projektnummer
  - Stand-/Versionsnummer
  - Verantwortlicher Projektleiter
  - Datum
  - Projektvorschlag von ... (Antragsteller)

- Sachgebiet
- Teilnehmer am Projekt
- Kurzbeschreibung des Projekts
- Wichtige Termine (Start- und Endtermin)
- Budget/Kosten

Beispiel für ein Projektauftragsformular

Die Tabelle 47 stellt ein Beispiel dar und beinhaltet nicht alle Aspekte, die erwähnt wurden.

Tabelle 47 Projektauftragsformular

Projektauftrag				
Projektname/-Bezeichnung	Projekt-Nr.	Stand:	Version:	
Kurzbeschreibung				Starttermin
Zielbeschreibung				Endtermin
Kommunikationsziel				
Verantwortung				Projektmanager
Auftraggeber				Projektsponsor
Zielgruppe				Priorität (A,B,C)
Durchführbarkeit				Dauer
Interessen				Kosten
Rahmenbedingungen				Genehmigt durch
Erfolgsfaktoren				Datum
...	Antragsteller	gez. Projektmanager	gez. Projektsponsor	...

Tipps und Anregungen

- Stellen Sie sich vor, dass Sie die ursprüngliche Projektidee (auch Projektkonzept oder -Vorschlag) verstanden haben und diese im Projektauftrag korrekt übernommen wurde. Die Projektidee beinhaltet:
  - vorgeschlagener Projekttitel
  - kurze Beschreibung der Idee
  - ursprünglicher Anstoß für die Projektidee
  - empfohlenes weiteres Vorgehen
  - betroffene Unternehmensbereiche

Querverweis zu verwandten Tools in diesem Buch

Charta (Abschnitt 4.4), LogFrame (Abschnitt 7.3)

Bibliografie: Haberfellner, Kostka, Projektmagazin

7.3 LogFrame

Zweck und Absicht (Warum und wann anwendbar?)

Das LogFrame wurde in den 1980-er Jahren für die United States Agency for International Development (USAID) entwickelt und wird als Tool zur zielorientierten Projektplanung verwendet.

Das Tool wird im Englischen „Logical Framework Matrix", auch Goal Oriented Project Planning (GOPP) oder Objectives Oriented Project Planning (OOPP), genannt und steht für den ergebnisorientierten Ansatz.

Das LogFrame wird noch immer und hauptsächlich im Bereich von internationalen (Entwicklungs-/Hilfs-)Projekten und von internationalen Hilfsorganisationen und nichtstaatlichen bzw. Nichtregierungs-Organisationen zur Planung, Steuerung, Kontrolle und Evaluierung von Projekten und zur Projektierung eingesetzt. Die Deutsche Gesellschaft für Technische Zusammenarbeit (GTZ) GmbH hat das Tool verbreitet und bekannt gemacht.

Funktion und Aufgabe (Wie funktioniert es?)

Das LogFrame ist eine 4×4-Matrix, die einen einfach zu lesenden und trotzdem umfassenden Überblick über ein geplantes und/oder laufendes Projekt gibt. Es hilft bei der Planung in der Initiierungs- und Planungsphase, also auch zur Steuerung in der Realisierungsphase und zur Evaluierung in der Abschlussphase (siehe Tabelle 48).

Die 4×4-LogFrame-Matrix verwendet eine Top-down- und Bottom-up-Vorgehensweise, um alle sieben wichtigen Projektelemente und -aspekte mit bzw. gegeneinander auf Konsistenz zu überprüfen. Die sieben Projektelemente sind:

1. Gesamtziel – Was und welche Ergebnisse im Einzelnen erwarten Sie als Gesamtziel?
2. Zweck und Absicht – Warum tun Sie dies? Was wird beabsichtigt?
3. Ergebnisse und „Deliverables" – Welche sind die messbaren Ergebnisse?
4. Aktivitäten – Welche sind die notwendigen Aktivitäten, um die Ergebnisse zu liefern?
5. Überprüfbare Indikatoren für Erfolg – Wie werden Sie erkennen und messen können, dass es ein Erfolg ist?

6. Mittel, Quellen und Wege zur Prüfung – Wie werden Sie die Ergebnisse überprüfen können? Was müssen Sie dazu tun?

7. Annahmen (positiver) und Risiken (negativer Ausblick) – Welche Annahmen liegen dem Projekt zugrunde? Welches sind die Risiken, wenn sich diese Annahmen nicht bewahrheiten oder durchsetzen?

Tabelle 48 LogFrame

	Beschreibung	5. Überprüfbare Indikatoren für Erfolg	6. Mittel und Quellen zur Überprüfung	7. Annahmen und Risiken
1. Gesamtziele	Das höhere Gesamtziel, zu dem die Ergebnisse und Aktivitäten beitragen.	Beantwortet die Frage: Wurden bzgl. der Ziele Fortschritte gemacht? Was sind die messbaren Indikatoren?	Informationsbeschaffung – wie, wer und womit?	
2. Zweck und Absichten der gelieferten Ergebnisse	Welche spezifischen Absichten werden mit den gelieferten Ergebnissen erreicht? Wer profitiert davon? Was erreichen wir damit?	Indikatoren, die anzeigen, ob oder wie der Zweck und die Absichten der Ergebnisse erreicht werden.	Informationsquellen und wie die Ergebnisse berichtet werden.	Aspekte und Faktoren außerhalb des direkten Einflussbereichs, die jedoch einen Einfluss auf den Zweck der Ergebnisse und das Gesamtziel haben.
3. Messbare Ergebnisse	Ergebnisse und „Deliverables" aufgrund der geleisteten Projektaktivitäten.	Indikatoren, die die Frage beantworten: Werden die Ergebnisse in ausreichender Qualität und Quantität erreicht?	Informationsquellen und wie die Informationen beschafft werden, wer und womit und wie die Ergebnisse berichtet werden.	Aspekte und Faktoren außerhalb des Einflussbereichs, die jedoch einen Einfluss auf die Ergebnisse und deren Zweck/Absicht haben.
4. Aufgaben/ Aktivitäten	Notwendige Aktivitäten, um die Ergebnisse zu liefern.	Indizien, die nachweisen, dass die Aktivitäten plangemäß erledigt werden.	Hier steht manchmal eine Übersicht/Zusammenfassung des Budgets oder der Kosten.	Aspekte außerhalb des direkten Einflusses, die sich auf die Aktivitäten und „deliverables" auswirken.

Anleitung (Wie gehe ich vor?)

- Verwenden Sie die LogFrame-4×4-Matrix (Tabelle 48) als Vorlage.
- Stellen Sie den Teilnehmern die erwähnten Fragen für die sieben Bereiche und übertragen Sie die Antworten in die LogFrame-Matrix.
- Die Abbildung 125 zeigt die prinzipiellen Vorgehensrichtungen. Folgen Sie den Pfeilen: Top-down in der ersten Spalte, Bottom-up in der 4. Spalte, dann jeweils quer von der 2. zur 3. Spalte.
- Beginnen Sie also damit, die erste Spalte Top-down, von Nr. 1 oben bis Nr. 4 unten, zu bearbeiten. Verwenden Sie dazu z. B. auch den Zielbaum (Abschnitt 4.2) und die Fragen in jeder Zelle in der Tabelle 48.

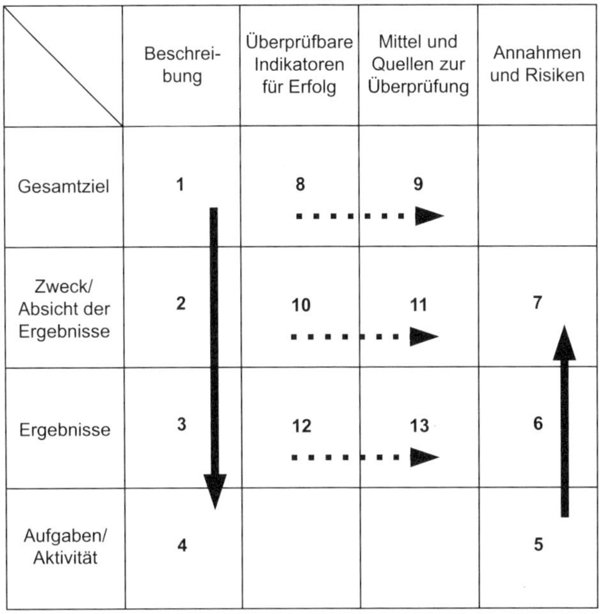

Abbildung 125 Die Vorgehensrichtungen innerhalb der LogFrame-Matrix

- Im zweiten Schritt kehren Sie die Richtung um und prüfen, ob die definierten Aktivitäten ausreichend sind, um die geplanten Ergebnisse und „Deliverables“ zu erreichen. Die Überprüfung auf Konsistenz ist ein wichtiger Qualitätssicherungsschritt. Vergleichen Sie auch das Charta-Tool (Abschnitt 4.4). Es verwendet ein ähnliches Vorgehen, um die Konsistenz und Lückenlosigkeit sicherzustellen.
- Die erste Zeile repräsentiert Ihre Zielhierarchie. Prüfen Sie also, ob die geplanten Aktivitäten die erforderlichen Ergebnisse liefern, um den Zweck und das Gesamtziel zu erreichen. Dazu verwenden Sie jetzt die „Wenn-dann“-Logik, die dem Tool den Namen „Logical Framework“ gibt. Alle Teile des Gerüsts passen logisch zusammen und stellen als Gesamtheit das Projekt, seine Ziele, Aktivitäten und Annahmen dar. Die Abbildung 126 zeigt, wie sich die „Wenn-dann“-Logik über die 4×4-Matrix erstreckt. Es gelten die folgenden Wenn-dann-Konditionen innerhalb der Zielhierarchie des LogFrame-Gerüsts:
  - *Wenn* die Aktivitäten umgesetzt werden, *dann* werden die erwarteten Ergebnisse erreicht.
  - *Wenn* diese Ergebnisse erreicht werden, *dann* wird der Zweck (Absicht) der Aktivitäten erreicht.
  - *Wenn* der Zweck der Aktivitäten erreicht wird, *dann* wird das Gesamtziel erreicht.

- Wenn Sie Lücken entdeckt haben, müssen Sie die Inhalte entsprechend anpassen und nochmals zum Anfangspunkt zurückkehren, um sicherzustellen, dass die zugrundeliegende Zielhierarchie konsistent ist.
- Identifizieren Sie jetzt Ihre Annahmen und die damit verbundenen Risiken. Für jede Aussage, die Sie in der 1. Spalte machen, haben Sie vermutlich Annahmen getroffen. Diese Annahmen können richtig oder falsch sein. Was sind die damit verbundenen Risiken? Verwenden Sie die Fragen in der 4. Spalte in Tabelle 48. Prüfen Sie die Annahmen mit den Stakeholdern und Teilnehmern. Dies kann auch zu neuen Erwartungen führen. Verwenden Sie dafür z. B. das Stakeholder-Erwartungsmanagement (Abschnitt 3.1.14). Dokumentieren Sie ebenfalls die identifizierten Risiken mit Hilfe der Risikoanalyse (Abschnitt 6.14).
- Überprüfen Sie jetzt die Verbindung zwischen Annahmen/Risiken und der Zielhierarchie der nächsten Ebene. Verwenden Sie die Zick-Zack-Logik, die in Abbildung 126 dargestellt ist, und verwenden Sie folgende Aussagen zum Testen:
  - *Wenn* die Aktivitäten umgesetzt werden und die zugrundeliegenden Annahmen zutreffen, *dann* werden die erwarteten Ergebnisse erreicht.
  - *Wenn* diese Ergebnisse erreicht werden und die zugrundeliegenden Annahmen zutreffen, *dann* wird der Zweck (die Absicht) der Aktivitäten erreicht.

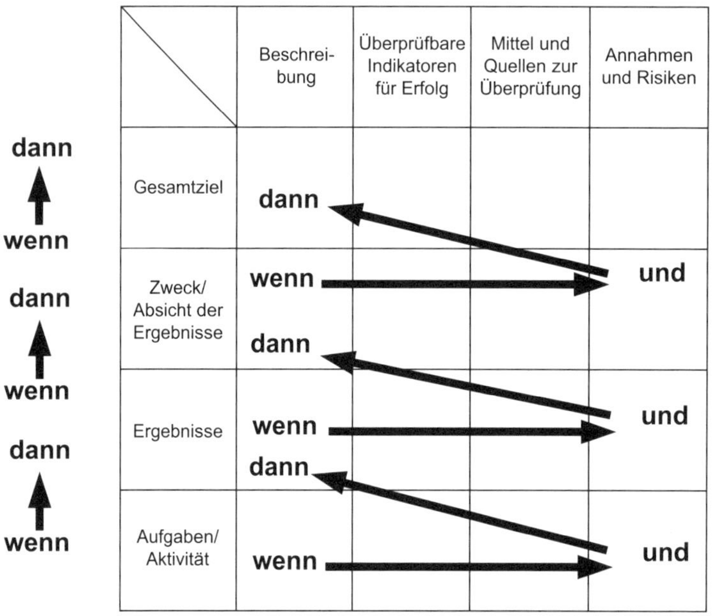

Abbildung 126 „Wenn-dann“-Logik des LogFrame

- *Wenn* der Zweck der Aktivitäten erreicht wird und die zugrundeliegenden Annahmen zutreffen, *dann* wird das Gesamtziel erreicht.

  - Stellen Sie sicher, dass die Annahmen auf jeder Ebene präzise und detailliert genug formuliert sind.
  - Haben Sie einen Plan mit vorbeugenden Maßnahmen gegen alle relevanten Risiken?
  - Wenn Sie die Elemente Annahmen und Risiken abgeschlossen haben, kommen Sie zur 2. und 3. Spalte. Es geht um die Festlegung der Erfolgsindikatoren sowie der Mittel, Wege und Quellen zu deren Überprüfung. Verwenden Sie Abbildung 125 zur Orientierung und als Vorgehensweise sowie die Fragen in Tabelle 48. Kriterien für gute Erfolgsindikatoren sind:
    - Gültigkeit – Sie müssen das Ergebnis messen.
    - Zuverlässigkeit – Sie müssen konsistente Messergebnisse liefern.
    - Empfindlichkeit – Sie müssen auf Änderungen reagieren und dies darstellen.
    - Einfachheit – Sie müssen die Daten und Kennzahlen einfach erheben und darstellen können.
    - Nützlichkeit – sie müssen für die Entscheidungsfindung und Steuerung relevant sein.
    - Finanziell tragbar – sie müssen in einem finanziell tragbaren Aufwand zum Nutzen stehen.

  Verwenden Sie diese Kriterien bei der Festlegung der überprüfbaren Erfolgsindikatoren.

- In der 3. Spalte legen Sie dann die Mittel und Quellen fest, anhand derer Sie die Erfolgsindikatoren überprüfen werden. Was sind die Informationsquellen und wie werden Sie die Daten erheben und messen usw. Legen Sie auch dafür einen Plan fest.

Tipps und Anregungen

- Bei größeren Projekten kann es Sinn machen, die einzelnen Aktivitäten in einem Gantt-Chart-Terminplan (Abschnitt 7.6) festzuhalten. Verwenden Sie dann Referenznummern und Querverweise, um die beiden Dokumente miteinander zu verbinden.
- Verwenden Sie das LogFrame-Tool auch, um Missverständnisse unter den Parteien aus dem Weg zu räumen, also als Kommunikations- und Moderations-Tool. Das Tool „allein in Ihrer Stube", ohne den Austausch mit anderen zu verwenden, führt oft zur späteren Ablehnung, auch wenn die Inhalte korrekt sind.

- Vergessen Sie nicht, dass das LogFrame einen iterativen Prozess voraussetzt, d. h. vormals getroffene Entscheidungen sollten bei neuem Kenntnisstand wieder revidiert und das LogFrame dann entsprechend geändert werden. Dokumentieren Sie vielleicht auch die geänderten Umstände und die resultierenden, getroffenen Entscheidungen in einem entsprechenden Projekt-Logbuch.
- Passen Sie das Tool durchaus Ihren Umständen an. Behalten Sie das Prinzip des logischen, strukturierten Denkens und Vorgehens bei. Das heißt jedoch nicht, dass es um ein mechanisches „Kästchen ausfüllen" geht. Jeder Schritt sollte von Diskussionen und einer Einigung begleitet werden. Involvieren Sie rechtzeitig alle Stakeholder.
- Verwenden Sie das LogFrame während des gesamten Projektlebenszyklus und aktualisieren Sie es fortwährend; das LogFrame ist ein „lebendes Dokument".
- Formal unterscheidet man zwischen der Methode (Logical Framework Approach) und dem resultierenden Dokument (Logical Framework oder LogFrame). Ich mache keine Unterscheidung und verwende LogFrame sowohl als Tool für das Vorgehen als auch für das resultierende Dokument.

Querverweis zu verwandten Tools in diesem Buch:

Charta (Abschnitt 4.4), Projektauftrag (Abschnitt 7.2), Gantt-Chart-Terminplan (Abschnitt 7.6)

Bibliografie: Rasul, GTZ (Gesellschaft für Technische Zusammenarbeit), NORAD

7.4 Programmplan

Zweck und Absicht (Warum und wann anwendbar?)

Die Zielgruppe eines Programmplans beinhaltet auch Personen außerhalb des Projekts. Das mittlere und das Top-Management sind typischerweise in Budgetentscheidungen, strategische Ausrichtungen, Koordinierung mit anderen Projekten und die Ressourcenplanung involviert. Die Zielgruppe eines Gantt-Charts (Abschnitt 7.6) umfasst hingegen typischerweise Projektsponsoren, Projektmanager und Personen, die direkt vom spezifischen Projekt betroffen sind.

Synonyme Begriffe für Programmplan sind Portfolio-Management, strategisches Programm-Management oder Roadmap – allerdings ist die umgangssprachliche Begriffswelt in diesem Bereich sehr unsauber.

Funktion und Aufgabe (Wie funktioniert es?)

Ein Programmplan hilft, das Gesamtbild eines komplexen Programms oder einer Serie von Projekten über einen ausgedehnten Zeitraum zu verstehen und zu kommunizieren. Es zeigt parallele Projekte und Initiativen auf einem strategischen Niveau. Ein Programmplan stellt eine konsolidierte Version der voneinander abhängigen Projekte und Initiativen dar und hilft, die Balance zwischen Kosten, Wertschöpfung und Risiko zu gewährleisten.

Ein Programmplan ist die anschaulichste Form einer strategischen Übersicht über alle Projekte und Initiativen des Unternehmens und zeigt, wie alles miteinander verknüpft ist.

Anleitung (Wie gehe ich vor?)

- Konsolidieren Sie die zusammengefassten Projektphasen in Kategorien und Gruppen. Abbildung 127 stellt ein Beispiel für eine Gruppierung von Projekten entsprechend einer bestimmten Kategorisierungslogik dar – z. B. nach Prozess, Daten, Technologie, Personal usw. Die Kategorien können auch den angebotenen Produkten oder Dienstleistungen entsprechen, den Regionen, wo die Projekte stattfinden, dem Projektlebenszyklus oder welche Logik Sie auch immer als sinnvoll erachten. Wenn nötig, fügen Sie eine Zeitachse ein.
- Beziehen Sie unbedingt verwandte und relevante Projekte und Initiativen in das Diagramm ein.
- Ein Programmplan ist die klarste Darstellung der Gesamtübersicht, die am einfachsten zu verstehen ist. Er zeigt die Abhängigkeiten zwischen den Projekten und wie wichtig die äußeren Aspekte in ihrem Einfluss auf das gesamte Programm sind, außerdem andere Projekte in anderen Abteilungen, die potenziell die gleichen Aspekte haben.

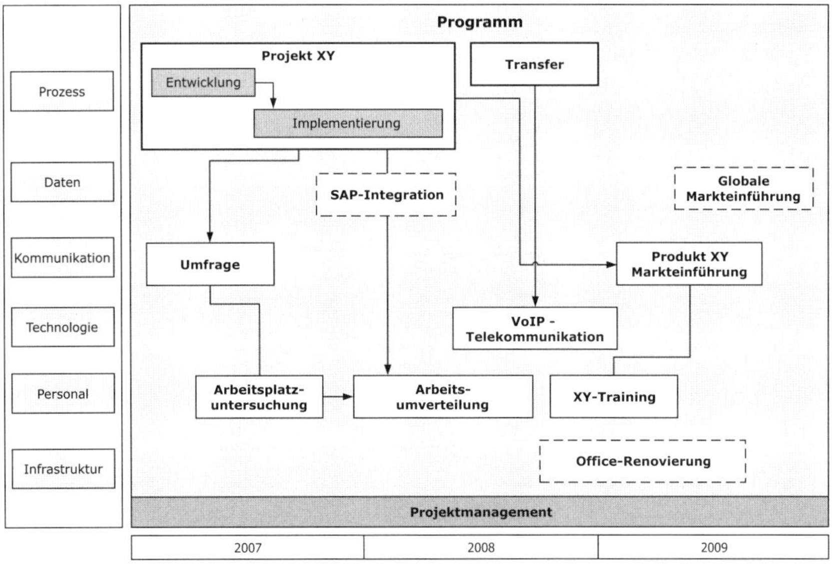

Abbildung 127 Programmplan

Tipps und Anregungen

- Nehmen Sie sich Zeit für diese Anwendung, da hier viel nachgedacht und geplant werden muss. Dies ist besonders wichtig, wenn Sie die nächste unbekannte Projektphase planen und noch keine detaillierten Projektpläne als Basis vorhanden sind.
- Es bleibt natürlich Ihnen überlassen, wo und wie sie die Schwerpunkte und Grenzen Ihres Programmplans setzen. Soll der Programmplan das gesamte Unternehmen abbilden oder nur einzelne Bereiche? Entsprechend können sich der Detaillierungsgrad und die Kategorisierung ändern.
- Eine Erweiterung des Programmplans wäre, wenn Sie Projekte von einer Investitions-Perspektive betrachten. Eine entsprechende Gruppierung aller Projekte in „Run-, Grow-, Transform-"Kategorien erlaubt es, den Programmplan als „Investitions-Portfolio" zu verwenden. Um eine wert- und investitionsorientierte Perspektive zu erhalten, verwenden Sie die folgenden drei Kategorien zur Gruppierung von Projekten:
  - *RTB = Run the Business* (Instandhaltungsprojekte – niedriger Mehrwert, Kostenfalle)
  - *GTB = Grow the Business* (wachstumsorientiert – essenziell wichtig für Wachstum und Stabilität)
  - *TTB = Transform the Business* (Innovation, Transformation – hohes Risiko, hohes Potenzial – höchster Mehrwert).

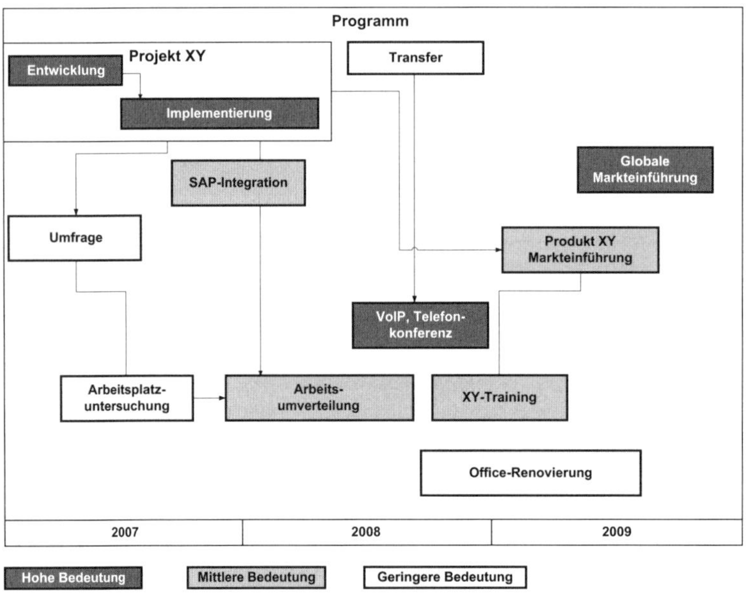

Abbildung 128 Projekte des Programms werden nach deren Bedeutung unterschieden

Beispiel für eine alternative Gruppierungslogik

Abbildung 128 zeigt eine Darstellung eines Programmplans nach der Bedeutung des Projektes. Verwenden Sie dazu auch die Schwerpunktmatrix.

Querverweis zu verwandten Tools in diesem Buch

Gantt-Chart (Abschnitt 7.6).

7.5 Projektstrukturplan (PSP)

Zweck und Absicht (Warum und wann anwendbar?)

Der Projektstrukturplan (wurde in vorherigen Auflagen technisch inkorrekt als Arbeitsstrukturplan bezeichnet) heißt im Englischen Work Breakdown Structure (WBS). Der Projektstrukturplan (PSP) ist eine Gliederungsstruktur, die alle relevanten Projektmanagement-, technischen und Problemlösungsaktivitäten, die während des Projekts stattfinden, abbildet. Darüber hinaus ist es ein einfaches Tool, um zu überprüfen, ob Sie an alle notwendigen Aktivitäten gedacht haben. Es eignet sich auch als Ergänzung für eine Charta (Abschnitt 4.4):

- Das ganze Projekt wird in Teilaufgaben zerlegt. Damit wird sichergestellt, dass alle notwendigen Arbeitspakete erfasst sind.
- Für jedes Arbeitspaket können Personal- und Materialeinsatz präzise ermittelt werden.
- Es bietet Hilfe bei der Festlegung des Projektablaufplans.
- Die Unterscheidung in Teilprojekte und -aufgaben lässt eine Kompetenzaufteilung zu.

Eine detaillierte Strukturierung des Projekts verhindert auch das Vergessen von notwendigen Arbeitspaketen und vermeidet somit Termin- und Kostenüberschreitungen oder Qualitätsmängel. Es ist ein hilfreiches Instrument zur Strukturierung des Projekts nach verschiedenen Schwerpunkten:

- *Objektorientiert*: Zerlegung des Projekts in einzelne Gegenstände, die es zu erstellen gilt.
- *Funktionsorientiert*: Gliederung des Projekts in Verrichtungen, die es zu erfüllen gilt.
- *Gemischt*: Dieser Projektstrukturplan kombiniert nach Zweckmäßigkeit das funktions- und objektbezogene Gliederungsprinzip.

Funktion und Aufgabe (Wie funktioniert es?)

Ein Projektstrukturplan liefert eine ergebnis- oder aufgabenorientierte Gruppierung von Projektelementen, die den Rahmen für ein Projekt festlegt und gleichzeitig eine Gliederung darstellt. Jede tieferliegende Hierarchiestufe ist zunehmend detaillierter dargestellt.

Die logische Gruppierung der Arbeitspakete wird typischerweise in einer Baumstruktur dargestellt, um eine gewisse Hierarchie für die Arbeitspakete und Arbeitsbereiche darzustellen. Theoretisch könnten Sie auch eine Mind Map (Abschnitt 3.1.21) für diese Tätigkeit verwenden und dann zur Darstellung ein Baumstrukturdiagramm benutzen.

Der PSP wird dann in einem zweiten Schritt mit dem zeitlichen Aspekt überlagert. Der sequenzielle Ablauf, die Dauer und der Arbeitsumfang je Arbeitspaket und Aktivität werden hinzugefügt und daraus ergibt sich der Terminplan. Ein konsolidierter Terminplan wird dann typischerweise mit Hilfe eines Gantt-Chart-Terminplans (Abschnitt 7.6) dargestellt. Beides ist jedoch nicht mit dem Projektarbeitsauftragsplan (Abschnitt 7.7) zu verwechseln.

Vergessen Sie nicht, dass es drei Arten von Aktivitäten in einem Projekt gibt. Das Charta-Tool (Abschnitt 4.4) beschreibt oft nur die technischen und Problemlösungsaktivitäten. Die drei Arten von Aktivitäten in einem Projektplan sind:

- *Spezielle technische Aktivitäten*, die gezielte technische Fähigkeiten benötigen und somit den Charakter des Projekts definieren, z. B. ein Architekturprojekt oder eine Systementwicklung.
- *Allgemeine Problemlösungsaktivitäten*, die ein breites Spektrum an Fähigkeiten voraussetzen wie z. B. analytische Fähigkeiten. Das gesamte Spektrum an Tools und Techniken, die in diesem Buch beschrieben werden, kann zur Anwendung kommen.
- *Projektmanagementaktivitäten*, die sicherstellen, dass das Projekt selbst reibungslos läuft. Diese Projektmanagement- und Projektführungsaktivitäten sind Teil einer Projektmanagement-Methodik und dienen der Qualitätssicherung und Kontrolle.

Anleitung (Wie gehe ich vor?)

- Verwenden Sie ein Charta-Tool (Abschnitt 4.4) zusammen mit anderen Techniken aus dem Abschnitt 3.1, um den Zweck und die Rahmenbedingungen des Projektes besser zu verstehen. Der Projektstrukturplan (PSP) definiert die zu Grunde liegenden Aktivitäten.
- Strukturieren Sie den Projektstrukturplan (PSP) in Anlehnung an den Lebenszyklus der Projektphase. Jede Aktivität des PSP muss zu den entsprechenden Phasen des Projektlebenszyklus passen. Alternative Möglichkeiten, den Strukturplan zu gliedern, sind u. a.:

  - nach Produkt,
  - nach Aktivität,
  - Pflichtenheft- oder Lastenheft-Kategorien,
  - nach Abteilung,
  - nach Funktion,
  - nach Ort usw.
- Identifizieren und definieren Sie alle Leistungen und Aufgaben, die erbracht werden müssen, um jede Projektphase zu komplettieren. Starten Sie mit Aktivitäten auf höchster Ebene und arbeiten Sie sich top-down weiter nach unten. Verwenden Sie das Charta-Tool (Abschnitt 4.4) zur Überprüfung der Leistungen und Aktivitäten, die eventuell bereits festgelegt wurden.
- Unterteilen Sie die Hauptaktivitäten in kleinere Unteraktivitäten, bis Sie den gewünschten Detaillierungsgrad erreichen haben.
- Nach erfolgreicher Untergliederung prüfen Sie Ihre Arbeit mit den folgenden drei Fragen:
  - Wenn ich alle diese Leistungen erbracht habe, kann ich das geplante Projektziel erreichen?
  - Wenn ich alle diese Aktivitäten ausführe, werde ich die geplanten Ergebnisse erreichen?
  - Wenn ich alle diese Unteraktivitäten umsetze, werde ich die Hauptaufgaben erfüllen?

  Ist eine der drei Antworten „nein“, so wiederholen Sie Ihr Vorgehen und ergänzen Sie die fehlenden Puzzlestücke.
- Verwenden Sie einen Projektstrukturplan in Form eines Baumdiagramms, um die Struktur grafisch darzustellen. Die Struktur zeigt keine Abhängigkeiten, sondern nur eine Aufgabengruppierung. Sie ist nicht zeitorientiert, daher gibt es keine Zeitskala auf dem Diagramm.

Tipps und Anregungen

- Erfinden Sie das Rad nicht neu. Für die meisten Projekttypen gibt es bereits Vorlagen, die lediglich eine Anpassung erfordern.
- Vergessen Sie nicht, Überschriften zu definieren und ähnliche Aktivitäten zu gruppieren. Die Logik dieses Gruppierens und Kategorisierens ist oft durch die Art des Projekts vorbestimmt. Hier wird die o. g. Lebenszyklus-Perspektive relevant. So wird z. B. die PSP zur Konstruktion eines Flughafens die typischen Phasen hinsichtlich Architektur, Bauingenieurwesen und Konstruktion beinhalten, die sich grundlegend unterscheiden zu denen bei der Entwicklung eines IT-Systems.

- Seien Sie clever bei der Bezeichnung – benennen Sie alle Leistungen mit Hauptwörtern wie z. B. „Pflichtenheft“ oder „funktionale Spezifikation“.
- Verwenden Sie aktive Verben für Aktivitäten wie z. B. „Prüfen des Pflichtenheftes“ oder „Aktualisieren der funktionalen Spezifikation“. Verwenden Sie keine Verben, wie „tun, sicherstellen, ausführen“, sie sind zu vage.
- Wie detailliert sollte der Plan sein? Dafür gibt es keine pauschale Regel. Alles hängt von der Komplexität des Projekts, vom Risikoniveau, von den Fähigkei-

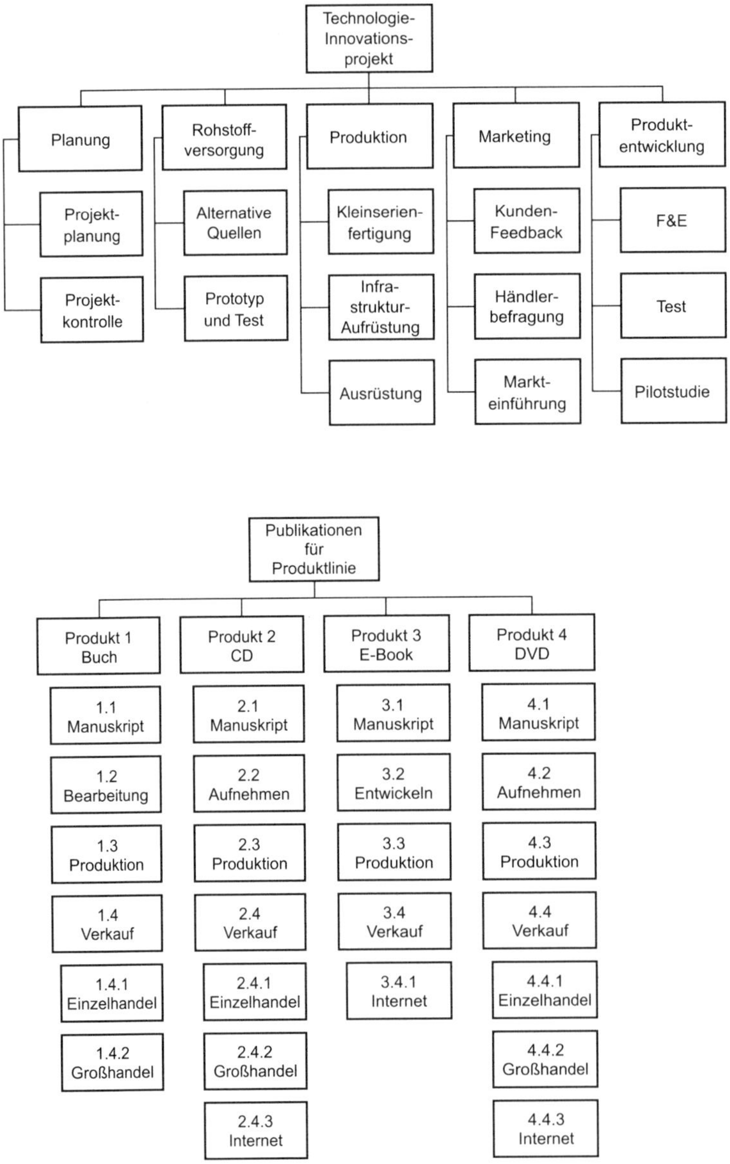

Abbildung 129 Projektstrukturplanbeispiele

ten Ihres Teams und der Anzahl der benötigten Einzelheiten ab, um die notwendige Kontrolle zu haben. Eine Richtlinie ist, dass es möglich sein muss, jede Aktivität auf der untersten Ebene einer Einzelperson zuzuordnen und dass diese Person die Aktivität in ein bis zehn Tagen ausführen kann.

Querverweis zu verwandten Tools in diesem Buch

Charta (Abschnitt 4.4), Verwandtschaftsdiagramm (Abschnitt 3.4.6), Gantt-Chart (Abschnitt 7.6).

7.6 Gantt-Chart-Terminplan

„Das wahrscheinlich einfachste und meist verwendete Diagramm in der Geschäftswelt, um den gesamten, sequenziellen Ablauf eines Projekts zu illustrieren."

Zweck und Absicht (Warum und wann anwendbar?)

Ein Gantt-Chart zeigt einen vereinfachten Überblick über den Verlauf eines Projektes. Es ist besonders während der Projektplanungsphase als auch zur Kontrolle und Steuerung sehr nützlich. Es ermöglicht einen Überblick über die Projektaktivitäten, Bereiche, Sequenz, Zeit und Dauer zu bekommen, zu planen und andere darüber informieren zu können.

Funktion und Aufgabe (Wie funktioniert es?)

Ein typisches Gantt-Chart fasst die Projektaktivitäten zusammen und stellt sie im zeitlichen Verlauf dar. Aktivitäten werden auf der linken Seite des Charts aufgelistet, der zeitliche Verlauf in horizontalen Balkendiagrammen auf der rechten Seite.

Anleitung (Wie gehe ich vor?)

- Stellen Sie eine Liste der erforderlichen und bisher nicht erledigten Aktivitäten zusammen.
- Verwenden Sie den Projektstrukturplan (PSP) (Abschnitt 7.5), um ein besseres Verständnis für die Gruppierung und Hierarchie der Aktivitäten zu bekommen.
- Fassen Sie Aktivitäten auf höchsten Ebenen zusammen. Sie sollten zwischen 6 und 14 Gruppen von Aktivitäten haben. Wenn Sie Software-Programme wie z. B. MS Project verwenden, so entspricht dies den Gliederungsebenen 1 und 2.
- Machen Sie sich über die Abhängigkeiten und Sequenzen der Aktivitäten Gedanken. Hilfreich dafür ist die Beantwortung der Frage: „Welche Aktivität kann nicht beginnen, bevor eine andere beendet wurde?"
- Legen Sie Meilensteine fest, d. h. Zeitpunkte, bis wann entscheidende Leistungen erbracht werden müssen.

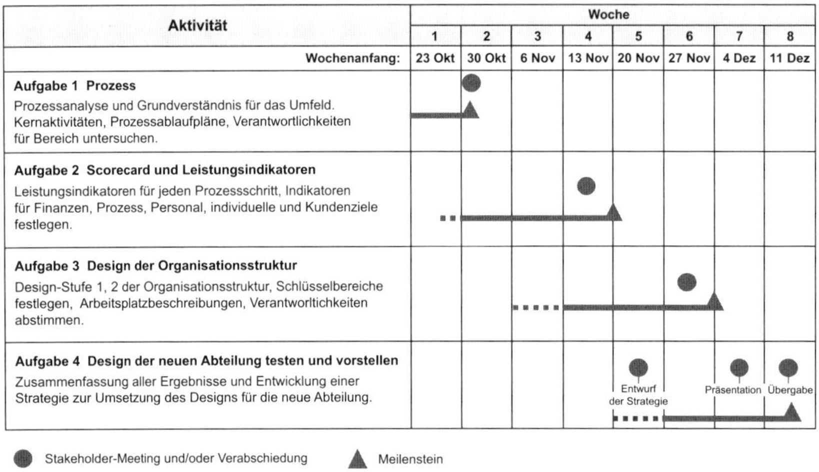

Abbildung 130 Gantt-Chart

- Die meisten Software-Anwendungen wie MS Project haben eine Gantt-Chart- oder Balkendiagramm-Ansicht (Abbildung 130). Sie können auch Programme wie MS Visio verwenden, um das Diagramm grafisch darzustellen.

Querverweis zu verwandten Tools in diesem Buch

Programmplan (Abschnitt 7.4), Projektstrukturplan (PSP) (Abschnitt 7.5).

7.7 Projektarbeitsauftragsplan

„Ich will eine einfache Zusammenfassung aller relevanten Teile des Projekts, der gegenwärtigen Projektphase und der involvierten Personen haben."

Zweck und Absicht (Warum und wann anwendbar?)

Der Projektarbeitsauftragsplan wird verwendet, um den Projektvertrag mit dem Projektauftrag einfach zusammenzufassen und darzustellen. Der Projektarbeitsauftragsplan ist die tätigkeitsorientierte Umsetzung des Projektauftrages in eine Arbeitsanleitung.

Vergleichen Sie den Projektarbeitsauftragsplan mit einer Charta (Abschnitt 4.4). Im Vergleich zum Projektarbeitsauftragsplan legt das Charta-Tool mehr Gewicht auf das ursprüngliche Ziel und die Problemlösung und etwas weniger auf den Projektmanagement-Aspekt.

Der Projektarbeitsauftragsplan wird manchmal auch inkorrekt als Arbeitspaketplan, als Projektskizze, Projekthandbuch oder – ebenfalls inkorrekt – als Projektstrukturplan bezeichnet.

Funktion und Aufgabe (Wie funktioniert es?)

Der Projektarbeitsauftragsplan ist der „Mini-Projektauftrag“ für den Teilabschnitt, den Sie bearbeiten oder festlegen wollen.

Anleitung (Wie gehe ich vor?)

- Verwenden Sie den Projektauftrag als übergeordnete Vorgabe und Referenz.
- Verwenden Sie den Projektstrukturplan und brechen Sie die Arbeitspakte auf relevante und logische Tätigkeiten und Schritte herunter. Definieren Sie diese mit Hilfe der Vorlage in Tabelle 49.

Beispiel für eine Vorlage für einen Projektarbeitsauftragsplan

Tabelle 49 Vorlage für einen Projektarbeitsauftragsplan

Projektarbeitsauftragsplan				Projektname		Projekt-manager		Auftraggeber		
Nummer			Bezeichnung Beschreibung	Aktivität davor	Aktivität danach	Start	Ende	Aufwand	Dauer	Bemerkung
Phase	Segment	Arbeits-schritt								

Querverweis zu verwandten Tools in diesem Buch

Charta (Abschnitt 4.4), Projektauftrag (Abschnitt 7.2), LogFrame (Abschnitt 7.3), Projektstrukturplan (Abschnitt 7.5)

Bibliografie: Haberfellner, Sommerlatte (HdU)

7.8 Projektumfeldanalyse (PUMA)

„Ich will schnell und einfach alle externen Faktoren identifizieren, die das Projekt betreffen und diesem schaden können.“

Zweck und Absicht (Warum und wann anwendbar?)

Die Projektumfeldanalyse (PUMA) ist der Stakeholder-Übersicht (Abschnitt 3.1.13) sehr ähnlich, beinhaltet jedoch mehr als nur die für eine Analyse typischen, projektinternen Interessensgruppen. Der Zweck der Projektumfeldanalyse (PUMA) ist es, alle relevanten externen Faktoren zu identifizieren, um entsprechend reagieren zu können. Eine Projektumfeldanalyse ist kein statisches Dokument, denn während des Projektverlaufs ändert sich das Projektumfeld ständig und sollte entsprechend beobachtet werden.

Funktion und Aufgabe (Wie funktioniert es?)

Die genaue Betrachtung des Umfeldes, in dem das Projekt stattfindet, sollte auf jeden Fall Teil Ihrer Projektplanung sein. Funktionen der Projektumfeldanalyse sind:

- Identifikation aller Einflussfaktoren für das Projekt, der Stakeholder sowie deren Interessen, um alle Projektrisiken frühzeitig erkennen zu können.
- Aufdecken von Handlungsmöglichkeiten zur Beeinflussung des Projektumfelds.
- Entdecken von Möglichkeiten für die Integration des Projekts in das Unternehmen.

Anleitung (Wie gehe ich vor?)

- Identifizieren Sie alle Randbedingungen und Einflussfaktoren für das Projekt. Bewerten Sie dann die Relevanz und das Risiko für das Projekt. Externe Einflussfaktoren sind (Abbildung 131):
  - physische
  - ökologische, z. B. Umweltschutzbestimmungen
  - gesellschaftliche, z. B. moralische, ethische Werte, unterschiedliche soziale Schichten
  - psychologische/soziologische, z. B. gruppendynamische, Change-Management-Widerstände
  - kulturelle, z. B. religiöse oder länderspezifische Traditionen
  - politische, z. B. Abhängigkeit von politischen Parteien bzgl. staatlicher Projekte
  - wirtschaftliche z. B. volkswirtschaftliche Situation, wirtschaftlicher Ausblick
  - finanzielle, z. B. Geldmarktzinsen, Kapitalkosten, Darlehnsbedingungen
  - juristische, z. B. unterschiedliche Gesetze oder Risiken aus der Rechtsprechungen in unterschiedlichen Ländern (u. a. Produkthaftung in den USA)
  - vertragliche, z. B. Vertragsstrafen, Durchsetzbarkeit von Verträgen im Nahen Osten
  - organisatorische, z. B. wenn die Projektorganisation über drei Kontinente verteilt ist
  - technologische, z. B. absehbare Ablösung einer Technologie, die gerade eingeführt wird

- Verwenden Sie die Stakeholderanalyse (Abschnitt 3.1.12) und identifizieren Sie alle Stakeholder des Projekts und die Art ihrer Interessen. Dokumentieren Sie diese zusammen mit den externen Faktoren.
- Verwenden Sie die Risikoanalyse (Abschnitt 6.14) zum Erkennen der Projektrisiken und für deren Dokumentation.
- Versuchen Sie, Anknüpfungspunkte zu identifizieren, welche die spätere Projektintegration in das Unternehmen vereinfachen.
- Wo gibt es Handlungsmöglichkeiten zur Beeinflussung des Projektumfelds und welche sind dies?
- Dokumentieren Sie diese Erkenntnisse für die Projektplanung. Stellen Sie sicher, dass Sie die Ergebnisse adäquat an die betroffenen Bereiche des Projektmanagements weitergeben.
- Beobachten Sie fortlaufend die Randbedingungen und Projektumstände.

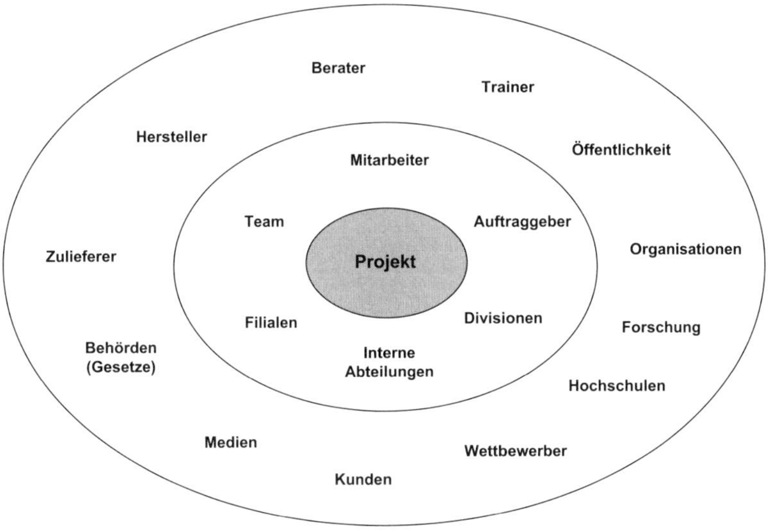

Abbildung 131 Externe Faktoren einer PUMA

Tipps und Anregungen

- Verwenden Sie auch das Kräftebild (Abschnitt 5.1.6) oder die Stakeholder-Tools in der Kategorie Situationsdefinition zur Darstellung der Positionen und Kräfteverhältnisse der Projekt-Stakeholder.
- Auch eine PEST-Umweltanalyse kann eine hilfreiche Unterstützung sein (Abschnitt 5.3.7).

Querverweis zu verwandten Tools in diesem Buch

Kräftebild (Abschnitt 5.1.6), Stakeholderanalyse (Abschnitt 3.1.12), Stakeholder-Übersicht (Abschnitt 3.1.13), PEST (Abschnitt 5.3.7).

Bibliografie: Angermeier (Projektmagazin.de), WEKA

7.9 Projektorganisation

Zweck und Absicht (Warum und wann anwendbar?)

Wenn Sie dabei sind, ein Projekt zu etablieren, ist es notwendig, zu wissen, wie Sie die Projektorganisation am besten aus den verfügbaren „Puzzleteilen" der existierenden Organisation zusammensetzen.

Funktion und Aufgabe (Wie funktioniert es?)

Dieses Tool erklärt die verschiedenen organisatorischen Projektkomponenten und deren spezifische Funktionen für ein Projekt. Nicht jede Organisation verfügt über eine ideale Umgebung mit allen üblichen Projektorganisation-Komponenten. Es liegt an Ihnen, diese Komponenten, falls notwendig, zu etablieren, auch wenn die Organisation formal keine entsprechende Struktur bietet. Ein Projektbüro existiert zum Beispiel nicht immer in Organisationen.

Anleitung (Wie gehe ich vor?)

Überprüfen Sie die relevanten Komponenten für Ihre Projektorganisation und entscheiden Sie, wo, wann und wie diese Komponenten in Ihrer Projektorganisation genutzt werden sollen. Nicht jedes Projekt benötigt ein komplettes Team aus den folgenden Komponenten und den damit verbundenen bürokratischen Aufwand:

- *Lenkungsausschuss* – besteht typischerweise aus Mitgliedern des Top-Managements, die ein erhöhtes Interesse und Verantwortung bzgl. des Projektes haben. Sie sind für Genehmigungen, Engpassentscheidungen, Budgetfragen und andere strategische Entscheidungen zuständig.
- *Projektsponsor* – typischerweise die Person, welche das Projekt „besitzt" und es vor dem Lenkungsausschuss und innerhalb der Organisation repräsentiert und vertritt. Die organisationale Position des Projektsponsors ist normalerweise auf Direktorenebene oder der des mittleren Managements angesiedelt.
- *Projektüberwachung und Qualitätssicherungsteam (Projekt-TÜV)* – ein Team, das sich aus Experten mehrerer Fachdisziplinen zusammensetzt, die zusammen für die Qualitäts- und Inhaltsüberwachung zuständig sind. Die Personen sollten erfahrene Führungspersonen des mittleren Managements sein, die den Lenkungsausschuss fachlich und inhaltlich beraten können.

- *Projektmanager* – der entscheidende Leiter eines Projekts, welcher gewöhnlich dem mittleren Management angehört. Einige Organisationen haben einen Pool von erfahrenen und ausgebildeten Vollzeit-Projektmanagern aufgebaut, die nur Projekte leiten. Neuere Entwicklungen bestätigen die Notwendigkeit von Full-time-Profis, die nicht unbedingt technische Experten für die Projektaufgaben sein müssen, aber sie müssen wissen, wie ein Projekt zu steuern ist.
- *Projektbüro* – Eine professionelle Support-Struktur umfasst gewöhnlich einen Projektbüro-Manager und Projektbüro-Angestellte, die unter Umständen in Teilzeit am Projekt als Projektverwalter oder Assistenten des Projektmanagers mitarbeiten.
- *Projektteammitglieder* – die „Zugpferde" und Kern eines jeden Projekts.

Tipps und Anregungen

- Verwenden Sie dieses Tool in Kombination mit den Projektmanagementrollen und -verantwortlichkeiten (Abschnitt 7.10). Es wird Ihnen detaillierte Verantwortlichkeiten hinter jeder Funktion vermitteln.
- Verwenden Sie auch die Verantwortlichkeiten-Matrix (CIDA) (Abschnitt 7.12). Sie gibt Ihnen eine Struktur, wie die verschiedenen Funktionsträger miteinander arbeiten können.
- Es ist wichtig zu verstehen, dass sich in einer projektbasierten Organisation eine merkliche, separate „Sub-Struktur" entwickelt, die sich manchmal formal als Matrixstruktur, manchmal als virtuelle Projektorganisation etablieren

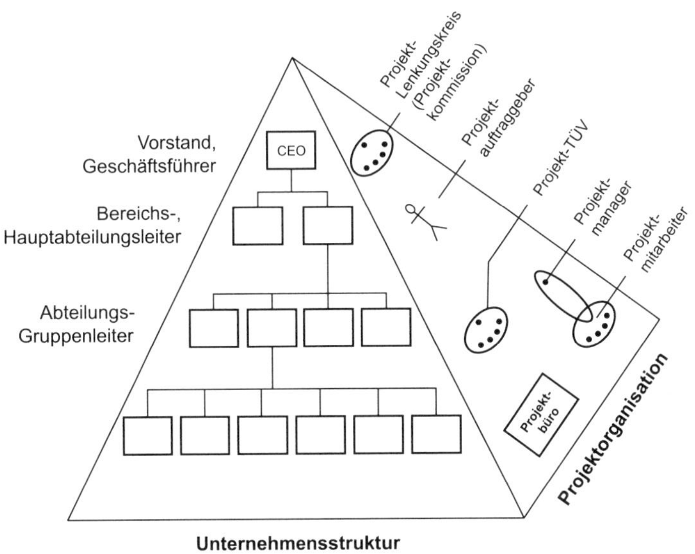

Abbildung 132
Eine Projektorganisation kann sich über ein gesamtes Unternehmen spannen

kann. Es können sich verschiedene Berichterstattungsstrukturen herausbilden, die oft verwirrend wirken. Stellen Sie sich die Situation eines Mitarbeiters der Finanzabteilung vor, der einem Projektteam als Mitglied zugeordnet wurde. Es könnten drei Berichterstattungsstrukturen entstehen: eine zum Projektmanager, eine zum Finanzdirektor und eine zum operationalen direkten Vorgesetzten! Beim Aufbau des Projektteams ist es wichtig, die Situation jeder einzelnen Person zu beachten.

Projektorganisation vs. Unternehmensstruktur

Abbildung 132 zeigt, wie eine Projektstruktur die gesamte Unternehmensstruktur umfassen kann. Heute haben viele Unternehmen auch eine separate projektorientierte Organisation aufgebaut, damit sie viele Projekte parallel durchführen können.

Querverweis zu verwandten Tools in diesem Buch

Projektmanagementrollen und -verantwortlichkeiten (Abschnitt 7.10), Verantwortlichkeiten-Matrix (CIDA) (Abschnitt 7.12), Organisationsstruktur (Abschnitt 5.1.1).

7.10 Projektmanagementrollen und -verantwortlichkeiten

Zweck und Absicht (Warum und wann anwendbar?)

In jeder Projektmanagementumgebung ist die Definition von Projektmanagementrollen und -verantwortlichkeiten essenziell, damit alle Beteiligten eindeutig verstehen, wofür sie verantwortlich sind.

Funktion und Aufgabe (Wie funktioniert es?)

Die unten aufgelisteten Verantwortlichkeiten geben einen Überblick über alle Verpflichtungen für jede einzelne Projektrolle.

Anleitung (Wie gehe ich vor?)

Überprüfen und vergleichen Sie für jede Rolle alle vorgeschlagenen Verantwortlichkeiten und passen Sie diese Ihren Projektanforderungen an.

Verantwortlichkeiten eines Projektsponsors

Ein Projektsponsor ist die Person, die die letztendliche Amtsgewalt und Weisungsbefugnis über ein Projekt hat. Der Sponsor ermöglicht die Projektfinanzierung, entscheidet über Streitfragen und Veränderungen der Rahmenbedingungen. Er bewilligt Budget- und Pflichtenheftänderungen und gibt die strategische

Richtung vor. Er repräsentiert das Projekt innerhalb der Organisation. Abhängig vom Projekt und der hierarchischen Position des Sponsors wird er typischerweise die täglichen Managementaufgaben an einen Projektmanager übertragen. Weitere Verantwortlichkeiten sind:

- Projektziele setzen und die Projektdurchführung anhand dieser Ziele überprüfen
- Sicherstellen, dass die Verträge klar formuliert sind und nicht missverstanden werden können, und dass eventuelle Ansprüche schnell und zuverlässig geregelt werden.
- Definition eines groben Zeit- und Kostenrahmens für das Projekt und bezüglich der strategischen Projektziele
- Kontrolle und Auswertung der Projektscorecard und Projektberichte.

Verantwortlichkeiten eines Projektmanagers

- Beaufsichtigen und Überwachen der täglichen Projektaktivitäten bzgl. Zeit, Budget, Aufgaben und Qualität. Dies kann mehrere Projekte umfassen.
- Führen der Teammitglieder und Leistungsbewertung.
- Gewährleistung, dass genügend Zeit im Projektplan für Ausbildung und Training der Projektteammitglieder bereitgestellt wird.
- Verwendung des Projektplans und des Projektstrukturplans (PSP) (Abschnitt 7.5), um die Mitglieder des Teams bei der Durchführung des Projekts zu leiten.
- Management des Projektrahmens.
- Selektion und Auswahl eines effektiven Teams.
- Zuteilen und Koordinieren von Projektaufgaben an die Teammitglieder.
- Berichterstattung an die oberen Führungsebenen und den Projektsponsor.
- Vermitteln bei Problemen unter Teammitgliedern.

Verantwortlichkeiten eines Projekt-Office-Managers (PMO, Projektbüroleiter)

- Bereitstellen von Tools zum Management aller Ressourcen und zur Berichterstattung.
- Berichterstattung über den jeweiligen Projektstatus, das Erreichen von Meilensteinen und die Erfüllung von Projektergebnissen sowie der projektweiten Konsolidierung.
- Veranlassen von regelmäßigen Statusmeetings zur Überwachung des Projektrisikos und Abarbeiten des Problemfragen-Protokolls.

- Koordinieren von strategischen Projektaspekten (ohne jedoch dafür verantwortlich zu sein).
- Fördern einer klaren Kommunikation und Abstimmung der Aktivitäten während der verschiedenen Projektphasen.
- Unterstützung von Kommunikation und Abstimmung von Aktivitäten, die sich über mehrere Projekte erstrecken.
- Pflegen der Projektdokumentation.
- Veranlassen, dass Projektergebnisse/Meilensteine „abgezeichnet" werden.
- Veranlassen von Prüfungen zur Qualitätssicherung und Risikobewertungen.

Projektüberwachung und Qualitätssicherungsteam

- Durchführen von Prüfungen zur Qualitätssicherung und Risikobewertungen in einer neutralen, jedoch inhaltlich kritischen Funktion.
- Das Team wird entsprechend der Art des Projekts aus Mitgliedern unterschiedlicher Disziplinen und Funktionen zusammengesetzt.

Verantwortlichkeiten eines Projektteammitgliedes

- Unterstützung des Projektmanagers
- Projektverwaltung
- Durchführen und Umsetzen aller zugeteilten Aufgaben
- Sicherstellen, dass Zusammenhänge und Auswirkungen von Änderungen von den Stakeholdern im Unternehmen und vom Projektteam verstanden werden.
- Regelmäßige Berichterstattung über Fortschritt, Status, Probleme und identifizierte Risiken.
- Entwickeln eines Verständnisses, wie sich gegenwärtige und zukünftige Anforderungen (des Pflichtenheftes) auf die anvisierte Lösung auswirken.
- Dokumentieren aller geschäftlichen, technischen sowie Produkt- und Prozessanforderungen.
- Dokumentation, Unterstützung und Training.

Tipps und Anregungen

Abhängig von der Größe und Zusammensetzung des Projektes können die Verantwortlichkeiten leicht abweichen. Falls es z. B. einen übergeordneten Projektmanager gibt, dann delegiert dieser Bereiche an weitere Projektmanager, die sich um Teilbereiche kümmern; somit ergibt sich eine Projekthierarchie.

7.11 Projekt-Kommunikationsplan

Für den Erfolg eines jeden Projekts ist klare und konsistente Kommunikation unabdingbar. Eine Vielzahl von Tools können zur Kommunikation mit den Stakeholdern verwendet werden. Typisch sind z. B. Statusreports, Korrespondenz, Meetings und formelle Präsentationen.

Um effektiv mit allen Stakeholdern zu kommunizieren, muss ein Projektmanager ein Verständnis für die Bedürfnisse jeder Stakeholder-Gruppe entwickeln. Dies wird z. B. mit dem Stakeholder-Erwartungsmanagement (Abschnitt 3.1.14) oder der Stakeholder-Einfluss-Matrix (Abschnitt 3.1.15) erreicht, die wiederum Elemente des Kommunikationsplans sind. Diese Tools befassen sich mit allen Stakeholdern eines Projekts und ermöglichen ein klares Verständnis von deren spezifischen Interessen und Erwartungen.

Alle Kommunikationstools, die im Projekt-Kommunikationsplan erwähnt sind, stehen in Beziehung zu den spezifischen Bedürfnissen jeder Stakeholder-Gruppe. Spezielle Personen sind verantwortlich für die Ausführung der Kommunikation, die im Kommunikationsplan aufgeführt ist.

Zweck und Absicht (Warum und wann anwendbar?)

Der Kommunikationsplan (Tabelle 50) beschreibt gezielte Aktivitäten, die zur Kommunikation mit den Stakeholdern verwendet werden sollten. Des Weiteren stellt er sicher, dass Kanäle, Medien und Häufigkeit der Interaktion mit Stakeholdern klar definiert sind. Alle im Kommunikationsplan genannten Kommunikationstools stehen in einer direkten Beziehung zu den spezifischen Bedürfnissen jeder Stakeholder-Gruppe. Bestimmten Personen wird die Verantwortung für die im Kommunikationsplan dargestellte Interaktion übertragen.

Funktion und Aufgabe (Wie funktioniert es?)

- Der Kommunikationsplan identifiziert und beschreibt alle Projekt-Stakeholder.
- Er beschreibt die Kommunikationsbedürfnisse der verschiedenen Stakeholder.
- Er definiert, wie die Projekt-Stakeholder über das Projekt informiert werden.
- Er identifiziert die Kommunikationswege innerhalb des Projekts.
- Er stellt auch sicher, dass die Informationen konsistent, akkurat und zeitgerecht sind.

Anleitung (Wie gehe ich vor?)

- Verwenden Sie die Stakeholder-Übersicht (Abschnitt 3.1.13), um alle relevanten Stakeholder zu identifizieren.

- Verwenden Sie dann den Zielkatalog (Abschnitt 4.5), das Stakeholder-Erwartungsmanagement (Abschnitt 3.1.14) und die Verantwortlichkeiten-Matrix (CIDA) (Abschnitt 7.12), um die Stakeholder und deren Erwartungen, Ziele und Positionen besser zu verstehen. Dies beeinflusst den Informations- und Kommunikationsbedarf, den Sie dann dementsprechend im Projekt-Kommunikationsplan dokumentieren sollten.
- Verwenden Sie die Tabelle 50 und entscheiden Sie, welche Kommunikationsmittel Sie einsetzen wollen, um die Stakeholder zu erreichen.

Tabelle 50 Beispiel eines Projekt-Kommunikationsplans

Stakeholder	Verantwortlichkeiten der Stakeholder (Abschnitt 7.12)	Ziele	Erwartungen (siehe Abschnitt 3.1.14)	Kommunikationsmittel (Bsp.)
Softwareentwicklungsmanager	• Wöchentliche Kommunikation mit dem IT-Lenkungsausschuss. • Sicherstellen der Einhaltung von IT-Vorschriften und -Vorgängen. • Effektive Nutzung von Ressourcen. • Schwerpunkt auf den Kundendienst legen.	• Kundenerwartungen werden erfüllt. • Projekt erfüllt die Ziele von Agenturen und Webservices.	• Kunden sind zufrieden. • IT-Ressourcen werden effektiv eingesetzt, regelmäßige Übermittlung von Projektstatus-Berichten. • Rechtzeitige Bekanntgabe von Problemen. • Projekt wird pünktlich und innerhalb des Kostenrahmens beendet.	• mündlich, direkt
Projektbüromanager	• Kommunikation mit dem Projektmanager hinsichtlich Projektmanagement-Tools und deren Verwendung. • Überprüfung aller Leistungen durch das Projektbüro, um die Qualität zu gewährleisten.	• Projektleistungen sind von hoher Qualität. • Projekte des Projektbüros sind erfolgreich.	• Einhalten von PM-Methodiken. • Rechtzeitige Bekanntgabe bei Problemen.	• mündlich, direkt • interaktiv – Scorecard
Assistent des Projektmanagers	• Kommunikation mit dem Projektmanager hinsichtlich Projektmanagement-Tools und Einsatz.	• Projekte des Projektbüros sind erfolgreich.	• Zeitgerechte Bekanntgabe bei Problemen.	• direkt, mündlich • interaktiv – Intranet-Seite
Projektmanager	• Managen des gesamten Projekts. • Sicherstellen der pünktlichen Beendigung der Arbeit. • Koordinieren und Anweisen von Projektaktivitäten. • Effektives Management der Projektressourcen. • Sicherstellen, dass Projekt-Stakeholder gut informiert bleiben. • Schwerpunkt auf den Kundenservice legen.	• Das Projekt ist gut gemanagt. • Alle Anforderungen der Kunden sind kommuniziert und werden effizient erledigt. • Unkomplizierter Informationsfluss zwischen den Stakeholdern. • Kundenerwartungen werden gut erfüllt.	• Adäquate Finanzierung ist erhältlich. • Adäquate Projektressourcen stehen zur Verfügung. • Kunden sind zufrieden. • Projektteammitglieder arbeiten am Informationsfluss mit.	• Statusberichte • Mitarbeiterbrief
Technischer Support	• Technische Beratung und Support für Infrastruktur. • Hilfe bei Produktinstallation. • Kommunikation mit Projektmanager, wenn nötig.	• Produktentwicklung entspricht Standards und ist kompatibel mit WPS-Systemen und Infrastruktur. • Das Produkt und die Infrastruktur sind korrekt installiert.	• Hardware und Software sind konform mit Standards. • Produkt arbeitet fehlerfrei in der geplanten Infrastrukturumgebung.	• mündlich, direkt • Protokolle

- Der Projektmanager ist der einzige Verantwortliche, der den Kommunikationsplan aktualisiert und an das Projektteam und die für die Kommunikation verantwortlichen Personen weiterleitet. Der Projektmanager ist ebenfalls für die Überprüfung des Kommunikationsplans zuständig, wann immer ein Meilenstein im Projekt erreicht wurde oder es markante Veränderungen im Projekt gibt.
- Im Prinzip bilden folgende Fragen das Gerüst für einen Kommunikationsplan. Diese müssen Sie beantworten, egal ob Sie die vorgeschlagene Tabelle 50 zur Strukturierung verwenden:
  - *Was* – Was ist die Nachricht und Kernaussage?
  - *Warum* – Warum geschieht etwas? Was sind die Gründe, Ziele und Absichten dahinter?
  - *Wer/Wen* – Wen wollen Sie damit ansprechen?
  - *Wie oft* – Die Häufigkeit der Kommunikation?
  - *Von Wem kommt die Nachricht* – Wer ist der Verteiler und Nachrichtenübermittler?
  - *Wann* – Anfangs- und Enddatum sowie Periode der Kommunikation?
- Verwenden Sie die Tabelle 50 und entscheiden Sie, welche Kommunikationsmittel Sie einsetzen wollen, um die Stakeholder zu erreichen. Sie können dabei zwischen drei verschiedenen Arten von Kommunikationsmitteln unterscheiden:
  - mündliche, direkte Kommunikation von Angesicht zu Angesicht, die auf der Interaktion zwischen Einzelpersonen basiert – z. B. Interviews, (Video-)Konferenzen
  - Vertrieb von gedruckten Kommunikationsmitteln von einer zentralen Stelle an alle Beteiligten – z. B. Statusberichte, Broschüren, Mitarbeiterbrief, Projektzeitung, Berichte usw.
  - interaktive, elektronische Kommunikationsmittel – z. B. Newsletter, elektronische Umfragen, interaktive Multimedia-Plattform oder Portale usw.
  - Mischform: Info-Mobil (Road Show), Info-Stand, Telefon-Hotline, Gruppenpräsentation usw.

Die Tabelle 51 identifiziert alle Kommunikationsmittel und die jeweiligen Stakeholder, die damit erreicht werden müssen.

Tipps und Anregungen

Mögliche Interaktions- bzw. Kommunikationsformen für virtuelle Projektteams sind: dynamischer Projektplan, übergreifendes Kontrollinstrument, gemeinsam genutzte Dokumente, Foren, virtuelle Konferenzen, Wissensdatenbank, Projekthandbuch, spezielle Software für virtuelle Projektteams.

Tabelle 51 Übersicht Kommunikationsmittel

Name des Kommunikationsmittels	Stakeholder-Rolle												
	IT-Lenkungsausschuss	Vorstand, Sponsor	Account-Management	Geschäftsbereichsleiter	Teamleiter	Team-Mitarbeiter	Projektbüromanager	Projektmanager	Projekt Associate	Projektassistenz	Technischer Teamleiter	Technischer Mitarbeiter	Kundendienst
Kommunikationsplan				n	N	n	N	N	N				
Newsletter	n	n	n	N	N	n	n	n	n	n	n	n	n
E-Mail	n	n	n	n	N	n	n	n	n	n	n	n	n
Implementierungsplan			N	N	N	N	N	N	N		N	N	
Spezifische Briefe und Protokolle	n	n	n	n	N	n	n	n	n	n	n	n	n
Projektbericht	W	w	W				W	W	W	W			
Meetings	N	n	N	N	N	N	N	N	N	n	N	N	
Präsentationen	n	N	n	n	N	n							
Projektaufträge/Charta	N	N	N	N	N	N	N	N	N		N	N	
Projektplan	M	M	ZW	ZW	ZW	ZW	ZW	ZW	ZW		ZW	ZW	
Projektstatus-Berichte	M	M	W	W	W	W	W	W	W	W			
Risikomanagement-Plan			N	n	N	n	N	N	N		n	n	
Meilenstein-Berichte	W		W	M	W	w	W	W	W	W			
Test-Plan			n	n	N	N	N	N	N		N	N	n
Trainings-Plan			n	n	N	N	N	N	N		N	N	n

Legende

Häufigkeit	Obligatorisch	Optional
Wöchentlich	W	w
Zweiwöchentlich	ZW	zw
Monatlich	M	m
Zweimonatlich	ZM	zm
Quartalsweise	Q	q
Wenn nötig	N	n

Querverweis zu verwandten Tools in diesem Buch

Stakeholder-Übersicht (Abschnitt 3.1.13), Zielkatalog (Abschnitt 4.5), Stakeholder-Erwartungsmanagement (Abschnitt 3.1.14), Verantwortlichkeiten-Matrix (CIDA) (Abschnitt 7.12).

Bibliografie: www.techrepublic.com

7.12 Verantwortlichkeiten-Matrix (CIDA)

Zweck und Absicht (Warum und wann anwendbar?)

Die CIDA-Matrix ist ein Tool, das dazu dient, Verantwortlichkeiten für bestimmte Aufgaben zu bestimmten Rollen und Personen zuzuordnen. Es hilft, Teammitglieder an die Erbringung von Leistungen zu binden, besonders, wenn der zeitliche Rahmen eng und es unklar ist, wer für bestimmte Leistungen verantwortlich ist.

Das Tool ermöglicht, zu Beginn eines Projekts die erwarteten Ergebnisse und Zuständigkeiten festzulegen und abzustimmen. Dadurch ergibt sich eine einfachere und gemeinschaftliche Projektmanagement- und Aufgabenkontrolle.

Funktion und Aufgabe (Wie funktioniert es?)

Die Verantwortlichkeiten-Matrix (CIDA) ist eine einfache Tabelle, die auf drei Komponenten basiert. Jede Zeile enthält Hauptaktivitäten oder die zu erbringenden Leistungen und die Verantwortungsbereiche des Projekts. Die Spalten enthalten die verschiedenen Rollen oder Namen der Stakeholder. Die Aktivitäten in den Reihen kreuzen sich mit den Spalten der Stakeholder – in den einzelnen Zellen ist durch vier Buchstaben (A, C, D, I) die Art der Verantwortlichkeit für die Aktivität in dieser Reihe näher festgelegt. Die komplette Matrix ermöglicht verschiedene Betrachtungen:

- Die Reihen zeigen, wer für eine bestimmte Aktivität oder einen Bereich verantwortlich ist, sowie die Art der Koordinierung und Umsetzung dieser Aktivität.
- Die Spalten zeigen, wer in bestimmte Aktivitäten involviert ist und welche Rolle er spielt (Verantwortung).
- Koordinationsprobleme und unklare Verantwortlichkeiten.
- Arbeitsüberlastung – wer arbeitet sehr viel?

Anleitung (Wie gehe ich vor?)

Definieren Sie die Hauptaktivitäten, die zu erbringenden Leistungen und Verantwortungsbereiche und listen Sie diese in den Zeilen einer Tabelle auf (siehe Tabelle 52), z. B.: Lagerkontrolle, Zahlung von Rechnungen, Lohnzahlungen, Kundendienst, Vertragsmanagement, Lieferantenbeziehungen usw. Sie können entscheiden, wie detailliert Sie die Aktivitäten aufnehmen, abhängig davon, ob Sie das Team „mikromanagen“ wollen.

- Identifizieren Sie alle relevanten Rollen und/oder Stakeholder (Namen) und platzieren Sie diese in den Spalten der Tabelle.

Tabelle 52
Beispiel einer Verantwortlichkeiten-Matrix (CIDA) für eine Produkteinführung in einen neuen Markt

	Name oder Rolle des Stakeholders								
Aufgabenbereich	Tom	Harald	Peter	Hans	Lisa	Erwin	Bernd	Tina	Jan
Verkauf	C	D	C	A		C			I
Vertragsmanagement	A	D	I	C					
Kostenüberwachung	A	D			I	D		I	
TV-Kampagne	C							D	A
Veranstaltungen	C	A			D	D			C
Technologie	C	A	C	C	D		C	C	I
Lieferantenbeziehung			A/D	D		C		I	

- Entscheiden Sie über die verschiedenen Verantwortlichkeiten für jeden Stakeholder und weisen Sie jeder *relevanten* Kreuzung von Zeile und Spalte einen Buchstaben zu. Die einzelnen Kreuzungspunkte repräsentieren dabei:
  - *D (Doer):* Hier steht die Person, die die tatsächliche Arbeit verrichtet.
  - *A (Accountable):* Diese Person trifft die endgültige Entscheidung und trägt die Verantwortung. Es ist wichtig zu verstehen, dass dies nicht bedeutet, dass diese Person die Organisation führt oder über eine typische organisationale Machtposition verfügt. Dieser Person wird die Autorität übergeben, Entscheidungen zu treffen, und sie kann für diese Entscheidungen zur Rechenschaft gezogen werden; man spricht von „Empowerment" (Ermächtigung). Es ist im Interesse der Person, die eine A-Rolle besitzt, dass sie die Autorisierung und Zustimmung des Lenkungsausschusses und der C-Stakeholder bekommt.
  - *C (Consult):* Diese Person muss konsultiert werden, bevor eine Entscheidung oder Handlung beschlossen wird. C-Personen zeichnen manchmal auch Dokumente gegen, obwohl Konsultation nicht unbedingt Übereinstimmung bedeuten muss. Die Person, die eine A-Rolle besitzt, trifft immer noch die Entscheidung, es sei denn, der Lenkungsausschuss oder Projektsponsor nutzen ihr Veto-Stimmrecht.
  - *I (Inform):* Diese Person wird informiert, nachdem die Entscheidung getroffen oder eine Handlung durchgeführt wurde. I ist typischerweise vom Ergebnis der Entscheidung betroffen, hat aber kein Mitbestimmungsrecht bei der Entscheidungsfindung.

- Prüfen Sie horizontal die Zeilen und stellen Sie sich die folgenden Fragen:
  - *Viele D* – Sind zu viele Personen involviert und arbeiten an derselben Sache?
  - *Kein D* – Wer erledigt die Arbeit?
  - *Kein A* – Alarmglocke!! Niemand ist für die zu erbringende Leistung verantwortlich.
  - *Mehr als ein A* – Verwirrung, Unentschlossenheit, keine klare Verantwortung, führt zu Vorwürfen, wenn etwas schief geht. Dies ist schlimmer als überhaupt kein A.
  - *Viele C* – Ist es notwendig, so viele Personen zu involvieren und zu konsultieren – besteht ein Mangel an Vertrauen und Bevollmächtigung?
  - *Viele I* – Müssen alle davon wissen?
- Prüfen Sie vertikal (jede Stakeholder-Spalte) und stellen Sie sich dazu die folgenden Fragen:
  - *Viele D* – zu viel Arbeit für die Rolle oder Person?
  - *Kein Leerraum* – zu viel Arbeit? Zu viele Konsultationen? Ist die Person „Superman"?
  - *Kein D oder A* – könnte diese Funktion potenziell eliminiert werden?
  - *Zu viele A* – Ist die Rechenschaft und Verantwortlichkeit an der richtigen Stelle angesiedelt? Ist die Organisation zu hierarchisch aufgebaut? Könnten diese A statt dessen C werden und eine Person auf einem niedrigeren Niveau mit einer A-Tätigkeit bevollmächtigt werden?

Tipps und Anregungen

- Andere Begriffe, die für dieses Tool verwendet werden, sind: RASCI (Responsibility, Accountability, Support, Consult, Inform), RACI oder RAM (Responsibility Assignment Matrix).
- Es ist wichtig festzuhalten, dass das CIDA-Tool nicht das benötigte Niveau an Fähigkeiten hinterfragt, um einen Job zu erledigen und eine bestimmte Verantwortung zu übernehmen. Das CIDA-Tool geht davon aus, dass die benötigten Fähigkeiten an der richtigen Stelle vorhanden sind. Es könnte sinnvoll sein, diese Vermutungen zu überprüfen, um das fehlerhafte Einsetzen einer Person zu vermeiden.

7.13 Stakeholder-Kommunikation

Zweck und Absicht (Warum und wann anwendbar?)

Dieses Tool bietet sich an, um sich für Meetings, Verhandlungen und sonstige bedeutende Interaktionen mit wichtigen Stakeholdern vorzubereiten.

Funktion und Aufgabe (Wie funktioniert es?)

Das Stakeholder-Kommunikations-Tool ist eine Art Zusammenfassung oder Profil bezüglich eines Stakeholders. Man könnte es auch einen kommunikativen „Schlachtplan" nennen.

Anleitung (Wie gehe ich vor?)

- Verwenden Sie die Stakeholderanalyse (Abschnitt 3.1.12), die Stakeholder-Einfluss-Matrix (Abschnitt 3.1.15) und andere relevante Möglichkeiten zur Informationsbeschaffung, um ein Profil bezüglich relevanter Informationen anzulegen.
- Verwenden Sie z. B. die als Tabelle 53 angegebene Vorlage als Strukturmuster, vervollständigen Sie die Vorlage und bereiten Sie sich entsprechend vor. Besprechen Sie die notwendigen Maßnahmen und Annahmen mit relevanten Kollegen.

Beispiel und Vorlage für eine Stakeholder-Kommunikation

Tabelle 53 Mögliche Vorlage für eine Stakeholder-Kommunikation

Stakeholder-Kommunikation – Herr Dr. Müller	
Überschrift	**Daten/Information**
Adressat/Name	Herr Prof. Dr Müller
Rolle	Unterstützender, externe Advisor
Informelle Beziehungen zu anderen Stakeholdern	guter Kontakt zum Direktor Personal und Finanzen
Gute Kontakte zu	Frau Meyer, Herrn Mustermann (Produktion)
Schlechte Kontakte zu	Frau Graf (Einkauf)
Grundsätzliche Einstellung zum Thema (+/0/-)	unterstützt, jedoch vorsichtig
Grundsätzliche Einstellung zum Projektleiter/Projekt (+/0/-)	mag keine externen Berater/PM
Bevorzugte Art, zu kommunizieren	rational, Fakten, direkt
Inhaltliche Präferenz	keine hohen Risiken
Vorbereitung auf eigene Kommunikation	fachlich, inhaltlich sehr kompetent, kein politischer Mensch
Auswirkung eigener Aussagen	Projekt könnte berufliche Bedrohung sein

Tabelle 53 Mögliche Vorlage für eine Stakeholder-Kommunikation *(Fortsetzung)*

Stakeholder-Kommunikation – Herr Dr. Müller	
Überschrift	**Daten/Information**
Zu erwartende Reaktion (+/0/-)	0 – vorerst neutral
Erwünschte Reaktion	Zustimmung, konstruktive Kritik
Auswirkung der Reaktion auf Projektzielsetzung	wichtig als Referenz für Geschäftsleitung
Erforderliche Vorbereitung und Maßnahmen	Vorab-Präsentation im kleinen Kreis, Kritik wichtig als Warnsignale und zur Abstimmung
Gestaltung der geplanten Kommunikation	E-Mail mit Zusammenfassungs-Präsentation, Vorbesprechung und Einladung zur Präsentation im kleinen Kreis
Notwendige Next Steps und nachfolgende Maßnahmen	Protokollmitschrift, Einladung zu Road-Show

Querverweis zu verwandten Tools in diesem Buch

Stakeholderanalyse (Abschnitt 3.1.12), Stakeholder-Einfluss-Matrix (Abschnitt 3.1.15), Kräftefeld (Abschnitt 3.4.8), Stakeholder-Übersicht (Abschnitt 3.1.13).

7.14 Workshop

Zweck und Absicht (Warum und wann anwendbar?)

Die Workshop-Richtlinien helfen, beim Vorbereiten und der Durchführung von Meetings und Workshops Zeit und Aufwand zu sparen.

Funktion und Aufgabe (Wie funktioniert es?)

Die Workshop-Richtlinien ermöglichen eine konsistente Herangehensweise an Meetings und Workshops. Darin vorgeschlagene Struktur und Hinweise ermöglichen es Ihnen, sich auf den Inhalt konzentrieren zu können, ohne sich Gedanken zu administrativen Tätigkeiten machen zu müssen.

Anleitung (Wie gehe ich vor?)

Vor der Veranstaltung:

- Überprüfen Sie die Punkte der Tagesordnung und die Ziele des Meetings. Vorlage für eine typische Tagesordnung könnte sein:
    1. Einführung
    2. Durchsicht der Tagesordnungspunkte
    3. Zweck und Ziele
    4. Erwartungsaustausch

5. Überblick über vorangegangene Aktionspunkte (wenn anwendbar)
6. Geplantes Vorgehen
7. Tagesordnungpunkte 1, 2, 3
8. Überprüfung der Erwartungen (wenn anwendbar)
9. Pro und Contra – „Was war gut, was hätte besser sein können?"
10. Aktionspunkte (siehe Abschnitt 7.18)

- Laden Sie die Teilnehmer rechtzeitig ein und überprüfen Sie Logistik, Tagungsort, Zeitpunkt, Ausrüstung usw.

Während der Veranstaltung:

- Seien Sie spätestens 15 Minuten eher am Tagungsort, prüfen Sie die Ausrüstung und begrüßen Sie die eintreffenden Teilnehmer.
- Workshop-Aktivitäten:
  1. Stellen Sie sich und die Teilnehmer gegenseitig vor. Hier haben Sie die Möglichkeit, ein „Gefühl" für die Teilnehmer und ihre Einstellungen zu bekommen.
  2. Besprechen Sie Ihr geplantes Vorgehen mit den Teilnehmern und überprüfen Sie die Tagesordnungspunkte. Legen Sie die „Grundregeln" in Hinblick auf Unterbrechungen, Mobiltelefone usw. zusammen mit der Gruppe fest.
  3. Stellen Sie Zweck und Ziel des Meetings klar. („Warum treffen wir uns und was sind die gewünschten Ergebnisse? Welches Endergebnis beabsichtigen wir zu erreichen?")
  4. Prüfen Sie die Erwartungen aller Teilnehmer (verwenden Sie das Tool in Abschnitt 7.15). Erfragen und dokumentieren Sie Bedürfnisse und Erwartungen: „Gibt es irgendetwas, was jemand sagen möchte, bevor wir fortfahren? Gibt es irgendetwas, was Sie noch benötigen?"
  5. Überprüfen Sie die vorangegangenen „Next Steps" – falls anwendbar. Beachten Sie das Next-Steps-Tool (Abschnitt 7.18).
  6. Arbeiten Sie jeden Punkt auf der Tagesordnung ab und moderieren Sie die Diskussion.
  7. Beenden Sie das Zusammentreffen und fassen Sie alle Entscheidungen für die Teilnehmer nochmals zusammen. Überprüfen Sie, ob Sie und das Meeting bzw. der Workshop die Erwartungen aller Teilnehmer erfüllt haben. Verwenden Sie das Revision-der-Erwartungen-Tool (Abschnitt 7.15).
  8. Pro und Contra. Dokumentieren Sie alles Negative und Positive.
  9. Überprüfen Sie die Aktionspunkte und stellen Sie sicher, dass alle wissen, was zu tun ist.

10. Fragen Sie nach Feedback „Was sind Ihre Gedanken zur heutigen Veranstaltung?“ Verwenden Sie das Booz-Ball-Bewertungs-Tool (Abschnitt 7.16), um das Meeting bzw. den Workshop zu bewerten.

Nach der Veranstaltung:

Verteilen Sie die Liste mit den „Next Steps“ zusammen mit dem Ergebnis-Protokoll, in dem die getroffenen Entscheidungen und Ergebnisse dokumentiert sind.

Tipps und Anregungen

- Erstellen Sie eine Liste an Themen, die Sie je nach Art des Workshops benötigen.
- Überlegen Sie, wo und wie Sie die Informationen, die Sie erhalten wollen, dokumentieren. Dies wird Ihnen helfen, zu verstehen, was Sie noch erfragen müssen, um ein besseres Gesamtbild zu erhalten.
- Prüfen Sie die Logistik für das Meeting sorgfältig (Raumbuchung, Projektor, Flipchart, genügend Platz usw.) ein paar Tage im Voraus und erscheinen Sie spätestens 15 Minuten vor dem Meeting, um die Teilnehmer zu begrüßen, sich mit Ihnen zu unterhalten und Notfälle zu klären. Denken Sie an einen Notfallplan.

Querverweis zu verwandten Tools in diesem Buch

Informationsbeschaffung (Abschnitt 3.2), Next Steps (Abschnitt 7.18), Revision der Erwartungen (Abschnitt 7.15), Booz-Ball-Bewertung (Abschnitt 7.16).

7.15 Revision der Erwartungen

Zweck und Absicht (Warum und wann anwendbar?)

Teilnehmer der meisten Veranstaltungen (Workshops, Forums-Diskussionen usw.) wissen nicht, was sie erwarten können. Dieses Tool erlaubt Ihnen auf eine proaktive Weise, die potenziell unrealistischen Wünsche, Erwartungen und Einschätzungen zu diskutieren, zu managen und zu relativieren.

Darüber hinaus verdeutlicht das Tool dem Moderator und allen Teilnehmern die Erwartungen der einzelnen Personen in Bezug auf die Workshop- oder Projektinhalte.

Funktion und Aufgabe (Wie funktioniert es?)

Die schriftliche Dokumentation von Erwartungen zu Beginn einer Veranstaltung oder eines Projektes ist wichtig, damit alle Beteiligten verstehen, was vermutet, voneinander erwartet und verlangt wird. Es hilft auch dem Projektmanager oder Workshop-Moderator zu verstehen, wo er die Schwerpunkte legen muss, um den Workshop oder das Projekt erfolgreich durchzuführen.

Das Prüfen und Bewerten der Erfüllung der Erwartungen am Ende der Veranstaltung oder des Projektes macht allen Beteiligten die gemeinsam bewältigte Arbeit sowie Erreichtes (und Lücken) bewusst.

Anleitung (Wie gehe ich vor?)

- Erläutern Sie zu Beginn jeder Art von Veranstaltung/Projekt den Zweck des Tools. Fragen Sie jeden Teilnehmer nach seinen Erwartungen bzgl. der persönlichen Ergebnisse von dieser Veranstaltung (oder Projekt). Schreiben Sie diese auf ein Flipchart, damit sie für jeden sichtbar sind. Nachdem Sie die Aussagen zusammengefasst haben, prüfen Sie, ob die Personen mit Ihrer Zusammenfassung zufrieden sind. In einem Projektzusammenhang empfiehlt sich auch der Einsatz des Stakeholder-Erwartungsmanagements (Abschnitt 3.1.14).
- Nachdem Sie alle Erwartungen dokumentiert haben (siehe Tabelle 54), überprüfen Sie die Realisierbarkeit der geäußerten Erwartungen. Geben Sie den betroffenen Personen eine klare Rückmeldung, wenn Sie sicher sind, dass deren Erwartungen unrealistisch und unerreichbar sind.
- Bitten Sie am Ende jeder Art von Veranstaltung, z. B. Workshop, Projektphase usw., um Feedback und eine Bewertung. Fragen Sie: „Haben wir das Thema erfasst und haben wir erreicht, was Sie erwartet haben? Wie würden Sie dies in Prozenten bewerten?“ Hier bietet sich auch die Verwendung der Booz-Ball-Bewertung an (Abschnitt 7.16).

Tipps und Anregungen

- Managen Sie auch während der Workshop-Veranstaltung die Erwartungen und Reaktionen der Teilnehmer (z. B. mit Hilfe der Tabelle 54). Nutzen Sie auch dazu die Booz-Ball-Bewertung (Abschnitt 7.14), um Feedback-Reaktionen und Evaluierung zu quantifizieren. Dies hilft Ihnen und den Teilnehmern, sich auf die tatsächlichen Ziele der Veranstaltung zu konzentrieren. Unerfüllte Erwartungen können am Ende eines Meetings wieder auftauchen.

Tabelle 54 Vorlage für eine Revision der Erwartungen

Überprüfen der Erfüllung vorheriger Erwartungen	
Erwartungen	**Erfüllungsgrad**
	 (25 %)

- Fragen Sie: „Gibt es irgendwelche Bedenken oder noch offene Fragen?“ Diese Bedenken sollten durch entsprechende Handlungsschritte angemessen angegangen werden. Verwenden Sie hierfür die Next Steps (Abschnitt 7.18).

Querverweis zu verwandten Tools in diesem Buch

Booz-Ball-Bewertungs (Abschnitt 7.16), Stakeholder-Erwartungsmanagement (Abschnitt 3.1.14), Next Steps (Abschnitt 7.18).

7.16 Booz-Ball-Bewertung

Zweck und Absicht (Warum und wann anwendbar?)

Dieses von Booz Allen & Hamilton entwickelte Tool ist hilfreich, wenn Sie weiche, undefinierbare Bewertungsergebnisse greifbar und quantifizierbar machen und in einer einfachen und bildhaften Art darstellen wollen.

Funktion und Aufgabe (Wie funktioniert es?)

Das Booz-Ball-Bewertungs-Tool interpretiert eine qualitative und schwer greifbare Rückmeldung oder Bewertung wie z. B.: „Wir mögen die Projektarbeit und sind mit dem Ergebnis zufrieden.“ Es übersetzt dieses in eine quantitative Version und macht die Leistung messbar, z. B. als 75 % Projektzufriedenheit.

Anleitung (Wie gehe ich vor?)

- Bitten Sie die Teilnehmer, die einzelnen Ergebnisse zu bewerten und Angaben von 0 %, 25 %, 50 %, 75 % oder 100 % Erreichungsgrad nach ihrer persönlichen Meinung zu vergeben.
- Schreiben Sie die Prozentzahl neben die Aussage und ersetzen Sie sie später mit dem entsprechenden Booz Ball – einem Kreis, der in Viertel unterteilt ist (siehe Abbildung 133). Jeder Teil repräsentiert einen Zielerreichungsgrad von 25 Prozent. Sind drei von vier Teilen schwarz, entspricht dies 75 Prozent. Dies bietet die Möglichkeit, die qualitativen Aussagen zu übersetzen und in Zahlen auszudrücken.

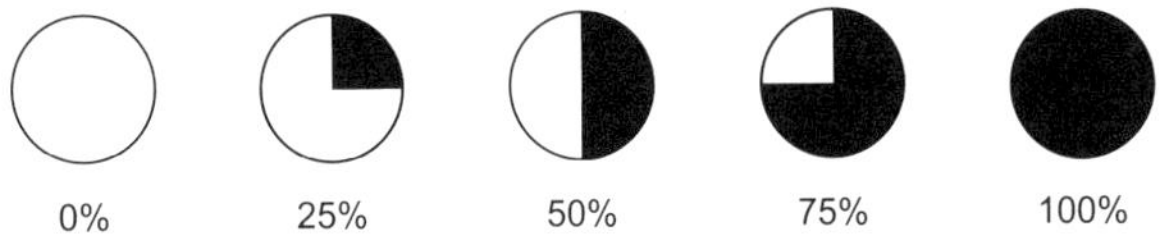

Abbildung 133 Zielerreichungsgrad, dargestellt mit Booz Balls

Tipps und Anregungen

- Dies ist eine wichtige Aktivität, durch die Sie die Aufmerksamkeit und Anerkennung für Ihre erfolgreiche Arbeit erhalten, wenn Sie Einzelpersonen oder eine Gruppe um Kommentare und Einschätzungen bitten. Geben Sie jeder Person Zeit und erklären Sie, welche/r Punkt, welche Aktivität oder welches Ziel bewertet werden soll.
- Fragen Sie auch nach Kommentaren wie „Was hätten wir besser machen sollen, um 100% zu erreichen?“. Stellen Sie sicher, dass die jeweilige befragte Person weiß, dass ihre Meinung wichtig ist. Dokumentieren Sie die Ergebnisse und verwenden Sie dies, um Lessons Learned zu beschreiben.

Querverweis zu verwandten Links in diesem Buch

100 Punkte (Abschnitt 6.11), Revision der Erwartungen (Abschnitt 7.15).

Bibliografie: Booz Allen & Hamilton Consultancy

7.17 6 Denkhüte

Zweck und Absicht (Warum und wann anwendbar?)

Die 6 Denkhüte sollen helfen, die vielfältigen und unterschiedlichen Ansichten von Personen darzustellen, wenn Sie in der Gruppe z. B. ein Projekt diskutieren, prüfen und bewerten. Das Tool kann man auch verwenden, um Informationen für die Leistungsbewertungsgespräche mit den Mitarbeitern zu erhalten oder um aus Fehlern zu lernen.

Dieses (Prüf-)Tool verlangt eine offene Gruppendiskussion, in der die Personen zu verschiedenen Aspekten ihren Input, Feedback und ihre Ansichten äußern.

Funktion und Aufgabe (Wie funktioniert es?)

Das zu Grunde liegende Prinzip von De Bonos Hüten ist, dass alle Teammitglieder (an)erkennen müssen, dass es unterschiedliche, widersprüchliche Meinungen und Ansichten innerhalb eines Teams gibt. Diese Einsicht ist die Voraussetzung für effektive Zusammenarbeit im Team.

Jede Ansicht wird als „Hut“ bezeichnet, da eine Person sich einen Hut aufsetzen und die Rolle spielen kann. Dies bedeutet, dass die Person das zur Diskussion stehende Thema in der für diese Hutfarbe typischen Sichtweise sieht. Jeder Hut hat eine von sechs möglichen Farben.

Anleitung (Wie gehe ich vor?)

- Verwenden Sie die sechs verschiedenen Hüte (Ansichten), um die Situation oder das Problem zu erkunden oder beim Überprüfen eines Projekts Feedback zu geben. Starten Sie von oben mit dem weißen Hut und arbeiten Sie sich durch bis zum blauen Hut.
- Finden Sie alle Ansichten heraus, aber verwenden Sie immer dieselbe Farbe, es sei denn, Sie sagen z. B. explizit: „Würde ich für einen Moment den roten Hut aufsetzen, dann würde ich sagen, dass ...". Die einzelnen Farben bedeuten:
  - *Weißer Hut* – Fakten, Zahlen und neutrale Ansichten: „Welche Daten sollen betrachtet werden? Was wissen wir über die Situation?"
  - *Gelber Hut* – positive, optimistische Ansicht: „Was lief gut?" (z. B. für den Projektinhaber, mit unserer Interaktion und intern als Team).
  - *Schwarzer Hut* – logische, aber pessimistische Ansicht: „Was lief nicht gut oder was könnte falsch laufen?"
  - *Grüner Hut* – kreativ, Querdenken, neue Ideen, andere Möglichkeiten: „Was würden wir anders machen, wenn wir es alles nochmal machen könnten?"
  - *Roter Hut* – Instinkte, Gefühle, Intuition: „Was sagt Ihr Bauch (Ihr Instinkt)?"
  - *Blauer Hut* – Kontrolle über das Denken, den Problemlösungsprozess, den Weg nach vorn: „Wie werden wir handeln und das Problem lösen? Was sind die nächsten Schritte?"

Tipps und Anregungen

Führen Sie eine Feedback-Umfrage nur durch, wenn ein Feedback explizit verlangt wird oder wenn Sie wissen, dass das Feedback für das weitere Lernen tatsächlich verwendet wird. Andernfalls steigert dieses Vorgehen nur die Erwartungen der Teilnehmer, die dann enttäuscht werden, wenn die Meinungen und Vorschläge nicht umgesetzt werden.

Querverweis zu verwandten Tools in diesem Buch

Übersicht zu alternativen Kreativitätstools (Abschnitt 3.3.12).

Bibliografie: de Bono, Markham

7.18 Next Steps

Zweck und Absicht (Warum und wann anwendbar?)

Dies ist ein einfaches Tool, um sicherzustellen, dass Meetings und Besprechungen konkrete Ergebnisse haben und Vereinbarungen bindend umgesetzt werden. Es ist auch hilfreich, um Dinge und Aktivitäten, die vereinbart wurden, nicht aus den Augen zu verlieren.

Funktion und Aufgabe (Wie funktioniert es?)

Es dokumentiert, wer wofür verantwortlich ist und bis wann etwas zu erledigen ist.

Anleitung (Wie gehe ich vor?)

- Ergeben sich während eines Meetings oder während einer Besprechung Punkte, die erledigt werden müssen, dann halten Sie die dazu notwendigen Arbeitsschritte auf einem Flipchart fest. Verwenden Sie dafür Tabelle 55 als Vorlage.

Tabelle 55 Beispiel einer Next-Steps-Tabelle

Next Steps		
Aufgaben	**Wer**	**Bis wann**
• Verteilen Sie innerhalb der nächsten 24 Stunden das Protokoll dieses Meetings.	Tom	Mittwoch vor 12 Uhr
• Holen Sie die Unterschrift für den Leasingvertrag ein.	Harald	30. Juni

- Verwenden Sie eine aktive Formulierung und starten Sie mit einer „aktiven Handlung“ und einem ergebnisorientierten Verb, wie z. B. „Holen Sie die Unterschrift für den Vertrag XY ein“, „Entwerfen Sie neue Visitenkarten“, „Richten Sie einen Strategieworkshop aus“.
- Sammeln Sie kontinuierlich während Meetings oder Workshops alle relevanten Next Steps. Stellen Sie sicher, dass Sie Zeit haben, die Liste mit Ihren Next Steps am Ende der Veranstaltung nochmals durchzugehen und daraufhin zu überprüfen, wer für die einzelnen Next Steps zuständig ist und wann die Umsetzung fällig ist.
- Der Schlüssel zum Erfolg ist die Überprüfung der Next Steps des vorherigen Treffens zu Beginn des nächsten Treffens. Ein gewisser Gruppenzwang bei der Verteilung und Bewertung der erledigten Aufgaben kann motivierend wirken.

Tipps und Anregungen

- Dieses Tool lässt sich gut mit einem anderen Tool verbinden, das zur Dokumentation von positiven und negativen Kommentaren verwendet wird. Befragen Sie am Ende eines Meetings oder Workshops die Teilnehmer nach deren positiven sowie negativen Eindrücken und Bedenken. Schreiben Sie beides in eine Tabelle auf ein Flipchart. Erarbeiten Sie dann zusammen mit der Gruppe alle notwendigen Next Steps, um alle genannten Bedenken auszuräumen.
- Befragen Sie die Teilnehmer am Ende eines Meetings oder Workshops nach deren positiven sowie negativen Eindrücken und Bedenken. Schreiben Sie diese in Form einer Tabelle auf ein Flipchart. Eine hilfreiche Formulierung, um Feedback zu erfragen, ist für positive Eindrücke die Eselsbrücke: „WWW – What went well – Was lief gut?". Eher negatives Feedback erfragen Sie mit: „EBI – Even better if … – Noch besser wäre es, wenn …"

  Erarbeiten Sie dann zusammen mit der Gruppe alle notwendigen Next Steps, um alle genannten Bedenken auszuräumen und in den nächsten Schritten umzusetzen.

Querverweis zu verwandten Tools in diesem Buch

Workshop (Abschnitt 7.14), Revision der Erwartungen (Abschnitt 7.15).

7.19 Fähigkeiten-Radar

Zweck und Absicht (Warum und wann anwendbar?)

Projektmanagement (PM) ist eine Disziplin, die sich in den letzten Jahrzehnten etabliert hat und die lange Zeit nicht als eigenständiges Fach gelehrt wurde. Viele Personen haben Projektmanagement „nebenbei" gelernt, was zu Lücken geführt hat.

Das Fähigkeiten-Radar ist ein Projektmanagement-Tool, das dabei hilft, die Stärken und Schwächen einer Person im Bezug auf seine Projektmanagement-Kompetenzen festzustellen. Dieses Tool kann auch im Trainingsbereich, bei Einstellungsgesprächen und Mitarbeitergesprächen zur Anwendung kommen.

Funktion und Aufgabe (Wie funktioniert es?)

Das Fähigkeiten-Radar stellt die verschiedenen Kompetenzbereiche der wichtigsten Projektmanagementkomponenten dar und hilft, die Projektmanagementlücken zu identifizieren.

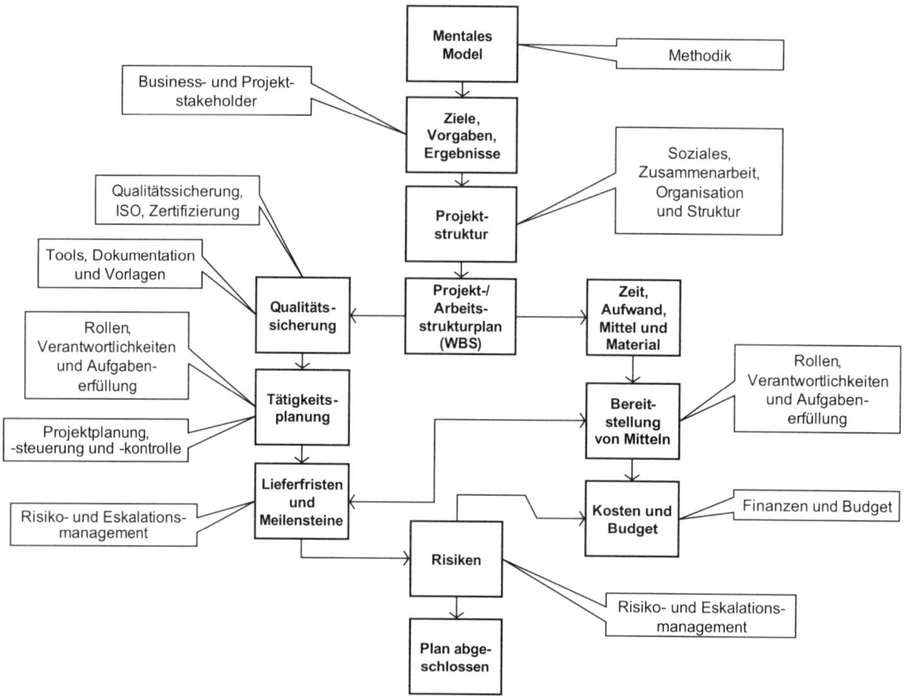

Abbildung 134 PM-Anforderungen und -Kompetenzen im PM-Prozess

Anleitung (Wie gehe ich vor?)

- Gehen Sie die PM-Komponenten und Kompetenzbereiche, die zuvor aufgelistet sind, nochmals durch und passen Sie sie Ihren Anforderungen an. Falls erwünscht, vergleichen Sie die Kompetenzen und PM-Komponenten mit denen der zahlreichen Projektmanagement-Vereinigungen, z. B. dem Institute of Project Management, der Prince-Methode, der International Project Management Association, dem Project Management Institute (PMI) usw.
- Die zu erwartenden Projektmanagement-Komponenten und Kompetenzbereiche sind:
  - Rollen, Verantwortlichkeiten, Kompetenzpläne
  - Zeitplan, Ressourcen- und Kapazitätenmanagement
  - Berichtswesen
  - Projektbüro
  - Programm-Management (siehe Programmplan-Tool)
  - Tools, Dokumentation, Vorlagen
  - Projektmanagement-Methodik
  - Datenbanken für Projektmanagement, Wissensmanagement usw.
  - Risiko- und Problem-/Notfallmanagement

  - Projektsteuerung und Priorisierung
  - Soziales, Zusammenarbeit in der Organisation, Struktur
  - Finanzen, Budget
  - Projektplanung, Steuerung, Kontrolle und Führung
  - Qualitätssicherung
  - PM-Software

- Legen Sie eine Skala zur Bewertung fest (z. B. von 1-5) und definieren Sie, wie das Verhalten für jedes Niveau aussehen soll. Das Niveau 5 könnte z. B. folgerdermaßen definiert sein: Die Person arbeitet permanent auf höchstem Niveau, ist zu 95 % fehlerfrei und kann andere in dieser Kompetenz unterrichten.
- Bewerten Sie Einzelpersonen (und/oder das Team als Gesamtes) vorher und nachher. Definieren Sie ein maximal erforderliches Niveau für den Projektzusammenhang. Zum Beispiel kann Ihre Organisation nicht erwarten, dass alle Einzelpersonen die höchsten Anforderungen in allen PM-Komponenten erfüllen.
- Verwenden Sie ein Radar-Diagramm in einer Software-Anwendung, wie z. B. Microsoft Excel, um die Ergebnisse darzustellen.

Abbildung 135 zeigt exemplarisch die verschiedenen Kompetenzniveaus für die Projektmanagement-Komponenten vor und nach einem Training.

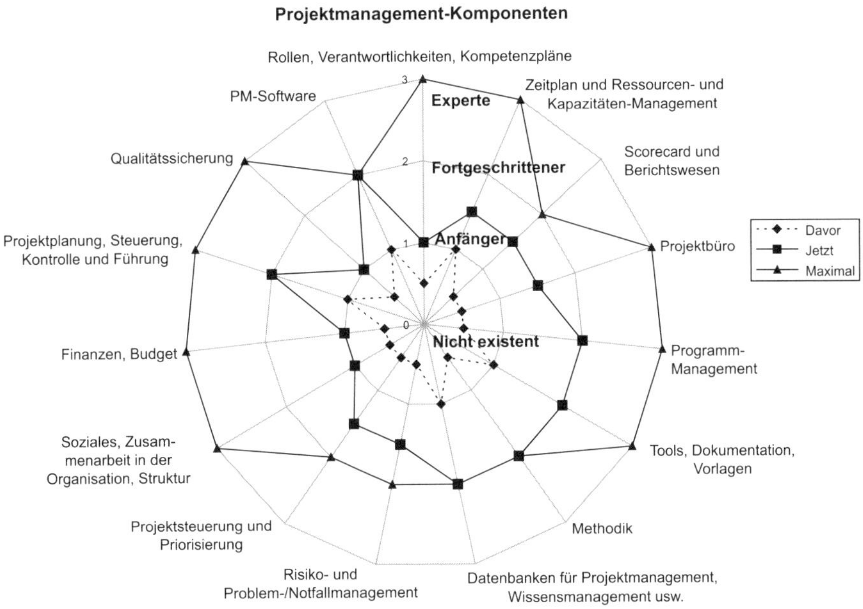

Abbildung 135 Kompetenzniveaus für die Projektmanagement-Komponenten

8 Anhang A – Kontrollfragen

8.1 Kontrollfragen für die Projektplanung

A1 Haben Sie die *Randbedingungen* des Projekts geklärt?

A2 Entsprechen die Projektziele den Strategien?

A3 Was ist die Priorität des Projekts?

A4 Wer unterstützt das Projekt?

A5 Was sind die Umstände und Zwänge des Auftraggebers?

A6 Sind die *Projektziele* klar und schriftlich definiert?

A7 Sind sich alle bezüglich der Ziele einig?

A8 Gibt es Klarheit darüber, welche Ziele gemessen werden und wie?

A9 Liegt ein Konzept für die *technische Lösung* vor?

A10 Ist die technische Systemlösung eindeutig definiert und dokumentiert?

A11 Sind die Technologien klar?

A12 Sind die sich daraus ergebenden Teilprojekte strukturiert?

A13 Sind die Schnittstellen bekannt?

A14 Ist die *Projektorganisation* klar festgelegt?

A15 Sind die Schlüsselaufgaben zugeteilt und abgestimmt?

A16 Ist die Rolle des Projektmanagers geklärt?

A17 Sind die Lenkung und Steuerung des Projekts geklärt und die notwendigen Gremien etabliert?

A18 Sind die Eskalations- und Berichtswege geklärt?

A19 Wer berichtet was wann (wie oft) an wen?

A20 Gibt es sonstige Instanzen, Gremien, Ausschüsse?

A21 Sind genügend Teammitglieder vorhanden?

A22 Sind die notwendigen Fähigkeiten vorhanden?

A23 Ist der *Projektablauf* festgelegt?

A24 Sind alle Meilensteine definiert?

A25 Gibt es parallele Teilprozesse?

A26 Ist der Projektstrukturplan von allen akzeptiert?

A27 Ist der Projektstrukturplan in einen Terminplan umgesetzt worden?

A28 Gibt es einen Ressourcenplan?

A29 Welche Budgetgrenzen gibt es?

A30 Was kostet das Projekt?

A31 Steht die Finanzierung des Projekts?

A32 Ist der Business Case akzeptiert?

A33 Ist die Priorität des Projekts geklärt und allen bekannt?

A34 Sind die Schnittstellen und Abhängigkeiten zu anderen Projekten geklärt?

8.2 Kontrollfragen für die Aufbereitung von Ideen und von qualitativen Informationen

B1 Haben Sie alle Vor- und Nachteile Ihrer Idee(n) in Betracht gezogen? Gibt es einen wirklichen Bedarf dafür?

B2 Haben Sie genau festgelegt, was das Problem ist, das Ihre Idee zu lösen versucht?

B3 Ist Ihre Idee eine, die auf einem neuen Konzept basiert oder eine Kombination oder Adaption?

B4 Welche sofortigen, kurzfristigen Ergebnisse erhoffen Sie sich von der Idee? Sind die veranschlagten Erträge adäquat? Sind die Risiken abschätzbar und akzeptabel?

B5 Welche langfristigen Erträge sind zu erwarten?

B6 Haben Sie die Idee auf Fehler oder Einschränkungen hin geprüft?

B7 Was für Probleme könnte die Idee verursachen? Was sind die notwendigen Voraussetzungen für die Veränderungen?

B8 Wie einfach oder komplex sehen Sie die Umsetzung und Implementierung der Idee?

B9 Haben Sie schon an mögliche Varianten Ihrer Idee gedacht? Was wären mögliche Alternativen?

B10 Verkauft sich Ihre Idee einfach? Sind der Markt und die Verbraucher bereit für so eine Idee? Können die Verbraucher sich die Idee/das Produkt leisten? Werden sie es kaufen? Was ist der zeitliche Rahmen?

B11 Brauchen es die Verbraucher? Gibt es einen wahren Bedarf und ein existierendes Bedürfnis dafür oder muss dieser durch Marketing und Werbung geschaffen werden?

B12 Wie schnell könnte die Idee umgesetzt werden?

8.3 Kontrollfragen für die Definition der Situation – Diagnose

C1 Was läuft bzw. lief bereits falsch?

C2 Was funktioniert nicht richtig?

C3 Was funktioniert?

C4 Warum ist es notwendig, das Problem zu lösen?

C5 Was sollte passieren, aber es passiert nicht?

C6 Was sollte nicht passieren, aber es passiert?

C7 Was ist nicht bekannt?

C8 Was verstehen Sie bisher noch nicht?

C9 Was sind die Symptome und Indikatoren?

C10 Treten die Probleme nur an einer Stelle auf oder an mehreren?

C11 Wann tritt ein Problem auf? Wann noch?

C12 Was ist Teil des Problems?

C13 Was ist nicht Teil des Problems?

C14 Was ist von diesem Problem betroffen?

C15 Wer ist noch von diesem Problem betroffen?

C16 Was und wo sind die Grenzen des Problems?

C17 Wie groß ist es? Wie schlimm ist es?

C18 Was kostet es? Lohnt es sich, korrigiert zu werden?

C19 Wie dringend ist es, kann es vorerst warten?

C20 Wird es von allein verschwinden?

C21 Was würde/wird passieren, falls Sie nichts unternehmen würden?

C22 Was würde/wird passieren, falls Sie das Falsche tun würden?

C23 Sollten Sie nach der Ursache forschen? War zuvor alles in Ordnung?

C24 Wurden Sie von diesem Problem überrascht?

C25 Haben Sie dieses Problem vorher schon einmal gehabt?

C26 Haben Sie schon einmal ein ähnliches Problem erlebt?

C27 Kennen Sie ein verwandtes Problem?

C28 Wann fing das Problem an und wie?

C29 Was hat sich gerade oder kurz zuvor verändert?

C30 Ist dies der Grund für das Auftreten des Problems?

C31 Könnten Sie das Geschehene wieder rückgängig machen?

C32 Falls nicht, gibt es eine kurzfristige „Lösung“?

C33 Welche Rückschlüsse können Sie aus den vorgeschlagenen Lösungen für die Ursache schließen?

C34 Welche Hypothesen haben Sie bzgl. der Ursache des Problems?

8.4 Kontrollfragen für die Zielformulierung

D1 Was wollen Sie erreichen und was nicht?

D2 Welche sind die Ziele (was, wie, wie viel, wann, wer)?

D3 Welche sind die alternativen Ziele?

D4 Wie würden die Dinge aussehen, falls alles gut geht?

D5 Was sollte passieren, aber es passiert nicht?

D6 Was sollte nicht passieren, aber es passiert?

D7 Was wollen Sie, das Sie nicht haben? Was versuchen Sie zu erreichen?

D8 Was haben Sie, das Sie nicht wollen? Was versuchen Sie zu eliminieren?

D9 Was haben Sie nicht, das Sie auch nicht wollen? Was versuchen Sie zu vermeiden?

D10 Was haben Sie, das Sie weiterhin erhalten wollen? Was wollen Sie behalten?

D11 Welches Ergebnis haben Sie am Ende?

D12 Was wären Nachweise für Erfolg bzw. Misserfolg?

D13 Woran würden Sie erkennen, dass das Problem gelöst ist?

D14 Was ist das „so soll es sein“? Wer behauptet das?

8.5 Kontrollfragen für die Analyse

E1 Wie hoch sind die Kosten?

E2 Worin bestehen die Risiken und Nebeneffekte?

E3 Wie entscheiden Sie und was ist der Entscheidungshorizont?

E4 Lassen Sie Ihr eigenes Ego außen vor?

E5 Was ist ein angemessener Bezugsrahmen?

E6 Was für eine Art von Problem ist es?

E7 Wie nennen Sie es?

E8 Was ist die Struktur dieses Problems?

E9 Aus welchen Faktoren oder Elementen besteht es?

E10 Wie stehen die Faktoren oder Elemente miteinander in Bezug?

E11 Welche Ziel-Mittel-Beziehungen existieren?

E12 Handelt es sich um ein mathematisch strukturiertes Problem?

E13 Müssen Sie sich mit einer Art Produktionsprozess oder Veränderungsprozess beschäftigen?

E14 Ist das Problem psychologischer oder sozialer Natur? Liegt es an Menschen und/oder Politik?

E15 Ist die Struktur eine Reihe von Ereignissen über einen gewissen Zeitraum?

E16 Haben Sie ein Modell für die Abbildung dieser Struktur und Logik?

E17 Könnten Sie ein Modell oder eine Struktur entwickeln?

E18 Wie könnten Sie all dies in einem Diagramm abbilden?

E19 Wo in der Struktur des Problems befinden sich die Aspekte und Faktoren, die Sie beeinflussen wollen? Welche anderen Faktoren beeinflussen diese?

E20 Welche Faktoren beeinflussen wirklich das Problem?

E21 Sollten Sie das Verhalten von Menschen oder das Verfahren oder das System oder etwas anderes verändern?

E22 Welche Mittel stehen Ihnen zur Verfügung, um die Faktoren, die Sie anvisiert haben, zu beeinflussen?

E23 Gibt es ein Training für involvierte Personen?

E24 Sind Veränderungen von Prozessen, Verfahren, Methoden notwendig?

E25 Ist eine Neugestaltung des Prozesses erforderlich?

E26 Ist eine andere Ausrüstung notwendig?

E27 Ist ein anderes System notwendig?

E28 Sind personelle Veränderungen notwendig?

E29 Sind Ressourcenplanungen notwendig?

E30 Konnten Sie Ihre vorherigen Hypothesen bestätigen?

E31 Was könnten potenzielle Konzepte und Lösungen sein?

E32 Was wären Alternativen?

E33 Was sind die Vor- und Nachteile jeder Option?

8.6 Kontrollfragen für die Entscheidungsfindung

F1 Haben Sie formale Bewertungskriterien für den Vergleich der Optionen?

F2 Haben sich die ursprünglichen Ziele seit ihrer Definition geändert?

F3 Haben Sie den Zielen eine Rangfolge zugeordnet und Prioritäten gesetzt, damit Sie die Optionen entsprechend vergleichen können? (muss-/kann-/nice-to-have-Eigenschaften)

F4 Was sind die Einschränkungen und Beschränkungen?

F5 Was sind all die Dinge, die Sie erledigen müssen?

F6 Was sind all die Dinge, die Sie nicht erledigen können?

F7 Wer behauptet das? Ist es realistisch?

F8 Was sind Ihre Annahmen und was übersehen Sie womöglich dabei?

F9 Können Sie es vom gegenwärtigen Zustand aus erreichen?

F10 Wer muss Ressourcen, Zeit, Geld oder Ergebnisse abgeben?

F11 Wer muss in welcher Form etwas beitragen?

F12 Wie ist der zeitliche Rahmen?

F13 Wer macht was und wann?

F14 Was könnte schieflaufen?

F15 Was sind die Risiken, Folgen und Auswirkungen?

F16 Wie werden Sie wissen, ob sich die Dinge gut entwickelt haben oder nicht?

F17 Was ist Ihre Absicherung und ein Alternativenplan?

F18 Brauchen Sie noch jemanden zusätzlich?

F19 Überwachen Sie das Vorankommen?

8.7 Kontrollfragen für den Beginn der Projektrealisierung

G1 Ist das Problem klar und bekannt?

G2 Wissen Sie, welches Problem Sie beabsichtigen zu lösen?

G3 Ist das Problem klar und differenziert definiert?

G4 Verstehen Sie den Kontext und alle Verbindungen mit dem Umfeld?

G5 Verstehen Sie, was die Ziele und Absichten sind?

G6 Besteht Einverständnis, insbesondere mit dem Projektsponsor?

G7 Verstehen Sie die Anforderungen und hohen Ansprüche für die beabsichtigte Lösung?

G8 Welche Anforderungen müssen erreicht werden?

G9 Welche sind die finanziellen und welche die Unternehmensziele?

G10 Welche sind die organisationalen, sozialen Ziele?

G11 Welche sind die Umwelt- und ökologischen Ziele und Absichten?

G12 Welche sind die Einschränkungen und widersprüchlichen Ziele?

G13 Haben Sie genügend Überblick und Verständnis bzgl. aller möglichen Optionen für die Lösung?

G14 Können Sie überprüfen, ob die verschiedenen Optionen für die Lösung des Problems geeignet sind?

G15 Können Sie objektiv alle Optionen vergleichen, einschätzen und bewerten?

G16 Haben Sie alle Ihre Annahmen und Vermutungen getestet?

G17 Verstehen Sie alle Risiken?

G18 Ist das vorgeschlagene Konzept überzeugend, schlüssig und realistisch?

G19 Wo und wie passt das vorgeschlagene Konzept (und die Lösung) in das Gesamtbild?

G20 Welche sind die Auswirkungen des Konzeptes im Bezug auf Funktionen, Handlungen, Finanzen, Organisation, Personal, Wirtschaftlichkeit und Strategie?

G21 Welche sind die Alternativen und verstehen Sie die Unterschiede und Auswirkungen?

G22 Welche sind die entscheidenden Elemente und Komponenten für die Lösung?

G23 Was für Risiken gibt es?

G24 Haben Sie einen Plan, um die hohen Risiken zu minimieren?

G25 Sind Sie bereits in der Lage, eine Entscheidung bzgl. der Lösung zu treffen?

G26 Können Sie die Entscheidung intern und extern rechtfertigen?

G27 Verstehen Sie die Prioritäten für das weitere Vorgehen im Projekt?

G28 Verstehen Sie die unterschiedlichen Prioritäten der Anforderungen?

9 Anhang B – Szenarien (Einkaufsliste der Tools)

Dieser Anhang gibt einen exemplarischen Überblick über die Auswahl von typischen Aktivitäten und Tools für verschiedene Szenarien – von Projektplanung, Strategieanalyse und Organisationsdesign über Machbarkeitsstudie bis zu Geschäftsprozessoptimierung.

9.1 Die Top-10-Tools des Autors

Meine persönliche Top-10-Liste aller einfachen und doch raffinierten Tools, in keiner besonderen Rangfolge oder Priorität:

1. Ist-Ist nicht (Abschnitt 3.1.11)
2. Stakeholder-Erwartungsmanagement (Abschnitt 3.1.14)
3. Kontextdiagramm (Abschnitt 3.1.18)
4. Problembaum (Abschnitt 3.1.2)
5. Charta (Abschnitt 4.4)
6. Schwerpunktmatrix (Abschnitt 6.15)
7. Next Steps (Abschnitt 7.18)
8. Verantwortlichkeiten-Matrix (CIDA) (Abschnitt 7.12)
9. Revision der Erwartungen (Abschnitt 7.15)
10. Booz-Ball-Bewertung (Abschnitt 7.16)

9.2 Szenario Good Practice für die Projekt- und Problemdefinition

Dieses Szenario soll die Unterschiede bzw. Überschneidung der Problemlösungsaktivitäten mit den Projektmanagementaktivitäten gegenüberstellen – werfen Sie dazu auch nochmal einen Blick auf Abbildung 13, Seite 39.

Damit Sie unterscheiden können, ob die Aktivität eher dem Problemlösungs- oder dem Projektmanagement angehört, sehen Sie in die erste Spalte: PM = Projektmanagement, PL = Problemlösung.

Projekt-/Problemdefinition		
PM oder PL?	**Aktivitäten**	**Zusammenstellung von typischen Tools**
PM	Durchsicht einer existierenden Projektidee oder eines Projektauftrags	Charta (Abschnitt 4.4) oder Projektauftrag (Abschnitt 7.2)
PM	Projekt-Initiierung	Projektauftrag (Abschnitt 7.2), LogFrame (Abschnitt 7.3)
PM	Business Case etablieren	
PM	Machbarkeitsstudie	Machbarkeitsstudie (Abschnitt 9.7)
PM	Projektbildung	Programmplan (Abschnitt 7.4), Projektauftrag (Abschnitt 7.2), Charta (Abschnitt 4.4)
PL	Problem definieren und eingrenzen	Problemdefinition (Abschnitt 3.1.1), Problembaum (Abschnitt 3.1.2)
PL	Problem untersuchen und eingrenzen	Problembaum (Abschnitt 3.1.2)
PL	Besseres Verständnis des Problems hilft bei der Festlegung der Rahmengrenzen	Ist-Ist nicht (Abschnitt 3.1.11)
PL	Kontext besser verstehen	Black Box (Abschnitt 3.1.10)
PL	Black Box und Ist-Ist nicht anwenden, um zu jedem Input-, Output- und Scope-Element die Stakeholder zu identifizieren	Stakeholderanalyse (Abschnitt 3.1.12), Stakeholder-Übersicht (Abschnitt 3.1.13)
PM	Genau klären, was die verschiedenen Kunden alles erwarten und/oder erhoffen.	Stakeholder-Erwartungsmanagement (Abschnitt 3.1.14)
PM	Freunde und Feinde identifizieren	Kräftebild (Abschnitt 5.1.6)
PM	Potenzielle Projektziele anpassen	LogFrame (Abschnitt 7.3), Charta (Abschnitt 4.4)
PL	Inhaltlichen Kontext und Zusammenhänge identifizieren	Kontextdiagramm (Abschnitt 3.1.18)
PL	Zusammenhänge zwischen Problemen und Lösungsansätzen identifizieren	Fragenbaum (Abschnitt 3.1.7)
PL	Hypothesen aufstellen, um Zeit zu sparen	Hypothesen (Abschnitt 3.1.4) und Hypothesenbaum (Abschnitt 3.1.5)
PM	Grobe Projektergebnisse und Projektbereiche festlegen	Projektstrukturplan (PSP) (Abschnitt 7.5)
PM	Projektaktivitäten festlegen	Projektaktivitätenplan
PM	Zeitliche Abfolge festlegen	Projektterminplan (Gantt)
PM	Umfeld verstehen	Projektumfeldanalyse (PUMA) (Abschnitt 7.8)
PM	Projektressourcen festlegen	
PM	Projektrollen und -verantwortlichkeiten festlegen	Projektmanagementrollen und -verantwortlichkeiten (Abschnitt 7.10), Verantwortlichkeiten-Matrix (CIDA) (Abschnitt 7.12)
PM	Projektorganisation und Berichtswesen festlegen	Projektorganisation (Abschnitt 7.9)
PM	Projektrisiken identifizieren	Risikoanalyse (Abschnitt 6.14)
PL	Geschäftsrisiken, Annahmen und getroffene Entscheidungen identifizieren und dokumentieren	Risikoanalyse (Abschnitt 6.14)
PM	Projektdefinition zusammenfassen und dokumentieren	Projektauftrag (Abschnitt 7.2), Projektdefinitionsdokument

9.3 Projektplanung und -definition

Projektdefinition	
Typische Aktivitäten	**Zusammenstellung von typischen Tools**
Festlegung und Einigung über den Vorgang und Ansatz für das Projekt	Derzeit kein geeignetes Tool oder eine Technik verfügbar
Befragen des Projektsponsors zu Projekt- und Geschäftszielen	Zielkatalog (Abschnitt 4.5) Charta (Abschnitt 4.4) Programmplan (Abschnitt 7.4)
Problem erkennen, Projektmotivation, Projektauftragsklärung und Projektfreigabe	Projektidee, Konzept, Projektvorschlag Business Case Programm-Management Problemdefinition (Abschnitt 3.1.1) Projektauftrag (Abschnitt 7.2) LogFrame (Abschnitt 7.3) Charta (Abschnitt 4.4)
Projekt- und Aufgabendefinition (siehe auch Anhang A und B für Kontrollfragen und Szenarien)	Verschiedene Tools der Kategorie Situationsdefinition, Charta (Abschnitt 4.4)
Festlegung der Projektorganisation und des groben Projektes	Grober Projektplan
Aufwands- und Kostenschätzung, Business Case	Business Case
Projektbildung und –definition, Zerlegung des Projekts	
Identifikation von Stakeholdern	Verschiedene Tools der Kategorie Situationsdefinition
Definition der Arbeitspakete – Aufgabenplanung	Projektstrukturplan (PSP) (Abschnitt 7.5) Projektarbeitsauftragsplan (Abschnitt 7.7)
Festlegen der sachlogischen Reihenfolge der Arbeitspakete	Projektablaufplan
Terminplanung aufstellen	Gantt-Chart-Terminplan (Abschnitt 7.6)
Projektumfeld analysieren	Projektumfeldanalyse (PUMA) (Abschnitt 7.8)
Personaleinsatzplan/Ressourcenplan aufstellen	Ressourcenplan
Kostenplan abschätzen	Kostenplan Kostenkalkulation Budgetkalkulation Business Case
Projektrollen und Verantwortlichkeiten festlegen	Projektmanagementrollen und -verantwortlichkeiten (Abschnitt 7.10), Verantwortlichkeiten-Matrix (CIDA) (Abschnitt 7.12)
Projektorganisation aufstellen	Projektorganisation (Abschnitt 7.9)
Projektberichtsstruktur festlegen	Verantwortlichkeiten-Matrix (CIDA) (Abschnitt 7.12), Projekt-Kommunikationsplan (Abschnitt 7.11)
Projekt- und Geschäftsrisiken abschätzen	Risikoanalyse (Abschnitt 6.14) Risikomanagement-Plan

Projektdefinition	
Typische Aktivitäten	**Zusammenstellung von typischen Tools**
Betriebsmittelplan aufstellen	Betriebsmittelplan
Dokumentations- und Informationsplanung	Dokumentationsplan
Qualitätsplanung	Qualitätssicherungsplan
Vertragsmanagement	Anforderungskatalog (Abschnitt 5.2.7)
Kommunikation planen	Projekt-Kommunikationsplan (Abschnitt 7.11)
Projektdokumentation und Zusammenfassung	Projektauftrag (Abschnitt 7.2) LogFrame (Abschnitt 7.3) Projekthandbuch (Project Definition Report (PDR))

9.4 Szenario Strategieanalyse

Strategieanalyse	
Typische Aktivitäten/Fragestellungen	**Zusammenstellung von typischen Tools**
Was sind die Kernprozesse der Wertschöpfung? Wie funktioniert das Unternehmen? Welches sind die Produkte und Dienstleistungen? Diese Erkenntnisse können Sie im nächsten Schritt vertiefen.	Wertschöpfungskette (Abschnitt 5.3.1)
Welche sind die hochrangigen Funktionen und Prozesse? Dieses Wissen hilft mir zu verstehen, wo und warum gewisse Erfolgsfaktoren wirklich bestehen.	Funktionale Analyse (Abschnitt 5.2.3)
Welche sind die internen Erfolgfaktoren? Was macht den Erfolg des Unternehmens gegenwärtig aus? Welche sind die wettbewerblichen Vorteile? Die SWOT-Analyse benötigt diesen Input.	Kritische Erfolgsfaktoren (Abschnitt 5.3.2)
Optional – in welchem „Lebensabschnitt" befindet sich das Unternehmen? Welche sind die typischen daraus resultierenden Symptome? Eine Außenperspektive!	Lebenszyklus (Abschnitt 5.3.4)
Wie sehen Ihre Wettbewerber aus?	Wettbewerberanalyse (Abschnitt 5.3.6)
Wie sehen Ihre gegenwärtigen und zukünftigen Kunden aus?	Kundensegmentierung (Abschnitt 5.3.9)
Einfach mal „ganz mechanisch" Optionen kreieren. Welche strategischen Entwicklungsmöglichkeiten können Sie – basierend auf Ihrer Situation – schaffen?	SWOT und TOWS (Abschnitt 5.3.3)

Strategieanalyse	
Typische Aktivitäten/Fragestellungen	**Zusammenstellung von typischen Tools**
Welche möglichen Kombinationen gibt es zur Erweiterung des Geschäftsfeldes? Konstruktives Produkt-Markt-Brainstorming – welche Kombinationen machen Sinn?	Produkt-Markt-Mix (Abschnitt 5.3.12)
Welche anderen strategischen Möglichkeiten und Typen von Strategien haben Sie zur Verfügung, die Sie noch nicht bedacht haben?	Strategieentwicklungsoptionen (Abschnitt 5.3.13)

9.5 Organisationsanalyse und Organisationsdesign

Organisationsanalyse und Organisationsdesign	
Typische Aktivitäten	**Zusammenstellung von typischen Tools**
Definieren Sie die Gesamtübersicht aller Prozesse.	Wertschöpfungskette (Abschnitt 5.3.1) Architekturanalyse (Abschnitt 5.2.1) Funktionale Analyse (Abschnitt 5.2.3)
Analysieren und definieren Sie die hierarchische Verteilung der Ressourcen und Individuen.	Lohngruppen-Diamant (Abschnitt 5.1.2) Organisationsstruktur-Tool (Abschnitt 5.1.1)
Analysieren und definieren Sie Zuteilung der Ressourcen zu Tätigkeiten.	Struktur-und-Prozess-Tool (Abschnitt 5.1.3)
Wer macht was? Definieren Sie die gegenwärtigen und zukünftig notwendigen Kernaktivitäten.	Funktionale Analyse (Abschnitt 5.2.3) Prozessanalyse (Abschnitt 5.2.4)
Analysieren Sie die gegenwärtige und definieren Sie die zukünftig notwendige Organisationsstruktur. Bedenken Sie jedoch, dass die zukünftig notwendige Organisationsstruktur von der zukünftigen Strategie, von Dienstleistungen, den notwendigen Prozessen usw. abhängig ist!	Organisationsstruktur (Abschnitt 5.1.1)
Wer erstattet an wen Bericht? Analysieren und definieren Sie die Berichterstattungs-Strukturen.	Kontrollspanne (Abschnitt 5.1.4) Organisationsstruktur (Abschnitt 5.1.1)
Analysieren Sie das gegenwärtige Verhalten.	Organisationsbeurteilung (Abschnitt 5.1.5) Kräftebild (Abschnitt 5.1.6)

9.6 Restrukturierung

Restrukturierung	
Typische Aktivitäten	**Zusammenstellung von typischen Tools**
Festlegung des Untersuchungsbereiches und der Ziele des Projektes (Scope)	Zielkatalog (Abschnitt 4.5) Charta (Abschnitt 4.4) Black Box (Abschnitt 3.1.10)
Revision mit Stakeholdern zur Überprüfung des Projektrahmens	Stakeholder-Übersicht (Abschnitt 3.1.13) Stakeholder-Erwartungsmanagement (Abschnitt 3.1.14) Stakeholder-Einfluss-Matrix (Abschnitt 3.1.15) Stakeholder-Tausch (Abschnitt 3.1.17) Kontextdiagramm (Abschnitt 3.1.18) Silo (Abschnitt 3.1.19)
Informationsbeschaffung und Definition des Kontextes	Klima-Befragung (Abschnitt 3.2.12) Achteck (Abschnitt 3.2.4) Umfrage/Feldstudie (Abschnitt 3.2.7) Kräftefeld (Force Field) (Abschnitt 3.4.8) Fischgräten-Ursachenanalyse (Abschnitt 3.1.9)
Organisationsanalyse	Organisationsstruktur (Abschnitt 5.1.1) Organisationsbeurteilung (Abschnitt 5.1.5) Kontrollspanne (Abschnitt 5.1.4) Prozessanalyse (Abschnitt 5.2.4) Struktur und Prozess (Abschnitt 5.1.3) Lohngruppen-Diamant (Abschnitt 5.1.2)

9.7 Machbarkeitsstudie

Machbarkeitsstudie	
Typische Aktivitäten	**Zusammenstellung von typischen Tools (Kapitel im Buch)**
Definieren Sie den Zweck und die Ziele der Machbarkeitsstudie.	Zielkatalog (Abschnitt 4.5) Definierte Ergebnisse (Abschnitt 4.8)
Definieren Sie Ihre Aufgabenstellung.	Charta (Abschnitt 4.4)
Untersuchen Sie den anfänglichen Kontext.	Stakeholder-Übersicht (Abschnitt 3.1.13) Mind Map (Abschnitt 3.1.21) Black Box (Abschnitt 3.1.10)
Detaillierte Untersuchung: • Technische und physikalische Untersuchung („Sind wir in der Lage, dies zu tun?") • Soziale und politische Untersuchung („Wollen wir dies tun und können wir es rechtfertigen?") • Rechtliche und steuerliche Situation • Umweltaspekte • Ökonomische Machbarkeit („Können wir uns das leisten?")	Kontextdiagramm (Abschnitt 3.1.18) Umfeldanalyse (PEST) (Abschnitt 5.3.7)

Machbarkeitsstudie	
Typische Aktivitäten	**Zusammenstellung von typischen Tools (Kapitel im Buch)**
Weitere Untersuchung: • Kapitalkosten und Finanzierung • Produktionskosten • Verkaufs-/Umsatzplanung • Kosten und Gewinnanalyse • Auswirkung auf/von Ökonomie und Arbeitsmarkt • Marktanalyse • Zielmarktanalyse • Marktmachbarkeitsanalyse • Endverbraucherumfrage	Interview (Abschnitt 3.2.2) Testgruppen (Abschnitt 3.2.5) Fragebogen (Abschnitt 3.2.6)
Risikoanalyse und Auswirkungen	Risikoanalyse (Abschnitt 6.14)
Ergebnisse Schlussfolgerungen und Empfehlung Vorteile und Bedenken Zusammenfassung für das Management	Argumentewaage (Abschnitt 6.4) Polaritäten-Tool (Abschnitt 6.8) Kartesische Koordinaten (Abschnitt 6.12) Programmplan (Abschnitt 7.4)

9.8 Systementwicklung

Entwicklung eines Software- oder Kommunikationssystems	
Typische Aktivitäten	**Zusammenstellung von typischen Tools (Kapitel im Buch)**
Festlegung des Untersuchungsbereiches und der Ziele des Projektes (Scope).	Zielkatalog (Abschnitt 4.5) Charta (Abschnitt 4.4) Black Box (Abschnitt 3.1.10)
Identifizieren Sie alle relevanten Stakeholder.	Stakeholder-Übersicht (Abschnitt 3.1.13)
Informationsbeschaffung	Interview (Abschnitt 3.2.2) Dreigestirn (Abschnitt 3.2.3) Direkte Beobachtung (DILO) (Abschnitt 3.2.8)
Technische Analyse	Architekturanalyse (Abschnitt 5.2.1) Logische und funktionale Systemmodellierung (Abschnitt 5.2.8) Funktionale Analyse (Abschnitt 5.2.3) Relationales Datenmodell (Abschnitt 5.2.5) Prozessanalyse (Abschnitt 5.2.4) Logisches Datenmodell (Abschnitt 5.2.2) Technologie-Infrastruktur (Abschnitt 5.2.6) Anforderungskatalog (Abschnitt 5.2.7)
Design der technischen Umsetzung oder Lösung, Testen, Prototyp, Schulung und Training, Implementierung und Einführung	Siehe Fachliteratur Siehe Fachliteratur
Weiterführende Verbesserungen und Instandhaltung	

9.9 Strategieworkshop

Strategieworkshop	
Typische Aktivitäten	**Zusammenstellung von typischen Tools (Kapitel im Buch)**
Einführung und Vorstellung aller Teilnehmer und Erklärung ihrer Rolle für den Workshop. Spielregeln festlegen, Pausen, Handy-aus!, Parkplatzliste usw.). (Er)klärung der Ziele des Workshops. Durchsicht der Tagesordnungspunkte. Erwartungsmanagement (Revision und Klärung der Erwartungen der Teilnehmer).	Next Steps (Abschnitt 7.18) Revision der Erwartungen (Abschnitt 7.15) Stakeholder-Erwartungsmanagement (Abschnitt 3.1.14)
Einschätzung der Situation: • Was ist Teil des Problems, was nicht? • Brainstorming zur Identifizierung der möglichen Ursachen des Problems. • Diskussion der Ergebnisse und Gruppierung.	Ist-Ist nicht (Abschnitt 3.1.11) Brainstorming (Abschnitt 3.3.1) Verwandtschaftsdiagramm (Abschnitt 3.4.6) Fischgräten-Ursachenanalyse (Abschnitt 3.1.9)
Diskussion zur strategischen Analyse: Untersuchung der kritischen internen Faktoren.	Kritische Erfolgsfaktoren (Abschnitt 5.3.2) SWOT und TOWS (Abschnitt 5.3.3)
Untersuchung der kritischen externen Faktoren.	Umfeldanalyse (PEST) (Abschnitt 5.3.7) Five Forces (Abschnitt 5.3.5)
Diskussion über die möglichen strategischen Optionen.	Strategieentwicklung (Abschnitt 5.3.10) Produkt-Markt-Mix (Abschnitt 5.3.12) Strategieentwicklungsoptionen (Abschnitt 5.3.13)
Diskussion bzgl. Erfolgsfaktoren, treibender Faktoren, Risiken, Bedrohungen und strategischen Optionen.	SWOT und TOWS (Abschnitt 5.3.3) 5 W (Abschnitt 3.2.11) Nyaka (Defektanalyse) (Abschnitt 3.3.4) Merlin-Technik (Abschnitt 3.3.8) Fischgräten-Ursachenanalyse (Abschnitt 3.1.9) Risikoanalyse (Abschnitt 6.14)
Vergleich aller Optionen und Alternativen.	Argumentewaage (Abschnitt 6.4) Polaritäten-Tool (Abschnitt 6.8) Kartesische Koordinaten (Abschnitt 6.12)
Bewertung, Priorisierung, Evaluation.	Schwerpunktmatrix (Abschnitt 6.15) Entscheidungsbaum (Abschnitt 6.2) Perspektiven[3] (Abschnitt 6.3)
Festlegung des weiteren Vorgehens.	Programmplan (Abschnitt 7.4)
Ende des Workshops: Durchsicht aller Aktionspunkte Revision der Erwartungen Feedback und Bewertung des Workshops	Next Steps (Abschnitt 7.18) Revision der Erwartungen (Abschnitt 7.15) Booz-Ball-Bewertung (Abschnitt 7.16)

9.10 Geschäftsprozessoptimierung

Geschäftsprozessoptimierung	
Typische Aktivitäten	**Zusammenstellung von typischen Tools (Kapitel im Buch)**
Durchsicht des Business Case	Derzeit keine geeigneten Tools oder Techniken verfügbar
Definieren der Aufgabenstellung, der Mandate und des Untersuchungsbereichs	Charta (Abschnitt 4.4)
Erwartungsmanagement und Stakeholdermanagement	Stakeholder-Erwartungsmanagement (Abschnitt 3.1.14) Stakeholder-Akkordeon (Abschnitt 3.1.16) Silo (Abschnitt 3.1.19)
Informationsbeschaffung	Interview (Abschnitt 3.2.2) Dreigestirn (Abschnitt 3.2.3) Direkte Beobachtung (DILO) (Abschnitt 3.2.8) Fischgräten-Ursachenanalyse (Abschnitt 3.1.9)
Prozessanalyse	Organisationsstruktur (Abschnitt 5.1.1) Kontrollspanne (Abschnitt 5.1.4) Prozessanalyse (Abschnitt 5.2.4) Struktur und Prozess (Abschnitt 5.1.3)
Prozessverbesserung	Nyaka (Defektanalyse) (Abschnitt 3.3.4) Merlin-Technik (Abschnitt 3.3.8) Pareto-80:20-Regel (Abschnitt 3.4.2)

Bibliografie

Angermeier, Dr. G., siehe Projektmagazin

Ansoff, Igor (1957) *Strategies for diversification*, Fellows of Harvard College

Arnold, John (1978) *The Art of Decision Making* ExecuTrak Systems

Bassard, Michael; Ritter, Diane (1994) *The Bassard and Ritter™ II*, GOAL/QPC (www.goalqpc.com)

Bill, Peter; Worth, Richard (1997) *The four levers of corporate change,* Amacom, New York

Block, Peter (2002) *Flawless consulting – a guide to getting your expertise used,* 2nd edition, Jossey-Bass Pfeiffer, San Francisco

BSI Consulting, *Employee engagement – A concept clean up* (http://bsiconsulting.com.au/pdfs/Engagement%20Clean%20Up%2003.pdf), bsiconsulting, Sydney

Butler, Ava (1996) *Team Think*, McGraw-Hill

Cameron, Esther; Green, Mike (2009), *Making sense of change management – a complete guide to the models, tools and techniques of organizational change*, Kogan Page, London

Chen, Peter P. (1976) The Entity-Relationship Model

Ciolli, Catherine from Spiral-in Coaching, Johannesburg, South Africa

Conflict resolution network, Chatswood, Australia

Crum, Thomas (1998) *The magic of conflict*, Touchstone

De Bono, Edward (1992) *Serious Creativity*, Harper Business, (1967) *The Use of Lateral Thinking*, Penguin

De Bono, Edward (2002), *Neue Denkschule – Kreativer denken, effektiver arbeiten, mehr erreichen – New School of Thinking – how to think more creatively, work more effectively and achieve more*, Munich; (1982), *Laterales Denken*, Reinbek

Elkin, Paul (1998) *Mastering Business Planning and Strategy: The power of and application of strategic thinking*, Thorogood, London

Fabrega, Marelisa *www.squidoo.com/lensmasters/Marelisa*

Fleischer, Craig S.; Bensoussan, Babette E. (2003) *Strategic and competitive analysis – Methods and techniques for analyzing business competition*, Prentice Hall, New Jersey

Gabler Verlag (Herausgeber), *Gabler Wirtschaftslexikon*, Stichwort: Hypothese, online im Internet: http://wirtschaftslexikon.gabler.de

Glass, Neil M. (1996) *Management Masterclass – a practical guide to the new realities of business*, Nicholas Brealey Publishing, London

Grant, R. M. (1991) *The resources-based theory of competitive advantage: Implications for strategic formulation*, California Management Review, California

Grundy, Tony; Brown, Laura (2004) *The ultimate book of business skills*, Capstone Publishers

Haberfellner, Reinhard; Daenzer, W. F. (Hrsg.) (1994) *Systems Engineering – Methodik und Praxis*, 8. Aufl, Verlag Industrielle Organisation, Zürich

Harris, Carol (2001) *Consult Yourself – The NLP Guide to being a management consultant*, Crown House Publishing (www.crownhouse.co.uk)

Hax, Arnoldo C.; Majluf, Nicolas S. (1991) *Strategisches Management – Ein integratives Konzept aus dem MIT*, Campus Verlag, Frankfurt

Hax, Arnoldo C.; Majluf, Nicolas S. (1996) *The strategy concept and process – a pragmatic approach*, Prentice Hall, New Jersey

Hofmann, Markus (2000) *Customer-Lifetime-Value-Management*, Gabler, Wiesbaden

Ishikawa, K. (Lu. D. J. trans.) (1985) *What is Total Quality Control?*, Prentice-Hall Inc., Englewood Cliffs, NJ. (http://www.skymark.com/resources/leaders/ishikawa.asp)

Kahlbach, James (2007) *Designing Web Navigation*, O'Reilly Media

Kremer, Alfred J. (2001) *Reich durch Beziehungen*, Verlag Moderne Industrie, Landsberg/Lech

Kostka, C.; Möch, A. (2009) *Change Management*, 4.Auflage, Kamiske, Dr. Gerhard F., Herausgeber, Pocket Power Nr. 27, Carl Hanser Verlag

Markham, Calvert (2000) *How to be your own management consultant*, Kogan Page, London

McCormick, Jim (2005) *Risk Inclination – How do you compose to others (based on proprietary research by Jim McCormick)*, www.takerisks.com

Mehrmann, E. (1994) *Schnell zum Ziel. Kreativitäts- und Problemlösetechniken*, Düsseldorf

Michalko, Michael (2006) *Thinkertoys: A Handbook of Creative-Thinking Techniques* (2nd Edition), Ten Speed Press

Michalko, Michael (2001) *Erfolgsgeheimnis Kreativität – Was wir von Michelangelo, Einstein & Co. lernen können*, mvg Verlag

Mitroff, I. (1983) *Stakeholder of the Organisational Mind*, San Francisco, Jossey-Bass

Mitroff, I.; Linstone, H. (1993) *The Unbounded Mind*, Oxford University Press, Oxford

Mizuno, Sigeru (1988) *Management for Quality Improvement: The New 7 Quality Control Tools*, Productivity Press

Morgan, Gareth (1986) *Images of organization*, Sage, Thousand Oaks, California

Nagel, Kurt (1991) *200 Strategien, Prinzipien und Systeme für den persönlichen und unternehmerischen Erfolg*, 4.Auflage, Verlag Moderne Industrie, Landsberg/Lech

Nickols, F. W. (1994) *Reengineering the Problem Solving Process: Finding Better Solutions Faster.* Performance Improvement Quarterly (Vol. 7, No. 4) Learning Systems Institute, Florida State University, Tallahassee

Nickols, F. W. (1992) *Objectives, Systems, Patterns, Politics, and Conflict Performance and Instruction*, NSPI, Washington, DC

Nölke, Matthias (2002) *Kreativitätstechniken*, (3. Auflage), Rudolf Haufe Verlag

NORAD (1999) *The Logical Framework Approach, Handbook for objectives-oriented planning*, 4th Edition, NORAD (Norwegian Agency for Development Cooperation)

Ohmae, Kenichi (1982) *Mind of the Strategist: The Art of Japanese Business*, McGraw-Hill, New York

Osborn, A. F. (1963) *Applied imagination*, Old Tappan, New York

Porter, M. E. (1980) *Competitive Strategy*, 1980, pp. 159–161 – for the life cycle tool

Projekt Magazin (2010) *Projektmanagement-Glossar,* Dr. Georg Angermeier , München, www.projektmagazin.de/glossar

Project Management Institute (PMI) *A guide to the project management body of knowledge. PMBOK guide,* 130 South State Road, Upper Darby, PA 19082 USA (www.pmi.org)

Pugh, D. S. (1990) *Organization Theory,* Penguin, London

Ramsay, C. S.; Finney, M. I. (2006) *Employment engagement at Intuit,* Mountain View, CA: Intuit Inc.

Rasiel, Ethan M. (1999) *The McKinsey Way,* McGraw-Hill; (2001) *The McKinsey Mind: Understanding and Implementing the Problem-Solving Tools and Management Techniques of the World's Top Strategic Consulting Firm,,* McGraw-Hill

Rasul, Clement L., *Project Management Portal,* www.pm.portal.ph

Recklies, Dagmar – author and co-owner of the management information portal www.themanager.org

Rowe, R.; Mason, R.; Dickel, K. (1986) *Strategic Management,* Addison-Wesley

Russell-Jones, Neil (2000) *The Decision Making Pocket Book,* Management Pocketbook LtD, Hants (UK)

Senge, P. (1990) *The Fifth Discipline. The Art and Practice of the Learning Organisation,* Doubleday/Currency, New York

Senge, P.; Kleiner, A.; Roberts, C.; Roos, R. B. and Smith, B. J. (1994) *The Fifth Discipline Fieldbook. Strategies and Tools for Building a Learning Organisation,* Nicholas Brailey Publishing, London

Silberman, Mel (2001) *The consultant's tool kit – high-impact questionnaires, activities, and how-to guides for diagnosing and solving client problems,* McGraw-Hill, New York

Sommerlatte, T.; Mirow, M.; Niedereichholz, C.; von Windau, P. G. (2006) *Handbuch der Unternehmensberatung,* Erich Schmidt Verlag

Straker, David (1997) *Rapid problem solving with Post-it®-Notes,* Da Capo Press

Swanepoel, Attie (2003) *RadicalTraining – systems development workshop manual,* Swanepoel Training, P O Box 35227, Northway 4065, ZA (www.radtrain.co.za)

Thackray, J. (2001) *Feedback for Real,* Gallup Management Journal, Gallup Organisation

Thompson, J. (2001) *Strategic Management,* Thomson, London

Townsend, J., Favier J. (1991) *The creative manager's pocketbook,* The management pocketbook, Hampshire

Ulfers, Heike August (2004) *Der Consultance-Berater,* Publicis, Erlangen

Wheelen, Thomas L.; Hunger, David J. (1998) *Strategic management and business policy – entering the 21th century global society,* Addison-Wesley Longman

Vroom, Victor; Yetton, Philip (1976) *Leadership and Decision Making,* University of Pittsburgh Press, Pittsburgh

Wilber, Ken (2001) *A brief history of everything,* 2nd Edition, Shambhala Publisher

Woodrow, Ian (2008) *close...but no cigar,* www.closecigar.com, AuthorHouse, Milton Keynes

Ziegenfuss, James T. Jr. (2002) *Organisation & Management Problem Solving – a systems and consulting approach,* Sage Publications

Anwendungsbereiche der Tools (alphabetisch)

Name des Tools	Seite	Situationsdefinition	Informationsbeschaffung	Kreativität	Informationskonsolidierung	Zielformulierung	Organisationsanalyse	Systemanalyse	Strategieanalyse	Entscheidung	Projektmanagement
100 Punkte	309									×	
3P-Äußerungen	186					×					×
5 W (5 Warum)	127	×	×	×		×					
6 Denkhüte	372			×							×
6-3-5-Tool	137			×							
ABC-Tool	157				×						
Achteck	116		×								
Anforderungskatalog	224							×			
Architekturanalyse	209	×					×	×			
Argumentewaage	298									×	
Attribute-Liste	141			×							
Beeinflussungs-/Ursachen-matrix	70	×									
Bionik	140			×							
Black Box	75	×									
Booz-Ball-Bewertung	371									×	×
Brainstorming	133			×							
Charta	177					×					×
Definierte Ergebnisse	184					×					
Direkte Beobachtung (DILO)	123		×								
Dreigestirn	115		×								
Entscheidungsbaum	293			×	×					×	
Expertenbefragung	125		×								
Fähigkeiten-Radar	375										×
Fischgräten-Ursachenanalyse	72	×		×						×	
Five Forces	250								×		
Fragebogen	119		×								
Fragenbaum	67	×			×						
Funktionale Analyse	213	×						×			
Gantt-Chart-Terminplan	349										×
Geschäftsfeldermatrix	270								×		
Hypothesen	63	×				×					
Hypothesenbaum	63	×									
Informationsbeschaffungs-Plan	111		×								

Name des Tools	Seite	Situationsdefinition	Informationsbeschaffung	Kreativität	Informationskonsolidierung	Zielformulierung	Organisationsanalyse	Systemanalyse	Strategieanalyse	Entscheidung	Projektmanagement
Informationsmatrix	159				×						
Interview	113		×								
Ist-Ist nicht	77	×				×					×
Kärtchentechnik	136			×							
Kartensortieren	161				×						
Kartesische Koordinaten	311			×						×	
Klima-Beurteilung	128		×				×				
Konkurrierende Hypothesen	66	×									
Kontextdiagramm	95	×			×		×	×			
Kontrollspanne	203						×				
Kräftebild	206						×			×	×
Kräftefeld (Force Field)	166	×		×	×						
Kreuz der Annahmen	301					×				×	
Kritische Erfolgsfaktoren	235								×		
Kundensegmentierung	266								×		
Lebenszyklus	246								×		
Leiterklettern	299									×	
LogFrame	337					×					×
Logische und funktionale Systemmodellierung	227			×				×			
Logisches Datenmodell	211							×			
Lohngruppen-Diamant	200						×				
Lotusblüten-Tool	146			×							
Mentale Provokation	149			×							
Merlin-Technik	143			×							
Mind Map	103	×		×	×						×
Morphologie	142			×							
Next Steps	374										×
Nominales Gruppen-Tool	308									×	
Nutzwertanalyse	305									×	
Nyaka (Defektanalyse)	138			×							
Organisationsbeurteilung	205						×				
Organisationsstruktur	195						×		×		
Paarvergleich	300									×	
Pareto-80:20-Regel	154				×					×	
Perspektiven[3]	296									×	

Name des Tools	Seite	Situa-tionsdefi-nition	Informa-tions-beschaf-fung	Kreati-vität	Informa-tions-konsoli-dierung	Ziel-formu-lierung	Organi-sations-analyse	System-analyse	Strategie-analyse	Entschei-dung	Projekt-mana-gement
Polaritäten-Tool	303							×	×	×	
Problembaum	56	×				×					
Problemdefinition	51	×				×					×
Problemumkehrung	60	×		×							
Produkt-Markt-Mix	275								×		
Programmplan	342					×			×		×
Projekt-Kommunikations-plan	359										×
Projektarbeitsauftragsplan	350										×
Projektauftrag	333					×					×
Projektmanagementrollen und -verantwortlichkeiten	356										×
Projektorganisation	354						×				×
Projektstrukturplan (PSP)	345										×
Projektumfeldanalyse (PUMA)	351						×				×
Prozessanalyse	216						×	×			
Reizwort-Technik	148			×							
Relationales Datenmodell	220				×			×			
Revision der Erwartungen	369	×				×					×
Risikoanalyse	315							×	×	×	
Schreibtisch-Forschung	126		×								
Schwerpunktmatrix	320					×			×	×	
Silo	100	×					×	×			
SMARTe Ziele	181					×			×		
SNAP	188					×					
Stakeholder-Akkordeon	92	×									
Stakeholder-Einfluss-Matrix	89	×					×				×
Stakeholder-Erwartungs-management	87	×				×					×
Stakeholder-Kommunikation	366										×
Stakeholder-Tausch	93	×									
Stakeholder-Übersicht	84	×				×					×
Stakeholderanalyse	79	×									×
Strategieentwicklungs-optionen	279					×			×		
Strategiematrix	285								×		
Strategische Marktsegmente	262								×		

Name des Tools	Seite	Situationsdefinition	Informationsbeschaffung	Kreativität	Informationskonsolidierung	Zielformulierung	Organisationsanalyse	Systemanalyse	Strategieanalyse	Entscheidung	Projektmanagement
Struktur und Prozess	201						×	×			
SWOT und TOWS	238								×		
Technologie-Infrastruktur	222							×			
Testgruppen	117		×								
Umfeldanalyse (PEST)	259								×		
Umfrage/Feldstudie	121		×								
Venn-Diagramm	165				×						
Verantwortlichkeiten-Matrix (CIDA)	363						×				×
Verwandtschaftsdiagramm	162				×						
Vogelperspektive	101	×									
Vroom Yetton	312									×	
Wertschöpfungskette	231								×		
Wettbewerberanalyse	255								×		
Workshop	367										×
Ziel-Gitter	183					×					
Ziel-Mittel-Hierarchie	174					×			×		×
Zielbaum	172	×				×					×
Zielkatalog	179					×					